JN215956

初めての Three.js 第2版

WebGLのためのJavaScript 3Dライブラリ

Jos Dirksen 著
あんどうやすし 訳

本書で使用するシステム名、製品名は、それぞれ各社の商標、または
登録商標です。
なお、本文中では™、®、©マークは省略している場合もあります。

Learning Three.js – the JavaScript 3D Library for WebGL

Second Edition

Create stunning 3D graphics in your browser using the Three.js JavaScript library

Jos Dirksen

BIRMINGHAM - MUMBAI

Copyright ©2015 Packt Publishing. First published in the English language under the title Learning Three.js, Second Edition (9781784392215).
Japanese-language edition copyright ©2016 by O'Reilly Japan, Inc. All rights reserved.
This translation is published and sold by permission of Packt Publishing Ltd., the owner of all rights to publish and sell the same.

本書は、株式会社オライリー・ジャパンがPackt Publishing Ltd.の許諾に基づき翻訳したものです。日本語版についての権利は、株式会社オライリー・ジャパンが保有します。

日本語版の内容について、株式会社オライリー・ジャパンは最大限の努力をもって正確を期していますが、本書の内容に基づく運用結果について責任を負いかねますので、ご了承ください。

訳者まえがき

本書の原著にあたる『Learning Three.js』は2013年10月に初版が出版され、さらにその1年半後の2015年3月には改訂版も出版された非常に評価の高い本です。目次を見ていただければわかるとおり、ライブラリのダウンロード方法や開発用ウェブサーバーの立ち上げ方といった基本的な内容から始まり、最終的にはThree.jsと組み合わせて物理エンジンや立体音響を使用する方法まで、Three.jsについて非常に網羅的に説明しており、これ一冊でThree.jsについてすべて理解できると言っても過言ではない本になっています。本書はこの改訂版を翻訳したものですが、もちろん原著の内容をただ日本語に置き換えただけではありません。原著ではr69を使用していたサンプルコードや説明文をすべて翻訳時点での最新版であるr78に対応させ[*1]、新たに追加されたオブジェクトについても重要と思われるものに関しては適宜説明を追加しました。さらに日本語版にはGoogle Cardboard用のVRアプリ開発についての解説と、`THREE.MMDLoader`を使用したMikuMikuDance（MMD）モデルの読み込みについての解説が付録として付きます。特に後者は`THREE.MMDLoader`の作者である青柳隆宏さん自身による非常に貴重な日本語解説です。

少し個人的な話になりますが、5年ほど前にThree.jsの作者であるMr. dò_óbと直接会う機会があり、なぜFlashからJavaScript（HTML5）に移ったのかを聞いてみたことがあります。もしかすると今ではご存じない方もいるかもしれませんが、Mr. dò_óbはもともとFlash界で著名な開発者でした。しかもその質問をした時点ではFlashは全盛ではないとはいえまだまだ広く使用され続けている一方で、HTML5は出てきたばかりのこの先どう発展するか不透明な仕様という位置付けであったため、単純に「なぜいま？」というところに興味があったのです。その時のMr. dò_óbの回答はまったく予想もしていない嬉しいものでした。

> いくつかあるが、あなた（訳者）が以前作成したライブラリ[*2]を触ってJavaScriptの可能性を感じたことはその要因のひとつだ。

＊1　Three.jsのバージョンはオープンソースのライブラリで一般的によく見られるセマンティックバージョニングではなく、r1、r2、r3、... と単調に増加するリビジョン番号で管理されます。

＊2　http://box2d-js.sourceforge.net/

もちろん多分にお愛想も含まれているとは思いますが、訳者が遊びで移植して公開したものが地球の裏側にまで届き、誰かの行動に影響を与えたというのは、非常な驚きであり喜びでした。そしてそれから5年弱が過ぎ、いま訳者はそのMr. dò_óbがJavaScriptで作成したThree.jsを業務で使用し、さらにその解説書を翻訳しているわけです。

ウェブに作品を公開するということは一方的な行為ではなく、どこかに必ずその影響を受ける人がいます。さらにその人が何かを公開すれば、直接または間接に自分が影響を受けるということもあるでしょう。先のMr. dò_óbのやり取りから、訳者はそういう繋がりの連鎖こそがウェブの本質だと考えるようになりました。しかしWebGLに目を向けるとそのような繋がりの連鎖を生み出すにはそもそもコンテンツが足りていません。HTML5系APIは数多ありますが、WebGLは単なるAPIではありません。それは文字どおりにウェブの次元をひとつ引き上げ、これまでは不可能だったコンテンツの実現を可能にしてくれるものです。本書によってWebGLを使用する敷居が下がり、ウェブ上に公開される3Dコンテンツが増え、ウェブの世界がさらに豊かになる、そういう未来が少しでも近づくことを願っています。

最後になりましたが、翻訳にあたっては多くの人のお世話になりました。まず、先ほども名前があがった青柳隆宏さん、`THREE.MMDLoader`の解説を書いてほしいという突然の依頼を快く引き受けていただきありがとうございました。おかげさまで本書に日本らしい、そしてあまりオライリーらしくないスクリーンショットがたくさん収録されたことをとても嬉しく思っています。次にオライリー・ジャパンの宮川直樹さん、『Learning Three.js』を翻訳したいというお願いに応じていただきありがとうございます。陰に陽に助けていただいたおかげで無事に作業を完了することができました。そして株式会社カブクの高橋憲一さん、オライリー・ジャパンの宮川さんを紹介いただいただけでなく、Oculus Riftを使用したサンプルの動作確認にも協力いただきありがとうございました。高橋さんがいなければこの本が世に出ることはありませんでした。最後に由起子と澪に、翻訳作業は深夜に渡ることも多く、疲れて家族への対応はぞんざいになりがちだったけれど、文句も言わず見守ってくれてありがとう。

2015年6月23日

あんどうやすし

まえがき

ここ数年、ブラウザは強力になり続け、いまや複雑なアプリケーションやグラフィックスを提供するに足るプラットフォームとなりました。それにもかかわらず、ウェブ上の大部分のコンテンツはまだ2Dのままです。すでにほとんどのモダンブラウザはWebGLに対応しているので、ブラウザ上では単なる2DアプリケーションだけでなくGPUの能力を利用した美しくハイパフォーマンスな3Dアプリケーションも作成できます。

けれどもWebGLを直接利用してプログラムを作成するのはとても複雑な作業です。WebGLの内部について詳細に知る必要があり、WebGLを最大限に生かすには難解なシェーダー言語を学ばなければいけません。しかしThree.jsがあればJavaScript APIを通じてWebGLの機能を非常に簡単に利用でき、WebGLの詳細を学ばなくても美しい3Dグラフィックスが作成できるようになります。

Three.jsには数多くの機能とAPIがあり、それらを利用してブラウザ上で直接表示できる3Dシーンを作成できます。本書ではインタラクティブなサンプルを通して、Three.jsで利用できるさまざまなAPIのすべてについて学んでいきます。

本書の構成

各章の概要は以下のとおりです。

1章 初めての3Dシーン作成

Three.jsを使うために必要な基本的な手順を紹介します。読者にとって初めてとなるThree.jsシーンの作成です。この章を最後まで読むと3Dシーンを作成してブラウザ上でアニメーションさせることができるようになります。

2章 シーンの基本要素

Three.jsを使用する時に理解しておくべき基本要素を説明します。具体的にはライトとメッシュ、ジオメトリ、マテリアル、そしてカメラについて学びます。この章を読むことでThree.jsで利用できるいくつかのライトとシーン内で利用できるカメラの概要について理解できます。

3章 光源

シーン内で利用できるさまざまな光源を詳しく説明します。ここではスポットライトや平行光源、環境光、点光源、半球光源をどのように使うかについて例を挙げながら説明します。さらに光源にレンズフレア効果を適用する方法についても紹介します。

4章 マテリアル

メッシュに適用できるマテリアルについて説明します。用途に応じてマテリアルを調整するために設定できるプロパティをすべて紹介し、実際にThree.jsのマテリアルを試すことができるようインタラクティブなサンプルを提供します。

5章 ジオメトリ

5章と6章では、Three.jsで利用できるジオメトリをすべて紹介します。この章では、Three.jsでジオメトリを作成・設定する方法を学び、用意されているジオメトリ（平面、円、図形、立方体、球、円柱、トーラス、トーラス結び目、正多面体など）に関するインタラクティブなサンプルを使用して動作を確認できます。

6章 高度なジオメトリとブーリアン演算

5章に続き6章でもジオメトリを扱いますが、こちらでは凸包（とつほう）や回転体のような、Three.jsで利用できるより高度なジオメトリの設定方法と使用方法を説明します。さらにこの章では3D形状を2Dの図形から押し出して作成する方法やブーリアン演算を使用してジオメトリの組み合わせから新しいジオメトリを作成する方法についても学びます。

7章 パーティクル、スプライト、ポイントクラウド

Three.jsでポイントクラウドをどのように使用するかを説明します。またポイントクラウドを何もないところから、もしくは既存のジオメトリから作成する方法を学びます。この章では個々の点の見た目を変更するためにどのようにスプライトやポイントクラウドマテリアルを利用するかについても学びます。

8章 高度なメッシュとジオメトリ

外部ソースからメッシュとジオメトリを取り込む方法を紹介します。Three.jsの内部的なJSONフォーマットを使用してジオメトリとシーンを保存する方法を学びます。この章ではOBJ、DAE、STL、CTM、PLYなど多くのフォーマットからモデルを読み込む方法も説明します。

9章 アニメーションとカメラの移動

さまざまなタイプのアニメーションを利用してシーンの実在感を増す方法について学びます。例えばThree.jsと組み合わせてTween.jsライブラリを使う方法やモーフやスケルトンに基づいたアニメーションモデルを使用する方法について説明します。

10章 テクスチャ

マテリアルを初めて導入したのは4章ですが、その続きになります。この章ではテクスチャの詳細について説明します。Three.jsで利用できるさまざまなタイプのテクスチャを紹介し、メッシュにテクスチャをどのように適用し制御するかを説明します。最後に、videoの要素とcanvas要素の出力を直接テクスチャとして利用する方法も紹介します。

11章 カスタムシェーダーとポストプロセス

Three.jsで描画されたシーンにポストプロセス効果を適用する方法を学びます。ポストプロセスを使用すると描画されたシーンにブラーやティルトシフト、セピア化などの効果を適用できます。さらに、自作した頂点シェーダーとフラグメントシェーダーを使用して、独自のポストプロセス効果を作成する方法も学びます。

12章 物理演算と立体音響

Three.jsシーンに物理法則を適用する方法を説明します。シーンに物理法則を導入することで、オブジェクト同士の衝突を検知したり、オブジェクトを重力に反応させたり、オブジェクトに摩擦を適用することができます。この章ではこれらを実現するためにPhysijsというJavaScriptライブラリを使用します。加えて、Three.jsシーンに立体音響を追加する方法も示します。

付録A Google Cardboardを使用したモバイルVR

日本語版オリジナルの付録Aでは、Google Cardboardを通して自由に周囲を見回すことができるVR空間を構築し、さらにGoogle Cardboard付属のボタンを使用してVR空間内のオブジェクトとやり取りする方法を紹介します。また、そのサンプルをOculus Riftなどの本格的なVRヘッドセットに対応させる方法についても簡単に触れます。

付録B THREE.MMDLoaderによる3Dモデルの制御

日本語版オリジナルの付録Bでは、r74でThree.jsに追加されたTHREE.MMDLoaderについて解説します。THREE.MMDLoaderを使ってMMDのデータを読み込み、アニメやゲームに登場するようなキャラクターをブラウザ上で歌わせたり踊らせたりします。

必要条件

本書に取り組むにあたって必要なのは基本的にはサンプルコードを読むための（例えばSublimeなどの）テキストエディタとサンプルを動作させるためのモダンなウェブブラウザだけです。ただしいくつかのサンプルではローカルなウェブサーバーが必要となるため、「1章初めての3Dシーン作成」で本書のサンプルを使用するための非常に軽量なウェブサーバーの構築方法を学びます。

対象読者

本書はJavaScriptの知識がすでにあり、あらゆるブラウザで動作する3Dグラフィックを作りたいと考えているすべての人のためのものです。高度な数学やWebGLについての知識は一切必要ありません。必要なのはJavaScriptとHTMLの一般的な知識だけです。本書で使用するマテリアルやサンプルは自由にダウンロードできますし、利用するツールはすべてオープンソースです。すべてのモダンブラウザで動作するインタラクティブで美しい3Dグラフィックスの作り方を学びたいと思っている方に、この本はまさにうってつけです。

表記について

本書の中では、扱う情報ごとに別の書体・スタイルを用いています。例をいくつか紹介します。

本文中でのコード、データベースのテーブル名、フォルダ名、ファイル名、ファイルの拡張子、パス名、ユーザーによる入力値、Twitterでのアカウント名などは「コードを見ると`map`プロパティを設定しているだけでなく、`bumpMap`プロパティもテクスチャに設定しているということがわかるでしょう」のように等幅書体で表記します。

コードのブロックは次のように表記されます。

```
function createMesh(geom, imageFile, bump) {
  var textureLoader = new THREE.TextureLoader();
  var texture = textureLoader.load("../assets/textures/general/"
    + imageFile);
  var mat = new THREE.MeshPhongMaterial();
  mat.map = texture;
  var bump = textureLoader.load("../assets/textures/general/"
    + bump)
  mat.bumpMap = bump;
  mat.bumpScale = 0.2;
  var mesh = new THREE.Mesh(geom, mat);
  return mesh;
}
```

コード中の特定の部分に注目してほしい場合には、次のように太字で表記します。

```
var effectFilm = new THREE.FilmPass(0.8, 0.325, 256, false);
effectFilm.renderToScreen = true;

var composer4 = new THREE.EffectComposer(webGLRenderer);
composer4.addPass(renderScene);
composer4.addPass(effectFilm);
```

コマンドラインでの入出力の内容も、以下のように太字で示されます。

```
# git clone https://github.com/josdirksen/learning-threejs
```

メニュー項目やダイアログボックスなどのような画面上の表示については、「メニューバーから［Preferences］→［Advanced］を選択して、［開発メニューを表示］という項目をチェックします」のように表記しています。

ヒントやコツはこのように表示されます。

警告や重要なメモはこのように表示されます。

翻訳者による補足説明はこのように表示されます。

サンプルコードのダウンロード

本書向けにGitHubリポジトリ（https://github.com/josdirksen/learning-threejs）を開設しました。サンプルコードはここから取得できます[*1]。

意見と質問

本書（日本語翻訳版）の内容については、最大限の努力をもって検証、確認していますが、誤りや不正確な点、誤解や混乱を招くような表現、単純な誤植などに気がつかれることもあるかもしれません。そうした場合、今後の版で改善できるようお知らせいただければ幸いです。将来の改訂に関する提案なども歓迎いたします。連絡先は次のとおりです。

株式会社オライリー・ジャパン
電子メール japan@oreilly.co.jp

本書のウェブページには次のアドレスでアクセスできます。

http://www.oreilly.co.jp/books/9784873117706
https://www.packtpub.com/web-development/learning-threejs-%E2%80%93-javascript-3d-library-webgl-second-edition（英語）
https://github.com/josdirksen/learning-threejs（著者）

＊1　日本語版のサンプルコードはhttps://github.com/oreilly-japan/learning-three-js-2e-ja-supportから入手できます。

オライリーに関するその他の情報については、次のオライリーのウェブサイトを参照してください。

http://www.oreilly.co.jp/
http://www.oreilly.com/（英語）

謝辞

書籍の執筆はひとりでできるものではありません。本書の執筆にあたっても、多くの人たちの助けや協力がありました。中でも以下の方々には特に感謝しています。

- 執筆、レビュー、編集という本の制作の全行程にわたってずっと私を助けてくれたPacktのみなさん、すばらしい仕事をありがとう！
- もちろんRicardo Cabello、またの名を "Mr. dò_ób" にも感謝しなければいけません。このようなすばらしいライブラリを作ってくれてありがとう。
- レビュアーのみなさんもありがとう。すばらしいフィードバックとコメントはこの本の改善にとても役立ちましたし、ポジティブなコメントは本書の執筆の大きな支えになりました！
- 最後にもちろん家族にも感謝しています。妻Brigitteにはさまざまな面で私を助けてくれたことに、ふたりの娘SophieとAmberにはいつも私にそろそろキーボードとコンピューターから離れるべきだと思い出させてくれたことに、ありがとう。

目次

1章 初めての3Dシーン作成

モダンブラウザは進化を続け、JavaScrptを通じて直接アクセスできる機能も次第に強力になってきています。HTML5で新しく登場したタグを使用すれば動画や音声を簡単に追加でき、canvas要素を使用するとインタラクティブな画面要素も簡単に作成できます。HTML5とともに、モダンブラウザはWebGLのサポートも開始しました。WebGLを使用することで、グラフィックスカードの処理能力を直接利用して、高性能な2D／3Dコンピューターグラフィックスを作成できます。しかし、JavaScriptから直接WebGLを使用してプログラミングし、3Dシーンを作成してアニメーションさせるのは非常に複雑で間違いを起こしやすい作業です。本書で紹介するThree.jsというライブラリはこの作業を大幅に簡単にしてくれます。Three.jsを使用することで容易になる作業の一部を以下に示します。

- 単純あるいは複雑な3D形状の作成
- 3Dシーン上のオブジェクトのアニメーションや移動
- オブジェクトへのテクスチャやマテリアルの適用
- シーンを照らすさまざまな光源の利用
- 3Dモデリングソフトウェアからのオブジェクトの読み込み
- 3Dシーンへの高度なポストプロセッシング効果の追加
- 独自に作成したカスタムシェーダーの使用
- ポイントクラウドの作成

図1-1のように、数行のJavaScriptで単純な3Dモデルからフォトリアリスティックなリアルタイムシーンまであらゆるものが作成できます（http://www.vill.ee/eye/をブラウザで開けば実際に見ることができます）。

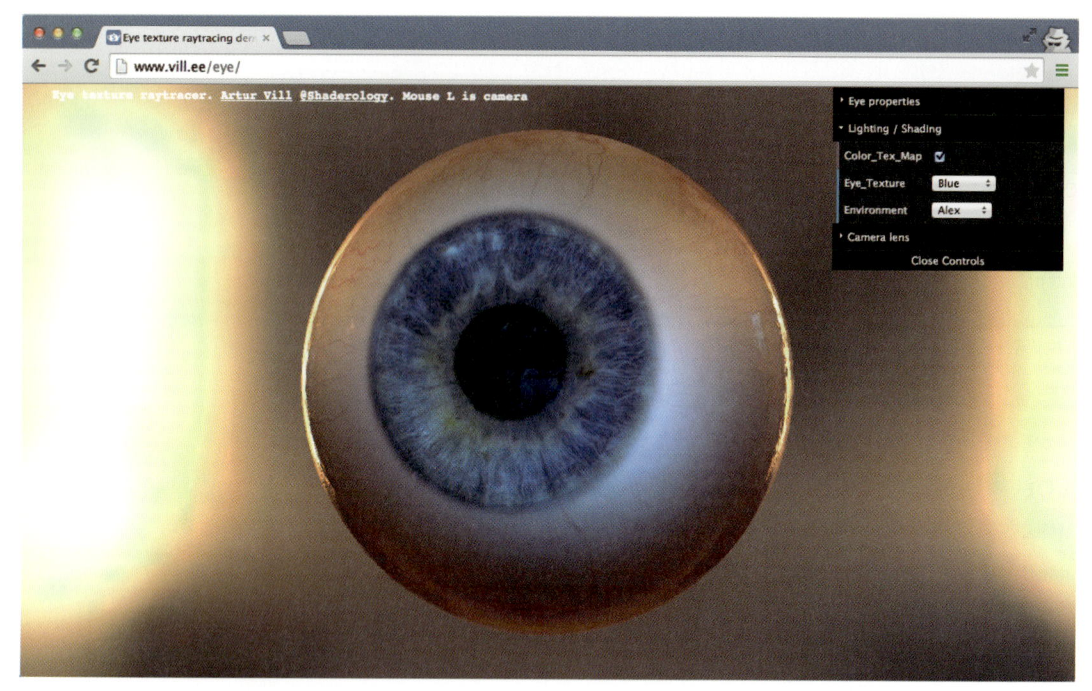

図1-1　Three.jsを使用した3Dシーン

この章ではThree.jsの世界に飛び込み、初めてのサンプルを作成します。その中にはThree.jsがどのように動作するかを示すためだけのものもあれば、実際に遊ぶことができるものもあります。まだここでは技術的な詳細のすべてに触れることはありません。それはこの先に続くいくつかの章で学ぶことです。この章で触れられる内容は以下のようなものです。

- Three.jsを使用するのに必要なツール
- 本書で使用するソースコードとサンプルのダウンロード方法
- 初めてのThree.jsシーン作成
- 初めてのシーン上でのマテリアルやライト、アニメーションの利用
- 統計情報の表示やシーンの制御に利用できるいくつかのヘルパーライブラリの導入

本書ではこれからThree.jsを簡単に説明し、その後すぐに最初の例を紹介します。しかしその前に、もっとも重要なブラウザのWebGLサポート状況を簡単に見ておきましょう。

本書翻訳時点では、WebGLは**表1-1**に示すデスクトップブラウザで動作します。

表1-1　デスクトップブラウザのWebGLサポート状況

ブラウザ	サポート
Mozilla Firefox	バージョン4.0以上
Google Chrome	バージョン9以上

ブラウザ	サポート
Safari	Mac OS X Mountain Lion、Lion、Snow Leopardにインストールされている Safari バージョン5.1以上、または Yosemiteにインストールされている Safari バージョン8.0以上。Mountain Lion以前のSafariではWebGLを有効化する必要がある。[環境設定] → [詳細] を開き、[メニューバーに"開発"メニューを表示] をチェックし、[開発] → [WebGLを有効化する] をクリックする
Opera	バージョン12.00以上。ただしバージョン14以前ではopera:configを開き、[WebGL and Enable Hardware Acceleration] の値を1に設定後、ブラウザをリスタートして、機能を有効化する必要がある。バージョン15以上ではデフォルトで有効になっている
Internet Explorer	長い間WebGLをサポートしない唯一のメジャーブラウザだったが、MicrosoftはIE11からWebGLのサポートを始めた
Microsoft Edge	バージョン13以上。ただしこのバージョン番号はEdgeのAboutページのものではなく、ユーザーエージェントとして使用されているものを指す

基本的にはThree.jsはIEの古いバージョンを除けば、すべてのモダンブラウザで動作します。もし古いIEを使用したいのであれば、少し追加の作業が必要です。バージョン10より古いIEを対象としたiewebglプラグインがhttps://github.com/iewebgl/iewebglにあるので、インストールしてください。このプラグインはバージョン10以前のIEの内部に組み込まれ、WebGLのサポートを可能にします。

Three.jsはモバイルデバイスでも動作します。WebGLのサポート状況もそのパフォーマンスもさまざまですが、いずれも急速に進化しています（表1-2）。

表1-2　モバイルデバイスのWebGLサポート状況

デバイス	サポート
Android	Android 4.4以降の標準ブラウザはChromiumベースであり、WebGLをサポートしている。Android 4.3以前の標準ブラウザはWebGLをサポートしておらず、モダンなHTML5の機能もおおよそサポートされていないため、AndroidでWebGLを利用したければ、モバイル版の最新のChromeまたはFirefox、Operaを使用する必要がある
iOS	iOS 8にはiOSデバイス上でのWebGLサポートもある。iOS Safariバージョン8は非常によくWebGLをサポートしている
Windows Mobile	Windows Mobileのバージョン8.1以降ではWebGLをサポートしている

このようにWebGLを使用するとデスクトップとモバイルデバイスの両方で動作するインタラクティブな3Dビジュアルを実現できます。

本書の大部分ではWebGLベースのレンダラを使用しますが、Three.jsにはCSS 3Dベースのレンダラもあり、そのAPIを使用するとCSS 3Dを使用した3Dシーンを簡単に作成できます。CSS 3Dベースの手段を採用することで得られる大きな利点は、ほとんどすべてのモバイル／デスクトップ両ブラウザでこの標準がサポートされていることと、3D空間の中にHTML要素を描画できるようになることです。CSS 3Dブラウザを使う方法については「7章 パーティクル、スプライト、ポイントクラウド」で簡単に紹介します。

この章では、まず初めに3Dシーンを作成して先ほど紹介したすべてのブラウザで動作させます。ここではまだThree.jsの機能の複雑すぎるものについては紹介しませんが、それでもこの章の終わりには、**図1-2**のようなシーンが完成します。

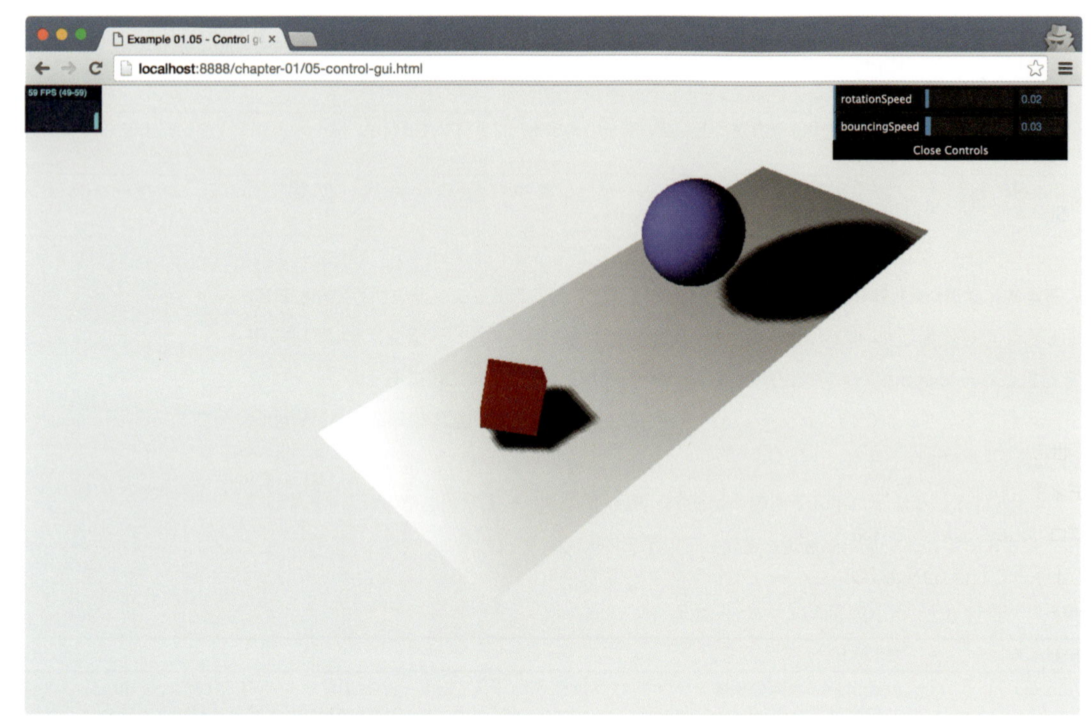

図1-2　初めての3Dシーン

この最初のシーンを作成することでThree.jsの基本について学び、初めてのアニメーションも設定することになります。しかし作業を開始する前に、まずThree.jsを便利に使用するために必要なツールや本書のソースコードのダウンロード方法を見ていきます。

1.1　Three.jsを使用する要件

Three.jsはJavaScript製のライブラリです。そのためThree.jsを使ってWebGLアプリケーションを作成するために必要となるのは、テキストエディタと実行結果を表示するためのWebGLをサポートしているブラウザだけです。おすすめのJavaScriptエディタは3つあります。筆者はここ数年これらしか使用していません。

WebStorm

JetBrainsが提供しているこのエディタはJavaScript編集を強力にサポートしてくれます。コード補完や自動デプロイをサポートしていて、JavaScriptデバッガをエディタから直接利用できます。加えて、WebStormはGitHub（や他のバージョンコントロールシステム）

のサポートも優秀です。http://www.jetbrains.com/webstorm/からトライアルバージョンをダウンロードできます。

Notepad++

Notepad++は幅広いプログラミング言語向けのコードハイライトをサポートしている汎用エディタで、JavaScriptのコードを簡単にレイアウトしたり整形することができます。Nodepad++はWindows専用であることに注意してください。Nodepad++はhttp://notepad-plus-plus.org/からダウンロードできます。

Sublime Textエディタ

SublimeはJavaScriptの編集を大いにサポートしてくれる優れたエディタです。それに加えて、(複数行選択のような)非常に便利な選択機能と編集オプションを持ち、それらを利用することで非常にすばらしいJavaScript開発環境になります。Sublimeは無料で試すこともでき、http://www.sublimetext.com/からダウンロードできます。

世の中にはオープンソース、商用を問わず数多くのエディタがあります。ここで紹介したエディタを利用しなくても、自分好みのエディタを使ってJavaScriptのコードを編集し、Three.jsプロジェクトを作成できます。中でもhttp://c9.ioというプロジェクトは興味深く感じられるでしょう。これはGitHubアカウントと関連付けることができるクラウド型のJavaScriptエディタです。このエディタを利用すれば本書のすべてのソースコードとサンプルに直接アクセスできます。

これらのようなテキストベースのエディタを使用して本書のソースを編集したり試したりする以外にも、現在ではThree.js自身がオンラインエディタを提供しています。
このエディタにはhttp://threejs.org/editor/でアクセスでき、Three.jsシーンをグラフィカルな方法で作成できます。

ほとんどのモダンブラウザはWebGLをサポートしていてThree.jsのサンプルを実行するために使用できると説明しましたが、筆者は通常Chromeでコードを実行しています。理由は、よく言われることですが、ChromeはWebGLをもっともよくサポートしていてパフォーマンスも高く、非常にすばらしいJavaScriptデバッガを備えているからです。このデバッガを使用すると、**図1-3**のように、例えばブレークポイントとコンソール出力を使用して、問題がどこにあるのかをすぐに特定できます。本書では必要に応じてデバッガの利用に関する注意点を示し、全体を通してデバッギングに関するヒントやテクニックを紹介しています。

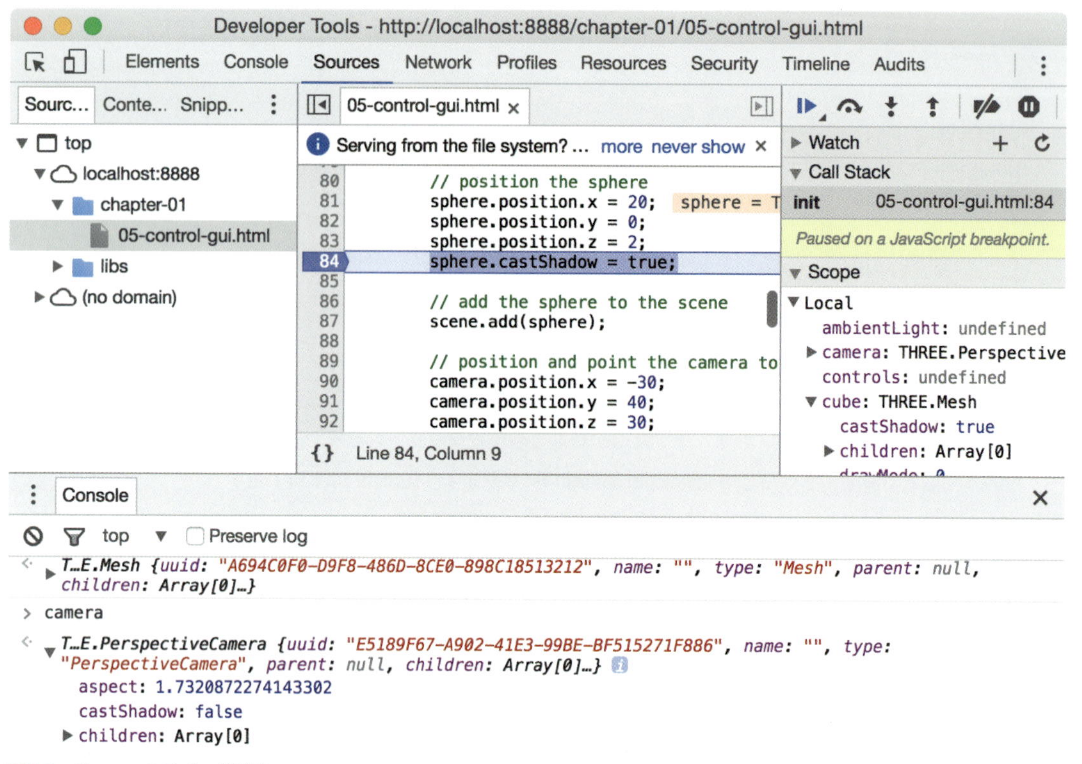

図1-3 Chromeのデバッガ機能

Three.jsの紹介としてはこれで十分でしょう。それではソースコードを手に入れて初めてのシーンを見てみましょう。

1.2 ソースコードの取得

本書に登場するすべてのコードはGitHub（https://github.com/）でアクセスできます。GitHubはGitベースのオンラインリポジトリで、ソースコードを保存したり、アクセスしたり、バージョン管理したりするために利用できます。自分で使用するためにソースコードを取得する方法はいくつかあります。

- Gitリポジトリをクローン
- アーカイブをダウンロードして展開

続く2つの段落で、これらのオプションについてもう少しだけ詳細に説明します。

1.2.1 Gitコマンドを使用してリポジトリをクローン

Gitはオープンソースの分散バージョンコントロールシステムで、本書のすべてのサンプルの作成とバージョン管理に使用されています。筆者は無料のオンラインGitリポジトリである

GitHubを利用しました。https://github.com/oreilly-japan/learning-three-js-2e-ja-supportでこのリポジトリを閲覧できます[*1]。

`git`コマンドラインツールを使用してこのリポジトリをクローンすることですべてのサンプルを取得できます。そのためにはまず使用しているOS用のGitクライアントをダウンロードする必要があります。http://git-scm.comから最近のほとんどのOS用のクライアントをダウンロードできます。(MacまたはWindowsであれば) GitHub自身が提供しているものを使用してもかまいません。Gitをインストールすると、`git`コマンドを利用して本書のリポジトリのクローンを取得できます。コマンドプロンプトを開き、ソースをダウンロードしたいディレクトリに移動して以下のコマンドを実行します。

```
# git clone https://github.com/oreilly-japan/learning-three-js-2e-ja-support
```

このコマンドを実行するとすべてのサンプルのダウンロードが開始します（**図1-4**）。

```
ターミナル — zsh — 100×10
[yasushiando@macbook] git clone https://github.com/oreilly-japan/learning-three-js-2e-ja-support
Cloning into 'learning-three-js-2e-ja-support'...
remote: Counting objects: 922, done.
remote: Total 922 (delta 0), reused 0 (delta 0), pack-reused 922
Receiving objects: 100% (922/922), 108.74 MiB | 523.00 KiB/s, done.
Resolving deltas: 100% (288/288), done.
Checking connectivity... done.
Checking out files: 100% (673/673), done.
[yasushiando@macbook]
```

図1-4　git cloneコマンドの実行結果

これで、`learning-three-js-2e-ja-support`ディレクトリに本書全体で使用しているサンプルがすべて取得できます。

1.2.2　アーカイブをダウンロードして展開

`git`コマンドを使用してGitHubからソースを直接ダウンロードしたくなければ、アーカイブをダウンロードすることもできます。ブラウザでhttps://github.com/oreilly-japan/learning-three-js-2e-ja-supportを開き、**図1-5**の画面右側にある［Clone or download］ボタンをクリックし、ポップアップウィンドウの［Download ZIP］ボタンをクリックしてください。

＊1　訳注：原著のコードはhttps://github.com/josdirksen/learning-threejsを参照。

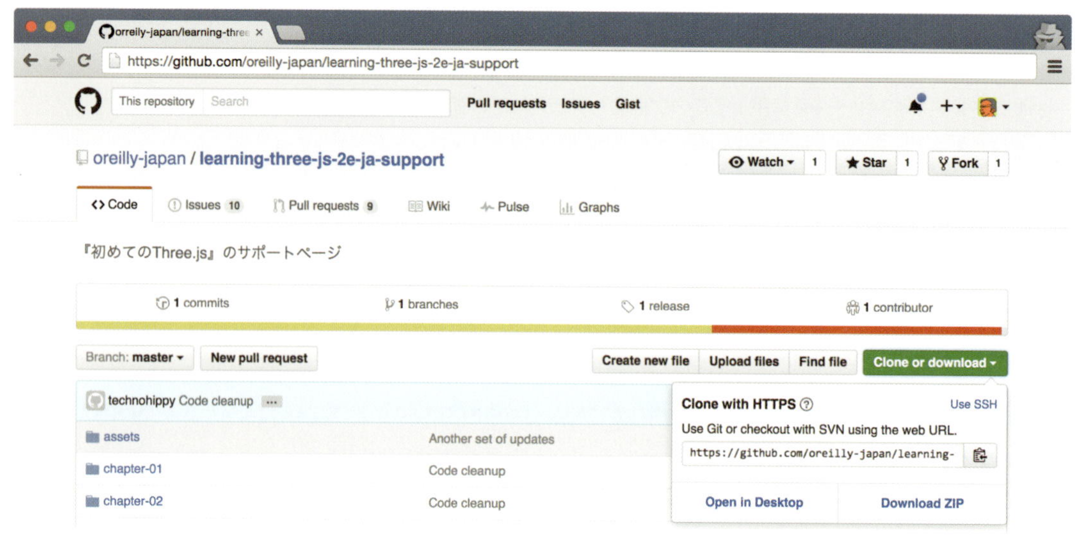

図1-5　本書のGitHubリポジトリ

ダウンロードしたZIPファイルを任意のディレクトリで展開すれば、すべてのサンプルが利用可能になります。

1.2.3　サンプルの確認

これでソースコードをダウンロードもしくはクローンできました。次にそれらが正しく動作するかを確認するためと、ディレクトリ構造になれるために簡単なチェックをしましょう。サンプルコードは章ごとに整理されています。サンプルを見る方法は2つあります。ダウンロードしたファイルを展開もしくはGitリポジトリをクローンしてできたフォルダをブラウザで直接開き、特定のサンプルを選んで実行する方法と、ウェブサーバーをローカルで立ち上げる方法です。最初の方法でも基本的なサンプルの多くは動作しますが、モデルやテクスチャ画像などの外部リソースをロードするようになるとHTMLを開くだけではうまくいきません。この場合、外部リソースを正しく読み込むためにローカルウェブサーバーが必要になります。以下の節では、サンプルの確認に利用できる簡易的なローカルウェブサーバーをセットアップする方法をいくつか説明します。ローカルウェブサーバーをセットアップできなかったとしても、ChromeまたはFirefoxを使っているのであれば、あるセキュリティ機能を無効化してローカルウェブサーバーを使用せずに動作を確認する方法も説明するので安心してください。

ローカルウェブサーバーのセットアップは、すでに何がインストールされているかによりますが、非常に簡単です。ここではやり方を示すための例をいくつか挙げますが、実際にはシステムの状況によってさまざまな方法があります。

1.2.3.1　ほとんどのUnix/Macシステムで動作するPythonベースのウェブサーバー

ほとんどのUnix/Linux/MacシステムにはすでにPythonがインストールされています。そのようなシステムではローカルウェブサーバーは非常に簡単に立ち上げられます[*1]。

```
> python -m SimpleHTTPServer
Serving HTTP on 0.0.0.0 port 8000 ...
```

ソースコードをチェックアウトまたはダウンロードしたディレクトリで上記のようなコマンドを実行してください。

1.2.3.2 Node.jsで使用できるnpmベースのウェブサーバー

Node.jsをある程度使用しているのであれば、npmがインストールされている可能性が高いでしょう。npmを使用してテスト用の簡易ローカルウェブサーバーをセットアップする方法は2つあります。ひとつめは次のようにhttp-serverモジュールを使用することです。

```
> npm install -g http-server
> http-server
Starting up http-server, serving ./ on port: 8080
Hit CTRL-C to stop the server
```

もしくは次のようにsimple-http-serverを使用することもできます。

```
> npm install -g simple-http-server
> nserver
simple-http-server Now Serving: /Users/yasushiando/learning-
threejs at http://localhost:8000/
```

ただし、2番目の方法を使用した場合、1番目の方法とは違いディレクトリ内の一覧が自動的に表示されないという問題があります。

1.2.3.3 MacまたはWindows用のポータブル版Mongoose

PythonもnpmもインストールされていないGuide場合、Mongooseというポータブルな簡易ウェブサーバーが利用できます。初めにhttps://www.cesanta.com/products/binaryから読者の使用しているプラットフォーム向けのバイナリをダウンロードしてください。WindowsまたはMacを使用しているのであれば、サンプルが保存されているディレクトリにバイナリをコピーし、実行ファイルをダブルクリックするとウェブブラウザが開き、実行したディレクトリの内容が表示されます。

それ以外のOSでもターゲットディレクトリに実行ファイルをコピーするところは同じですが、実行ファイルをダブルクリックする代わりに、コマンドラインから起動する必要があります。いずれの場合でもローカルウェブサーバーは8080番ポートを使用します（**図1-6**）。

＊1　訳注：Python 3の場合はpython -m http.serverで起動。

Index of /

Name	Modified	Size
Mongoose.app/	12-Apr-2016 22:36	[DIRECTORY]
assets/	22-May-2016 00:04	[DIRECTORY]
chapter-01/	22-May-2016 00:56	[DIRECTORY]
chapter-02/	22-May-2016 00:56	[DIRECTORY]
chapter-03/	22-May-2016 00:56	[DIRECTORY]
chapter-04/	22-May-2016 00:56	[DIRECTORY]
chapter-05/	20-May-2016 10:31	[DIRECTORY]
chapter-06/	20-May-2016 11:28	[DIRECTORY]
chapter-07/	20-May-2016 12:16	[DIRECTORY]
chapter-09/	20-May-2016 13:21	[DIRECTORY]
chapter-08/	20-May-2016 13:09	[DIRECTORY]
chapter-10/	21-May-2016 02:24	[DIRECTORY]

図1-6　サンプルコード一覧

章番号をクリックするだけで、その章のサンプルがすべて表示されアクセスできます。本書で特定のサンプルについて議論する時にはそのフォルダも指定します。実際に動作を確認したりコードの全体を読んでみてください。

1.2.3.4　FirefoxとChromeでセキュリティ例外を無効化

サンプルを表示するためにChromeを使用する場合は、いくつかのセキュリティ設定を無効化することで、ウェブサーバーを使用する必要がなくなります。それには次のような手順でChromeを起動します。

Windowsの場合

```
chrome.exe --disable-web-security --user-data-dir=%UserProfile%\path\to\some\folder
```

Linuxの場合

```
google-chrome --disable-web-security --user-data-dir=$HOME/path/to/some/folder
```

Macの場合

```
open -a Google\ Chrome --args --disable-web-security --user-data-dir=$HOME/path/to/some/folder
```

上記のようにChromeを起動すれば、すべての例にローカルファイルシステムから直接アクセスできます。

Firefoxユーザーの場合、いくつか異なる手順を踏む必要があります。Firefoxを開き、URLバーに`about:config`と入力してください。そうすると**図1-7**のように表示されます。

図1-7　Firefoxの設定画面

この画面で［細心の注意を払って使用する］ボタンをクリックします。するとFirefoxの動作を調整するために利用できるすべてのプロパティが表示されます。画面の検索ボックスで`security.fileuri.strict_origin_policy`と入力し、**図1-8**のように値を`false`に変更してください。

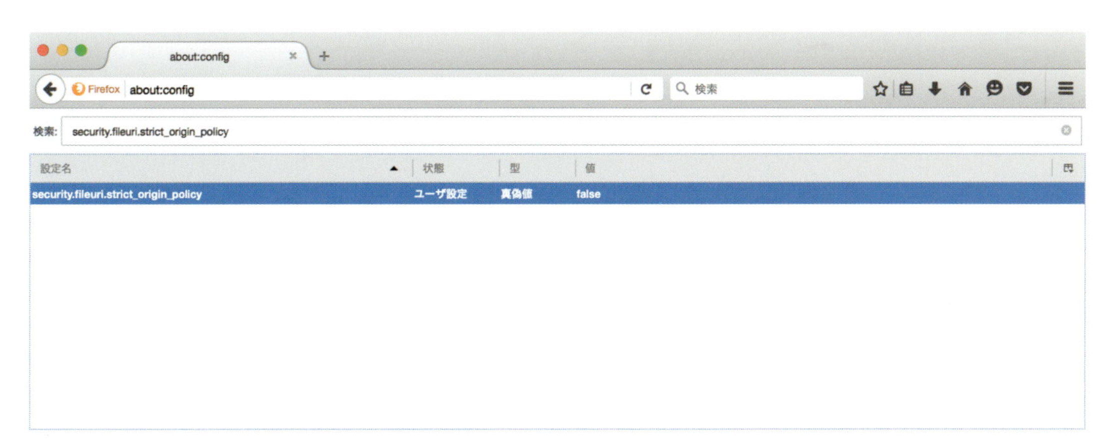

図1-8　security.fileuri.strict_origin_policyをfalseに設定

これでFirefoxでも本書で提供される例を直接実行できます。

ウェブサーバーをインストール、もしくは関係するセキュリティ設定を無効にしたことで、ようやく初めてのThree.jsシーンの作成を開始できるようになりました。

1.3　HTMLのスケルトン作成

まず初めにやるべきは、次のようなすべてのサンプルの基礎として利用できる空のスケルトンページを作成することです。

```
<!DOCTYPE html>

<html>

  <head>
    <title>Example 01.01 - Basic skeleton</title>
    <script src="../libs/three.js"></script>
    <style>
      body{
        /* ページ全体を使用するためにmarginを0に設定して
           overflowをhiddenに設定する */

        margin: 0;
        overflow: hidden;
      }
    </style>
  </head>
  <body>

    <!-- 出力を保持するDiv -->
    <div id="WebGL-output">
    </div>

    <!-- サンプルを実行するJavaScriptコード -->
    <script>

      // すべての読み込みが終わってからThree.js関連の処理を実行します
      function init() {
         // Three.js関係の処理を以下に追加します
      };
      window.onload = init;

    </script>
  </body>
</html>
```

このリストを見てわかるとおり、スケルトンは非常に単純なHTMLページで数個の要素しかありません。<head>要素内ではサンプルで使用する外部JavaScriptライブラリを読み込みます。すべてのサンプルで少なくともThree.jsライブラリの本体であるthree.jsまたはthree.min.jsをロードする必要があります。その他に<head>要素内にはCSSも数行含まれています。これらの`style`要素ではページ全体に渡るThree.jsシーンを作成した時のためにスクロールバーをすべて取り除いています。このページの<body>要素には`<div>`要素がひとつだけあるのがわかるでしょう。Three.jsのコードを書く時には、この要素を使用してThree.jsレンダラの出力を表示します。このページの下の方にすでにJavaScriptのコードが少し記述されているのが見えます。ここでは`window.onload`プロパティに`init`関数を設定して、HTMLドキュメントのロードが完了した時に確実にその関数が呼び出されるようにしています。この`init`関数にThree.jsに関係するJavaScriptのすべてが挿入されることになります。

Three.jsは2つの形式で提供されています。

three.min.js

Three.jsサイトをインターネットに公開する時に通常使用するのはこのライブラリです。これはUglifyJSを使用して作成されたThree.jsのミニファイバージョンで、通常のThree.jsライブラリの4分の1程度の大きさです。本書で使用されるすべてのサンプルとコードは2016年6月にリリースされたThree.js r78を使用して動作を確認しています。

three.js

こちらは通常のThree.jsライブラリです。Three.jsのソースコードを読んで理解できデバッグが容易なので、サンプルではこちらのライブラリを使用しています。

ブラウザでこのページを見ても、何も驚くような結果は得られないでしょう。想像どおり、真っ白なページが表示されるだけです。

次の節で初めてシーンにいくつか3Dオブジェクトを追加して、それらをHTMLスケルトンで定義した`<div>`要素内に描画する方法を学びます。

1.4 3Dオブジェクトの表示

ここでは初めてのシーンを作成して、いくつかのオブジェクトとカメラを追加します。最初のサンプルには表1-3のオブジェクトが含まれます。

表1-3 追加するオブジェクト

オブジェクト	説明
plane	2次元の長方形で、地面に相当する。図1-2の画面例では、シーン中央に灰色の長方形として描画されている
cube	3次元の立方体で、赤色で描画される
sphere	3次元の球体で、青色で描画される
camera	カメラは画面には何も表示されないが、何を出力に含めるかを決定する
axes	x、y、z軸。これは便利なデバッグ用のツールでオブジェクトが3D空間のどこに描画されるかを確認できる。x軸は赤色、y軸は緑、z軸は青色でそれぞれ描画される

まず初めにコードがどのようになるか紹介して（コメント付きのソースはchapter-01/02-first-scene.htmlにあります）、それから何が起こっているかを説明します。

```
function init() {
  var scene = new THREE.Scene();
  var camera = new THREE.PerspectiveCamera(
    45, window.innerWidth / window.innerHeight, 0.1, 1000);

  var renderer = new THREE.WebGLRenderer();
  renderer.setClearColor(new THREE.Color(0xEEEEEE));
  renderer.setSize(window.innerWidth, window.innerHeight);

  var axes = new THREE.AxisHelper(20);
  scene.add(axes);
```

```
    var planeGeometry = new THREE.PlaneGeometry(60, 20);
    var planeMaterial = new THREE.MeshBasicMaterial({
      color: 0xcccccc});
    var plane = new THREE.Mesh(planeGeometry, planeMaterial);

    plane.rotation.x = -0.5 * Math.PI;
    plane.position.x = 15;
    plane.position.y = 0;
    plane.position.z = 0;

    scene.add(plane);

    var cubeGeometry = new THREE.BoxGeometry(4, 4, 4);
    var cubeMaterial = new THREE.MeshBasicMaterial({
      color: 0xff0000, wireframe: true});
    var cube = new THREE.Mesh(cubeGeometry, cubeMaterial);

    cube.position.x = -4;
    cube.position.y = 3;
    cube.position.z = 0;

    scene.add(cube);

    var sphereGeometry = new THREE.SphereGeometry(4, 20, 20);
    var sphereMaterial = new THREE.MeshBasicMaterial({
      color: 0x7777ff, wireframe: true});
    var sphere = new THREE.Mesh(sphereGeometry, sphereMaterial);

    sphere.position.x = 20;
    sphere.position.y = 4;
    sphere.position.z = 2;

    scene.add(sphere);

    camera.position.x = -30;
    camera.position.y = 40;
    camera.position.z = 30;
    camera.lookAt(scene.position);

    document.getElementById("WebGL-output")
      .appendChild(renderer.domElement);

    renderer.render(scene, camera);
  }
  window.onload = init;
```

このサンプルをブラウザで開くと、**図1-9**のような画面が表示されます。本章の最初に見た**図1-2**のような画面にするには、ここからまだやるべきことがたくさんあります。

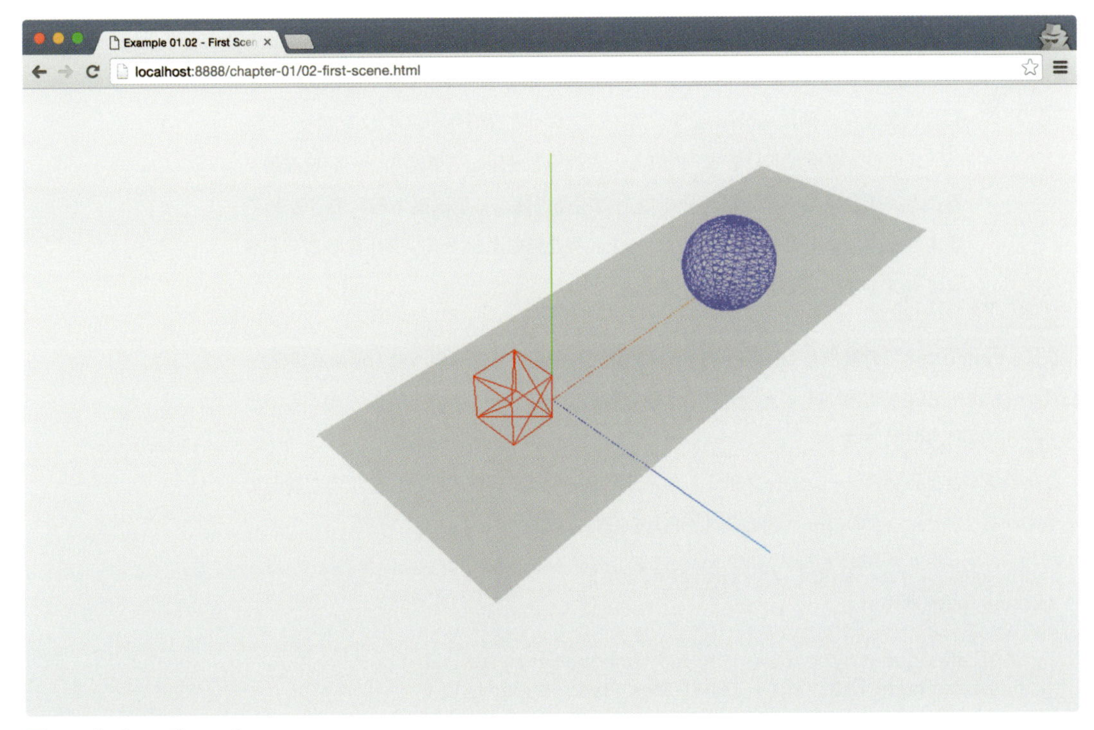

図1-9　初めてのThree.jsシーン

見た目をより美しくする前に、まずはコードを1ステップずつ見ていき、コードが何をしているか理解しましょう。

```
var scene = new THREE.Scene();
var camera = new THREE.PerspectiveCamera(
  45, window.innerWidth / window.innerHeight, 0.1, 1000);
var renderer = new THREE.WebGLRenderer();
renderer.setClearColor(new THREE.Color(0xEEEEEE));
renderer.setSize(window.innerWidth, window.innerHeight);
```

サンプルの一番最初でsceneとcamera、rendererを定義しています。sceneオブジェクトは表示したいすべての物体と利用したいすべての光源を保持して変更を監視するコンテナオブジェクトです。THREE.SceneオブジェクトがなければThree.jsは何も描画できません。THREE.Sceneオブジェクトについては次の章でより詳細に説明します。サンプルに描画する球体と立方体は後ほどシーンに追加されます。この最初のコードでは、cameraオブジェクトも作成しています。cameraオブジェクトはシーンを描画する時に何が見えるかを決定します。次の「2章 シーンの基本要素」でcameraオブジェクトに渡す引数についてより詳細に学びます。その後でrendererを定義します。rendererオブジェクトはcameraオブジェクトの角度に基づいてブラウザ内でsceneオブジェクトがどのように見えるかを計算します。ここではWebGLRendererを使い、グラフィックスカードを利用してこのサンプルのシーンを描画します。

Three.jsのソースコードとドキュメント（http://threejs.org/で見ることができます）を読むと、WebGLベースのレンダラ以外にもレンダラがあることに気づくかもしれません。他にもcanvasベースのレンダラとSVGベースのレンダラ、CSSベースのレンダラがあります。ただし、これらを使用して単純なシーンを描画することは確かにできますが、それ以上の用途に使うことは基本的におすすめできません。CPUに大きな負荷をかける上、見た目のよいマテリアルのサポートやシェーダーなどの機能がありません。

次に、rendererの背景色をsetClearColor関数を使用してほぼ真っ白（new THREE.Color(0xEEEEEE)）に設定し、setSize関数で描画すべきシーンの大きさがどのくらいかをrendererに通知します。

これで基本となる空のシーンとレンダラ、カメラが手に入りました。しかしまだ何も表示するものがありません。次のコードで座標軸と平面を追加します。

```
var axes = new THREE.AxisHelper(20);
scene.add(axes);

var planeGeometry = new THREE.PlaneGeometry(60, 20);
var planeMaterial = new THREE.MeshBasicMaterial({
  color: 0xcccccc});
var plane = new THREE.Mesh(planeGeometry, planeMaterial);

plane.rotation.x = -0.5 * Math.PI;
plane.position.x = 15;
plane.position.y = 0;
plane.position.z = 0;

scene.add(plane);
```

見てわかるとおり、axesオブジェクトを作成し、scene.add関数を使用してその座標軸をシーンに追加します。次に平面を作りますが、これには2つのステップが必要です。初めにnew THREE.PlaneGeometry(60, 20)というコードを使用してどのような平面であるかを定義します。今回は幅を60、高さを20に指定しました。さらにこの平面の見た目（例えば色や透明度など）もThree.jsに設定する必要もあります。Three.jsではマテリアルオブジェクトを作成することでオブジェクトの見た目を指定します。この最初のサンプルでは色を0xccccccに設定した基本的なマテリアル（THREE.MeshBasicMaterial）を作成します。次にこれら2つを組み合わせてplaneという名前のMeshオブジェクトにします。planeをシーンに追加する前に正しい位置に配置しなければいけません。初めにx軸周りに90度回転し、それからpositionプロパティを使用してシーン内での位置を設定します。この詳細に興味が湧いた時は、2章のサンプル06-mesh-properties.htmlを参照してください。「2.2.2 メッシュの関数とプロパティ」で回転と位置設定について説明しています。その後で、axesの場合と同じようにsceneにplaneを追加する必要があります。

cubeオブジェクトとsphereオブジェクトも同様なやり方で追加しますが、マテリアルのwireframeプロパティがtrueに設定されているので、Three.jsはソリッドなオブジェクトではなくワイヤーフレームを描画します。ではこのサンプルの最後の部分に進みましょう。

```
camera.position.x = -30;
camera.position.y = 40;
camera.position.z = 30;
camera.lookAt(scene.position);

document.getElementById("WebGL-output").appendChild(
  renderer.domElement);
renderer.render(scene, camera);
```

この時点で描画したい要素はすべてシーンの正しい位置に追加されています。何が描画されるかはカメラによって決定されるということについてはすでに述べました。このコードでは、position.x、position.y、position.zプロパティを使用してカメラをシーンの中に浮かんでいるように配置します。カメラが物体を確実に捉えられるように、lookAt関数を使用してシーンの中心（デフォルトで(0, 0, 0)に位置しています）を向くように指定します。残る作業はレンダラの出力をHTMLスケルトンの<div>要素に追加するだけです。実際の出力用の要素を取り出して、JavaScriptの標準的な方法であるappendChild関数でdiv要素に追加します。最後にcameraオブジェクトを渡してsceneを描画するようにrendererに指示します。

この後に続くいくつかの節でライトや影、マテリアルやアニメーションなどを追加してシーンをより魅力的にしていきます。

1.5　マテリアル、ライト、影の追加

Three.jsでは前節で説明した内容とほとんど同じ方法で新しいマテリアルとライトを非常に簡単に追加できます。まず以下のように光源をシーンに追加することから始めます（ソースコードの全体は03-materials-light.htmlを参照してください）。

```
var spotLight = new THREE.SpotLight(0xffffff);
spotLight.position.set(-20, 30, -5);
scene.add(spotLight);
```

THREE.SpotLightは自分の位置（spotLight.position.set(-20, 30, -5)）からシーンを照らします。しかしまだ実際にこのライトを使用してシーンを描画してみたとしても、前の結果と何も違いがないはずです。これはマテリアルごとにライトに対する反応が異なるからです。前のサンプルで使用した基本的なマテリアル（THREE.MeshBasicMaterial）はシーン内の光源に一切反応せず、ただ特定の色でオブジェクトを描画するだけです。ライトに反応させるにはplane、sphere、cubeのマテリアルを以下のように変更する必要があります。

```
var planeGeometry = new THREE.PlaneGeometry(60, 20);
var planeMaterial = new THREE.MeshLambertMaterial({
  color: 0xffffff});
var plane = new THREE.Mesh(planeGeometry, planeMaterial);
...
var cubeGeometry = new THREE.BoxGeometry(4, 4, 4);
var cubeMaterial = new THREE.MeshLambertMaterial({
  color: 0xff0000});
var cube = new THREE.Mesh(cubeGeometry, cubeMaterial);
...
var sphereGeometry = new THREE.SphereGeometry(4, 20, 20);
var sphereMaterial = new THREE.MeshLambertMaterial({
  color: 0x7777ff});
var sphere = new THREE.Mesh(sphereGeometry, sphereMaterial);
```

ここではマテリアルを`MeshLambertMaterial`に変更しました。このマテリアルと`MeshPhongMaterial`、`MeshStandardMaterial`がThree.jsによって提供されているマテリアルの中で、光源を計算に含めるものです。

しかし結果は**図1-10**のとおりで、我々の目標にはまだ届きません。

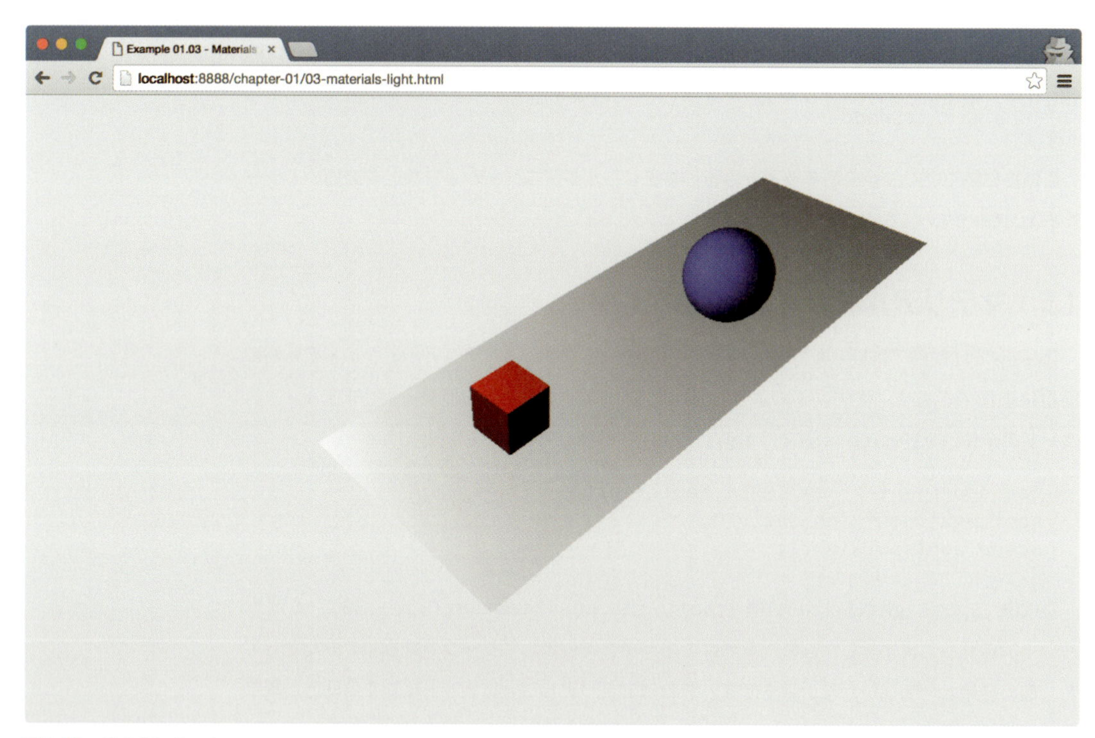

図1-10　影のないシーン

立方体と球体の見た目は非常によくなりました。しかしまだ足りないものがあります。それが影です。

影の描画には大きな計算コストがかかります。そのためThree.jsでは影の描画はデフォルトで無効化されています。とはいえ、その有効化は非常に簡単です。影を描画するには、以下のようにソースの複数の場所を変更する必要があります。

```
renderer.setClearColor(new THREE.Color(0xEEEEEE));
renderer.setSize(window.innerWidth, window.innerHeight);
renderer.shadowMap.enabled = true;
```

最初に行うべき変更はrendererに影を使いたいと伝えることです。つまりshadowMap.enabledプロパティをtrueに設定します。しかしこの変更の結果を確認しても、まだ何も変化は見られません。というのも影を表示するには、影を落とす物体と影を落とされる物体がどれかを明示的に指定する必要があるからです。今回のサンプルでは球体と立方体から地面として使用している平面に影を落としたいと思っています。それにはそれらのオブジェクトの対応するプロパティを次のように設定します。

```
plane.receiveShadow = true;
...
cube.castShadow = true;
...
sphere.castShadow = true;
```

これで影を落とすための作業としてはあとひとつを残すのみです。シーン内のどのライトを影の発生元とするかを選ばなければいけません。次の章でより詳細に学ぶことになりますが、すべてのライトが影を落とせるわけではありません。しかし今回のサンプルで使用しているTHREE.SpotLightは影を落とすことが可能です。必要なのは次のコードのとおり正しくプロパティを設定することだけです。これでついに影が描画されるようになります。

```
spotLight.castShadow = true;
```

これによって、**図1-11**のように光源から影が落ちるシーンが完成しました。

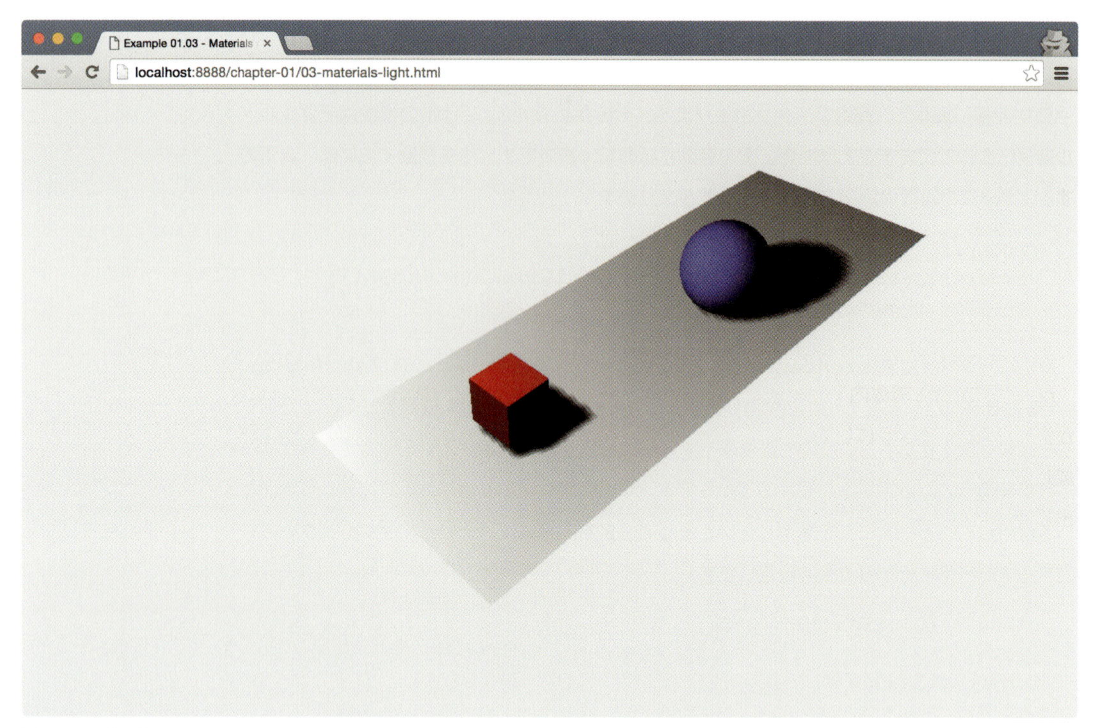

図1-11　影のあるシーン

この初めてのシーンに追加する最後の機能はちょっとしたアニメーションです。より高度なアニメーションのオプションについては後ほど「9章 アニメーションとカメラの移動」で学ぶことになります。

1.6　初めてのシーンをアニメーションするように拡張

シーンをアニメーションさせたいのであれば、最初にやる必要があるのは特定の間隔でシーンを再描画する方法を見つけることです。HTML5とそれに関連するJavaScript APIが登場するまでは、その手段として`setInterval(function, intervl)`関数を使用するしかありませんでした。`setInterval`を使用すると例えば100ミリ秒ごとに呼び出される関数を設定することができます。ただしこの関数には問題があり、ブラウザがどのような状態であるかを一切考慮しません。別のタブを閲覧中だったとしてもおかまいなしに、関数は数ミリ秒ごとに起動されます。その他にも、`setInterval`の実行タイミングは画面の再描画と同期されないという問題もあります。この結果としてCPU利用率は高くなり、逆にパフォーマンスは低くなります。

1.6.1　requestAnimationFrameの導入

ありがたいことにモダンブラウザでは`requestAnimationFrame`関数の登場によってこの問題は解決されています。`requestAnimationFrame`を使用するとブラウザによって定義された間隔で呼び出される関数が設定でき、必要なものをその関数内で自由に描画できます。この関数はブラウザができるかぎりなめらかかつ効率的に描画することを保証します。利用法は非常に簡単で（完全なソースは04-materials-light-animation.htmlファイルで見ることができます）、レンダリングを処理する関数を作成して、引数として渡すだけです。

```
function renderScene() {
  requestAnimationFrame(renderScene);
  renderer.render(scene, camera);
}
```

renderScene関数内でrequestAnimationFrameを再び呼び出してアニメーションが実行され続けるようにしています。コード内で変更する必要があるのは、シーンを完全に作成し終わった後でrenderer.renderを呼び出す代わりに一度renderScene関数を呼び出してアニメーションを開始する部分だけです。

```
...
document.getElementById("WebGL-output").appendChild(
  renderer.domElement);
renderScene();
```

これを実行してみたとしても、まだ何もアニメーションさせていないので前の例と比較して変化は一切見られません。しかし実際にオブジェクトにアニメーションを追加する前に、アニメーションが実行されるフレームレートに関する情報を表示してくれるちょっとしたヘルパーライブラリを導入したいと思います。Three.jsと同じ作者が作ったこのライブラリは、今回アニメーションをさせるにあたって知りたいと思っている1秒ごとのフレーム数を示してくれる小さなグラフを描画します。

https://github.com/mrdoob/stats.js/

これらの統計情報を追加するには、まず以下のようにHTMLの<head>要素の中でライブラリを読み込む必要があります。

```
<script src="../libs/stats.js"></script>
```

さらに統計グラフの出力先として使用する<div>要素を追加します。

```
<div id="Stats-output"></div>
```

次に統計情報を初期化してそれを<div>要素に追加します。

```
function initStats() {
  var stats = new Stats();
  stats.setMode(0);
  stats.domElement.style.position = 'absolute';
  stats.domElement.style.left = '0px';
  stats.domElement.style.top = '0px';
```

```
    document.getElementById("Stats-output").appendChild(
      stats.domElement);
    return stats;
  }
```

この関数は統計情報を初期化します。興味深いのはsetMode関数です。これを0に設定すると秒間のフレーム数（fps）を測定しますが、1に設定すれば描画時間を測定できます。今回のサンプルではfpsに興味があるので0に設定しました。次のようにして、init()関数の最初でこの関数を呼び出してstatsを有効にします。

```
  function init(){

    var stats = initStats();
    ...
   }
```

最後に残っている作業は、新しいレンダリングサイクルに入ったことをstatsオブジェクトに通知することだけです。それには次のようにrenderScene関数内にstats.update関数呼び出しを追加します。

```
  function renderScene() {
    stats.update();
    ...
    requestAnimationFrame(renderScene);
    renderer.render(scene, camera);
  }
```

これらを追加したコードを実行すると、**図1-12**のように左上の角に統計情報が表示されます。

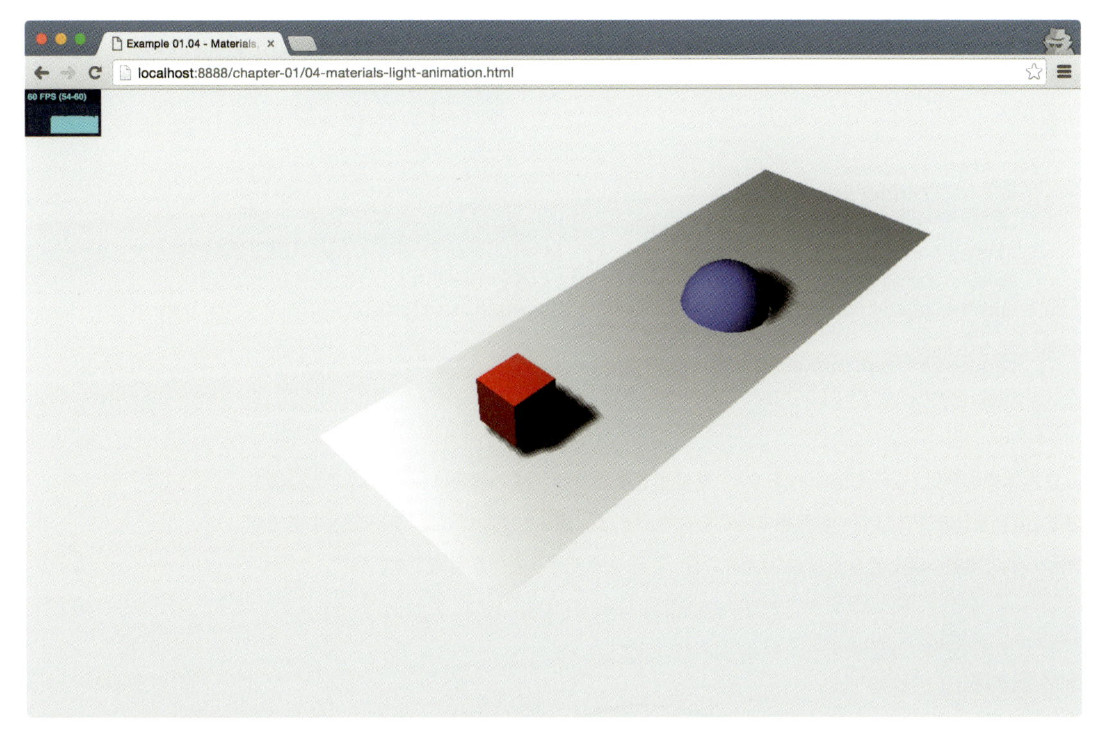

図1-12　統計情報の表示

1.6.2　立方体を回転

requestAnimationFrameと設定済みの統計情報を用意して、アニメーションのコードを追加する準備ができました。この節ではrenderScene関数を拡張して赤い立方体をすべての軸に対して回転させます。まずはコードを見てみましょう。

```
function renderScene() {
  ...
  cube.rotation.x += 0.02;
  cube.rotation.y += 0.02;
  cube.rotation.z += 0.02;
  ...
  requestAnimationFrame(renderScene);
  renderer.render(scene, camera);
}
```

簡単ですね？ renderScene関数が呼ばれるたびにrotationプロパティのそれぞれの軸の値を0.02ずつ増やすだけです。これで立方体がすべての軸に対してなめらかに回転します。青いボールを弾ませるのもそれほど難しくはありません。

1.6.3 ボールを移動

ボールを弾ませるには、もう一度次のようにrenderScene関数にコードを何行か追加します。

```
var step = 0;
function renderScene() {
  ...
  step += 0.04;
  sphere.position.x = 20 + (10 * (Math.cos(step)));
  sphere.position.y = 2 + (10 * Math.abs(Math.sin(step)));
  ...
  requestAnimationFrame(renderScene);
  renderer.render(scene, camera);
}
```

立方体の場合はrotationプロパティを変更しましたが、球の場合はシーン内での位置を表すpositionプロパティを変更することになります。**図1-13**のように、シーン内のある場所から別の場所へ美しくなめらかな曲線に沿って球を弾ませることが目標です。

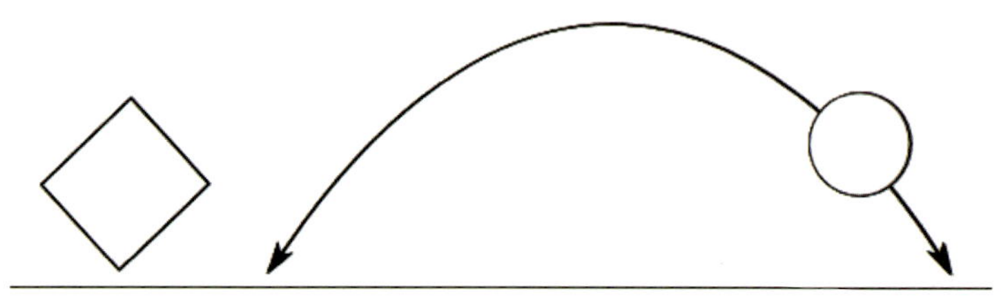

図1-13 球の移動する軌跡

それにはx軸上での位置とy軸上での位置を変更する必要があります。Math.cos関数とMath.sin関数を使用すればstep変数を元になめらかな軌跡を作成できます。ここではどうしてこれでうまくいくのかについての詳細に立ち入るつもりはありません。いま理解する必要があるのはstep += 0.04によって弾む球の速さが定義されているということだけです。「8章 高度なメッシュとジオメトリ」でこれらの関数をどのようにアニメーションに利用することができるかについて詳細に見ていくので、そこですべてを説明します。**図1-14**は弾んでいる最中のボールがどのように見えるかを示しています。

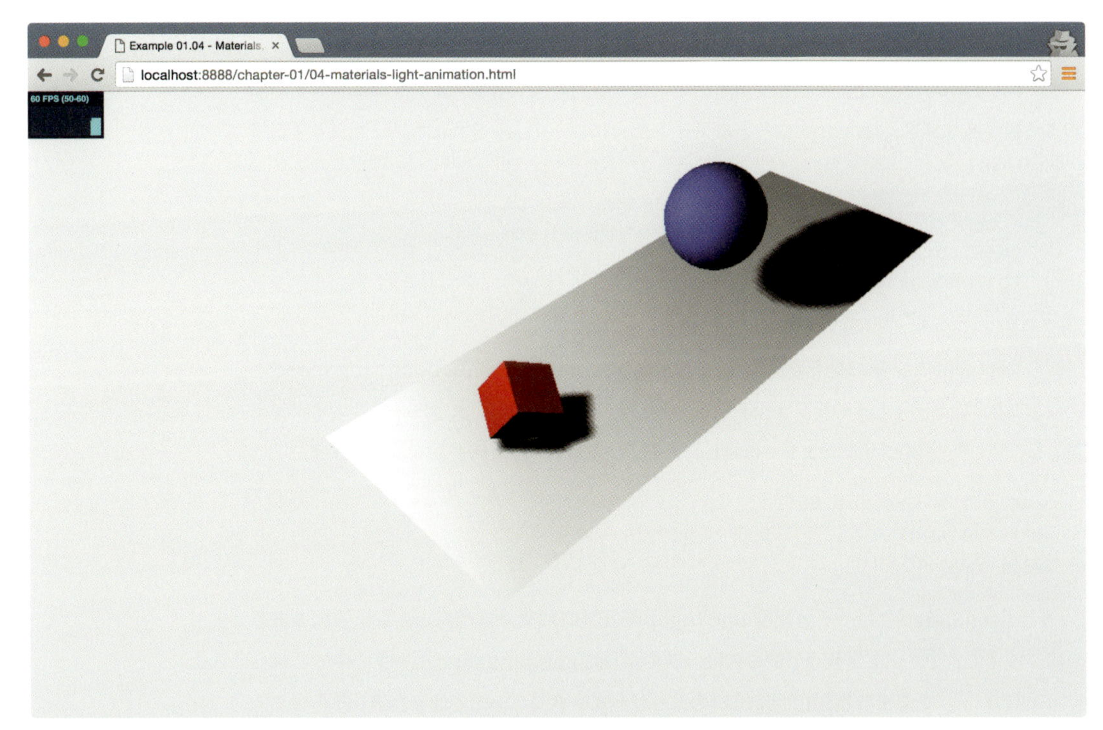

図1-14　弾むボール

この章を終了する前に、この基本的なシーンにもうひとつだけ要素を追加したいと思います。3Dシーンを作成するためにアニメーション、色、プロパティなどを調整する時、適切な色や速さはある程度実験的に得るしかないということがよくあります。これらのプロパティを実行時に変更できる簡単なGUIがあれば、この作業はとても簡単になるでしょう。ありがたいことに、それがあるのです！

1.7　実験をもっと簡単にするためにdat.GUIを利用

Googleのエンジニアがdat.GUIというライブラリを作成しました（オンラインドキュメントはhttps://github.com/dataarts/dat.guiで参照できます）。このライブラリを使用するとコード内の変数の値を変更するための単純なユーザーインタフェースコンポーネントを簡単に作成できます。ここではこのdat.GUIを利用してサンプルにユーザーインタフェースを追加し、以下の内容を変更できるようにします。

- 弾むボールの速さを制御
- 立方体の回転を制御

統計情報を追加した時にも行う必要がありましたが、まず初めに以下のようにしてHTMLページの<head>要素の中でこのライブラリを読み込みます。

```
<script src="../libs/dat.gui.js"></script>
```

次にdat.GUIによって変更されるプロパティの値を保持するJavaScriptオブジェクトを用意する必要があります。JavaScriptコードのメイン部分に以下のJavaScriptオブジェクトを追加してください。

```
var controls = new function() {
  this.rotationSpeed = 0.02;
  this.bouncingSpeed = 0.03;
}
```

このJavaScriptオブジェクトでは`this.rotationSpeed`と`this.bouncingSpeed`という2つのプロパティとそのデフォルト値を定義します。そして次のようにしてこのオブジェクトを作成したdat.GUIオブジェクトに渡し、この2つのプロパティの範囲を設定します。

```
var gui = new dat.GUI();
gui.add(controls, 'rotationSpeed', 0, 0.5);
gui.add(controls, 'bouncingSpeed', 0, 0.5);
```

`rotationSpeed`プロパティと`bouncingSpeed`プロパティは両方とも`0`から`0.5`までの値に設定されます。あと残っているのは、次のように`renderScene`ループの中でこれら2つのプロパティを直接参照して、dat.GUIのユーザーインタフェースで値を変更したらすぐにその値がオブジェクトの回転速度と弾む速度に反映されるようにすることです。

```
function renderScene() {
  ...
  cube.rotation.x += controls.rotationSpeed;
  cube.rotation.y += controls.rotationSpeed;
  cube.rotation.z += controls.rotationSpeed;
  step += controls.bouncingSpeed;
  sphere.position.x = 20 + (10 * (Math.cos(step)));
  sphere.position.y = 2 + (10 * Math.abs(Math.sin(step)));
  ...
}
```

これで、サンプル`05-control-gui.html`を実行すると、ボールの弾む速さと立方体の回転速度を制御できる簡単なユーザーインタフェースが表示されるようになりました。弾むボールと回転する立方体の写った画面を**図1-15**に示します。

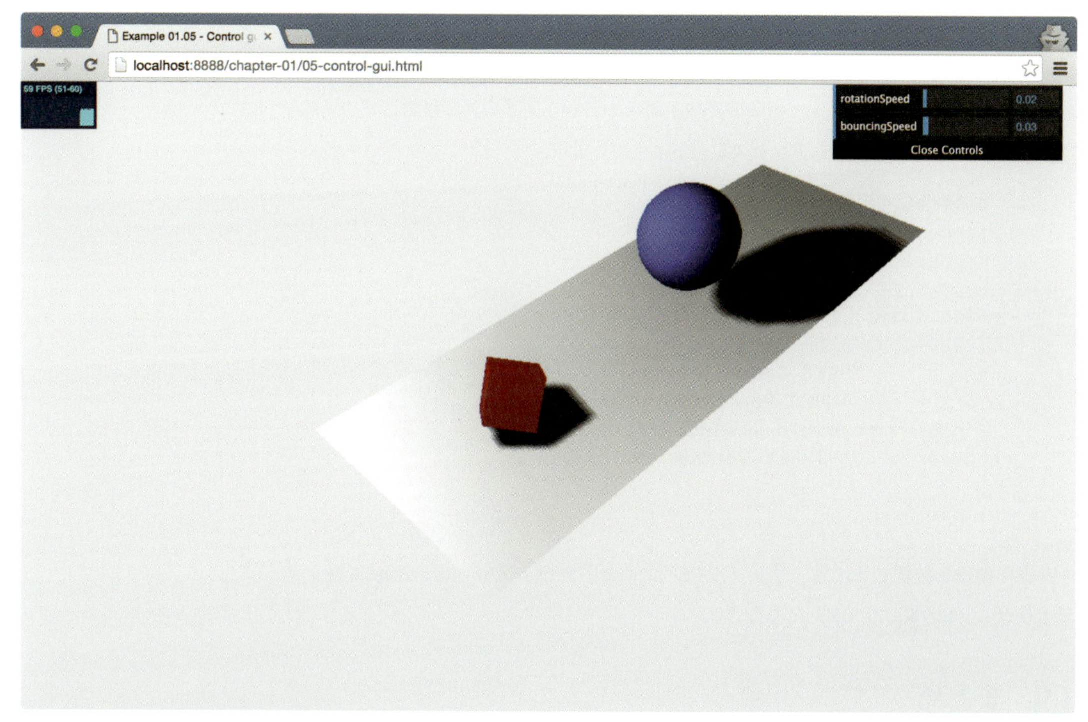

図1-15　弾むボールと回転する立方体

ここでひとつ問題があります。このサンプルをブラウザで見ている時に、ブラウザのサイズを変更しても画面が自動的にはリサイズされません。次の節では本章で追加する最後の機能としてこのリサイズを扱います。

1.8　ブラウザサイズが変更されたら出力を自動的にリサイズ

ブラウザのリサイズに合わせてカメラの設定を変更するのはとても簡単です。最初に行うのはイベントリスナーの登録です。

```
window.addEventListener('resize', onResize, false);
```

これでブラウザウィンドウがリサイズされるたびに次に説明するonResize関数が呼び出されるようになります。onResize関数では次のようにしてカメラとレンダラをウィンドウサイズに合わせて更新する必要があります。

```
function onResize() {
  camera.aspect = window.innerWidth / window.innerHeight;
  camera.updateProjectionMatrix();
  renderer.setSize(window.innerWidth, window.innerHeight);
}
```

カメラについては、画面の縦横比を保持しているaspectプロパティを更新しなければいけません。そしてrendererについては、サイズを変更する必要があります。最後に、次のとおりcameraとrenderer、sceneの変数定義をinit()関数の外に移動して（onResize関数のような）別の関数からもアクセスできるようにします。

```
var camera;
var scene;
var renderer;

function init() {
  ...
  scene = new THREE.Scene();
  camera = new THREE.PerspectiveCamera(45,
    window.innerWidth / window.innerHeight, 0.1, 1000);
  renderer = new THREE.WebGLRenderer();
  ...
}
```

実際の動作を確認するには、サンプル06-screen-size-change.htmlを開いて、ブラウザウィンドウをリサイズしてください。

1.9 まとめ

最初の章はこれで終わりです。この章では開発環境をどのように準備するか、コードをどう取得するか、本書で提供されるサンプルをどのように実行するかについて説明しました。そしてさらにThree.jsを使用してシーンを描画する方法を学びました。初めにTHREE.Sceneオブジェクトを作成する必要があり、それからそのシーンオブジェクトにカメラ、ライト、描画したいオブジェクトを追加します。さらにこの基本的なシーンを拡張して影とアニメーションを追加する方法も説明しました。そして最後にいくつかのヘルパーライブラリを紹介しました。dat.GUIを使用すると制御用のユーザーインタフェースを簡単に作成できますし、stats.jsを追加すればシーンが描画されるフレームレートをユーザーにフィードバックすることができます。

次の章では、今回作成したサンプルをさらに拡張します。Three.jsで利用できるもっとも重要な構成要素についてさらに深く学ぶことができるでしょう。

2章 シーンの基本要素

前章でThree.jsの基本について学びました。いくつかのサンプルを紹介し、読者にとってはおそらく初めてである完全なThree.jsシーンを作成しました。この章ではもう少しThree.jsの詳細に踏み込み、シーンを構成する基本的なコンポーネントについて説明します。この章で説明するのは以下のようなトピックについてです。

- Three.jsシーンで使用されるコンポーネント群
- `Three.Scene`オブジェクトを使用してできること
- ジオメトリとメッシュの関係
- 平行投影カメラと透視投影カメラの違い

初めにシーンを作成する方法と、そこにオブジェクトを追加する方法について説明します。

2.1 シーンの作成

前の章で`THREE.Scene`を使用したので、すでにThree.jsの基本についてはある程度知っているはずです。シーンに何かを表示するには表2-1にある3つの種類のコンポーネントが必要でした。

表2-1 シーンの表示に必要な3つのコンポーネント

コンポーネント	説明
カメラ	シーンに何を描画するかを決定する
ライト	マテリアルがどのように表示され、影を作成する時にどのように使用されるか(詳細は「3章 光源」で説明)に影響を与える
オブジェクト	カメラの視点で描画される主な物体群。立方体、球など

`THREE.Scene`はさまざまなオブジェクトすべてを保持するコンテナです。このオブジェクト自身のオプションや機能はそれほど多くありません。

`THREE.Scene`はシーングラフとも呼ばれることのある構造体です。シーングラフはグラフィカルなシーンの必要な情報をすべて保持している構造体です。つまりThree.jsでいうと物体、ライト、その他レンダリングに必要なオブジェクト

のすべてをTHREE.Sceneが保持します。名前が示すとおりシーングラフは単なるオブジェクトの配列ではないということに注意してください。シーングラフはノードを木構造で保持しています。Three.jsでシーンに追加できるオブジェクトはいずれも、THREE.Scene自身ですら、THREE.Object3Dという基本オブジェクトを継承しています。THREE.Object3Dオブジェクトはchildrenプロパティに子要素を保持することができるので、THREE.Object3Dを継承しているオブジェクトもすべて子要素を持つことができます。そのことを利用してTHREE.SceneオブジェクトはThree.jsが解釈して描画できるオブジェクトの木構造を構築できます。

2.1.1 シーンの基本機能

シーンの機能を理解するにはサンプルを見るのが一番でしょう。本章のサンプルコードディレクトリに01-basic-scene.htmlというサンプルがあります。このサンプルを使用してシーンが持っているさまざまな機能やオプションを説明します。ブラウザでこのサンプルを開いてください。**図2-1**のような画面が表示されます。

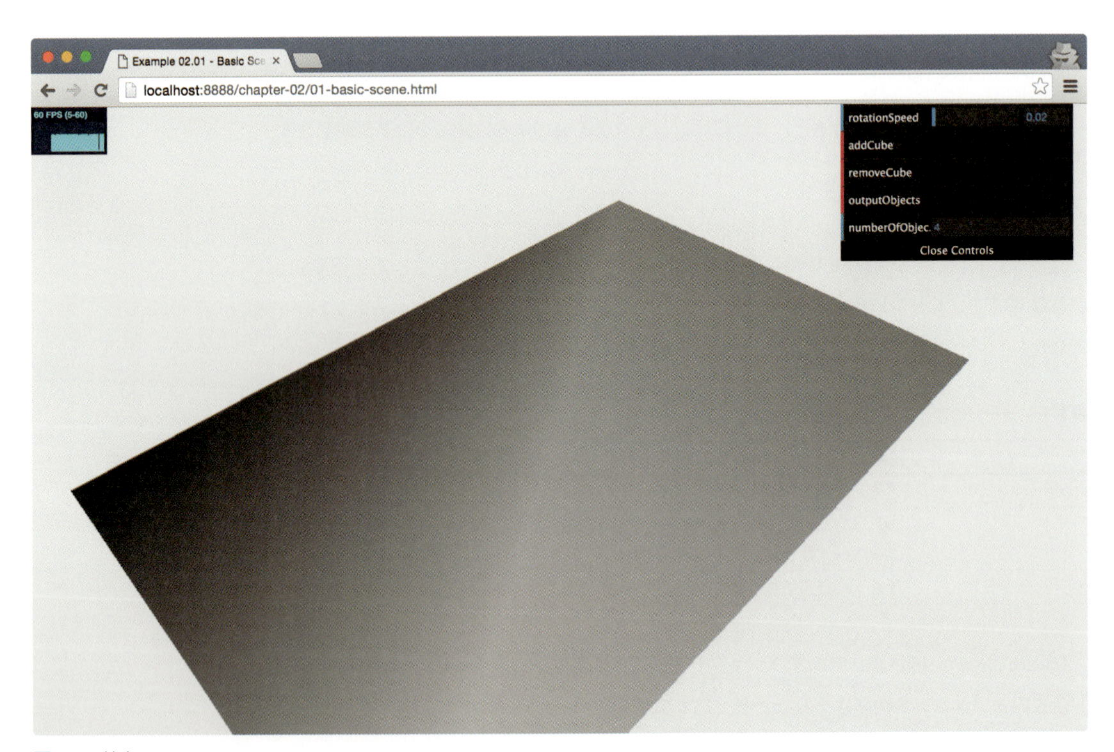

図2-1　基本のシーン

これは前章で見たサンプルと非常によく似ています。シーンは完全に空のように見えますが、すでにいくつかのオブジェクトを保持しています。以下のソースを見れば、THREE.Sceneオブジェクトのscene.add(object)関数を使用してTHREE.Mesh（地面のように見える物体）やTHREE.SpotLight、THREE.AmbientLightを追加していることがわかるでしょう。THREE.Cameraオブジェクトはシーンを描画する時にThree.jsによって自動的に追加されますが、特に複数のカメラを使用する場合などは、シーンに明示的に追加するようにしておいたほうがよいでしょう。このシーンに関する次のソースコードを見てください。

```
var scene = new THREE.Scene();
var camera = new THREE.PerspectiveCamera(45,
  window.innerWidth / window.innerHeight, 0.1, 1000);
scene.add(camera);
...
var planeGeometry = new THREE.PlaneGeometry(60, 40, 1, 1);
var planeMaterial = new THREE.MeshLambertMaterial({
  color:0xffffff});
var plane = new THREE.Mesh(planeGeometry, planeMaterial);
...
scene.add(plane);
var ambientLight = new THREE.AmbientLight(0x0c0c0c);
scene.add(ambientLight);
...
var spotLight = new THREE.SpotLight(0xffffff);
...
scene.add(spotLight);
```

THREE.Sceneオブジェクトについて詳細に見ていく前に、まずこのデモで何ができるかを説明しましょう。実際のコードを見ていくのはその後にします。ブラウザで01-basic-scene.htmlサンプルを開き、**図2-2**のように右上にコントロールエリアがあることを確認してください。

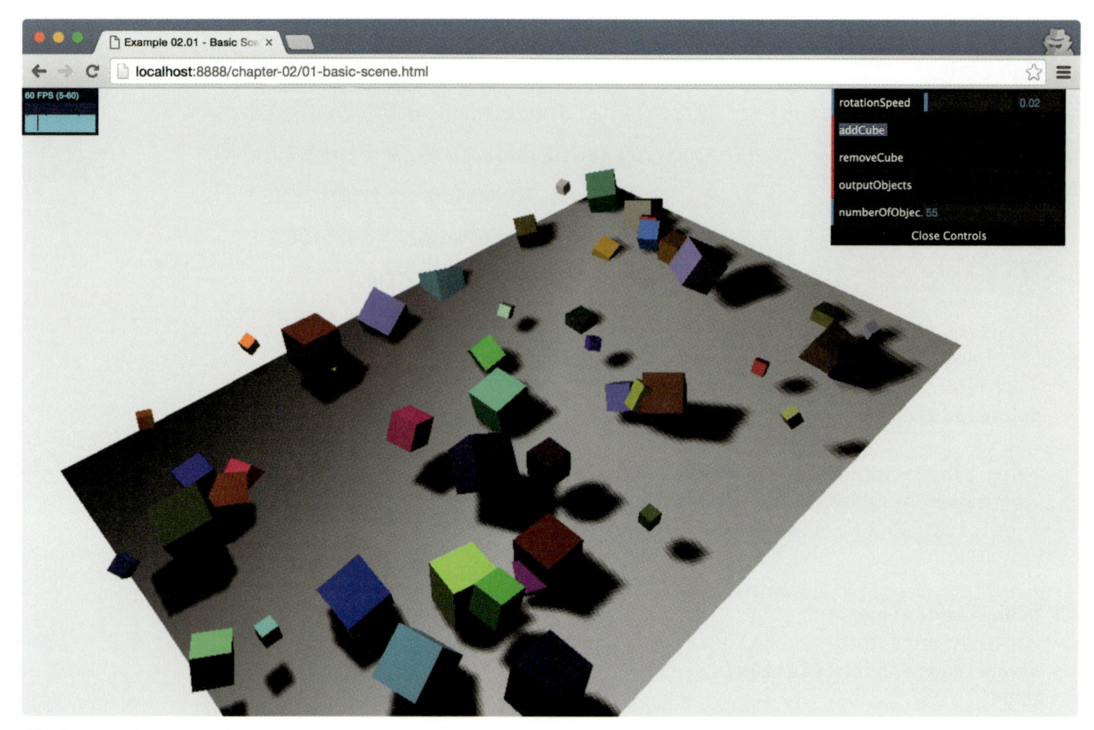

図2-2　コントロールエリア

このコントロールでシーンに立方体を追加したり、最後にシーンに追加した立方体を削除したりできます。また、現時点でシーンが保持しているすべてのオブジェクトをブラウザのコンソールに表示することもできます。コントロールエリアの一番下にはシーン内に存在するオブジェクトの数が表示されています。シーンの表示を開始すると初めからシーンにオブジェクトが4つ存在するということに気がつくかもしれません。これらは先ほど説明したとおり、地面と環境光、スポットライト、さらにカメラのことです。これからコントロールエリアの機能をそれぞれ見ていきます。まずは一番上のaddCubeから始めましょう。以下を見てください。

```
this.addCube = function () {
  var cubeSize = Math.ceil((Math.random() * 3));
  var cubeGeometry = new THREE.BoxGeometry(
    cubeSize, cubeSize, cubeSize);
  var cubeMaterial = new THREE.MeshLambertMaterial({
    color: Math.random() * 0xffffff});
  var cube = new THREE.Mesh(cubeGeometry, cubeMaterial);
  cube.castShadow = true;
  cube.name = "cube-" + scene.children.length;
  cube.position.x = -30 + Math.round((
    Math.random() * planeGeometry.parameters.width));
  cube.position.y = Math.round((Math.random() * 5));
  cube.position.z = -20 + Math.round((
    Math.random() * planeGeometry.parameters.height));
```

```
    scene.add(cube);
    this.numberOfObjects = scene.children.length;
  };
```

このコードはこれまでの説明ですでに簡単に読めるようになっているはずです。新しい内容はここではまだそれほど多くは現れていません。[addCube]ボタンをクリックすると幅と高さ、奥行きが1から3の間のランダムな値に設定されたTHREE.BoxGeometryオブジェクトが新しく作成されます。なおサイズだけがランダムなのではなく、立方体の色や場所もランダムに設定されます。

ここで新しく登場した要素は、立方体の名前を設定するnameプロパティです。名前にはcube-をプレフィクスとして、シーンが保持しているオブジェクトの数（scene.children.length）をその後につなげたものが設定されています。この名前はデバッグする際にとても便利ですが、それだけではなくシーン内のオブジェクトに直接アクセスするためのキーとしても利用できます。THREE.Scene.getObjectByName(name)関数を利用すると、オブジェクトの名前を指定して特定のオブジェクトを直接取り出すことができます。例えばこれによりJavaScriptオブジェクトをグローバル変数にすることを避けつつ、オブジェクトを取り出してその位置を変更できます。最後の行が何をしているか不思議に思うかもしれません。numberOfObjects変数はコントロールGUIでシーン内のオブジェクトの数を表示するために使用されています。そのため、オブジェクトを追加または削除した時には必ずこの変数を新しい値に設定しなければいけません。

コントロールGUIから呼び出すことができる次の関数はremoveCubeです。名前が示すとおり、[removeCube] ボタンをクリックするとシーンに最後に追加された立方体が削除されます。コードは次のようになります。

```
  this.removeCube = function () {
    var allChildren = scene.children;
    var lastObject = allChildren[allChildren.length - 1];
    if (lastObject instanceof THREE.Mesh) {
      scene.remove(lastObject);
      this.numberOfObjects = scene.children.length;
    }
  };
```

オブジェクトをシーンに追加するにはadd関数を使用しました。オブジェクトをシーンから削除するにはおそらく予想どおりにremove関数を使用します。Three.jsはその子要素をリスト（新しい物が最後に追加されます）として保持していて、シーンのすべてのオブジェクトを配列として保持しているchildrenプロパティを利用すると、最後に追加されたオブジェクトをTHREE.Sceneオブジェクトから取り出すことができます。ここでカメラやライトを削除してしまわないように、取り出したオブジェクトがTHREE.Meshオブジェクトかどうかを確認する必要があります。オブジェクトを削除した後で、シーン内のオブジェクトの数を保持しているGUIのプロパティ、numberOfObjectsを更新しておきます。

GUIの最後のボタンにはoutputObjectsというラベルが付いています。もしかするとすでにこのボタンをクリックしてみて、何も起きないと思っているかもしれません。このボタンは**図2-3**のように、シーン内にあるすべてのオブジェクトをブラウザのコンソールに出力します。

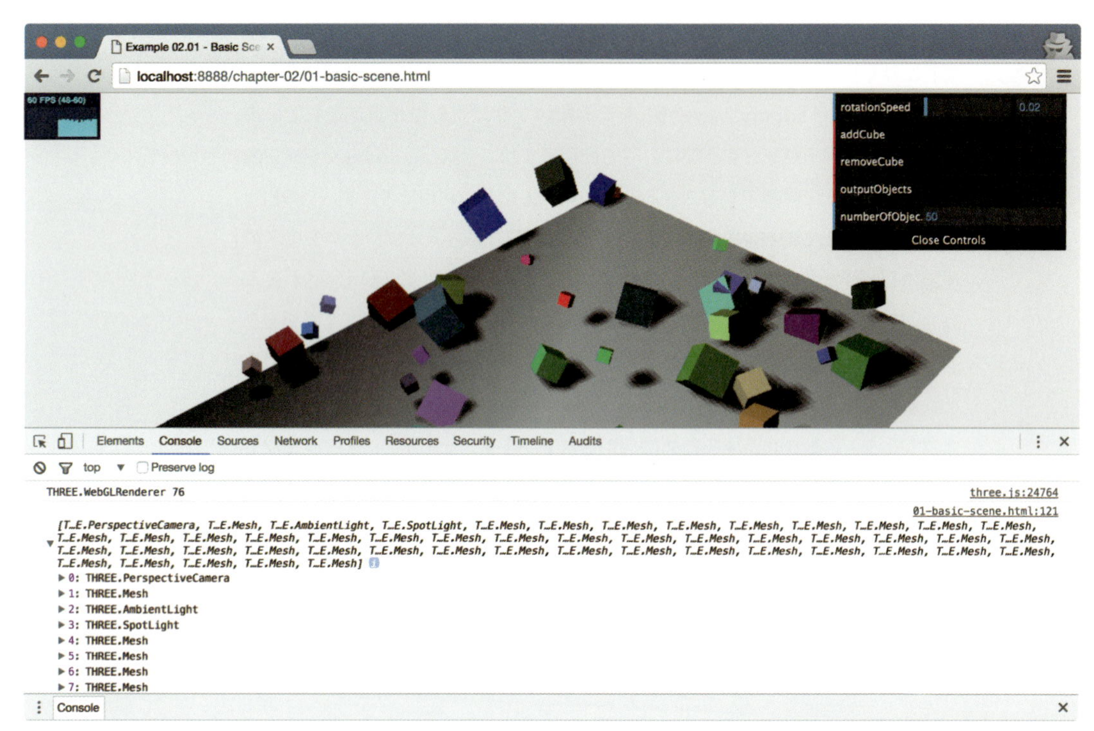

図2-3　ブラウザコンソール

情報をコンソールログとして出力するためのコードは組み込みのconsoleオブジェクトを使用します。

```
this.outputObjects = function() {
  console.log(scene.children);
}
```

これはデバッグ時の利用に向いていて、特にオブジェクトに名前を付けているとシーン内の特定のオブジェクトに発生した課題や問題を発見するのに非常に便利です。例えばcube-7のプロパティは次のようになります（名前が事前にわかっていればconsole.log(scene.getObjectByName("cube-7"))を使用して特定のオブジェクトだけを出力することもできます）[*1]。

```
castShadow: true
children: Array[0]
drawMode: 0
eulerOrder: (...)
frustumCulled: true
geometry: THREE.BoxGeometry
id: 11
layers: THREE.Layers
material: THREE.MeshLambertMaterial
matrix: THREE.Matrix4
matrixAutoUpdate: true
matrixWorld: THREE.Matrix4
matrixWorldNeedsUpdate: false
modelViewMatrix: THREE.Matrix4
name: "cube-7"
normalMatrix: THREE.Matrix3
parent: THREE.Scene
position: THREE.Vector3
quaternion: THREE.Quaternion
receiveShadow: false
renderOrder: 0
rotation: THREE.Euler
rotationAutoUpdate: true
scale: THREE.Vector3
type: "Mesh"
up: THREE.Vector3
useQuaternion: (...)
userData: Object
uuid: "55F97EE6-65B0-4091-94F4-08EEE0730018"
visible: true
```

これまでシーンに関係する関数としては以下のようなものを見てきました。

- THREE.Scene.add ― オブジェクトをシーンに追加します
- THREE.Scene.remove ― オブジェクトをシーンから削除します
- THREE.Scene.children ― シーン内のすべての子要素のリストを取得します
- THREE.Scene.getObjectByName ― 名前を指定してシーンから特定のオブジェクトを取得します

これらがシーンに関係するもっとも重要でもっともよく利用される関数です。これ以外のものはほとんど必要とされません。とはいえ、場合によっては非常に役に立つヘルパー関数もいくつかあります。次に立方体の回転を処理するコードを元にしてそれらを紹介したいと思います。

前章で見たように、シーンを描画するためにはrenderループを使用します。今回のサンプ

＊1　訳注：出力される内容はThree.jsのバージョンによって異なる可能性があります。

ルのループを見てみましょう。

```
function render() {
  stats.update();
  scene.traverse(function (obj) {
    if (obj instanceof THREE.Mesh && obj != plane) {
      obj.rotation.x += controls.rotationSpeed;
      obj.rotation.y += controls.rotationSpeed;
      obj.rotation.z += controls.rotationSpeed;
    }
  });

  requestAnimationFrame(render);
  renderer.render(scene, camera);
}
```

ここではTHREE.Sceneのtraverse()関数を使用しました。traverse()関数は関数を受け取ることができ、その関数がシーン内のそれぞれの子要素を引数として呼び出されます。子要素はさらに子要素を持つことができるので、THREE.Sceneオブジェクトはオブジェクトの木構造を保持しているということを覚えているでしょうか。traverse()関数は子要素のすべての子要素に対して再帰的に呼び出されるので、一度の呼び出しでシーングラフ全体を走査できます。

render()関数はそれぞれの立方体の回転角を更新するために使用しています（地面は明示的に無視していることに注意してください）。ただし実際にはTHREE.Sceneにしかオブジェクトを追加しておらず、子要素は入れ子構造にはなっていないので、forループを使用して自身のchildrenプロパティ配列を走査しても同様な動作を実現できます。

THREE.MeshとTHREE.Geometryの詳細についての説明に入る前に、THREE.Sceneに設定できるfogとoverrideMaterialという2つの興味深いプロパティを紹介したいと思います。

2.1.2　シーンにフォグを追加

fogプロパティを使用するとシーン全体に渡ってフォグ効果を追加できます。フォグ効果を使用すると**図2-4**のようにオブジェクトがカメラから遠ざかれば遠ざかるほどはっきりとは見えなくなります。

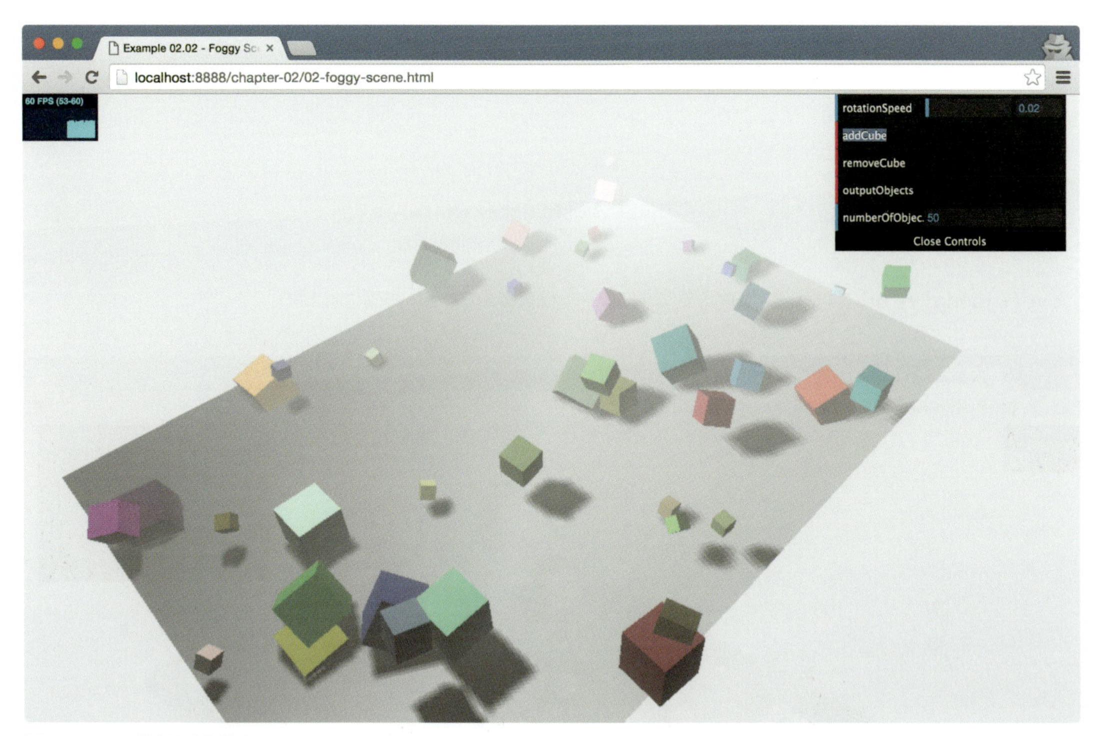

図2-4 フォグ効果が有効なシーン

Three.jsでフォグを有効にするのは非常に簡単で、シーンを定義した後で次のコードを1行追加するだけです。

```
scene.fog = new THREE.Fog(0xffffff, 0.015, 100);
```

ここでは白い（0xffffff）フォグを定義しました。後の2つのプロパティはフォグがどのように見えるかを調整するものです。0.015という値はnearプロパティを、100という値はfarプロパティを設定します。これらのプロパティを使用するとフォグがどこからかかり始めてどのくらい早く濃くなるかを指定できます。THREE.Fogオブジェクトを使用した場合、フォグは線形で深くなります。シーンにフォグを設定する方法はもうひとつあり、以下のように定義します。

```
scene.fog = new THREE.FogExp2(0xffffff, 0.015);
```

今回はnearとfarは指定せず、色（0xffffff）とフォグの濃さ（0.015）だけを指定します。希望どおりの効果を得るにはこれらのプロパティの値を実際にいろいろ試してみるのがよいでしょう。THREE.FogExp2を使用した場合、フォグの深さは距離に対して線形に増加するのではなく、指数的に増すことに注意してください。

2.1.3 overrideMaterialプロパティの利用

シーンに関係するプロパティで最後に紹介するのはoverrideMaterialです。このプロパティを使用すると、シーン内のすべてのオブジェクトがoverrideMaterialプロパティに設定されたマテリアルを使用するようになり、オブジェクト自身に設定されたマテリアルは無視されます。

次のように使用できます。

```
scene.overrideMaterial = new THREE.MeshLambertMaterial({
  color: 0xffffff});
```

overrideMaterialプロパティを使用すると、シーンは**図2-5**のように描画されます。

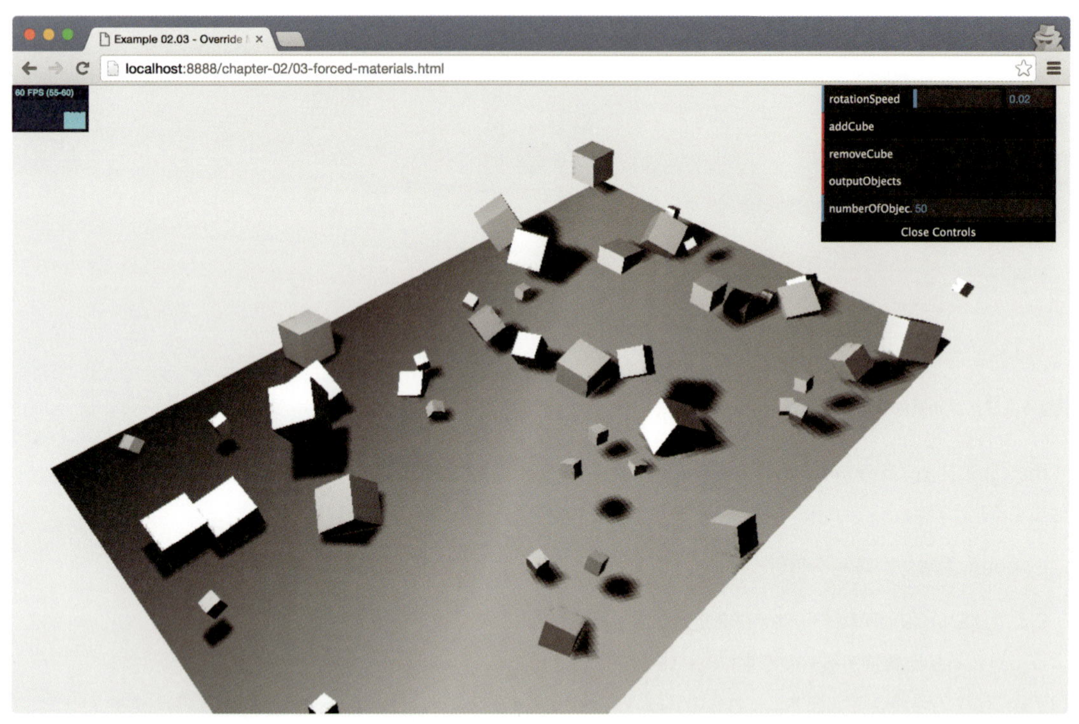

図2-5　overrideMaterialプロパティでマテリアルを上書き

図2-5では、すべての立方体が同じマテリアル、同じ色を使用して描画されていることが確認できます。このサンプルでは、THREE.MeshLambertMaterialオブジェクトをマテリアルとして使用しました。このマテリアルを使用すると、シーンに存在するライトに対してあまり強く光沢を発生させないオブジェクトを作成できます。このマテリアルについては「4章　マテリアル」でさらに詳細に学びます。

この節では、Three.jsのTHREE.Sceneの核となるコンセプトの1番目を紹介しました。シーンについて覚えておくべきもっとも重要なことは、基本的にシーンは描画に使用したいオブジェクトやライト、カメラなどすべてを保持するコンテナであるということです。**表2-2**にTHREE.Sceneオブジェクトの重要な関数とプロパティをまとめています。

表2-2　シーンオブジェクトのプロパティと関数

関数／プロパティ	説明
`add(object)`	シーンにオブジェクトを追加するために使用する。この関数は、後ほど目にすることになるとおり、オブジェクトのグループを作成するためにも利用できる
`children`	カメラやライトも含め、シーンに追加されたすべてのオブジェクトの一覧を返す
`getObjectByName(name)`	オブジェクトを作成する際に特別な名前を付けることができ、この関数を使用するとシーンオブジェクトからその特別な名前を使用してオブジェクトを直接取得できる
`remove(object)`	シーン内のオブジェクトの参照があれば、この関数を使用してシーンからオブジェクトを削除することが可能になる
`traverse(function)`	`children`プロパティはシーン内の全子要素のリストを返すだけだが、`traverse`を使用すれば、すべての子要素を与えられた関数にひとつひとつ渡すことができる
`fog`	このプロパティを使用するとシーンにフォグを設定できる。このフォグは遠方のオブジェクトが隠れるようなぼんやりとした描画を実現する
`overrideMaterial`	このプロパティを設定すると、シーン内のすべてのオブジェクトに対して同じマテリアルの使用を強制できる

次の節ではシーンに追加できるオブジェクトについてより詳細に見ていきます。

2.2　ジオメトリとメッシュ

これまでのところそれぞれのサンプル内でジオメトリとメッシュが利用されています。例えば、シーンに球体を追加するには以下のようにしました。

```
var sphereGeometry = new THREE.SphereGeometry(4, 20, 20);
var sphereMaterial = new THREE.MeshBasicMaterial({
  color: 0x7777ff});
var sphere = new THREE.Mesh(sphereGeometry, sphereMaterial);
```

オブジェクトの形状をジオメトリ（`THREE.SphereGeometry`）で定義して、オブジェクトがどのように見えるかはマテリアル（`THREE.MeshBasicMaterial`）で定義し、これら2つをメッシュ（`THREE.Mesh`）でまとめることで、シーンに追加できるようになります。この節ではジオメトリとメッシュの正体についてより詳細に見ていきます。まずジオメトリから始めましょう。

2.2.1　ジオメトリのプロパティと関数

Three.jsには3Dシーン内で利用できるジオメトリが初めから数多く付属しています。それらのジオメトリを使用すれば、マテリアルを追加して、メッシュを作成するだけでほとんどの作業が完了します。**図2-6**はサンプル`04-geometries.html`のスクリーンショットで、Three.jsで利用できる標準的なジオメトリの一覧が表示されています。

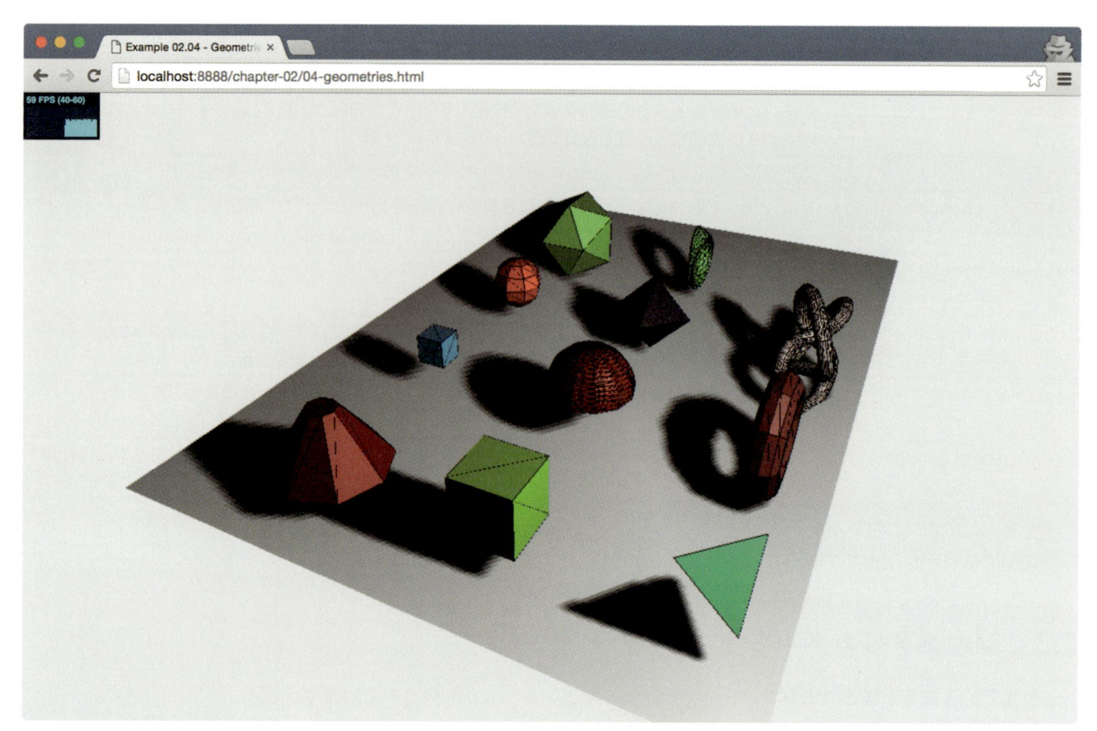

図2-6　標準的なジオメトリ

後ほど「5章 ジオメトリ」と「6章 高度なジオメトリとブーリアン演算」でThree.jsが提供している基本的なジオメトリと高度なジオメトリをすべて学びます。ひとまずここでは、ジオメトリが実際のところなんなのかについてもう少しだけ詳しく見ておきましょう。

Three.jsでは（他のほとんどの3Dライブラリでも）ジオメトリとは基本的に頂点群と呼ばれる3D空間での座標の集合とそれらの点をつないでまとめた数多くの面のことです。例えば立方体の場合は以下のようになります。

- 立方体には角が8つあります。角はそれぞれx、y、z座標で定義できます。したがって立方体は3D空間内での点が8つあります。Three.jsではこれらの点は頂点群（vertices）、それぞれの点は頂点（vertex）と呼ばれます。
- 立方体にはそれぞれの角を頂点とする面が6つあります。Three.jsでは面（face）は常に3つの頂点からなる三角形になります。したがって立方体の各面はそれぞれ2つの三角形で構成されます。

Three.jsが提供するジオメトリのいずれかを利用するのであれば、すべての頂点や面を自分で定義する必要はありません。例えば立方体であれば単に高さと幅、奥行きを定義するだけです。Three.jsはそれらの情報を使用して正しい位置にある8つの頂点と正しい数の面（立方体の場合は12）からなるジオメトリを作成します。通常はThree.jsが提供するジオメトリを利用するかプログラムでジオメトリを生成しますが、verticesプロパティとfacesプロパティを使用して完全に手作業でジオメトリを構築することもできます。以下のコードがその例です。

```
var vertices = [
  new THREE.Vector3(1, 3, 1),
  new THREE.Vector3(1, 3, -1),
  new THREE.Vector3(1, -1, 1),
  new THREE.Vector3(1, -1, -1),
  new THREE.Vector3(-1, 3, -1),
  new THREE.Vector3(-1, 3, 1),
  new THREE.Vector3(-1, -1, -1),
  new THREE.Vector3(-1, -1, 1)
];

var faces = [
  new THREE.Face3(0, 2, 1),
  new THREE.Face3(2, 3, 1),
  new THREE.Face3(4, 6, 5),
  new THREE.Face3(6, 7, 5),
  new THREE.Face3(4, 5, 1),
  new THREE.Face3(5, 0, 1),
  new THREE.Face3(7, 6, 2),
  new THREE.Face3(6, 3, 2),
  new THREE.Face3(5, 7, 0),
  new THREE.Face3(7, 2, 0),
  new THREE.Face3(1, 3, 4),
  new THREE.Face3(3, 6, 4)
];

var geom = new THREE.Geometry();
geom.vertices = vertices;
geom.faces = faces;
geom.computeFaceNormals();
```

このコードは単純な立方体をどのよう作成するかを示しています。vertices配列内に立方体を構成する頂点を定義します。それらの頂点は三角形の面を構成するように接続され、faces配列内に保存されます。例えばnew THREE.Face3(0, 2, 1)はvertices配列内の0、2、1番目の点を使用して作られる三角形の面です。なお、THREE.Face3を作成する時には使用する頂点の順序に注意が必要です。定義される際の順序によって、Three.jsはその面が正面を向いた面（カメラに向いた面）か裏側を向いた面かを判断します。面を作成する時にそれが正面向きの面であれば時計回りの順序を使用し、裏側向きの面であれば反時計回りの順序を使用しなければいけません。

この例では立方体の6つの面を定義するのにTHREE.Face3要素を使用してそれぞれの面に対して三角形を2つ使いましたが、Three.jsの以前のバージョンでは、三角形ではなく四角ポリゴンも使用することができました。四角ポリゴンは面を定義するのに3つではなく4つの頂点を使用します。四角ポリゴンと、三角

ポリゴンのいずれを使用したほうがよいのかについては3Dモデリングの世界で白熱した議論があります。基本的には四角ポリゴンは三角ポリゴンよりも拡張が容易で面がなめらかになることが多いため、モデリングでは四角ポリゴンの使用が好まれる場合が大半です。しかしすべての形状を三角形として描画できると非常に効率的なので、レンダリングやゲームエンジン内では三角ポリゴンの利用が好まれることもよくあります。

頂点を`vertices`プロパティに代入し、面を`faces`プロパティに代入することで、これらの頂点と面を使用して`THREE.Geometry`の新しいインスタンスを作成できます。作業の最後には作成したジオメトリの`computeFaceNormals()`を呼び出す必要があります。この関数を呼び出すと、Three.jsは各面に対する法線ベクトルを計算します。この情報はシーン内のさまざまなライトに基づいて面の色を決定する際に利用されます。

このジオメトリを使用すれば、ちょうど先ほど見たようなメッシュを作成できます。その各頂点の座標を変更できるサンプルを用意しています。サンプル`05-custom-geometry.html`を使用して立方体の好きな頂点の座標を変更して、面の見た目がどのように変わるかを確認してください。どのようになるかは**図2-7**で確認できます（コントロールGUIが表示されていますが、Hキーを押下すると隠すことができます）。

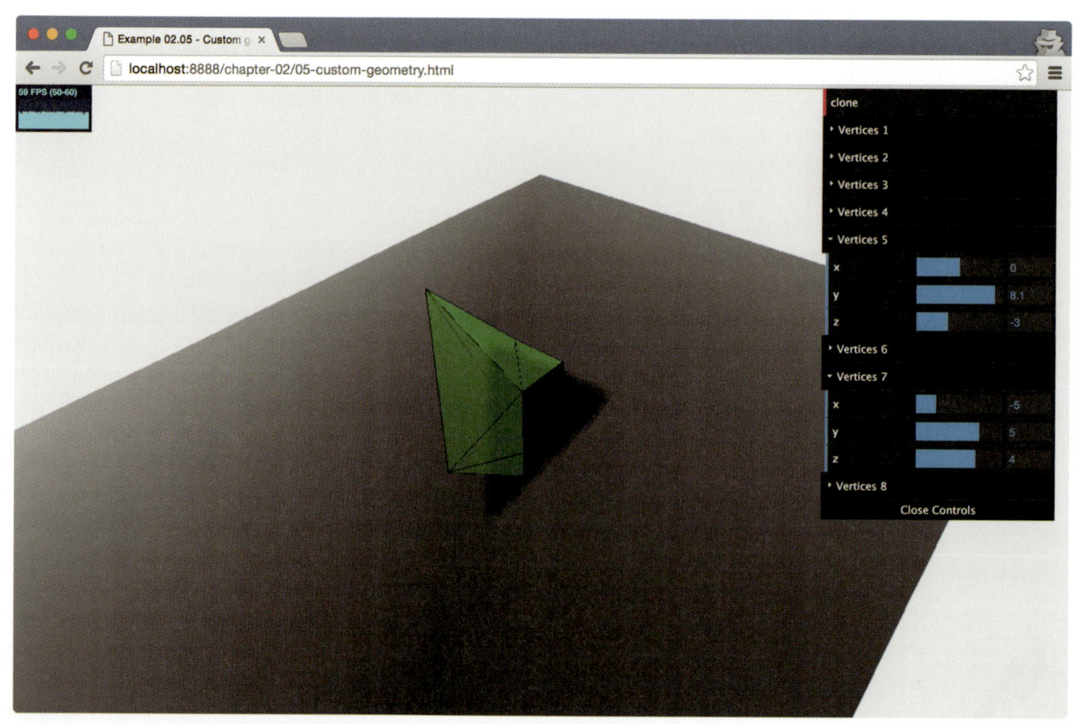

図2-7　立方体の頂点座標を変更

このサンプルも他のサンプルと同じテンプレートを使用しているのでrenderループがあります。ドロップダウンコントロールボックスでプロパティのひとつを変更すると変更された頂点の座標を使用して立方体が再描画されますが、これは何も設定せずに実現されるわけではありません。パフォーマンス上の理由で、Three.jsはメッシュのジオメトリがその生存期間中は変更されないことを仮定しています。ほとんどのジオメトリのユースケースでこれは非常に妥当な仮定です。そのため今回のサンプルを動作させるためには、Three.jsにジオメトリが変更されたことを伝えるためにrenderループ内に以下のコードを追加する必要があります。

```
mesh.children.forEach(function(e) {
  for (var i = 0; i < 8; i++) {
    e.geometry.vertices[i].set(controlPoints[i].x,
      controlPoints[i].y, controlPoints[i].z);
  }
  e.geometry.verticesNeedUpdate = true;
  e.geometry.computeFaceNormals();
});
```

最初のforブロック内でスクリーン上に見えているメッシュの頂点座標をコントロールで指定された頂点座標で更新しています。頂点の接続状況はこれまでと同じなので、面を再設定する必要はありません。更新された頂点座標を設定した後、ジオメトリに自身の頂点を更新する必要があることを伝えなければいけません。これを行っているのが、ジオメトリのverticesNeedUpdateプロパティをtrueに設定している部分です。その後、最後にcomputeFaceNormals関数を使用して面の法線を再計算して、モデルの更新を完了します。

最後に紹介するジオメトリの機能はclone()関数です。ジオメトリはオブジェクトの外見や形状を定義するもので、マテリアルと組み合わせることでThree.jsによって描画されるオブジェクトを作成でき、そのオブジェクトをシーンに追加できると説明しました。clone()関数を使用すると名前の示すとおりジオメトリのコピーを作成できます。例えばこれによって同じ形状のジオメトリに異なるマテリアルを使用して別のメッシュを作成することができます。**図2-8**を見ると、先ほどと同じサンプル05-custom-geometry.htmlのコントロールGUIの一番上に[clone]ボタンがあることがわかるでしょう。

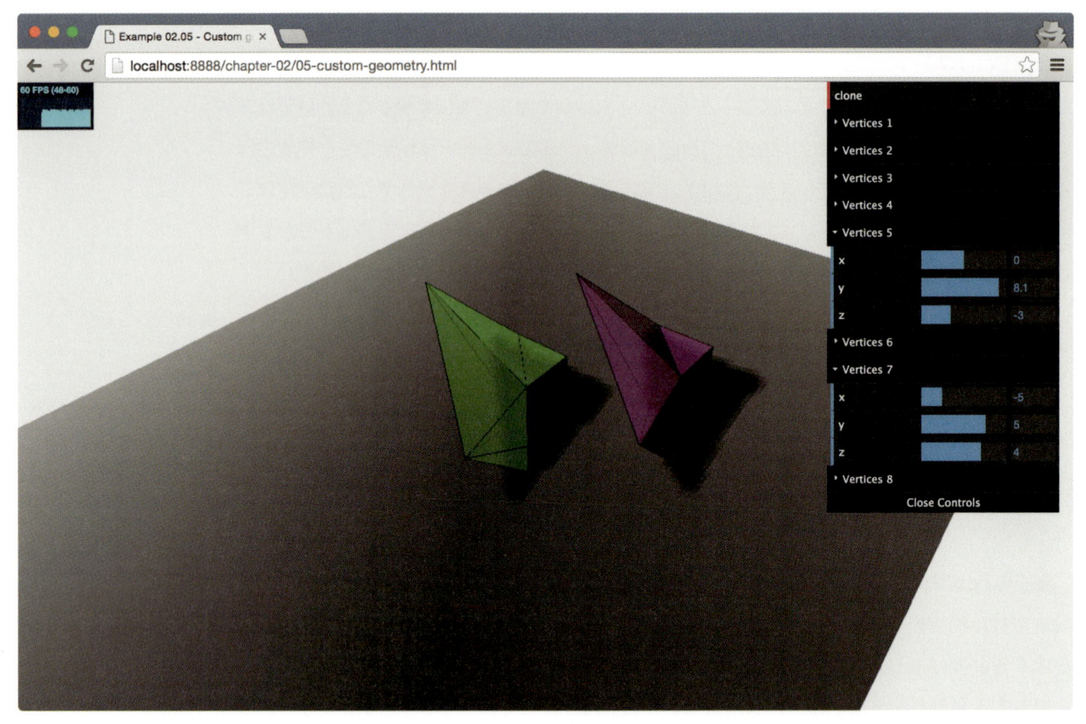

図2-8　[clone]ボタン

このボタンをクリックすると現在のジオメトリのクローン（コピー）が作成され、そのクローンと合わせて異なるマテリアルが設定されたオブジェクトが新しく構築されてシーンに追加されます。このコードは本来はもう少し単純になるはずですが、今回は使用しているマテリアルが特殊なので少し複雑になっています。少し戻ってまずこの立方体の緑のマテリアルがどのように作成されているか確認するために次のコードを見てみましょう。

```
var materials = [
  new THREE.MeshLambertMaterial({opacity: 0.6, color: 0x44ff44,
    transparent: true}),
  new THREE.MeshBasicMaterial({color: 0x000000, wireframe: true})
];
```

見てわかるとおり、ここでは単一のマテリアルではなく2つのマテリアルの配列が使用されています。これは頂点と面がどこに位置するかを明確にするために、半透明の緑の立方体を表示するだけでなく、重ねてワイヤーフレームも表示させたいと思ったからです。

もちろんThree.jsは複数マテリアルを使用したメッシュの作成をサポートしています。それには次のコードのとおり、THREE.SceneUtils.createMultiMaterialObject関数を利用します。

```
var mesh = THREE.SceneUtils.createMultiMaterialObject(
  geom, materials);
```

実はこの関数では単にTHREE.Meshオブジェクトをひとつ作成するのではなく、指定されたマテリアル用にそれぞれひとつずつメッシュを作成してそれらのメッシュをグループ（THREE.Groupオブジェクト）にまとめています。このグループはこれまで使ってきたシーンオブジェクトとまったく同じように利用できます（メッシュを追加することや、名前を指定してオブジェクトを取得することなど）。例えばグループのすべての子要素が影を落とすように設定するには次のようにします。

```
mesh.children.forEach(function(e) {e.castShadow=true});
```

それでは、clone()関数の話題に戻りましょう。

```
this.clone = function () {
  var clonedGeometry = mesh.children[0].geometry.clone();
  var materials = [
      new THREE.MeshLambertMaterial({opacity: 0.6,
        color: 0xff44ff, transparent: true}),
      new THREE.MeshBasicMaterial({color: 0x000000,
        wireframe: true})
  ];

  var mesh2 = THREE.SceneUtils.createMultiMaterialObject(
    clonedGeometry, materials);
  mesh2.children.forEach(function (e) {e.castShadow = true});
  mesh2.translateX(5);
  mesh2.translateZ(5);
  mesh2.name = "clone";
  scene.remove(scene.getObjectByName("clone"));
  scene.add(mesh2);
}
```

［clone］ボタンがクリックされると、このJavaScriptコードが呼び出され、立方体の最初の子要素のジオメトリがクローンされます。mesh変数の実体はTHREE.Groupインスタンスで子要素を2つ保持していることを思い出してください。作成時に指定したマテリアルごとにひとつ、つまりメッシュを2つ保持しています。クローンされたジオメトリを使用してmesh2と適切に名付けられたメッシュを新しく作成します。この新しいメッシュをtranslate関数（詳細については「5章 ジオメトリ」）を使用して移動し、（もし存在すれば）以前のクローンを削除して、この新しいクローンをシーンに追加します。

前の節で、THREE.SceneUtilsオブジェクトのcreateMultiMaterialObjectを使用して、作成したジオメトリにワイヤーフレームを追加しました。Three.jsにはワイヤーフレームを追加する手段として他にTHREE.WireFrameHelperもあります。このヘルパーを利用するにはまず次のようにしてヘルパーをインスタンス化します。

```
var helper = new THREE.WireframeHelper(mesh, 0x000000);
```

ワイヤーフレームを表示したいメッシュとワイヤーフレームの色を渡します。するとThree.jsは`scene.add(helper)`としてシーンに追加できるヘルパーオブジェクトを作成します。このヘルパーは内部的には単なる`THREE.LineSegments`オブジェクトなのでワイヤーフレームがどのように見えるかを自由に設定できます。例えばワイヤーフレームの線の幅を設定するには`helper.material.linewidth = 2;`とします。

現時点ではジオメトリについてはこんなところでよいでしょう。

2.2.2 メッシュの関数とプロパティ

メッシュを作成する方法についてはすでに学びました。メッシュの作成にはジオメトリとマテリアルが必要で、その2つからメッシュを作成すると、シーンに追加して描画できます。メッシュをシーン内のどこにどのように表示するかを指定するために利用できるプロパティがいくつかあります。最初のサンプルでは表2-3のプロパティと関数を紹介します。

表2-3 メッシュの基本的なプロパティ

関数／プロパティ	説明
`position`	オブジェクトの親要素の位置からの相対位置を指定する。多くの場合、オブジェクトの親要素は`THREE.Scene`オブジェクトか`THREE.Group`オブジェクトになる
`rotation`	このプロパティを使用すると、オブジェクトに任意の軸周りの回転を設定できる。Three.jsは特定の軸周りに回転するための関数、`rotateX()`、`rotateY()`、`rotateZ()`も提供している
`scale`	このプロパティを使用するとオブジェクトをx、y、z軸を基準に拡大縮小できる
`translateX(amount)`	このプロパティはオブジェクトをx軸上の指定した量だけ移動する
`translateY(amount)`	このプロパティはオブジェクトをy軸上の指定した量だけ移動する
`translateZ(amount)`	このプロパティはオブジェクトをz軸上の指定した量だけ移動する。`translate`系の関数に関しては`translateOnAxis(axis, distance)`関数を利用して、指定した軸上でメッシュを`distance`だけ移動することもできる
`visible`	このプロパティを`false`に設定すると、Three.jsは`THREE.Mesh`を描画しない

いつものように、これらのプロパティを試すことができるサンプルを用意しています。図2-9のとおり、ブラウザで`06-mesh-properties.html`を開くと、これらのプロパティすべてを変更できるドロップダウンメニューがあり、結果をすぐに確認できます。

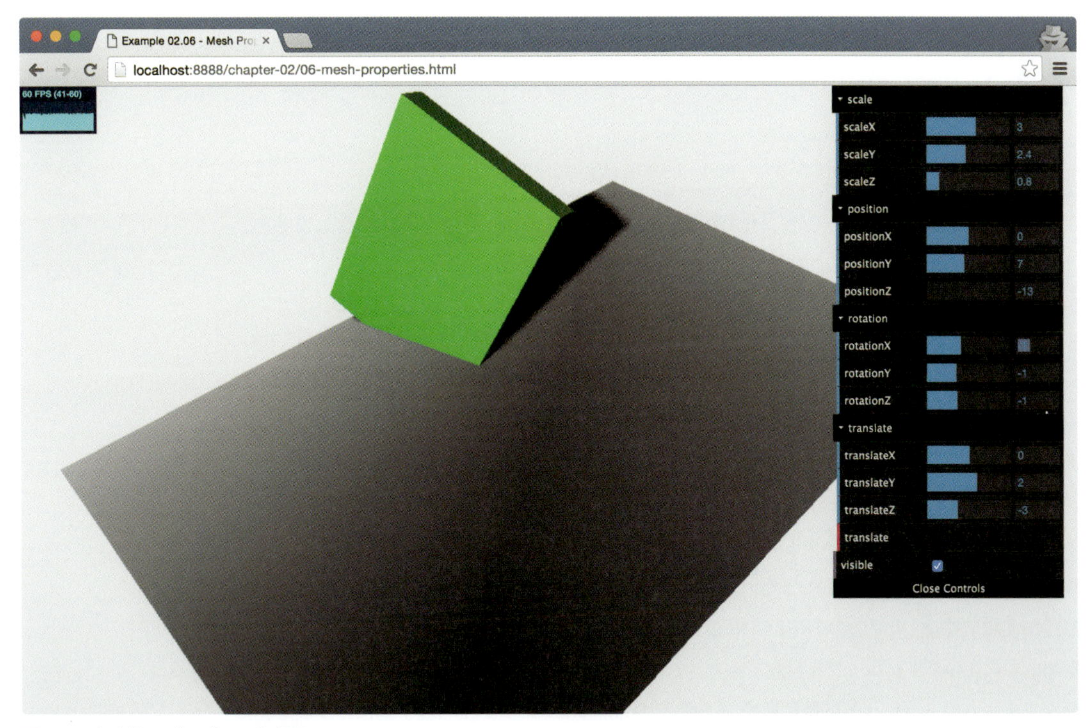

図2-9　立方体のプロパティを変更

それではこれらについてひととおり確認しましょう。まずpositionプロパティから始めます。このプロパティはすでに何度か使用していますので、簡単に触れるだけにします。このプロパティを使用するとオブジェクトのx、y、z座標を設定できます。この位置は親オブジェクトからの相対位置です。親オブジェクトは、通常はオブジェクトが追加されているシーンですが、THREE.Groupオブジェクトや他のTHREE.Meshオブジェクトである場合もあります。これについては「5章 ジオメトリ」でオブジェクトのグループ化を学ぶ際に再び説明します。オブジェクトのpositionプロパティを設定する方法は2つあります。まず、それぞれの座標を直接設定する場合は以下のようになります。

```
cube.position.x = 10;
cube.position.y = 3;
cube.position.z = 1;
```

しかし、以下のようにすべてを同時に設定することもできます。

```
cube.position.set(10, 3, 1);
```

Three.jsの以前のバージョンでは次のようにしてpositionプロパティにTHREE.Vector3インスタンスを代入することでメッシュの位置を変更できました。

```
cube.postion = new THREE.Vector3(10,3,1)
```

この挙動はバージョンr68から変更され、現在のバージョンでは動作しません。先に紹介した2つの方法のいずれかを使用してください。

メッシュの他のプロパティを見ていく前にちょっと脇道にそれましょう。このpositionプロパティの値は親要素からの相対位置になると説明しました。前節のTHREE.Geometryの説明でTHREE.SceneUtils.createMultiMaterialObjectを使用してマテリアルを複数持つオブジェクトを作成したことを覚えているでしょうか。これは実際には単一のメッシュを返すのではなく、同じジオメトリを使用した複数のマテリアルから作成される複数のメッシュを含むグループを返すという話でした。前節の例では2つのメッシュを含むグループが得られました。この作成されたメッシュのうちいずれかひとつだけの位置を変更すると、それらが実際に独立した2つのTHREE.Meshオブジェクトであることがはっきり確認できます。なお、もしこのままグループを移動すると、2つのメッシュの相対位置が**図2-10**のように保たれたまま両方のメッシュが移動します。「5章 ジオメトリ」でメッシュの親子関係についてと、グループ化によって拡大縮小、回転、平行移動などの変形がどのように影響を受けるかについてより詳細に学びます。

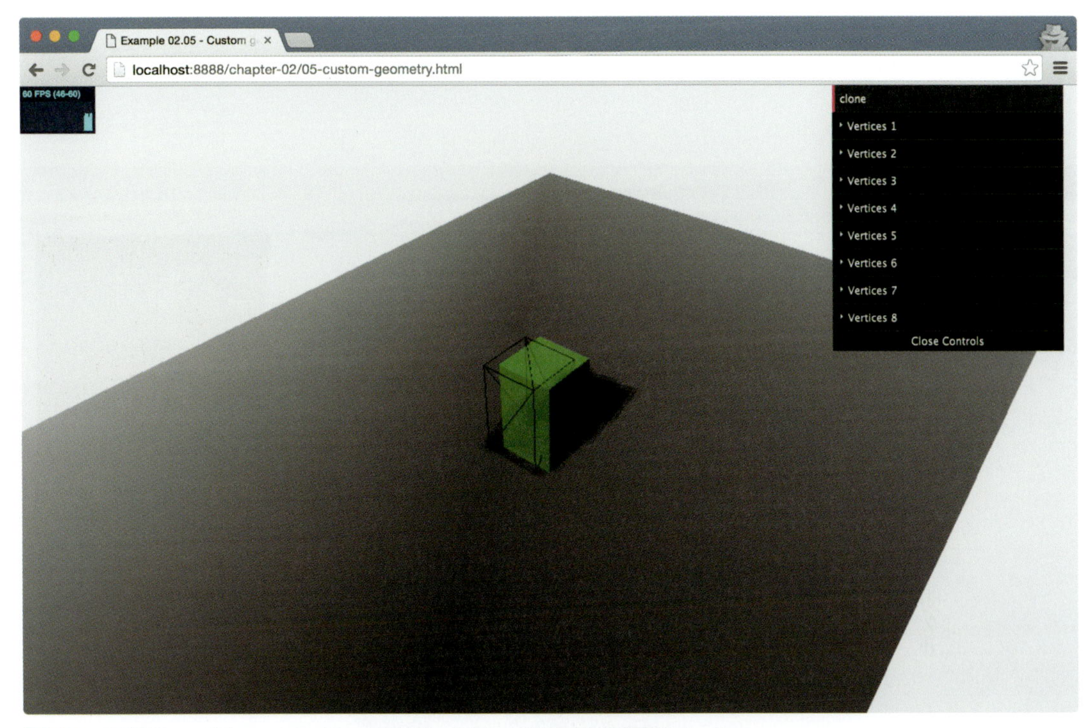

図2-10　THREE.SceneUtils.createMultiMaterialObjectによって作成される複数のメッシュ

さて、では表2-3の2つめの項目rotationプロパティの話に移ります。本章と前章のサンプルでこのプロパティが利用されるところをすでに何度か目にしているはずです。このプロパティを使用すると、オブジェクトをいずれかの軸の周りに回転できます。この値はpositionと同じ方法で設定できます。なお、数学の授業で習ったかもしれませんが、完全な一回転の値は2×πです。Three.jsではこの値を次の2つの方法で設定できます[*1]。

```
cube.rotation.x = 0.5 * Math.PI;
cube.rotation.set(0.5 * Math.PI, 0, 0);
```

見てわかるとおり回転の値はラジアンで指定します。もし度（0度から360度）を使いたければ、ラジアンから変換しなければいけません。これは次のとおり簡単に実現できます。

```
var degrees = 45;
var inRadians = degrees * (Math.PI / 180);
```

サンプル06-mesh-properties.htmlを使用すると、このプロパティの値をいろいろと変更してみることができます。

リストの次のプロパティ、scaleにはまだ触れたことがありません。この名前はこのプロパ

＊1　訳注：positionの場合と同じくcube.rotation = new THREE.Vector3(0.5 * Math.PI, 0, 0);は動作しません。

ティを使ってできることを非常によく表しています。つまり特定の軸に沿ってオブジェクトを拡大縮小（scale）できます。もし`scale`を1より小さい値に設定すれば、**図2-11**のようにオブジェクトが縮小されます。

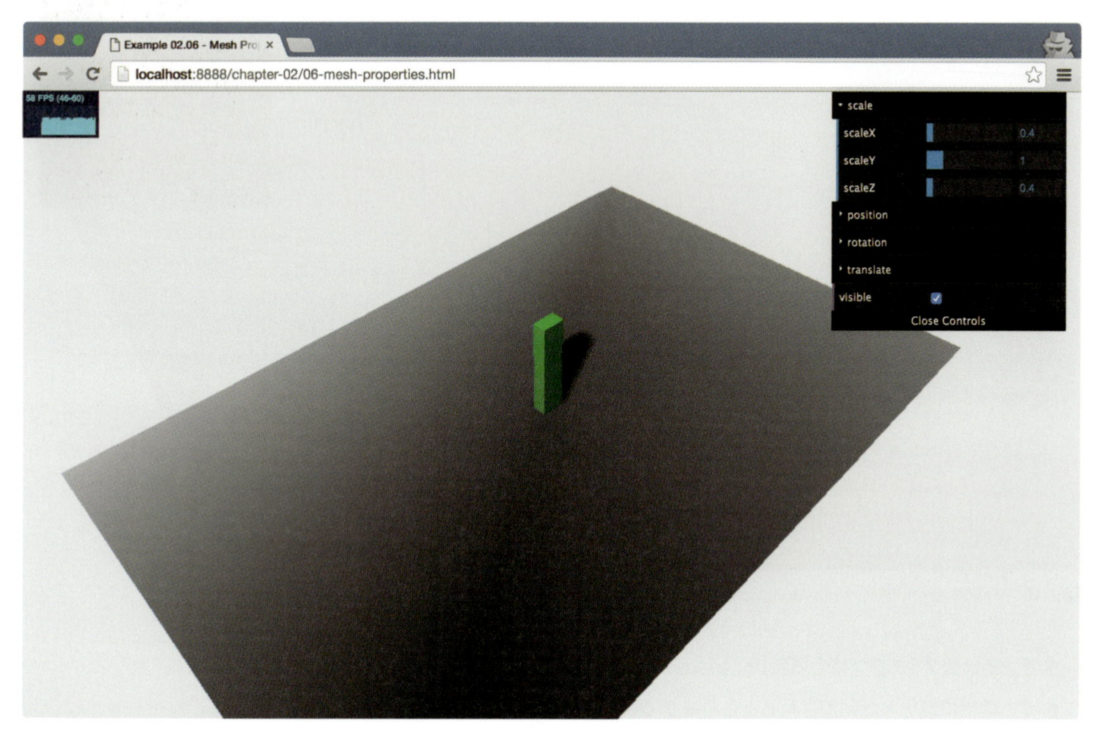

図2-11　オブジェクトを縮小

1より大きい値を使用すれば、**図2-12**のようにオブジェクトは大きくなります。

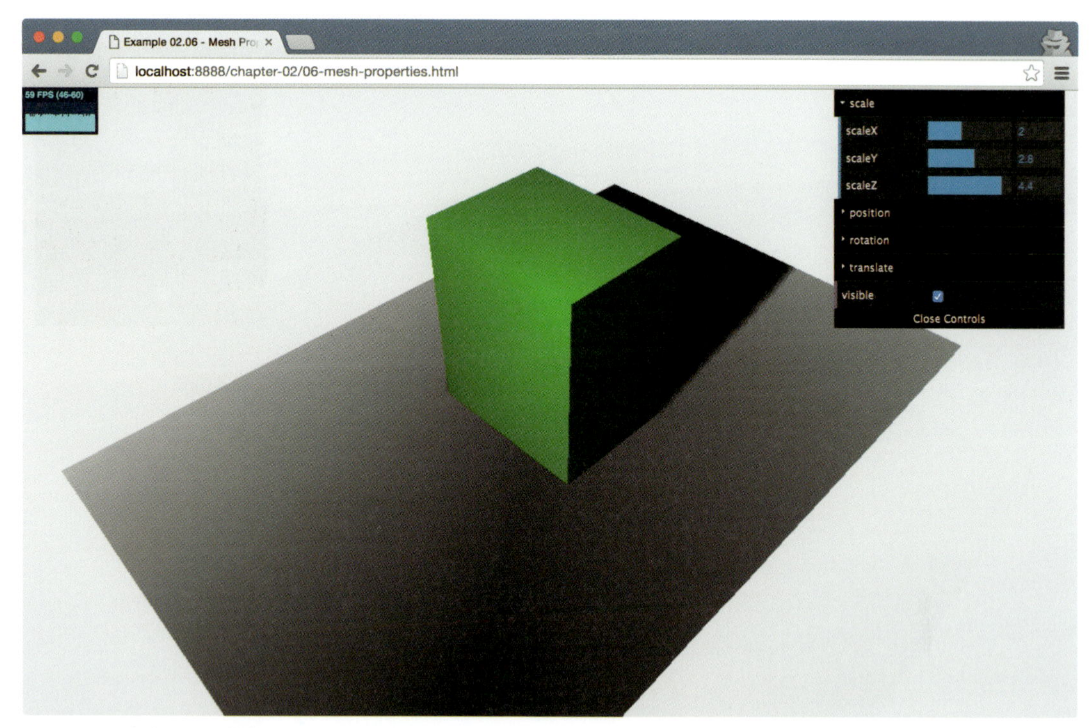

図2-12 オブジェクトを拡大

この章で紹介する次のメッシュの機能は`translate`です。`translate`を使用すると、オブジェクトの位置を変更できますが、移動したいオブジェクトの位置を絶対座標ではなく、現在の位置からの相対的な値として指定します。例えばシーンに球があり、その位置は (1, 2, 3) に設定されているとします。次にそのオブジェクトをx軸に沿って`translateX(4)`で平行移動します。そうすると位置は (5, 2, 3) になります。オブジェクトの位置を元に戻したければ、`translateX(-4)`を実行します。サンプル`06-mesh-properties.html`に [translate] というメニューアイテムがあります。そこでこの機能を試すことができます。x、y、zの`translate`の値を設定して [translate] ボタンをクリックしてください。オブジェクトがそれら3つの値に基づいて新しい位置に移動するのを確認できます。

サンプルの右上のメニューから利用できる最後のプロパティは`visible`プロパティです。[visible] メニューアイテムをクリックすると、**図2-13**のように立方体が見えなくなることを確認できます。

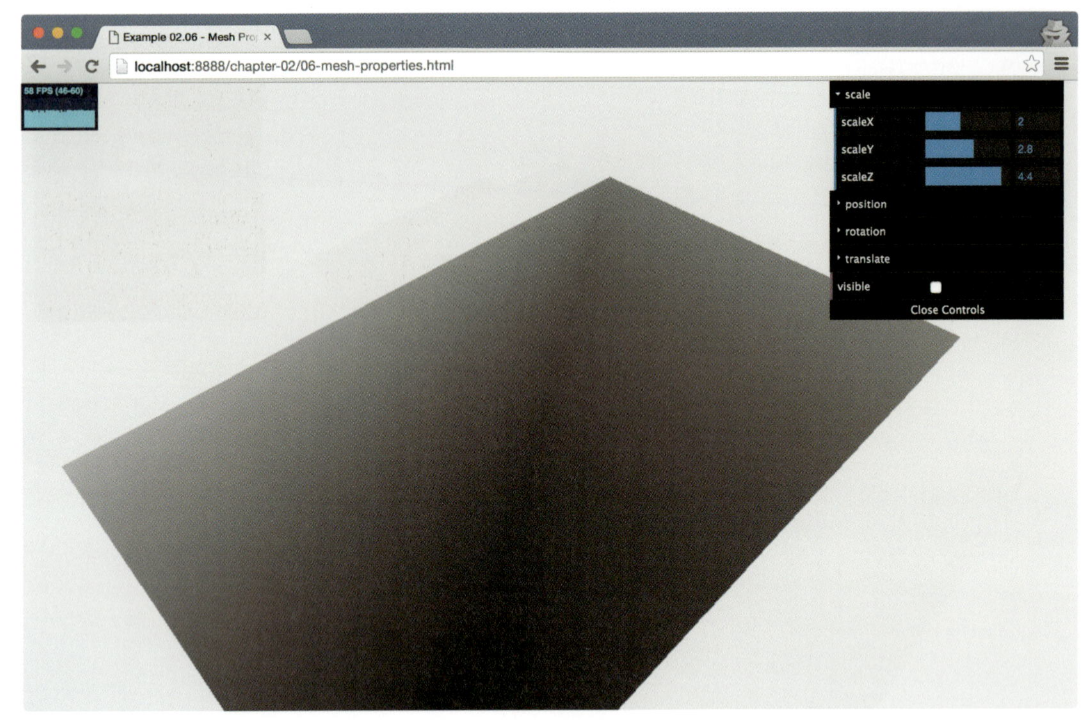

図2-13　立方体が不可視になる

もう一度そのボタンをクリックすると、立方体が再び表示されます。これ以上のメッシュやジオメトリに関するより詳細な情報やこれらのオブジェクトを使用して何ができるかについては、「5章 ジオメトリ」と「7章 パーティクル、スプライト、ポイントクラウド」を参照してください。

2.3　タイプの異なる2つのカメラ

Three.jsには、平行投影カメラと透視投影カメラという、2つの異なるタイプのカメラがあります。「3章 光源」でこれらのカメラについてより詳細に見ていくことになるので、この章では基本的なことだけ紹介します。これらのカメラの違いを理解する一番よい方法は実際にサンプルをいくつか見てみることです。

2.3.1　平行投影カメラと透視投影カメラ

この章で使用するサンプルに、`07-both-cameras.html`というデモがあります。このサンプルを開くと、**図2-14**のような画面が表示されます。

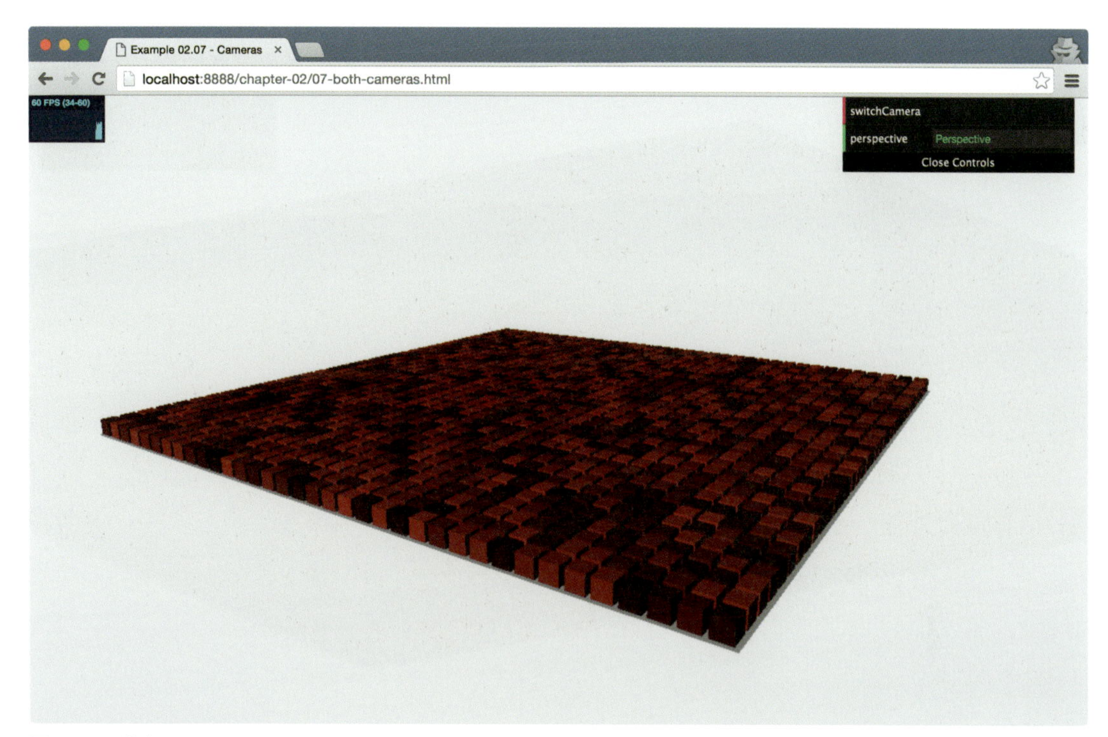

図2-14　透視投影カメラ

これは透視投影（Perspective）ビューと呼ばれるもので、非常に自然な見た目になります。この図を見てわかるように、カメラから遠方にある立方体ほど小さく描画されます。

Three.jsがサポートしている別のタイプのカメラ、平行投影（Orthographic）カメラに変更すると、同じシーンが**図2-15**のような見た目になります。

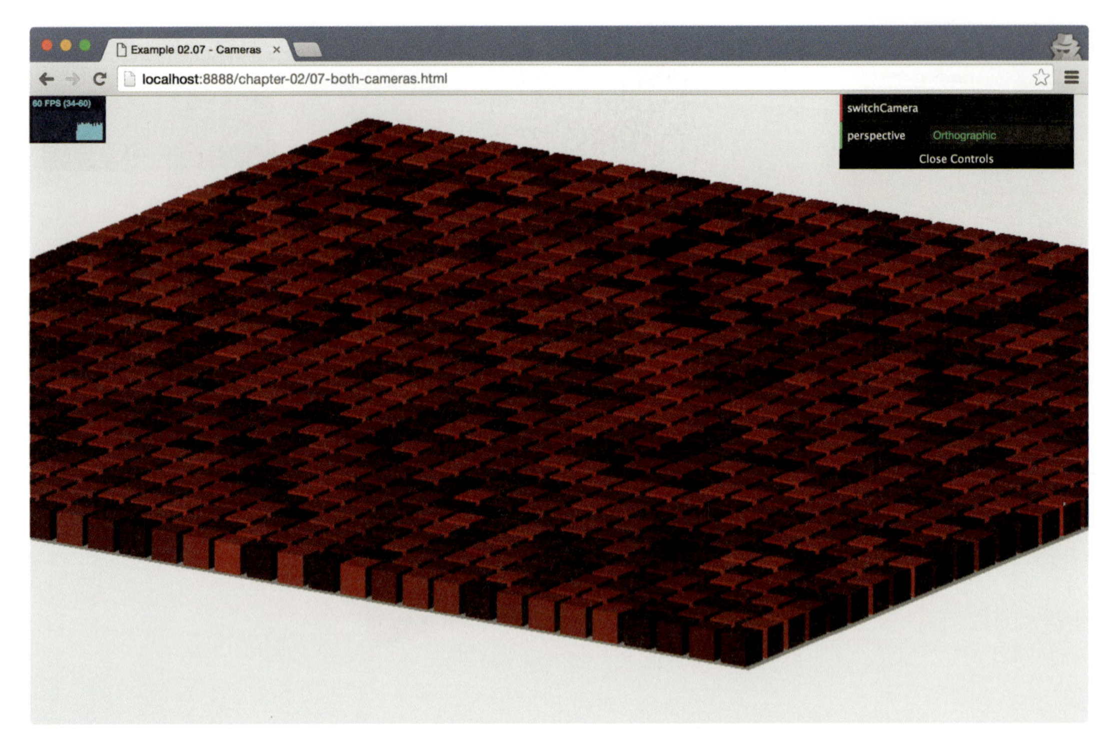

図2-15　平行投影カメラ

平行投影カメラでは、すべての立方体が同じサイズで描画されます。オブジェクトとカメラ間の距離は描画されるサイズに影響を与えません。これは『シムシティ 4』や『シヴィライゼーション』の古いバージョンのような2Dゲームでよく利用されます（**図2-16**）。

図2-16　シムシティ 4

本書のサンプルでは、現実世界と近い見た目になる透視投影カメラをもっともよく利用します。カメラの切り替えは非常に簡単です。サンプル07-both-cameras.htmlの[switchCamera]ボタンをクリックすると以下のコードが呼び出されます。

```
this.switchCamera = function() {
  if (camera instanceof THREE.PerspectiveCamera) {
    camera = new THREE.OrthographicCamera(
      window.innerWidth / -16, window.innerWidth / 16,
      window.innerHeight / 16, window.innerHeight / -16, -200, 500);
    camera.position.x = 120;
    camera.position.y = 60;
    camera.position.z = 180;
    camera.lookAt(scene.position);
    this.perspective = "Orthographic";
  } else {
    camera = new THREE.PerspectiveCamera(
      45, window.innerWidth / window.innerHeight, 0.1, 1000);
    camera.position.x = 120;
    camera.position.y = 60;
    camera.position.z = 180;
    camera.lookAt(scene.position);
    this.perspective = "Perspective";
  }
};
```

このコードを見ると、カメラの種類によって作成する方法に違いがあることがわかります。

まずTHREE.PerspectiveCameraから見てみましょう。このカメラは表2-4のような引数を受け取ります。

表2-4　PerspectiveCameraのプロパティ

引数	説明
fov	FOVはField Of View（視野）の略。これはカメラの位置から見えるシーンの範囲である。例えば人間はおよそ180度のFOV（視野）を持つが、鳥類には360度すべてのFOVを持つものもある。しかしほとんどのコンピュータースクリーンは視界のすべてを完全に覆うわけではないので、通常はもう少し小さな値が選ばれる。ゲームなどでは多くの場合FOVは60度から90度の間の値が選ばれる。 推奨デフォルト値：50
aspect	描画される出力領域の横幅と縦幅の比。今回の場合、ウィンドウ全体を使用するので単純にウィンドウサイズの縦横比を使用する。次の画像のとおり縦横比によって水平方向のFOVと垂直方向のFOVの差が決定される。 推奨デフォルト値：window.innerWidth/window.innerHeight
near	nearプロパティはカメラのどのくらい近くからThree.jsが描画を開始するかを指定する。通常は非常に小さな値に設定し、カメラの位置からすべてを直接描画する。 推奨デフォルト値：0.1
far	farプロパティはカメラからどのくらい遠くまで見えるかを指定する。値が小さすぎると、シーンの一部がおそらく描画されない。逆に大きすぎると、場合によっては描画のパフォーマンスに影響を与えてしまう。 推奨デフォルト値：2000
zoom	zoomプロパティを使用するとシーンにズームインまたはズームアウトすることができる。1より小さな値を使用するとシーンからズームアウトし、1より大きな値を使用するとズームインする。負の値を指定するとシーンが上下逆に描画されることに注意。なお、このプロパティはコンストラクタ引数としては設定できず、カメラ作成後に値を設定する必要がある。 推奨デフォルト値：1

図2-17は何を見せるかを決めるためにこれらのプロパティをどのように組み合わせればよいかをわかりやすく示したものです。

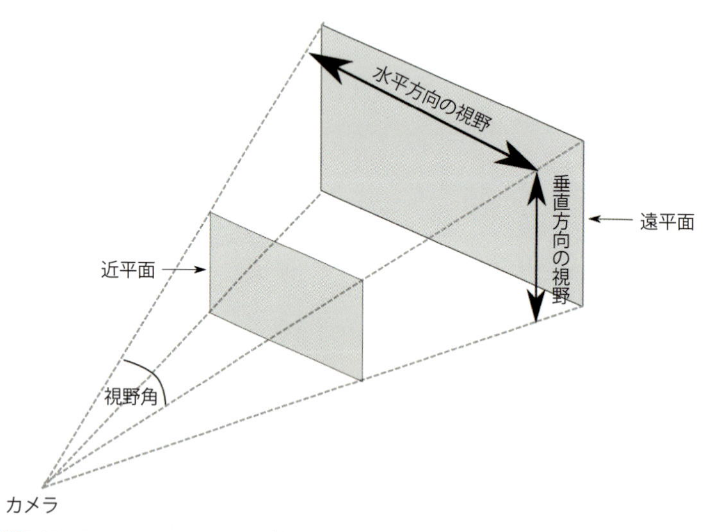

図2-17　PerspectiveCameraの引数によって定義されるレンダリング領域

カメラのfovプロパティは水平方向のFOVを定義します。垂直方向のFOVはfovプロパティとaspectプロパティに基づいて決定されます。nearプロパティは近平面の位置を決定するために使用され、farプロパティは遠平面の位置を決定するために使用されます。最終的に近平面と遠平面の間の領域が描画されます。

平行投影カメラを設定するには先ほどとは異なるプロパティを使用する必要があります。平行投影はどのような縦横比が使用されるかもシーンをどのようなFOVで見るかも考慮せず、オブジェクトは常に同じサイズで描画されます。平行投影カメラを定義するために必要なのは描画対象となる直方体領域を定義することです。平行投影カメラのプロパティはこれを反映して、表2-5のようになります。

表2-5　OrthographicCameraのプロパティ

引数	説明
left	Three.jsのドキュメント内ではカメラ錐台の左側面（Camera frustum left plane）と表現される。これは描画される領域の左境界と見ることができる。もし値を-100に設定すれば、左側面よりも外側にあるオブジェクトは何も見えなくなる
right	rightプロパティはleftプロパティと同様に動作するが、今回はスクリーンの反対側を指す。これよりも右側にあるものは何も表示されない
top	描画される上限
bottom	描画される下限
near	カメラの位置を基準にこの点より向こうがシーンに描画される
far	カメラの位置を基準にこの点までがシーンに描画される
zoom	zoomプロパティを使用するとシーンにズームインまたはズームアウトすることができる。1より小さな値を使用するとシーンからズームアウトし、1より大きな値を使用するとズームインする。負の値を指定するとシーンが上下逆に描画されることに注意。なお、このプロパティはコンストラクタ引数としては設定できず、カメラ作成後に値を設定する必要がある。 推奨デフォルト値：1

要約すると図2-18のようになります。

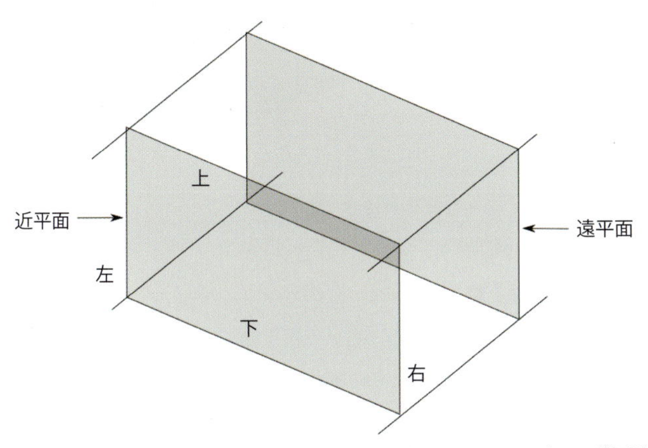

図2-18　OrthographicCameraの引数によって定義されるレンダリング領域

2.3.2 特定の点を注視

ここまでで、カメラの作り方とそのさまざまな引数が何を意味するかを理解しました。また、前の章の内容からカメラからの視界を画面に描画するには、そのカメラをシーン内のどこかに配置する必要があることも理解しているでしょう。残るはカメラがどちらを向くかです。通常であれば、カメラはシーンの中心 (0, 0, 0) 座標を向いていますが、カメラの視点は次のようにして簡単に変更できます。

```
camera.lookAt(new THREE.Vector3(x, y, z));
```

図2-19のような、見つめている位置が赤いドットでマークされたままカメラが移動するサンプルを用意しています。

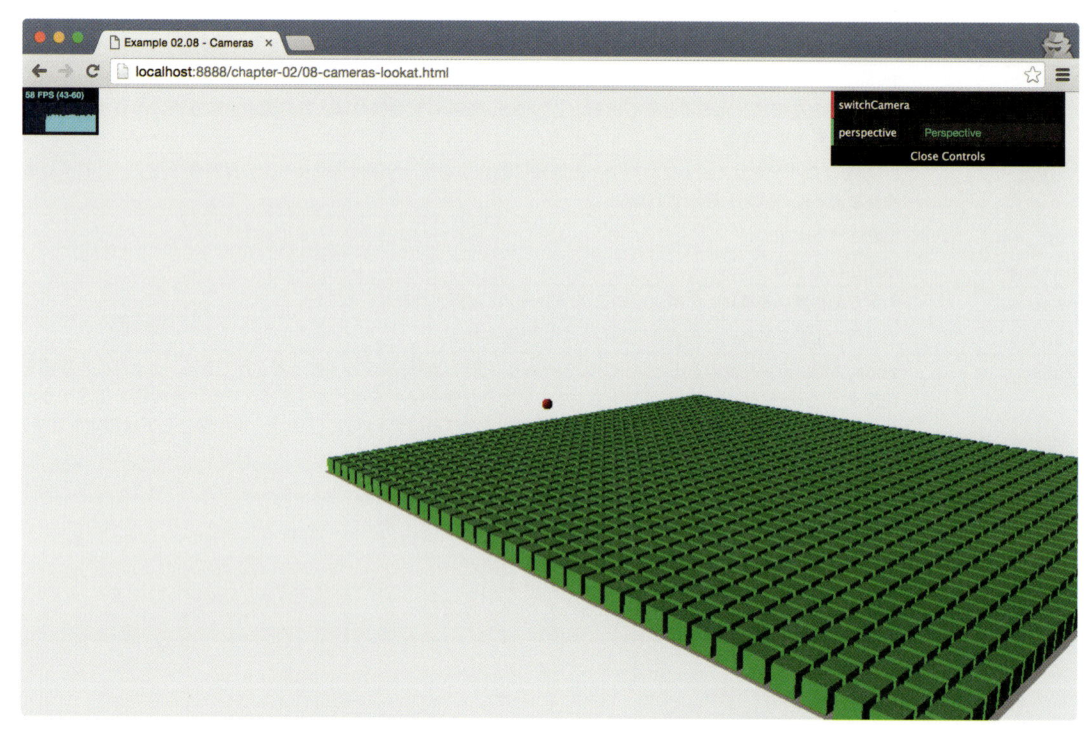

図2-19　注視点に赤いドットが表示される

サンプル`08-cameras-lookat.html`を開くと、左右に動くシーンが現れます（**図2-20**）。しかし実際にはシーンは動いていません。カメラの視点（中心の赤いドットを見てください）が移動し続け、それによってシーンが左右に動いているような錯覚を起こさせます。このサンプルではカメラを平行投影型のものに切り替えることもできます。どうでしょう。カメラ視点変更は`THREE.PerspectiveCamera`の場合と同様にシーンが動いているように感じさせる効果があることがわかります。しかし、興味深いことに、`THREE.OrthographicCamera`の場合、カメラがどこを見ているかにかかわらず、すべての立方体のサイズが同じままであることが非常にはっきりとわかります。

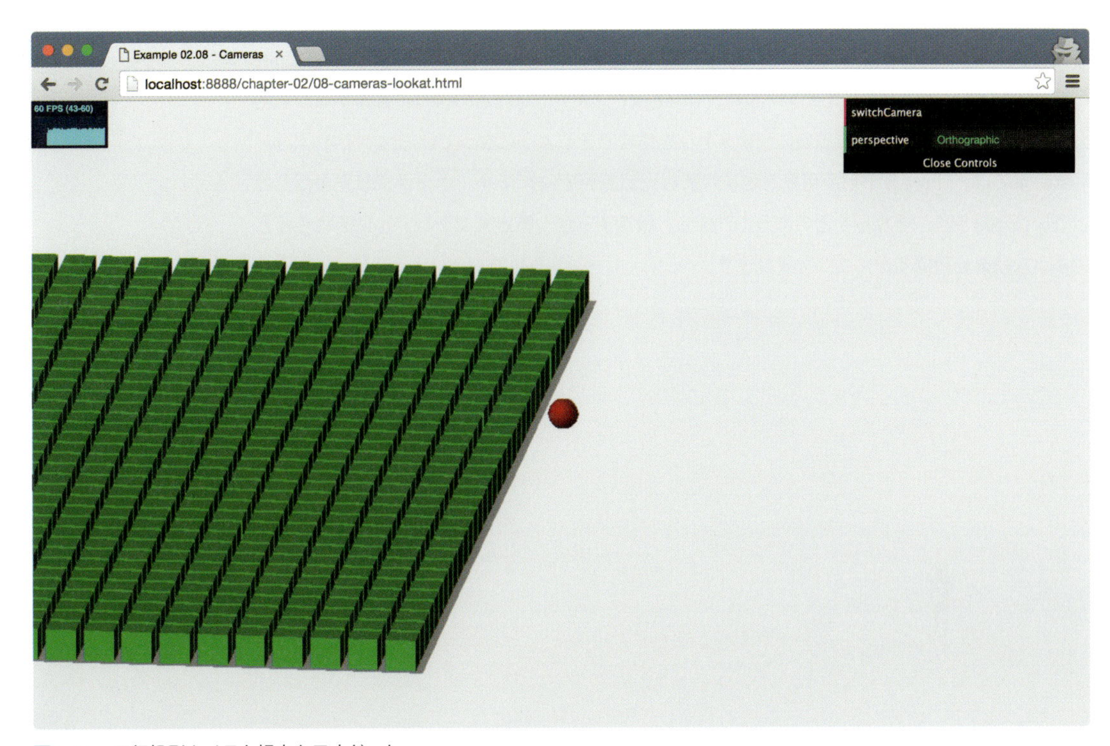

図2-20　平行投影カメラと視点を示すドット

lookAt関数を使用すると、カメラを特定の座標に向けることができます。これはシーン内のオブジェクトをカメラに追いかけさせるためにも利用できます。すべてのTHREE.MeshオブジェクトにはTHREE.Vector3型のpositionプロパティがあるので、次のようにlookAt関数を使用することで視線をシーン内の特定のメッシュに向けることができます。

```
camera.lookAt(mesh.position);
```

描画ループの中でこれを呼び出せば、シーン内を動き回るオブジェクトを常にカメラが追いかけるようにすることも可能です。

2.4　まとめ

この2つめの導入部では多くの項目について説明しました。THREE.Sceneの関数とプロパティのうち利用頻度の高いものをすべて紹介し、それらのプロパティを利用して基本的なシーンを設定する方法を説明しました。またジオメトリの作成方法も示しました。THREE.Geometryオブジェクトを使用してゼロから作成することもできますし、Three.jsが提供する組み込みのジオメトリのいずれかを使用してもかまいません。最後にThree.jsが提供する2つのカメラを設定する方法を紹介しました。THREE.PerspectiveCameraは現実世界のような奥行きを持ったシーンを描画し、THREE.OrthographicCameraはゲームでよく見られる擬似3Dのような効果を与えます。また、Three.jsでジオメトリがどのように動作するかも紹介しました。いまでは簡単に独自のジオメトリを作成できるようになっているはずです。

次の章では、Three.jsで利用可能なさまざまな光源を見ていきます。さまざまな光源がどのように振る舞うか、それらをどのように作成し、設定するか、特定のマテリアルにそれらがどのような効果を及ぼすかについて学びます。

3章
光源

最初の章でThree.jsの基本について学び、その次の章でシーンのもっとも重要な基本要素であるジオメトリとメッシュ、カメラについてより深く学びました。しかしそれらの章では、Three.jsのすべてのシーンで重要な役割を果たすライトについては触れていませんでした。ライトがなければ、描画されたものが何も見えません。Three.jsには多くのライトがあり、それぞれに特別な用途があるので、この章全体を使ってさまざまなライトを詳細に説明し、次の章でマテリアルの使用について説明する準備を行います。

WebGL自体にはライトのサポートは組み込まれていません。Three.jsを使わない場合、本章で紹介するようなさまざまな種類のライトをシミュレートするWebGLのシェーダープログラムを個別に自分で書かなければいけなくなります。その場合は、次のサイトにWebGLでゼロからライティングをシミュレートする方法がわかりやすく説明されていますので参考にしてください。
https://developer.mozilla.org/en-US/docs/Web/API/WebGL_API/Tutorial/Lighting_in_WebGL

この章では、以下の項目について学びます。

- Three.jsで利用可能な光源
- 特定の光源を利用すべき状況
- 光源の振る舞いを調整または設定する方法
- 少し余談として、レンズフレアを作る方法

他のすべての章と同じように、ライトの振る舞いを実際に試すことができるサンプルをたくさん用意しています。この章に関するサンプルは提供されているソースの`chapter-03`フォルダの中にあります。

3.1 Three.jsで利用可能なライティング

Three.jsで利用できるライトは多種多様で、それぞれに適した用途や使い方があります。この章では、表3-1に挙げたライトについて説明します。

表3-1 Three.jsで利用できるライト

ライト	説明
THREE.AmbientLight	基本的なライトのひとつで、このライトの色がシーン内のオブジェクトの色に追加される
THREE.PointLight	光がすべての方向に発散する空間内の一点。このライトを使用して影を落とすことはできない
THREE.SpotLight	この光源は卓上ライトや天井のスポットライト、たいまつのような円錐状の影響範囲を持つ。このライトは影を落とすことができる
THREE.DirectionalLight	このライトは無限遠光源とも呼ばれる。このライトから発せられる光線は例えば太陽からの光のようにそれぞれ平行であるように見える。このライトも影を落とすために利用できる
THREE.HemisphereLight	これは特殊なライトで、表面の反射と遠くに向かうに連れ徐々に輝きを失う空をシミュレートすることで、より自然な見た目の屋外での光を実現できる。このライトにも影に関する機能は何もない
THREE.LensFlare	これは光源ではないが、THREE.LensFlareを使用すると、シーン内のライトにレンズフレア効果を追加できる

この章は大きく2つの部分に分けられます。前半は基本的なライトTHREE.AmbientLight、THREE.PointLight、THREE.SpotLight、THREE.DirectionalLightを見ていきます。これらのライトはすべてTHREE.Lightを継承していて、共通の機能を持ちます。ここで触れられるライトは単純でほとんど設定を必要とせず利用できます。これらのライトだけでライティングが必要となる状況のほとんどに対応できるはずです。後半は、特殊な目的を持つライトと効果、つまりTHREE.HemisphereLightとTHREE.LensFlareを紹介します。ただしこれらのライトと効果が必要になるのはおそらくほんの限られた場合だけでしょう。

3.2 基本的なライト

それでは、もっとも基本的なライトであるTHREE.AmbientLightの説明から始めましょう。

3.2.1 THREE.AmbientLight

THREE.AmbientLightを作成すると、そのライトの色が全体に適用されます。THREE.AmbientLightに特定の入射角というものはなく、そのためいかなる影も落としません。また、THREE.AmbientLightは形状にかかわらずすべてのオブジェクトのすべての面を同じ色にしてしまうので、シーン内の唯一の光源として利用されることはまずありません。その代わりにTHREE.SpotLightやTHREE.DirectionalLightのような他の光源と組み合わせて、影を和らげたり、シーンに色味を加えたりするために利用します。これについてはchapter-03フォルダ内のサンプル01-ambient-light.htmlを見て理解するのが一番簡単でしょう。このサンプルにはシーン内で使用しているTHREE.AmbientLightのプロパティを変更できる簡単なユーザーインタフェースがあります。なおこのシーンには陰影がありますが、これは別に追加されているTHREE.SpotLightの効果であることに注意してください。

図3-1は最初の章で見たシーンのTHREE.AmbientLightの色を設定可能にしたサンプルです。このサンプルではスポットライトをオフにしてTHREE.AmbientLight自身の効果がどのようなものかを確認することもできます。

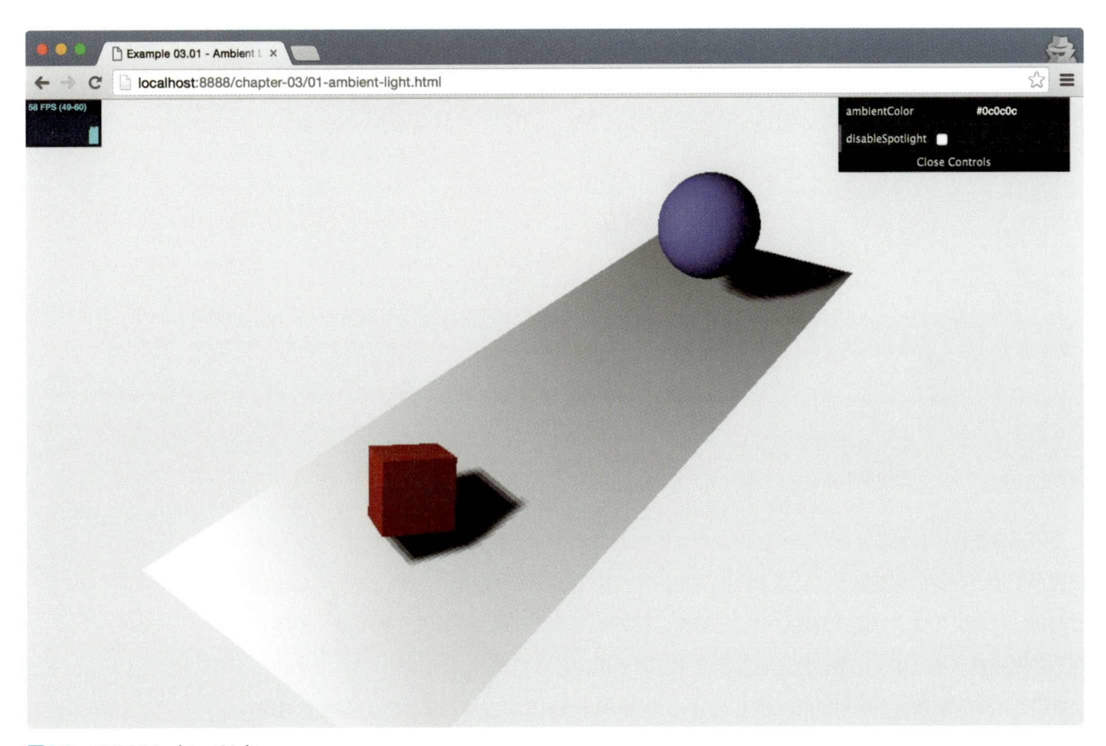

図3-1　THREE.AmbientLight

このシーンで初めに設定される色は#0c0c0cと指定されています。これは16進数表現された色で、初めの2文字が色の赤要素、次の2文字が緑要素、最後の2文字が青要素を表します。

このサンプルでは、メッシュが地面に落とす強い影を弱めることを主目的に、灰色の淡い光を使用しています。右上にあるメニューを使用してこの色を強いオレンジ色（#6b3404）に変更することもでき、そうするとオブジェクトは太陽に照らされたような色になります（図3-2）。

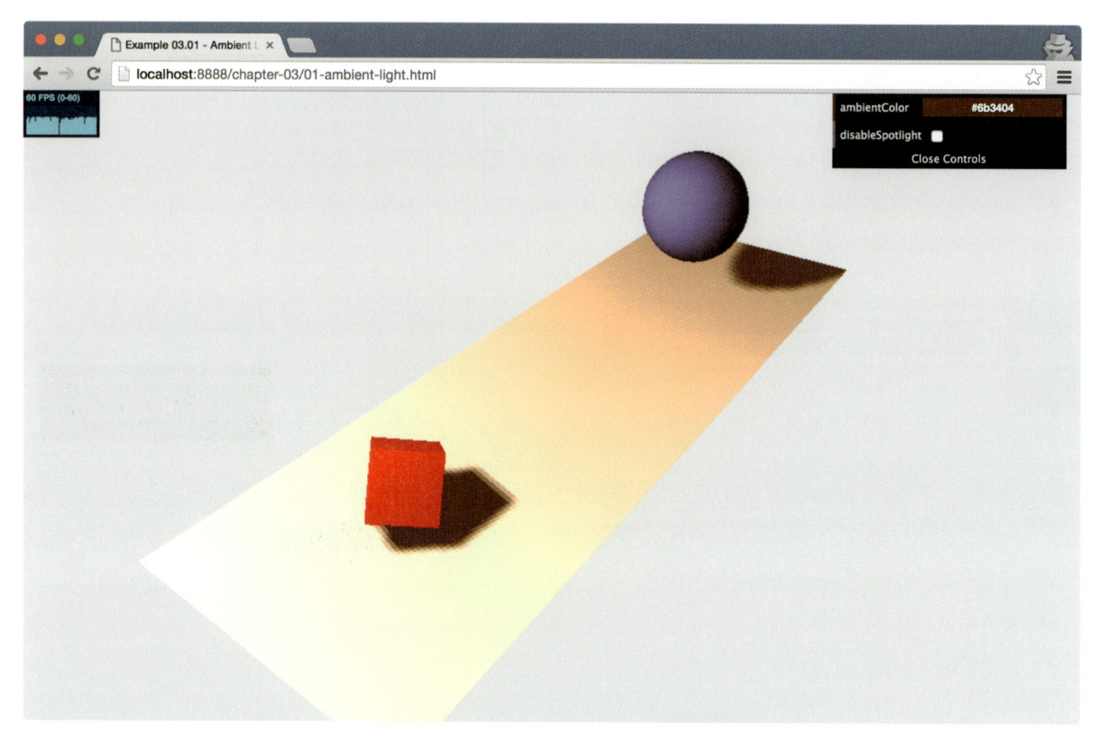

図3-2　濃いオレンジ色の環境光

この画像を見てわかるとおり、オレンジ色はすべてのオブジェクトに適用され、シーン全体に渡ってオレンジの光を放っているように見えます。このライトを使用する時に覚えておかなければいけないのは、指定する色について非常に保守的であるべきだということです。明るすぎる色を指定するとすぐに全体的に彩度が高すぎる画面になります。

さて、THREE.AmbientLightがどのような効果を及ぼすかについては確認できました。次はどのように作成して利用できるか見ていきましょう。次のコードはTHREE.AmbientLightの作り方に加えて、そのプロパティを後ほど「11章 カスタムシェーダーとポストプロセス」で紹介することになるGUIコントロールメニューとどのようにして接続するかも合わせて示しています。

```
var ambiColor = "#0c0c0c";
var ambientLight = new THREE.AmbientLight(ambiColor);
scene.add(ambientLight);
...

var controls = new function () {
  this.ambientColor = ambiColor;
};

var gui = new dat.GUI();
gui.addColor(controls, 'ambientColor').onChange(function (e) {
  ambientLight.color = new THREE.Color(e);
});
```

THREE.AmbientLightの作成は非常に簡単で、ほんの数ステップで実現できます。THREE.AmbientLightは位置情報を持たず、シーン全体に適用されます。そのためコンストラクタに指定するものは次のとおり、色（16進表現）だけです。そのライトをシーンに追加すればTHREE.AmbientLightの準備は完了です。

```
var ambientLight = new THREE.AmbientLight(ambiColor);
scene.add(ambientLight);
```

サンプルでは、THREE.AmbientLightの色をコントロールメニューと紐付けています。実装方法は前の章とほぼ同じですが、gui.add(...)関数の代わりにgui.addColor(...)関数を使うことだけが異なります。addColor関数を使用すると実際の色を直接確認しながら選択できるようなオプションが追加されます。コードを見ると次のとおりaddColor関数の呼び出し結果に対してさらにonChange関数が呼び出されていることがわかります。

```
gui.addColor(controls, 'ambientColor').onChange(function (e) {
  ambientLight.color = new THREE.Color(e);
});
```

この関数を使用すると色が変更されるたびに引数として渡された関数を呼び出すように設定できます。今回の場合はTHREE.AmbientLightの色に新しい値が設定されます。

3.2.1.1　THREE.Colorオブジェクトの利用

次のライトの説明に移る前に、ここでTHREE.Colorオブジェクトの使用方法について簡単に説明しておきます。Three.jsでオブジェクトを生成する時に（通常は）推奨される方法として16進文字列（"#0c0c0c"）または16進数（0x0c0c0c）を指定するか、もしくは0から1の間の数値でRGBの値を個別に指定（0.3, 0.5, 0.6）することで、そのオブジェクトの色を設定することができます。生成後に色を変更したければ、THREE.Colorオブジェクトを新しく作成するか、現在のTHREE.Colorオブジェクトの内部プロパティを修正します。THREE.Colorオブジェクトには表3-2の関数があり、それらを使用して現在のオブジェクトの情報を設定もしくは取得することができます。

表3-2　THREE.Colorオブジェクトの関数

関数	説明
set(value)	この色を指定された16進の値に設定する。この16進の値は文字列であることもあれば、数値や既存のTHREE.Colorインスタンスであることもある
setScalar(scalar)	この色のRGBの値をすべて引数の値に設定する
setHex(value)	この色を指定された16進数の値に設定する
setRGB(r, g, b)	この色を指定されたRGBの値を元に設定する。値の範囲は0から1
setHSL(h, s, l)	この色を与えられたHSLの値に設定する。値の範囲は0から1。色を設定する上でHSLがどのように働くかについてはhttp://en.wikibooks.org/wiki/Color_Models:_RGB,_HSV,_HSLを参照

関数	説明
setStyle(style)	この色をCSSのやり方で指定した色の値に基づいて設定する。例えば"rgb(255,0,0)"や"#ff0000"、"#f00"、さらには"red"などの値を利用できる
copy(color)	この色に受け取ったTHREE.Colorインスタンスから色情報をコピーする
copyGammaToLinear(color, gammaFactor)	基本的には内部で利用される。このオブジェクトの色を受け取ったTHREE.Colorインスタンスに基づいて設定する。この色はまずガンマ色空間から線形色空間に変換される。ガンマ色空間もRGBの値を使用するが、線形ではなく指数スケールが使用される
copyLinearToGamma(color, gammaFactor)	基本的には内部で利用される。このオブジェクトの色を受け取ったTHREE.Colorインスタンスに基づいて設定する。この色はまず線形色空間からガンマ色空間に変換される
convertGammaToLinear()	現在の色をガンマ色空間から線形色空間に変換する
convertLinearToGamma()	現在の色を線形色空間からガンマ色空間に変換する
getHex()	この色オブジェクトの値を数値で返す。435241など
getHexString()	この色オブジェクトの値を16進文字列で返す。"0c0c0c"など
getStyle()	この色オブジェクトの値をCSSで有効な値として返す。"rgb(112, 0, 0)"など
getHSL(optionalTarget)	この色オブジェクトの値をHSL値で返す。optionalTargetオブジェクトを渡すと、Three.jsはそのオブジェクトのh、s、lプロパティを設定する
offsetHSL(h, s, l)	現在の色のh、s、lの値に、与えられたh、s、lの値を加える
add(color)	現在の色に、与えられた色のr、g、bの値を加える
addColors(color1, color2)	基本的には内部で利用される。color1とcolor2を足し合わせ、結果を現在の色の値に設定する
addScalar(s)	基本的には内部で利用される。現在の色のRBG要素に値を追加する。内部的には0から1の範囲の値が使用されているということを忘れないこと
multiply(color)	基本的には内部で利用される。現在のRGB値とTHREE.ColorのRBG値を掛け合わせる
multiplyScalar(s)	基本的には内部で利用される。現在のRGB値に渡された値を掛け合わせる。内部的には0から1の範囲の値が使用されているということを忘れないこと
lerp(color, alpha)	基本的には内部で利用される。このオブジェクトの色と渡された色の間にある色を見つける。alphaプロパティは結果が現在の色と渡された色の間のどの位置の色になってほしいかを指定する
equals(color)	渡されたTHREE.ColorインスタンスのRBG値が現在の色の値と一致したらtrueを返す
fromArray(array, offset)	setRBGと同じ機能だが、ここではRBGの値を数値の配列として渡すことができる
toArray(array, offset)	[r,g,b]という要素を持つ3要素の配列を返す
clone()	この色の正確なコピーを作る

この表には現在の色を変更する方法が多く載っています。これらの関数の多くはThree.jsが内部的に使用するものですが、ライトやマテリアルの色を簡単に変更する手段としても利用できます。

THREE.PointLightやTHREE.SpotLight、THREE.DirectionalLightの詳細な説明に入る前にまずそれらの主な違い、つまりそれらがどのような光を発するかについて理解しておきましょう。**図3-3**はこれら3つの光源がどのように光を発するかを示したものです。

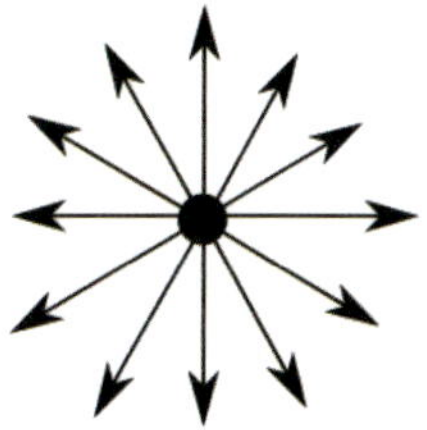

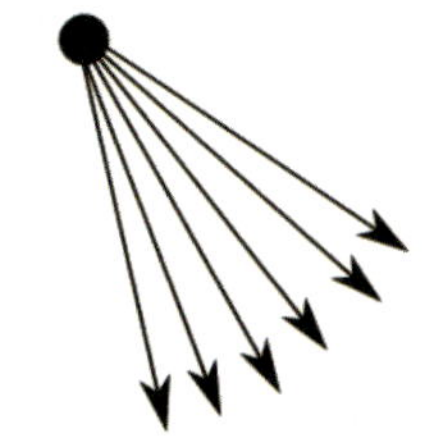

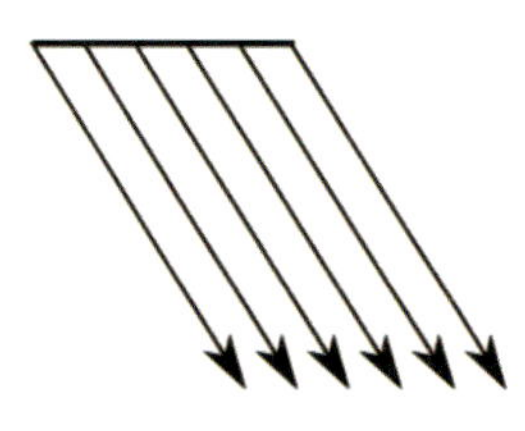

図3-3　3つの光源

図から次のことがわかります。

- `THREE.PointLight`は特定の点から全方位に向けて光を発します。
- `THREE.SpotLight`は特定の点から円錐状に光を発します。
- `THREE.DirectionalLight`はある一点から光を発するのではなく、2次元平面からそれぞれ平行な光線を放ちます。

これから続くいくつかの段落でこれらの光源についてより詳細に見ていきます。まずは`THREE.Pointlight`から始めましょう。

3.2.2 THREE.PointLight

Three.jsの`THREE.PointLight`は一点から全方向に向かって光を発する光源です。夜空に輝く信号灯が点光源のよい例です。他のすべてのライトと同じく、`THREE.PointLight`をいろいろと試すためのサンプルを用意しています。`chapter-03`フォルダの`02-point-light.html`を開くと簡単なThree.jsシーンの中を`THREE.PointLight`の光が動き続けるサンプルを見ることができます（**図3-4**）。

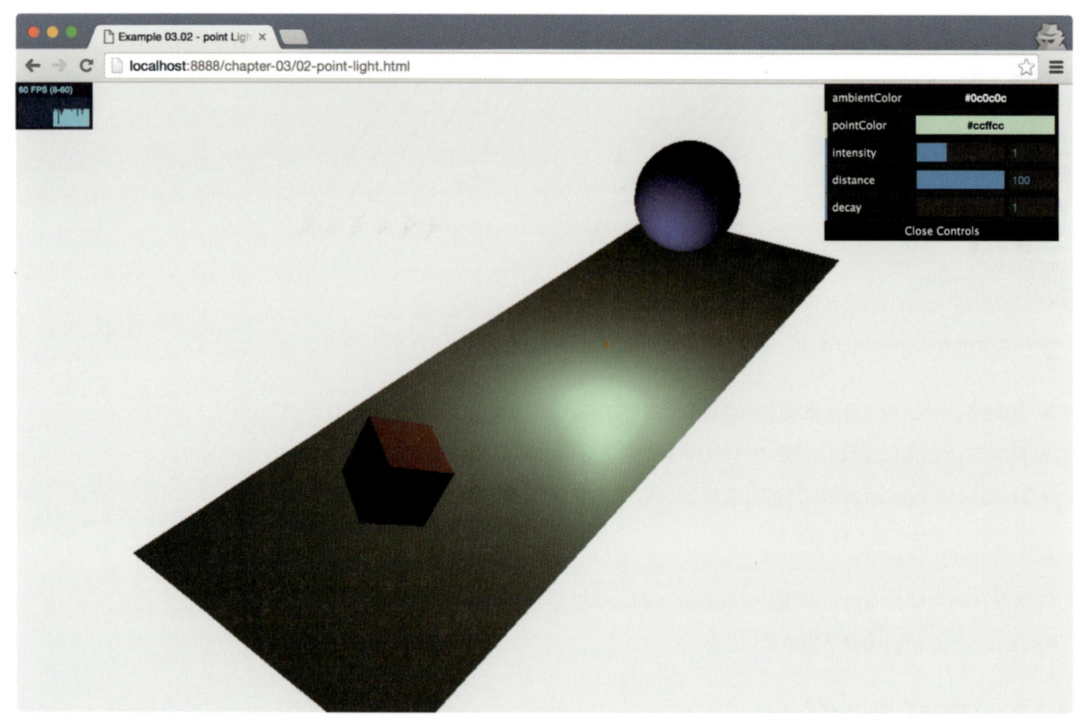

図3-4　THREE.PointLight

このサンプルでは、「1章 初めての3Dシーン作成」ですでに見たことのあるシーンの中をTHREE.PointLightが動き回ります。THREE.PointLightがどこにあるのかをよりはっきりさせるために、小さなオレンジ色の球を同じように動かしています。ライトの動きに応じて、赤い立方体と青い球が照らされていることがわかるでしょう。

この例には影がまったくないことに気づいたでしょうか。Three.jsのTHREE.PointLightは影を落としません。THREE.PointLightは全方向に光を発するので、影の計算がGPUにとって非常に重たい処理になるためです。

以前見たとおりTHREE.AmbientLightを使用するために必要なのは、THREE.Colorを与えて作成したライトをシーンに追加することだけでした。しかしTHREE.PointLightの場合、それ以外にも設定できる項目がいくつかあります（**表3-3**）。

表3-3　THREE.PointLightの設定項目

プロパティ	説明
color	ライトの色
decay	ライトからの距離に応じて光が減衰する量。デフォルト値は1
distance	ライトの光が届く距離。デフォルト値は0で、これは光の強さが距離によって弱められることがないという意味になる
intensity	単位面積あたりの光の輝きの強さ。デフォルト値は1
position	THREE.Scene内でのライトの位置
power	光源の発する光の強さ。intensityの4 * Math.PI倍になり、内部的には独自のプロパティは持たず、intensityから計算される
visible	このプロパティが（デフォルトである）trueに設定されていればライトは点灯し、falseに設定されていればライトは消灯する

次のいくつかのサンプルとスクリーンショットでこれらのプロパティを説明します。まず、どのようにしてTHREE.PointLightを作成するかを見てみましょう。

```
var pointColor = "#ccffcc";
var pointLight = new THREE.PointLight(pointColor);
pointLight.position.set(10, 10, 10);
scene.add(pointLight);
```

colorプロパティを持つライトを作成し（今回は文字列の値を使用しましたが、数値やTHREE.Colorも使用できます）、その後でpositionプロパティを設定した後、シーンに追加しています。

初めに紹介するプロパティはintensityです。このプロパティを使用するとライトがどのくらい明るく輝くかを設定できます。値を0に設定すると何も見えなくなり、1に設定するとデフォルトの明るさになり、2に設定するとデフォルトより2倍明るく光るライトが得られます。例えば、**図3-5**ではライトのintensityを2.4に設定しました。

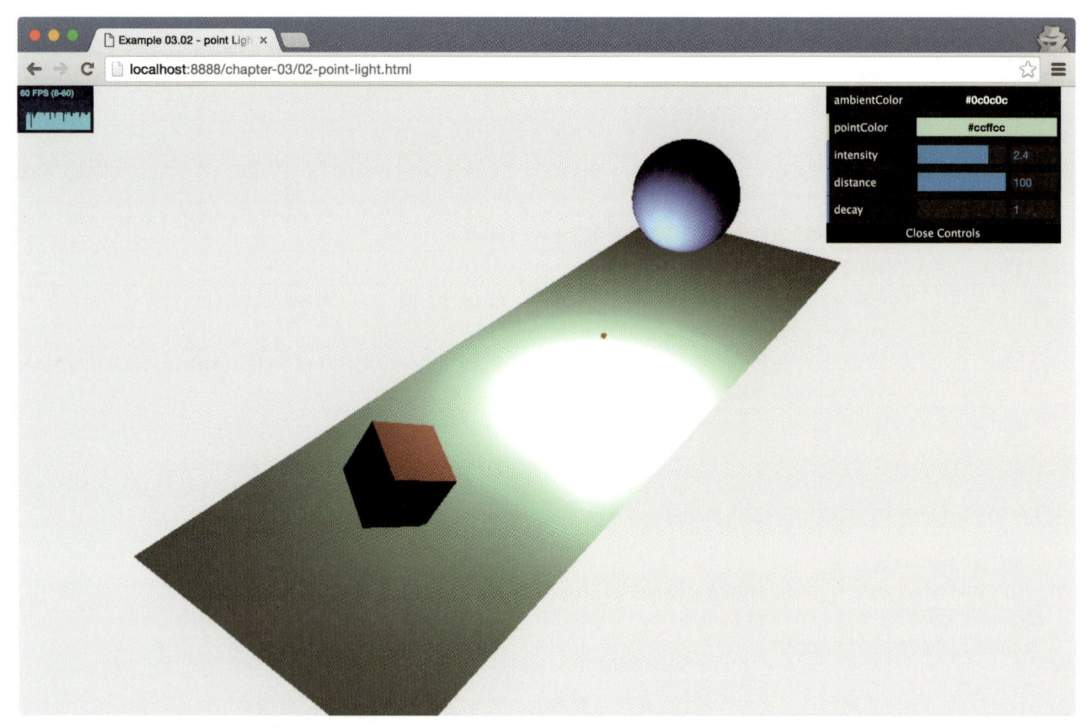

図3-5　大きなintensityの値を持つPointLight

ライトの明るさを変更するには、次のようにTHREE.PointLightのintensityプロパティに値を設定するだけです。

```
pointLight.intensity = 2.4;
```

もしくは次のようにdat.GUIリスナーを使うこともできます。

```
var controls = new function() {
  this.intensity = 1;
}
var gui = new dat.GUI();
gui.add(controls, 'intensity', 0, 3).onChange(function (e) {
  pointLight.intensity = e;
});
```

THREE.PointLightのdistanceプロパティは興味深いプロパティです。サンプルを見るのがもっともわかりやすい説明になるでしょう。**図3-6**は先ほどと同じシーンですが、今度はintensityプロパティの値を非常に大きくし、反対にdistanceの値は小さくしています。

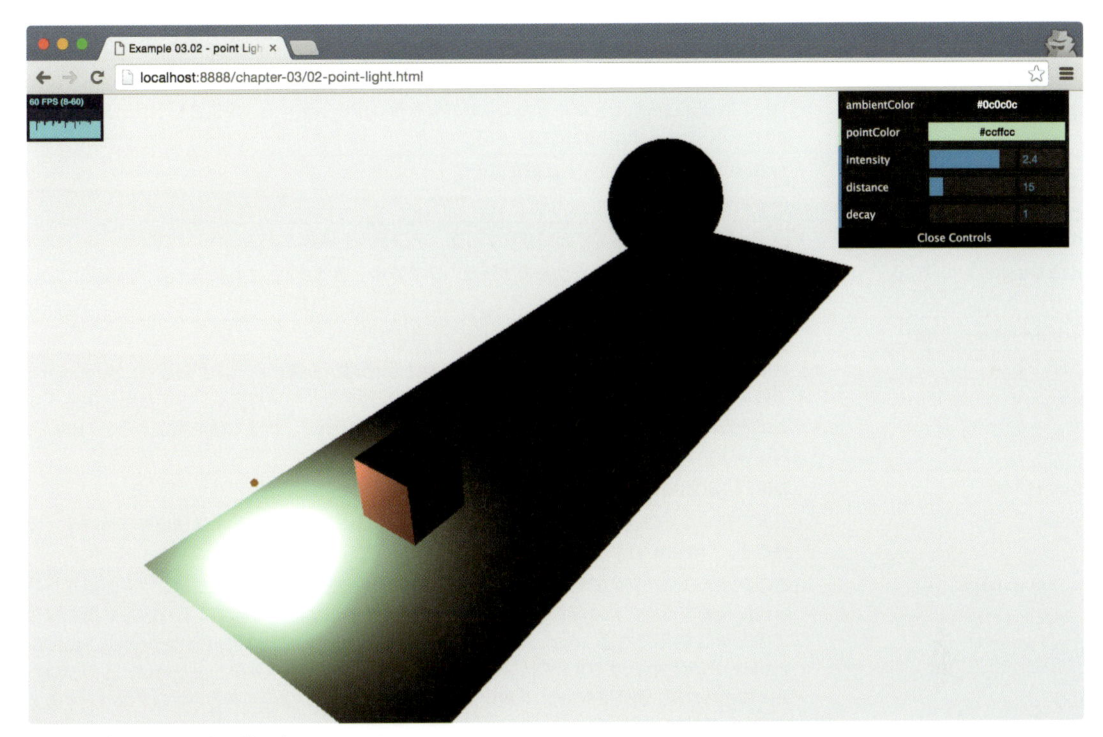

図3-6　遠くには届かない強い光

THREE.PointLightのdistanceプロパティは、intensityプロパティが0になるまでに光が光源からどのくらい遠くまで進めるかを決定します。このプロパティはpointLight.distance = 15のようにして設定できます。前のスクリーンショットではライトの明るさが少しずつ減少し、距離が15の点で0になっています。サンプルで立方体は明るく照らされていますが、青い球には光がまったく届いていないのはそのためです。distanceプロパティのデフォルト値は0ですが、これはライトが距離にかかわらず一切減衰しないという意味になります。

3.2.3　THREE.SpotLight

THREE.SpotLightは（影を使いたいと思った場合は特に）もっとも頻繁に使用することになるライトのひとつで、効果の範囲が円錐状になります。つまり懐中電灯やランタンのようなものと考えるとよいでしょう。したがってこのライトには向きと光を発する角度があり、表3-4にそれらも含めてTHREE.SpotLightに適用できるプロパティをすべて挙げてあります。

表3-4 THREE.SpotLightのプロパティ

プロパティ	説明
angle	ライトから発せられる光線がどのくらいの幅を持つかを指定する。単位としてラジアンが使用され、デフォルト値はMath.PI / 3
castShadow	trueに設定すると、ライトは影を落とす
color	ライトの色
decay	ライトからの距離に応じて光が減衰する量。デフォルト値は1
distance	ライトの光がどこまで届くかを表す距離。デフォルト値は0で、これは光の強さが距離に応じて減衰しないことを意味する
intensity	単位面積あたりの光の輝く強さ。デフォルト値は1
penumbra	THREE.SpotLightでは発せられる光の強さが光源から遠ざかるほど弱まる。penumbraプロパティはこの光の強さがどのくらい急速に減衰するかを決定する。小さな値を指定するとこの光源から発せられる光が遠方のオブジェクトまで届き、大きな値を指定するとTHREE.SpotLightから非常に近いオブジェクトにしか届かない
position	THREE.Scene内でのライトの位置
power	光源の発する光の強さ。intensityのMath.PI倍になり、内部的には独自のプロパティは持たず、intensityから計算される
shadow.bias	このシャドウバイアスで指定される距離だけ影の位置を影が落ちるオブジェクトの奥または手前に移動する。これは非常に薄いオブジェクトを使用する時に発生する奇妙な効果を解決するために利用できる（http://www.3dbuzz.com/training/view/unity-fundamentals/lights/8-shadows-biasにわかりやすい例がある）。影にこのような奇妙な効果が出た時は、このプロパティに小さな値（例えば0.01）を設定すると問題が解決する場合がある。このプロパティのデフォルト値は0
shadow.camera.aspect	影を表示する領域の縦横比を指定する。実際にはshadow.camera.farやshadow.camera.fovとの組み合わせで影を表示する領域の縦の長さに影響を与える。デフォルト値は1
shadow.camera.far	どの程度の距離まで影が作成されるかを指定する。デフォルト値は500
shadow.camera.fov	影を生成するのにどの程度大きな視野を使用するかを指定する（「2.3 タイプの異なる2つのカメラ」を参照）。デフォルト値は50
shadow.camera.near	ライトからどの程度の距離だけ離れた点から影を生成するべきかを指定する。デフォルト値は0.5
shadow.mapSize.widthとshadow.mapSize.height	影を生成するために何ピクセル使用するかを指定する。影のエッジにジャギーが出てなめらかに見えない時はこの値を増やす。シーンが描画された後で値を変更することはできない。両方ともにデフォルト値は512
target	THREE.SpotLightでは光を向けられる方向が重要である。targetプロパティを使用するとTHREE.SpotLightを特定のオブジェクトもしくはシーン内の特定の位置に向けることができる。このプロパティは（THREE.Meshのような）THREE.Object3Dオブジェクトを要求することに注意してほしい。対照的に、カメラの場合は前の章で見たとおりlookAt関数でTHREE.Vector3を使用する
visible	（デフォルト値の）trueに設定されていると、ライトが点灯する。falseに設定されると、ライトは消灯する

THREE.SpotLightの作成は非常に簡単です。次のように、ただ色を指定し、好きなプロパティを設定してシーンに追加するだけです。

```
var pointColor = "#ffffff";
var spotLight = new THREE.SpotLight(pointColor);
spotLight.position.set(-40, 60, -10);
```

```
spotLight.castShadow = true;
spotLight.target = plane;
scene.add(spotLight);
```

THREE.SpotLightはTHREE.PointLightと比べてそれほど大きくは異なりません。違うのはSpotLightでは影が欲しい時にcastShadowプロパティをtrueに設定できることと、targetプロパティを設定する必要があるということくらいです。targetプロパティはライトがどこを向くかを決定するもので、先ほどの例の場合、planeという名前のオブジェクトの方向を向いています。サンプル03-spot-light.htmlを実行してください。図3-7のようなシーンが表示されるはずです。

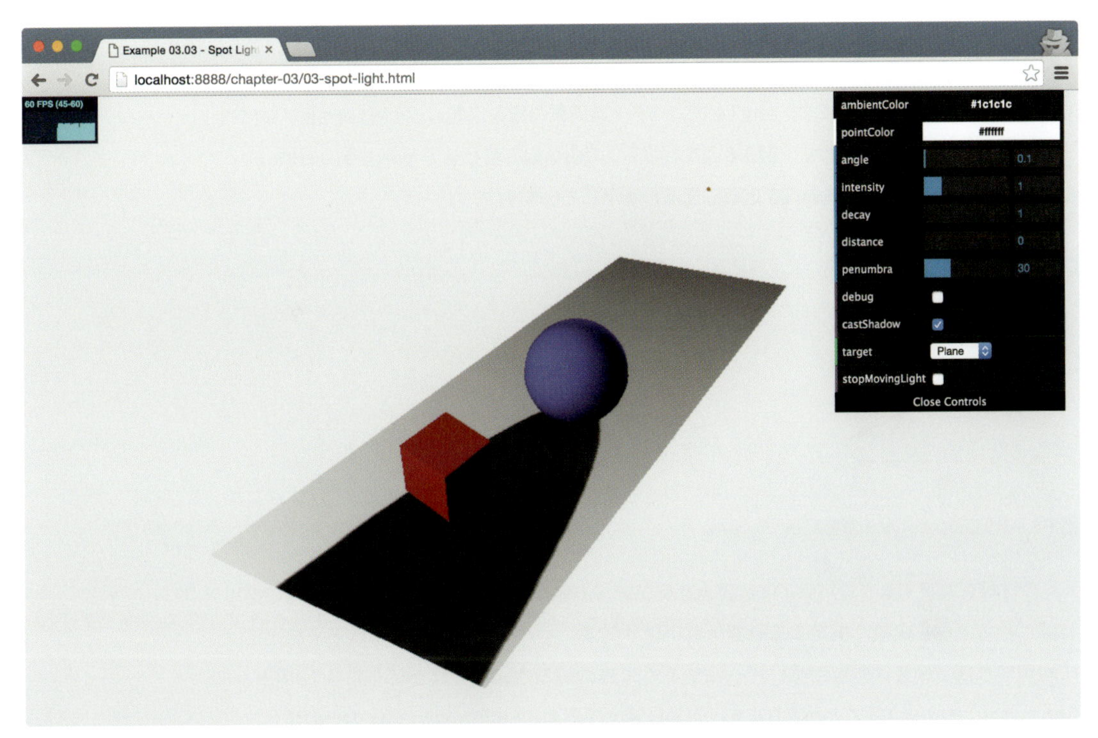

図3-7　THREE.SpotLight

このサンプルでは、THREE.SpotLightだけで利用できるさまざまなプロパティを実際に設定できます。その中のひとつがtargetプロパティです。このプロパティを青い球に設定すると、球がシーン内を動き回っていたとしてもライトは球の中心の方向を常に向くことになります。ライトの生成時には地面の方を向くように設定されていますが、今回のサンプルではそれ以外の2つのオブジェクトに向けることもできます。それでは、ライトを特定のオブジェクトに向けるのではなく、空間内の任意の場所に向けるにはどうすればよいのでしょう。その場合は次のようにTHREE.Object3Dオブジェクトを作成してください。

```
var target = new THREE.Object3D();
target.position = new THREE.Vector3(5, 0, 0);
```

そしてそれをTHREE.SpotLightのtargetプロパティに設定します。

```
spotlight.target = target
```

または、THREE.SpotLightの作成直後であればtargetプロパティにはデフォルトでTHREE.Object3Dオブジェクトが設定されているので直接positionを設定してもかまいません。

```
spotlight.target.position.set(5, 0, 0);
```

表3-4に、THREE.SpotLightから光をどのように発するかを設定するためのプロパティがいくつかありました。その中のdistanceプロパティとangleプロパティは光がどのような円錐形になるかを定義します。angleプロパティは円錐の幅を定義し、distanceプロパティで円錐の高さを設定します。図3-8はこれら2つの値を組み合わせてどのようにTHREE.SpotLightから光を受ける領域を定義できるかを示しています。

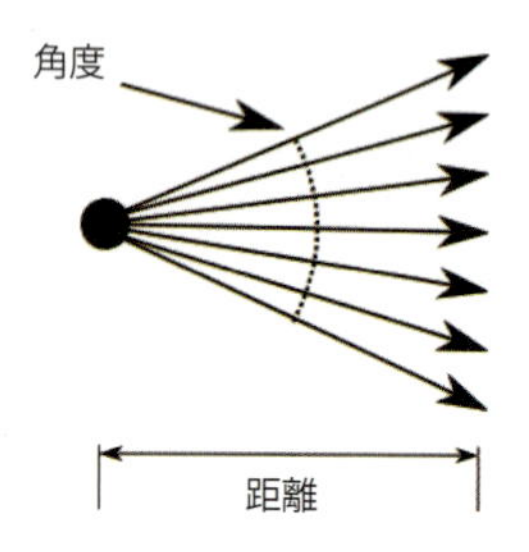

図3-8　THREE.SpotLightの影響範囲

光の性質を決定するプロパティには妥当なデフォルト値が設定されているので、通常であればこれらの値を実際に指定する必要はないはずです。しかしこれらのプロパティを適切に利用すれば、例えば非常に細いビームやすぐに光の明るさが弱くなってしまうTHREE.SpotLightを作成することができます。最後に紹介するTHREE.SpotLightの光の発し方を変更できるプロパティはpenumbraです。このプロパティは円錐の頂点から円錐の底面まで、どのくらい早く光が減衰するかを決定します。図3-9を見るとpenumbraプロパティの実際の結果を確認できます。ここでは円錐の頂点から底面に向かって急速に暗くなる（大きなpenumbra）非常に明るい光（大きなintensity）が使われています。

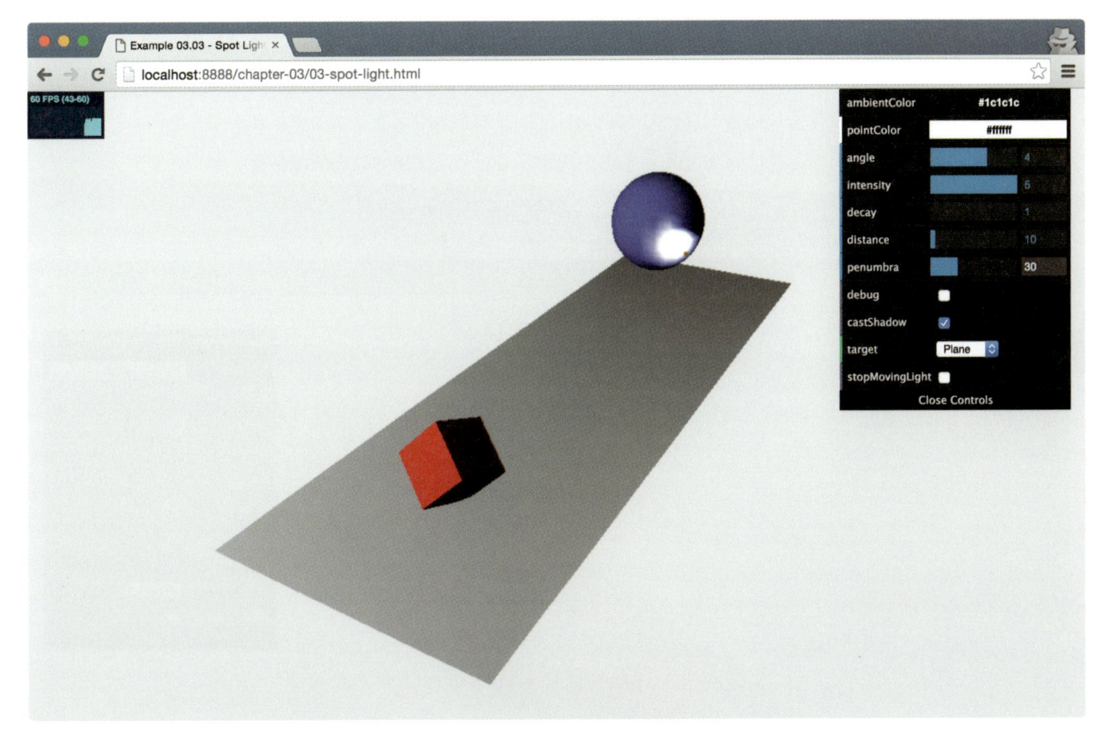

図3-9　急速に暗くなる非常に明るい光

このような設定は特定のオブジェクトを強く照らしたり、小さな閃光を模擬するために利用できます。同じように絞り込まれたビームのような効果は`penumbra`と`angle`の値を小さくしても得ることができます。しかし後者の方法には注意が必要で、`angle`の値を非常に小さくすると、すぐにさまざまな描画上のアーチファクト（アーチファクトはグラフィックの世界の用語で、期待しない歪みや画面上の奇妙な描画結果のことを指します）が発生します。

次のライトに進む前に、`THREE.SpotLight`で利用できる影に関係するプロパティについて簡単に見ておきましょう。`THREE.SpotLight`の`castShadow`プロパティを`true`に設定すると（そしてもちろんシーン内の`THREE.Mesh`について影を落とすオブジェクトの`castShadow`プロパティを設定し、影を受けるオブジェクトの`receiveShadow`プロパティを設定していることを確認すれば）影が得られることについてはすでに学びました。Three.jsでは表3-4で説明したいくつかのプロパティを使用して、影をどのように描画するかを非常に細かい粒度で制御できます。`shadow.camera.near`や`shadow.camera.far`、`shadow.camera.fov`、`shadow.camera.aspect`を使用すればライトがどこにどのように影を落とすか制御できます。実際のところ`shadow.camera`は前の章で説明した透視投影カメラなので、影を落とす領域の指定はカメラの視界を決める方法と同じです。この領域を確認する一番簡単な方法は`THREE.CameraHelper`を使用することです。`THREE.CameraHelper`は次のように使用します。

```
var cameraHelper = new THREE.CameraHelper(spotLight.shadow.camera);
scene.add(cameraHelper);
```

サンプルでこの動作を確認するにはメニューの［debug］チェックボックスをチェックします。そうすると**図3-10**のようにこのライトが落とす影を決定するために使用される領域を実際に見ることができます。

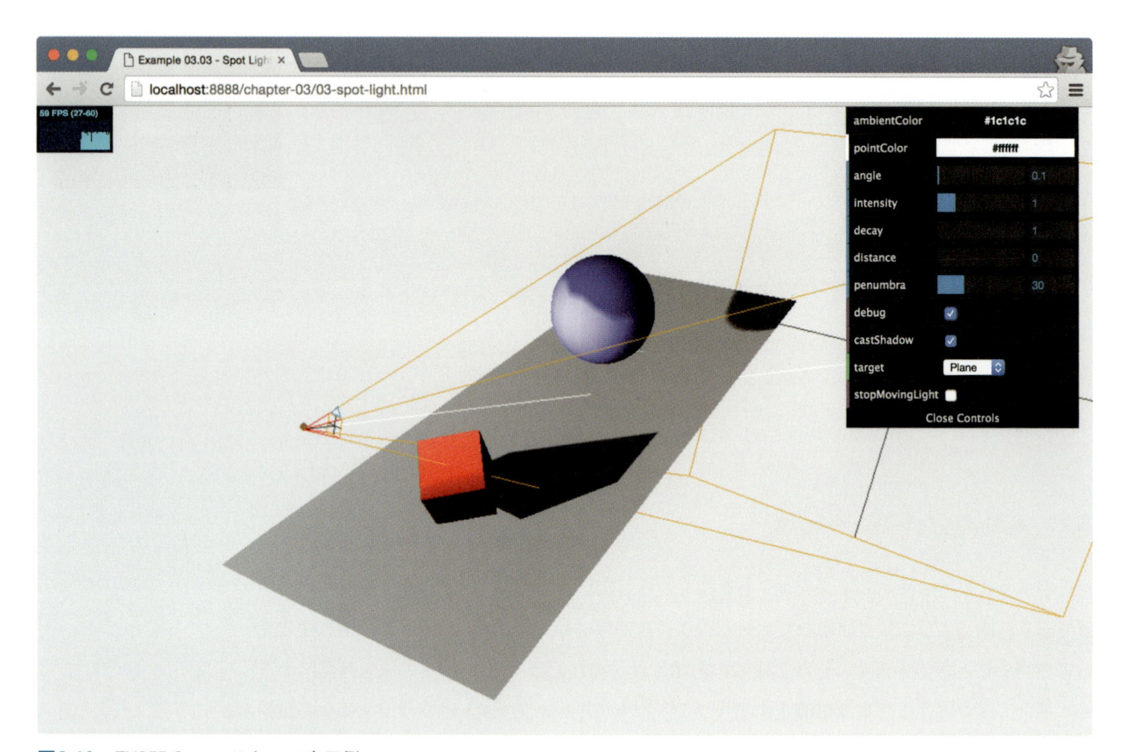

図3-10　THREE.CameraHelperの表示例

影に関する設定が多いのはそれだけ問題が起きやすいからでもあります。最後に、影に関する問題に遭遇してしまった時に役に立つアドバイスをいくつか紹介します。

- `THREE.CameraHelper`を活用しましょう。ライトが影を表示するために影響を与えている領域を可視化してくれます。
- 影がブロック状に見えるなら`shadow.mapSize.width`プロパティと`shadow.mapSize.height`プロパティの両方を大きくするか、影を計算するために使用される領域が対象のオブジェクトと比較して広すぎないことを確認してください。この領域を設定するには`shadow.camera.near`プロパティと`shadow.camera.far`プロパティそして`shadow.camera.fov`プロパティが利用できます。
- 影を落とすようにライトを設定するだけでなく、ジオメトリに対しても影を受ける／落とすには`castShadow`プロパティと`receiveShadow`プロパティを設定しなければいけないことを忘れないようにしてください。

- シーン内で厚みの薄いオブジェクトを使用しているなら、影を描画した時に奇妙なアーチファクトを目にするかもしれません。この場合、shadow.biasプロパティを使用して影にわずかにオフセットを追加すると問題を解決できることがあります。
- 淡い影が欲しければ、THREE.WebGLRendererのshadowMap.typeをデフォルトの値から変更することもできます。デフォルトではこのプロパティはTHREE.PCFShadowMapに設定されていますが、このプロパティをPCFSoftShadowMapに変更すると、より柔らかい影になります。

3.2.4 THREE.DirectionalLight

ここで説明する最後の基本的なライトはTHREE.DirectionalLightです。このライトは非常に遠くから届く光であると考えることができます。発するすべての光線はお互いに平行です。太陽の光がよい例でしょう。太陽は非常に遠くにあるので我々が地球上で受ける光線はお互いに（ほぼ）平行であると考えられます。THREE.DirectionalLightと（前の節で見た）THREE.SpotLightとの主な違いはTHREE.DirectionalLightのターゲットがどれほど遠くにあってもこのライトは減衰しないということです。THREE.DirectionalLightに照らされる領域はすべて同じ強さの光を受けます。前の節で見たとおりTHREE.SpotLightはそうではありません（distanceパラメーターとpenumbraパラメーターで適切に調整できます）。

この動きを確認するにはサンプル04-directional-light.htmlを見てください。**図3-11**のようになっています。

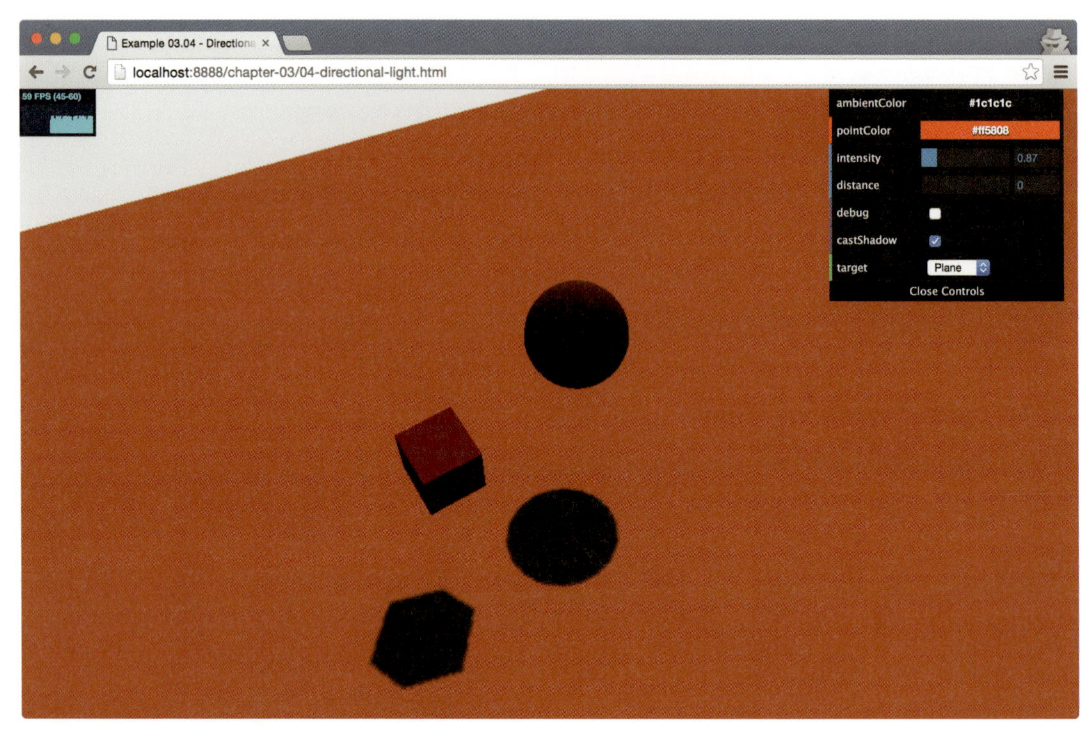

図3-11　THREE.DirectionalLight

この画像を見てわかるとおり、シーンに円錐状の光は適用されていません。すべての物体が同じ量の光を受けています。光の向きと色、強さだけを使用して色と影が計算されています。

THREE.SpotLightと同じように、光の強さと影を落とす方法を制御するためのプロパティがいくつかあります。THREE.SpotLightと同じくTHREE.DirectionalLightにもposition、target、intensity、castShadow、shadow.camera.near、shadow.camera.far、shadow.mapSize.width、shadow.mapSize.height、shadow.biasなどのプロパティがあります。これらのプロパティについては前の節でTHREE.SpotLightのプロパティとして紹介しました。そのため続くいくつかの段落ではそれら以外のプロパティについて説明します。

THREE.SpotLightのサンプルを思い出してください。影を適用するには光の四角錐を定義する必要がありました。THREE.DirectionalLightではすべての光線がお互いに平行なので光の四角錐はなく、代わりに**図3-12**のように直方体状の領域が影を作成するために使用されます（もし自分でこれを確認したければカメラをシーンからはるか遠くに移動してください）。

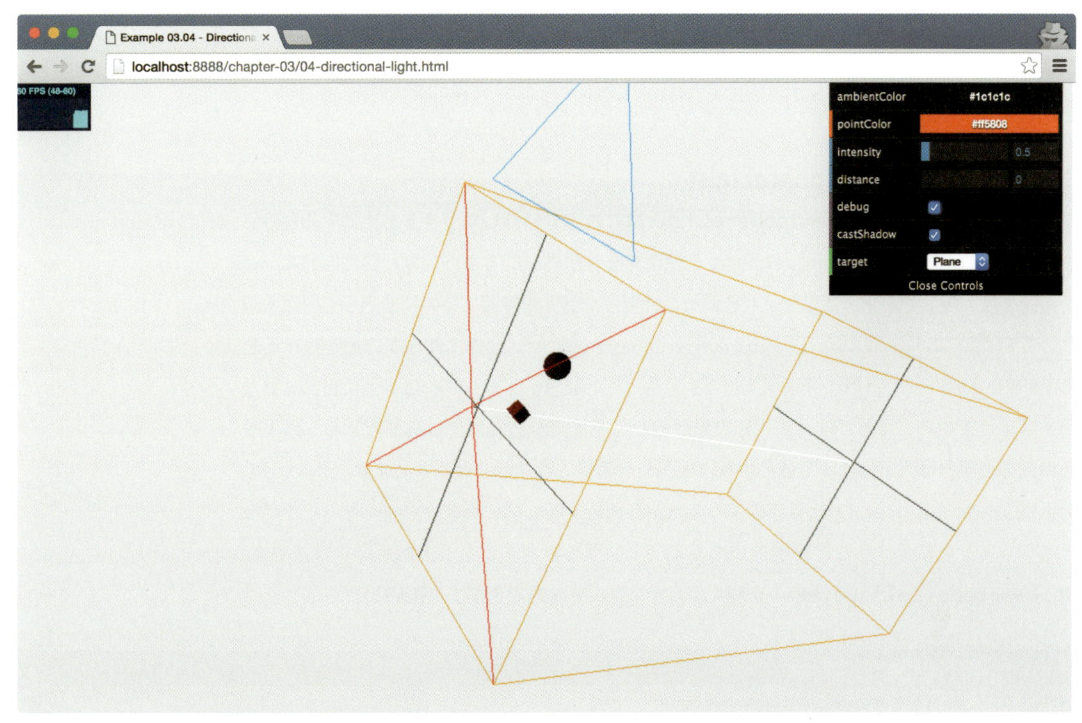

図3-12　THREE.DirectionalLightの影が落ちる領域

この直方体の中に存在するものはすべてライトによって影を落とし、また影を受けることができます。THREE.SpotLightの場合と同じく、この領域がオブジェクトのなるべくぎりぎり外側を覆うようにすると、それだけ影の見た目がよくなります。この直方体は以下のプロパティを使用して定義してください。

```
directionalLight.shadow.camera.near = 2;
directionalLight.shadow.camera.far = 200;
directionalLight.shadow.camera.left = -50;
directionalLight.shadow.camera.right = 50;
directionalLight.shadow.camera.top = 50;
directionalLight.shadow.camera.bottom = -50;
```

これは「2.3 タイプの異なる2つのカメラ」で紹介した平行投影カメラを設定する方法と同じであると気づいたかもしれません。THREE.SpotLightではshadow.cameraプロパティの実際の値はTHREE.PerspectiveCameraでしたが、THREE.DirectionalLightの場合はTHREE.OrthographicCameraが設定されています。

3.3 特殊なライト

この節では特殊なライトと特殊な効果を紹介します。まず初めにTHREE.HemisphereLightについて説明します。このライトはアウトドアシーンを表現できる自然なライティングを作成する必要がある場合に役立ちます。次にこれはライトそのものではありませんがライトに関連する内容としてシーンにレンズフレア効果を追加する方法を説明します。

3.3.1 THREE.HemisphereLight

ここで紹介するTHREE.HemisphereLightはこれまで紹介したライトと比較すると少し特殊です。THREE.HemisphereLightを使用すると屋外にいるような見た目の自然なライティングを実現できます。このライトを使わない場合、屋外を模擬するのにおそらく擬似太陽としてTHREE.DirectionalLightを使用し、さらにシーン全体に何らかの色を付けるためTHREE.AmbientLightを追加することになるでしょう。しかしこれは本当に自然な見た目にはなりません。屋外では、すべての光が上から直接当たるわけではありません。太陽からの光の大部分は大気によって散乱され、地面やその他の物体から反射されます。Three.jsのTHREE.HemisphereLightはこのような状況を再現するために作成されました。したがってこのライトを使用することが屋外でのライティングを実現するもっとも簡単な方法です。05-hemisphere-light.htmlを開くと、サンプルを確認できます（**図3-13**）。

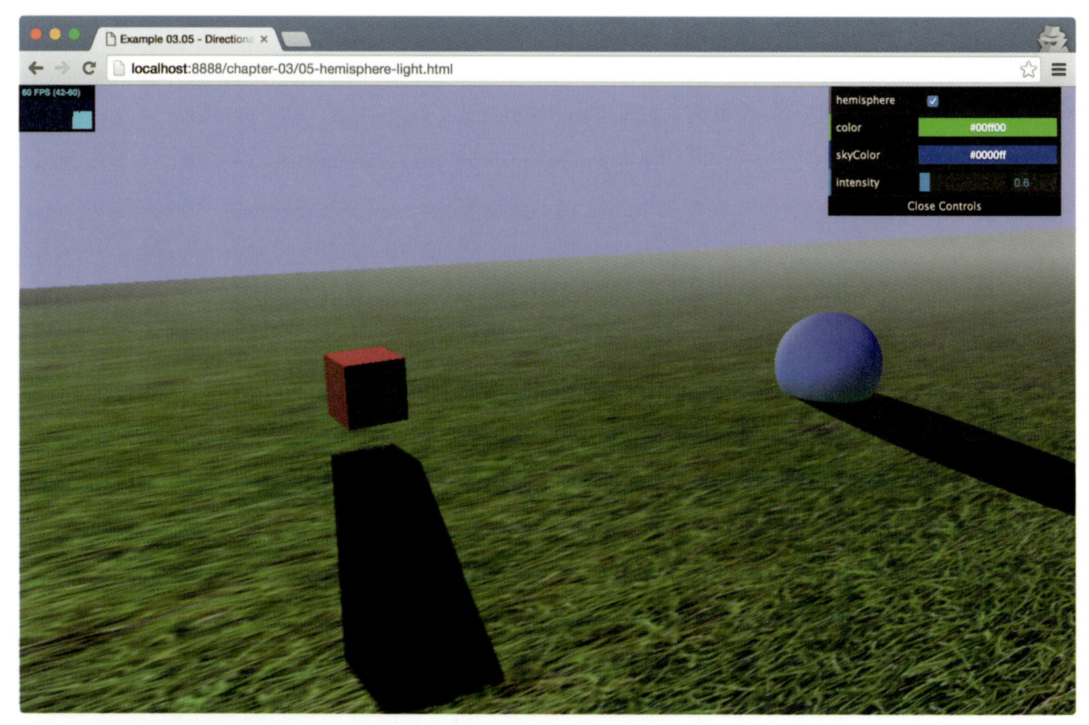

図3-13　THREE.HemisphereLight

このサンプルは追加のリソースを読み込む初めてのサンプルです。直接ローカルのファイルシステムからは実行できないので注意してください。もしまだなら「1章 初めての3Dシーン作成」を参照して、ローカルウェブサーバーをセットアップするかブラウザのセキュリティ設定を無効化して外部リソースを読み込めるようにしてください。

このサンプルではTHREE.HemisphereLightの有効／無効を切り替えたり、光の色や強さを設定できます。半球ライトの作成はこれまでライトを作成したのと同じように簡単です。

```
var hemiLight = new THREE.HemisphereLight(0x0000ff, 0x00ff00, 0.6);
hemiLight.position.set(0, 500, 0);
scene.add(hemiLight);
```

見てわかるとおり空から受ける光の色と地面から受ける光の色、そしてそれらの光の強度を指定するだけです。後でこれらの値を変更したくなった時には、表3-5のプロパティを通してアクセスできます。

表3-5 THREE.HemisphereLightのプロパティ

プロパティ	説明
groundColor	地面からの光の色
color	空からの光の色
intensity	光の強度
position	空からの光の向き。デフォルト値は(0, 1, 0)

3.3.2 THREE.LensFlare

本章で最後に説明するのはレンズフレアです。レンズフレアについてはおそらく馴染みがあるでしょう。例えば、太陽やその他の明るい光源を直接写真に撮ると現れるあの光輪です。写真であれば基本的にレンズフレアは避けたいものですが、ゲームや3D画像でレンズフレアを使うと、シーンがより現実的に見えるという効果が得られます。

Three.jsではレンズフレアもサポートされていて、非常に簡単にシーンに追加することができます。本章の最後の節ではシーンにレンズフレアを追加して、図3-14にあるような出力を作成します。実際にこれを試してみるには07-lensflares.htmlを開いてください。

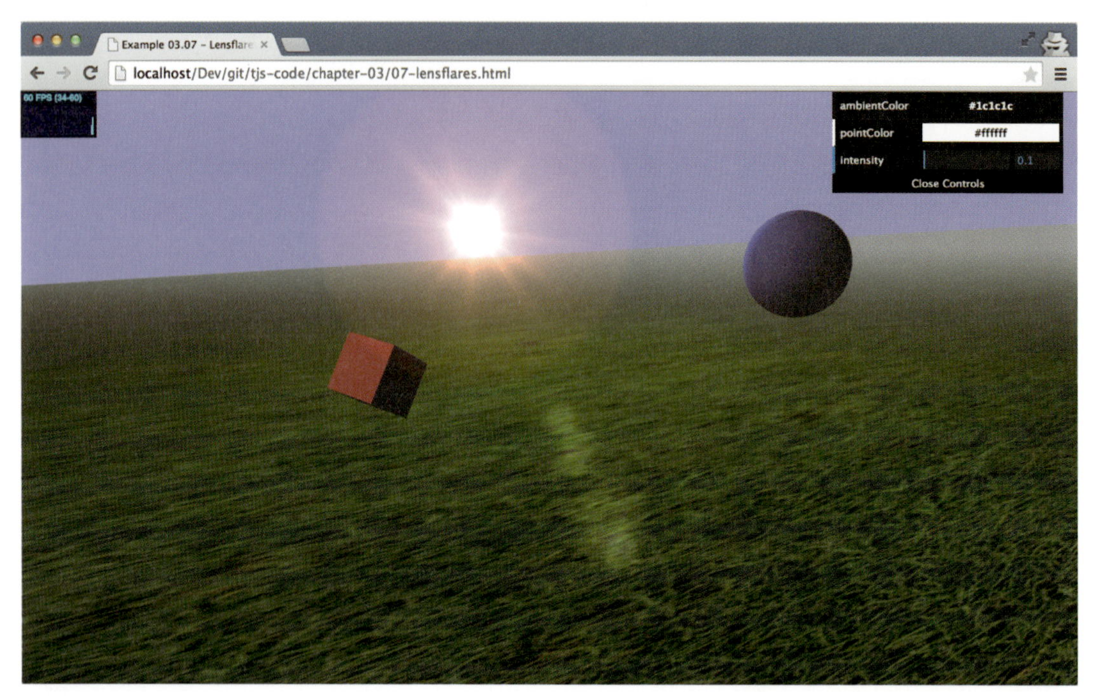

図3-14 レンズフレア

THREE.LensFlareオブジェクトをインスタンス化するとレンズフレアを作成できます。まずはこのオブジェクトを作成する必要があります。THREE.LensFlareは次のような引数を受け取ります。

```
flare = new THREE.LensFlare(texture, size, distance, blending,
  color);
```

引数は表3-6で紹介しています。

表3-6 THREE.LensFlareのコンストラクタ引数

引数	説明
texture	テクスチャはフレアの形を決定する画像
size	フレアがどのくらい大きいか指定できる。サイズはピクセルで指定し、-1を指定するとテクスチャ自身のサイズが使用される
distance	光源(0)からカメラ(1)までの距離。レンズフレアを正しい位置に配置するために使用する
blending	フレアのための画像は複数指定することができる。ブレンディングモードはそれらをどのようにお互い混ぜ合わせるかを決定する。LensFlareに使用されるデフォルト値はTHREE.AdditiveBlending。ブレンディングについては次の章により詳細な説明がある
color	フレアの色

このオブジェクトを生成するためのコードを見てみましょう(07-lensflares.htmlを参照してください)。

```
var textureFlare0 = textureLoader.load(
  "../assets/textures/lensflare/lensflare0.png");
var flareColor = new THREE.Color(0xffaacc);
var lensFlare = new THREE.LensFlare(
  textureFlare0, 350, 0.0, THREE.AdditiveBlending, flareColor);

lensFlare.position.copy(spotLight.position);
scene.add(lensFlare);
```

初めにテクスチャを読み込みます。今回のサンプルではThree.jsのexamplesで提供されている**図3-15**のようなレンズフレア画像を使用しました。

図3-15　レンズフレアの画像

この画像と**図3-14**を比較すれば、どのようにしてレンズフレアの見た目が決定されているかがわかるでしょう。次にTHREE.Color(0xffaacc);を使用してレンズフレアの色を定義します。今回は赤く輝くレンズフレアになります。これら2つのオブジェクトを使用するとTHREE.LensFlareオブジェクトを作成できます。今回のサンプルではフレアのsizeを350に、distanceを0.0(直接光源の位置)に設定しました。

LensFlareオブジェクトを作成した後はライトの位置に配置してシーンに追加すると、**図3-16**のような見た目が得られます。

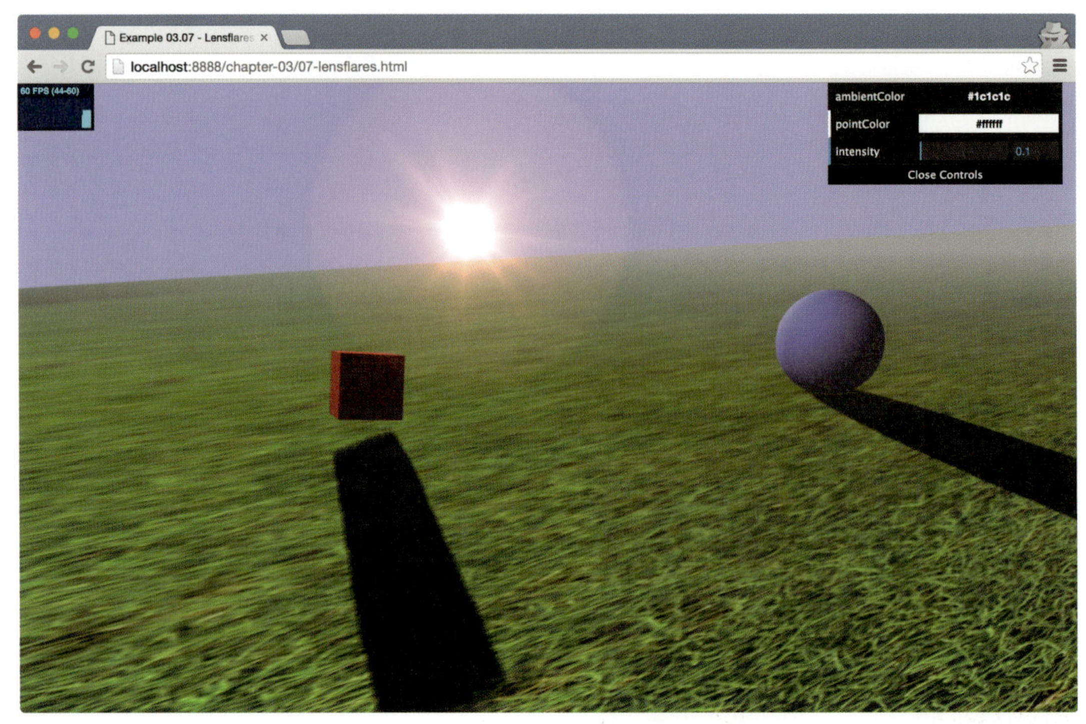

図3-16　何かが足りないレンズフレア

すでに悪くない見た目ですが、**図3-14**と比較するとページの真ん中辺りにたくさんあった小さな丸いアーチファクトがないことに気づくでしょう。これらを追加するのはメインのフレアを作成したのとほとんど同じで次のようにします。

```
var textureFlare3 = THREE.ImageUtils.loadTexture(
  "../assets/textures/lensflare/lensflare3.png");

lensFlare.add(textureFlare3, 60, 0.6, THREE.AdditiveBlending);
lensFlare.add(textureFlare3, 70, 0.7, THREE.AdditiveBlending);
lensFlare.add(textureFlare3, 120, 0.9, THREE.AdditiveBlending);
lensFlare.add(textureFlare3, 70, 1.0, THREE.AdditiveBlending);
```

ただし、今回はTHREE.LensFlareを新しく作成せず、先ほど作成したばかりのTHREE.LensFlareのadd関数を使用します。このメソッドにはテクスチャ、大きさ、距離、ブレンディングモードを指定します。これでアーチファクトの追加は完了ですが、add関数は今回使用していないパラメーターを2つ取ることができることも覚えておきましょう。colorプロパティとopacityプロパティを指定すると新しく追加するフレアの色と透明度を設定できます。今回の新しいフレアに使用したテクスチャは**図3-17**にあるような非常に薄い色の円です。

図3-17　アーチファクトの画像

シーンをもう一度確認すると、distance引数で指定した位置にアーチファクトが現れているのを確認できるでしょう。

3.4　まとめ

この章ではThree.jsで利用できる多くの種類のライトについてのさまざまな情報を扱いました。この章でライトや色、影の設定は正確に体系化されているものではないということが理解できたはずです。正しい結果を得るにはさまざまな設定を試してみる必要があり、dat.GUIコントロールはそのために設定を調節するのに便利です。異なるライトはそれぞれ異なる挙動を示します。THREE.AmbientLightの色はシーン内のすべての色に追加され、強すぎる色や影を抑えるためによく使用されます。THREE.PointLightはすべての方向に光を発しますが、影を落とす目的では利用できません。THREE.SpotLightは懐中電灯のようなライトです。円錐形の形状で距離に応じて弱まるように設定でき、影を落とすこともできます。THREE.DirectionalLightについても説明しました。このライトは太陽光のような非常に遠方からの光に例えることができ、その光線はお互いに平行で、設定されたターゲットからどんなに遠くにあるとしてもその明るさは減衰しません。また標準的なライトに加えて特殊なライトもひとつ紹介しました。屋外での自然な効果を出すためのTHREE.HemisphereLightです。このライトは空からの光だけではなく地面からの照り返しも考慮します。そして最後にTHREE.LenseFlareオブジェクトを使用して写真のようなレンズフレアを追加する方法についても紹介しました。

これまでの章ですでに何種類かのマテリアルを紹介しています。本章ではライトに対してすべてのマテリアルが同じように反応するわけではないということを説明しました。次の章では、Three.jsで利用できるマテリアルの概要を紹介します。

4章 マテリアル

マテリアルについてはこれまでの章でも簡単に触れました。マテリアルはTHREE.Geometryと組み合わせてTHREE.Meshを構成するものであることはすでに理解できていることでしょう。マテリアルは形状の外側がどのように見えるかを定義するオブジェクトの皮のようなものです。例えばマテリアルは物体が金属のような質感か、透明か、ワイヤーフレームとして描写されるかを指定します。そのマテリアルを使用して作成したTHREE.Meshオブジェクトはシーンに追加してThree.jsで描画することができます。これまでマテリアルについてあまり詳細には説明しませんでした。この章ではThree.jsが提供しているすべてのマテリアルについて詳細に説明し、それらのマテリアルを使用して見た目のよい3Dオブジェクトを作る方法を学びます。この章では、表4-1に挙げたマテリアルについて説明します。

表4-1 マテリアル一覧

マテリアル	説明
MeshBasicMaterial	ジオメトリに単純な色を設定するか、ワイヤーフレームで表示することができる基本的なマテリアル
MeshDepthMaterial	カメラからの距離を使用してメッシュの色を決定するマテリアル
MeshNormalMaterial	面の色をその法線ベクトルに従って決定する簡単なマテリアル
MultiMaterial	ジオメトリのそれぞれの面に独自のマテリアルを設定できるマテリアル
MeshLambertMaterial	ライティングを考慮し、光を鈍く反射する光沢のあまりないオブジェクトの作成に利用するマテリアル
MeshPhongMaterial	MeshLambertMaterialと同様にライティングを考慮するが、光沢のあるオブジェクトの作成に利用するマテリアル
MeshStandardMaterial	簡易的な物理ベースレンダリング（PBR）を使用するマテリアル。表面の粗さや金属性をプロパティとして指定できる
ShaderMaterial	このマテリアルを使用すると独自のシェーダープログラムを指定して、頂点をどのように配置して各ピクセルにどのように色を付けるかを直接制御できる
LineBasicMaterial	THREE.Lineジオメトリで利用でき、色の付いた線を作成できるマテリアル
LineDashMaterial	LineBasicMaterialと同じだが、このマテリアルは点線の効果も作成できる

Three.jsのソースコードに含まれるマテリアルがすべてではありません。例えばTHREE.RawShaderMaterialというマテリアルもあります。これは特殊なマテリアルなので使用するには必ずTHREE.BufferedGeometryと組み合わせる必要があります。THREE.

`BufferedGeometry`は静的なオブジェクト（つまり頂点と面が変更されることがないオブジェクト）のために最適化された特殊なジオメトリです。この章ではこのマテリアルの詳細には踏み込みませんが、「11章 カスタムシェーダーとポストプロセス」でカスタムシェーダーの作成について説明する時に利用します。Three.jsのソースコードには`THREE.SpriteMaterial`、`THREE.PointsMaterial`なども含まれています。これらのマテリアルはポイントクラウドの個別の点やスプライトのスタイルを設定する際に利用されます。これらのマテリアルについては「7章 パーティクル、スプライト、ポイントクラウド」で説明されるため、この章では議論しません。この章で説明しないマテリアルも含め、マテリアルには多くの共通のプロパティがあるので、最初のマテリアルである`MeshBasicMaterial`を説明する前にすべてのマテリアルに共通なプロパティについて見ておきましょう。

4.1 マテリアルの共通プロパティ

すべてのマテリアルで共有されているプロパティが何かは簡単に確認できます。Three.jsは`THREE.Material`というマテリアルの基本クラスを提供していて、このクラスに全マテリアル共通のプロパティがすべて含まれています。ここではマテリアル共通プロパティを以下の3つのカテゴリに分類して紹介します。

基本的なプロパティ

もっともよく使用することになるであろうプロパティです。これらのプロパティを使用すると、例えばオブジェクトの透明度やオブジェクトを表示するか否か、またどのように（IDまたは独自の名称で）参照するかなどを制御できます。

ブレンディングプロパティ

すべてのオブジェクトはブレンディングに関わるプロパティの一群を持ちます。これらのプロパティはオブジェクトとその背景をどのように組み合わせるかを指定します。

高度なプロパティ

低レベルなWebGLコンテキストがオブジェクトを描画する方法を制御できる高度なプロパティも数多くありますが、ほとんど場合それらのプロパティを気にかける必要はありません。

この章ではテクスチャとマップに関係するプロパティの説明をすべて省略していますが、ほとんどのマテリアルでは画像をテクスチャ（例えば木目調や石目調のテクスチャ）として利用できます。「10章 テクスチャ」でテクスチャとマッピングに関するさまざまなオプションについて詳細に説明します。また、いくつかのマテリアルにはアニメーションに関係する特殊なプロパティ（`skinning`と`morphTargets`）もありますが、これらのプロパティについてもここでは触れません。これらは「9章 アニメーションとカメラの移動」で解説します。

では上記リストの最初の項目である基本プロパティの説明に進みましょう。

4.1.1　基本的なプロパティ

THREE.Materialオブジェクトの基本プロパティを表4-2に示します。各プロパティの動作を「4.2.1 THREE.MeshBasicMaterial」で実際に見ていきます。

表4-2　マテリアルの基本プロパティ

プロパティ	説明
id	マテリアルを特定したり、マテリアル作成時に代入したりするために使用する。最初のマテリアルの値が0から始まり、新しいマテリアルが作成されるたびに1ずつ増加する
uuid	一意になるように生成されたIDで、内部的に使用される
name	このプロパティを使用してマテリアルに名前を設定できる。これはデバッグの際に役立つ
opacity	オブジェクトがどの程度透明かを定義する。transparentプロパティと合わせて使用する。このプロパティの値の範囲は0から1
transparent	trueに設定すると、Three.jsはオブジェクトを設定されている透明度に従って描画する。falseの場合、透明にはならず単に少し薄い色になるだけである。アルファチャンネル（半透明）が設定されたテクスチャを使用する場合、このプロパティもtrueに設定しなければいけない
overdraw	THREE.CanvasRendererを使用するとポリゴンが少しだけ大きく描画される。このレンダラを使用していてズレを確認したい場合、この値をtrueに設定する
visible	このマテリアルが可視か不可視かを定義する。falseに設定するとシーン内にオブジェクトが描画されない
side	このプロパティを使用すると、ジオメトリの裏表どちら側にマテリアルを適用するか指定できる。デフォルト値はTHREE.FrontSideで、オブジェクトの正面（外側）にマテリアルが適用される。それ以外に、THREE.BackSideに設定すると裏側（内側）に適用され、THREE.DoubleSideに設定すると両側に適用される
clippingPlanes	THREE.Planeオブジェクトの配列を設定すると、このマテリアルが設定されているメッシュの表示がそれら平面の法線側で切り取られた領域に限られる。デフォルト値は空の配列
clipShadows	clippingPlanesが影にも影響を与えるかどうかを指定する。デフォルト値はfalse
needsUpdate	マテリアルを更新するにはThree.jsにマテリアルが変更されていることを伝える必要がある。このプロパティをtrueに設定すると、Three.jsは新しく設定されたプロパティでマテリアルのキャッシュを更新する

マテリアルにはブレンディングに関するさまざまなプロパティがあります。

4.1.2　ブレンディングプロパティ

マテリアルにはブレンディングに関係するプロパティがいくつかあります。ブレンディングとは描画される色が物体の後ろにある色とどのように相互作用するかを指定するものです。これについてはマテリアルの組み合わせについて説明する時に簡単に説明します。ブレンディングに関するプロパティを表4-3に示します。

表4-3 ブレンディングプロパティ

プロパティ	説明
blending	このオブジェクトのマテリアルを背景とどのように混ぜ合わせるかを指定する。通常はTHREE.NormalBlendingで、この場合一番上のレイヤーだけが描画される
blendSrc	標準のブレンディングモードを使用するだけではなく、blendSrcやblendDst、blendEquationを設定することで独自のブレンドモードを作成することもできる。このプロパティはオブジェクト（ソース（source））をどのように背景（宛先（destination））に混ぜ合わせるかを指定する。デフォルト設定のTHREE.SrcAlphaFactorはアルファ（透明）チャンネルをブレンディングのために使用する
blendDst	このプロパティは背景（宛先（destination））をブレンディングにどのように使用するかを指定する。デフォルト値はTHREE.OneMinusSrcAlphaFactorで、これはこのプロパティもソースのアルファチャンネルをブレンディングに使用するという意味になる。ただし値としては1（ソースのアルファチャンネル）が使用される
blendEquation	これはblendSrcとblendDstの値をどのように使用するかを指定する。デフォルトはそれらを足し合わせる（THREE.AddEquation）。これら3つのプロパティを使用すると、独自のブレンドモードを作成できる
blendSrcAlpha	blendSrcと同様だがアルファ値にのみ適用される。デフォルト値はblendSrcと同じ値
blendDstAlpha	blendDstと同様だがアルファ値にのみ適用される。デフォルト値はblendDstと同じ値
blendEquationAlpha	blendEquationと同様だがアルファ値にのみ適用される。デフォルト値はblendEquationと同じ値

最後に紹介するプロパティグループは基本的に内部で利用されるもので、WebGLがどのようにシーンを描画するかを細かく指定します。

4.1.3 高度なプロパティ

ここで挙げるプロパティの詳細には立ち入りません。これらはWebGLの内部的な動作に関係しています。もしこれらのプロパティについて詳細に知りたければ、OpenGLの仕様書を読むことから始めるとよいでしょう。仕様書はhttp://www.khronos.org/registry/gles/specs/2.0/es_full_spec_2.0.25.pdfにあります。これらの高度なプロパティの概要を表4-4に示しておきます。

表4-4 高度なプロパティ

プロパティ	説明
depthTest	高度なWebGLプロパティ。このプロパティを使用するとGL_DEPTH_TESTパラメーターの有効／無効を設定できる。このパラメーターはピクセルの深度をピクセルの値を決定するために使用するかどうかを制御する。通常これを変更する必要はない。より詳細な情報は先に示したOpenGL仕様を参照
depthWrite	また別の内部プロパティ。このプロパティはこのマテリアルがWebGLの深度バッファに影響を与えるかどうかを設定できる。2Dオーバーレイのためにオブジェクトを使用するなら、このプロパティをfalseに設定する必要がある。しかし、通常はこのプロパティの値を変更する必要はない
polygonOffset、polygonOffsetFactor、polygonOffsetUnits	これらのプロパティを使用すると、WebGLの機能であるPOLYGON_OFFSET_FILLを制御できる。このプロパティが何をしているか詳細な説明が必要な場合はOpenGL仕様書を参照
alphaTest	この値は特定の値（0から1）を設定できる。ピクセルがこの値よりも小さいアルファの値を持っている場合は描画されない。このプロパティは透明度に関係するアーチファクトのいくつかを解決できる

それでは、すべての有用なマテリアルとそのプロパティが描画される出力に与える影響について説明しましょう。

4.2 単純なマテリアル

この節では単純なマテリアルMeshBasicMaterial、MeshDepthMaterial、MeshNormalMaterial、MultiMaterialを見ていきます。まずはMeshBasicMaterialから始めましょう。

これらのマテリアルのプロパティを説明する前に、マテリアルを設定するためのプロパティをどのようにして渡すかについて簡単に記しておきます。これには2つの方法があります。

- 次のようにパラメーターオブジェクトの形式で、コンストラクタの引数として渡すことができます。

```
var material = new THREE.MeshBasicMaterial({
  color: 0xff0000, name: 'material-1', opacity: 0.5,
  transparency: true, ...
});
```

- 他にも、次のように、インスタンスを作成してから個別にプロパティを設定することもできます。

```
var material = new THREE.MeshBasicMaterial();
material.color = new THREE.Color(0xff0000);
material.name = 'material-1';
material.opacity = 0.5;
material.transparency = true;
```

すべてのプロパティの値がマテリアル作成時にわかっているのであれば、多くの場合コンストラクタを使用するのが最善です。いずれの方法でプロパティを設定しても基本的に使われる引数は同じ形式です。

4.2.1 THREE.MeshBasicMaterial

MeshBasicMaterialは非常に単純なマテリアルでシーン内にあるライトの影響を考慮しません。このマテリアルを設定されたメッシュは単純に平板なポリゴンとして描画されます。加えてジオメトリのワイヤーフレームを表示するためのオプションもあります。前のセクションで見たマテリアルの共通のプロパティ以外にも、表4-5のプロパティを設定できます。

表4-5 MeshBasicMaterialのプロパティ

プロパティ	説明
color	このプロパティを使用するとマテリアルの色を設定できる
wireframe	マテリアルをワイヤーフレームとして描画できる。デバッグで有用
wireframeLinewidth	ワイヤーフレームを有効にしていた場合に、このプロパティはワイヤーフレームのワイヤーの太さを設定する

プロパティ	説明
wireframeLinecap	このプロパティはワイヤーフレームモードでの線の終端がどのようなものかを定義する。設定可能な値としてはbutt、round、squareがあり、デフォルト値はround。実際のところ、このプロパティを変更した結果を見て確認するのは非常に難しい。このプロパティはWebGLRendererではサポートされていない
wireframeLinejoin	線の接合部分がどのような見た目になるかを定義する。設定可能な値はround、bevel、miterで、デフォルト値はround。低い透明度と非常に大きなwireframeLineWidthの値を使して非常に近くで見れば、サンプルで結果が確認できる。このプロパティはWebGLRendererではサポートされていない
vertexColors	このプロパティでそれぞれの頂点に適用される色を個別に定義できる。デフォルト値はTHREE.NoColors。この値をTHREE.VertexColorsに設定すると、レンダラがTHREE.Geometryのcolorsプロパティに設定されている色を使用するようになる。このプロパティはCanvasRendererでは動作せず、WebGLRendererでのみ動作する。「4.4.1 THREE.LineBasicMaterial」の例を参照。そこではこのプロパティを使用して線のさまざまな部分の色を設定している。このプロパティを使用してこのマテリアルタイプでグラデーション効果を得ることもできる
fog	このマテリアルがグローバルなfog設定の影響を受けるかどうかを指定する。実際に試しているサンプルはないが、もしfalseに設定すると、「2章 シーンの基本要素」で見たグローバルなfogはこのオブジェクトの描画に影響を与えない

前の章で、マテリアルの作成方法とそれらをオブジェクトに代入する方法を紹介しました。THREE.MeshBasicMaterialの場合は次のようになります。

```
var meshMaterial = new THREE.MeshBasicMaterial({color: 0x7777ff});
```

これによりcolorプロパティが0x7777ff（紫）で初期化されたTHREE.MeshBasicMaterialが作成されます。

THREE.MeshBasicMaterialのプロパティと前の節で紹介した基本プロパティを実際に試すことができるサンプルを作成しました。chapter-04フォルダのサンプル01-basic-mesh-material.htmlを開くと、**図4-1**のような回転する立方体が見られます。

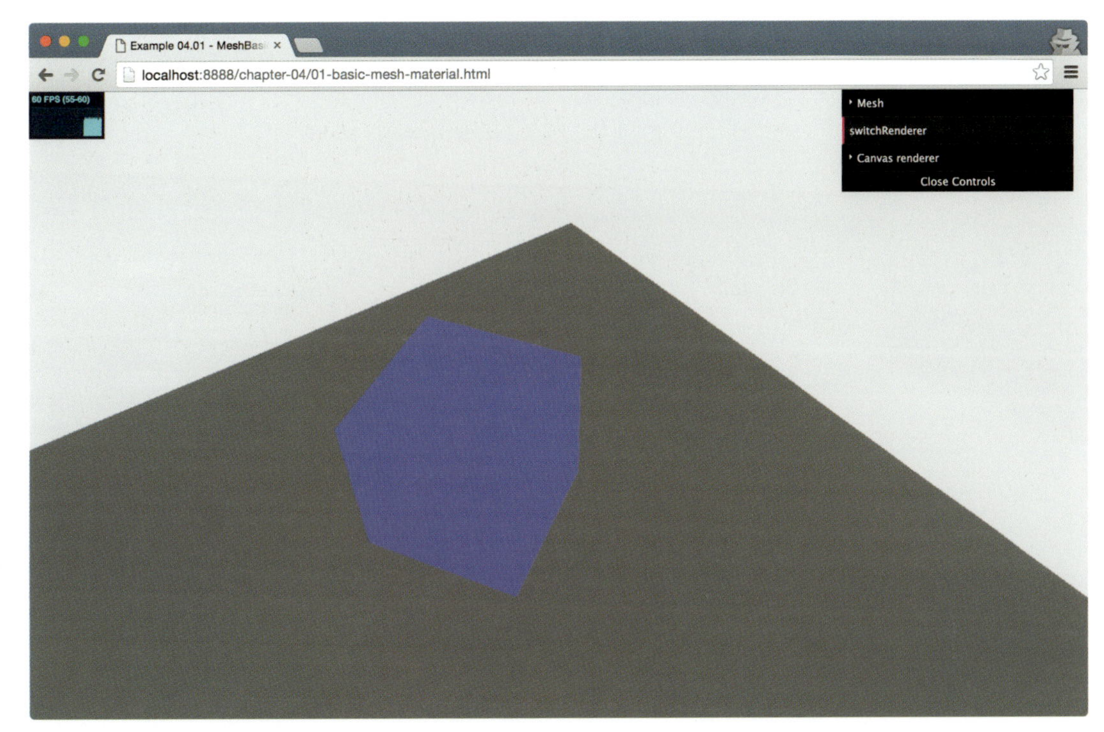

図4-1　THREE.MeshBasicMaterial

これは非常に単純なオブジェクトです。右上にあるメニューでプロパティを変更したり別のメッシュを表示することができます（レンダラを変更することもできます）。例えば、`opacity`を`0.2`に、`transparent`を`true`に、`wireframe`を`true`に、`wireframeLinewidth`を`9`に設定した球を`CanvasRenderer`で描画した結果は**図4-2**のようになります。

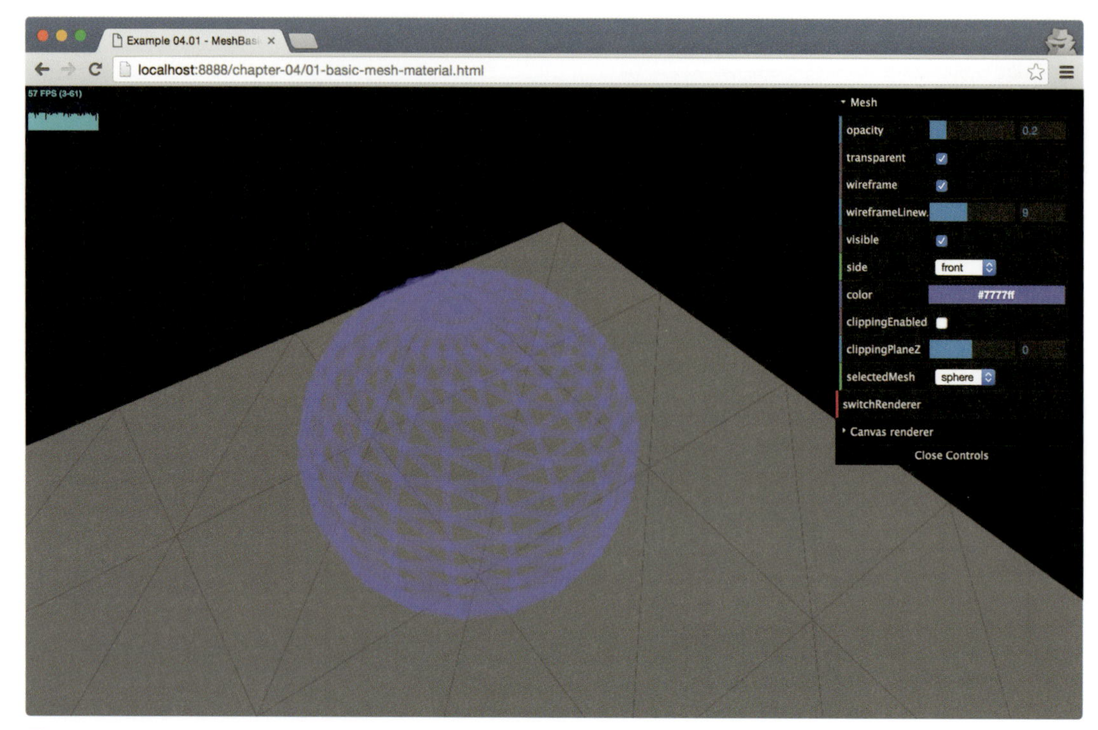

図4-2　THREE.CanvasRendererでワイヤーフレーム表示

このサンプルで設定できるプロパティとしてsideプロパティがあります。このプロパティを使用するとTHREE.Geometryのどちらの面にマテリアルを適用するかを指定できます。このプロパティがどのように動作するかはメッシュとして［plane］を選択すると確認できます。通常はマテリアルはジオメトリの表側にだけ適用されるので、平面を回転すると半分ほどの時間（カメラに裏側を向けている間）は何も見えなくなります。sideプロパティをdoubleに設定すると、マテリアルがジオメトリの両側に適用されるので、平面が常に見えるようになります。ただしsideプロパティをdoubleに設定するとレンダラの処理が増え、シーンのパフォーマンスに影響が出る場合があることに注意してください。

clippingPlanesも興味深いプロパティです。このプロパティを使用するとオブジェクトをある平面で分割し、その一方だけを描画することができます。これについては実際に動作を確認してみるのが一番でしょう。右上のメニューの［clippingEnabled］を有効にしてください（**図4-3**）。

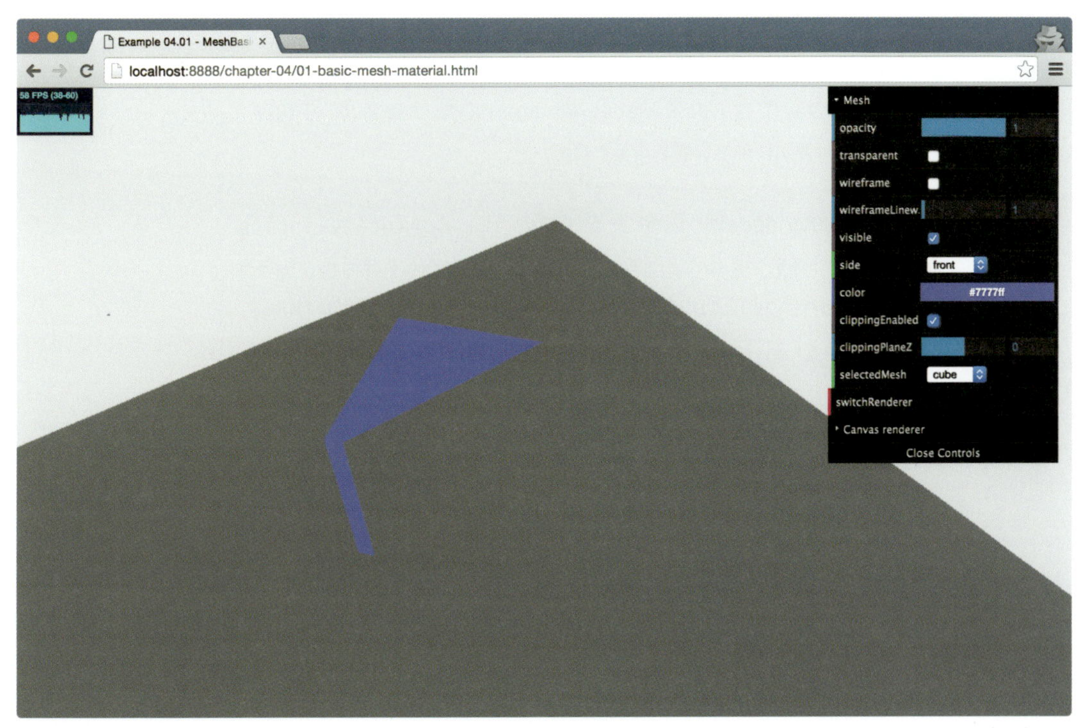

図4-3 メッシュのクリッピング

少しわかりにくいかもしれませんが立方体の手前の部分が平面で切り取られ、奥の部分だけが表示されています。メニュー上の［clippingPlaneZ］スライダーを使用して切り取る平面の位置をいろいろと変更してみると動作が理解しやすいでしょう。それでは関連するコードを見てみましょう。

```
var clippingPlane = new THREE.Plane(new THREE.Vector3(0, 0, -1), 0);
meshMaterial.clippingPlanes = [clippingPlane];

spGui.add(controls, 'clippingEnabled').onChange(function (e) {
  webGLRenderer.localClippingEnabled = e;
});

spGui.add(controls, 'clippingPlaneZ', -5.0, 5.0).onChange(function (e) {
  meshMaterial.clippingPlanes[0].constant = e;
});
```

上のコードからわかるように、メッシュの一部だけを表示するには`THREE.WebGLRenderer`の`localClippingEnabled`プロパティに`true`を設定し、マテリアルの`clippingPlanes`プロパティに`THREE.Plane`オブジェクトの配列を設定します。今回は配列は一要素だけですが、もちろん複数要素を設定することもでき、その場合は複数の平面で囲まれた部分だけが表示されることになります。**図4-3**を見ると立方体の内側が何も表示されず、灰色の地面が見えてしまっています。これはマテリアルの`side`プロパティの値が

THREE.FrontSideになっているためです。clippingPlanesを使用する場合はsideプロパティはTHREE.DoubleSideを設定したほうがよいでしょう。

なおclippingPlanesの設定はTHREE.WebGLRendererでだけ有効で、THREE.CanvasRendererの場合は表示に何も影響を与えません。

THREE.WebGLRendererに設定するプロパティ名がlocalClippingEnabledという名前であることが気になった方もいるかもしれません。もちろんローカルがあればグローバルなクリッピングも可能です。その場合はTHREE.WebGLRendererオブジェクトのclippingPlanesプロパティを使用します。

```
var clippingPlane = new THREE.Plane(new THREE.Vector3(0, 0, -1), 0);
webGLRenderer.clippingPlanes = [clippingPlane];
```

サンプルで例えば上のようなコードを使用すると、立方体だけではなく画面全体が、つまり灰色の地面も含めてすべてが指定した平面で切り取られます。

4.2.2 THREE.MeshDepthMaterial

次に説明するマテリアルはTHREE.MeshDepthMaterialです。このマテリアルを使用した場合、オブジェクトの見た目はライトやマテリアルの何か特定のプロパティにはよらず、オブジェクトからカメラまでの距離だけで決まります。このマテリアルは単独ではあまり利用する場面がありませんが、他のマテリアルと組み合わせるとおもしろい効果を得ることができます。このマテリアルに関連するプロパティはワイヤーフレーム表示を制御するための表4-6の2つだけです。

表4-6 MeshDepthMaterialのプロパティ

プロパティ	説明
wireframe	ワイヤーフレームを表示するかどうかを指定する
wireframeLinewidth	ワイヤーフレームの幅を指定する

これを試して見るために、「2章 シーンの基本要素」の立方体のサンプルを修正しました。chapter-04フォルダの02-depth-material.htmlを見てください。図4-4が修正されたサンプルです。効果をはっきりと確認するには[addCube]ボタンを何度かクリックしてシーンに立方体を追加する必要があることに気をつけてください。

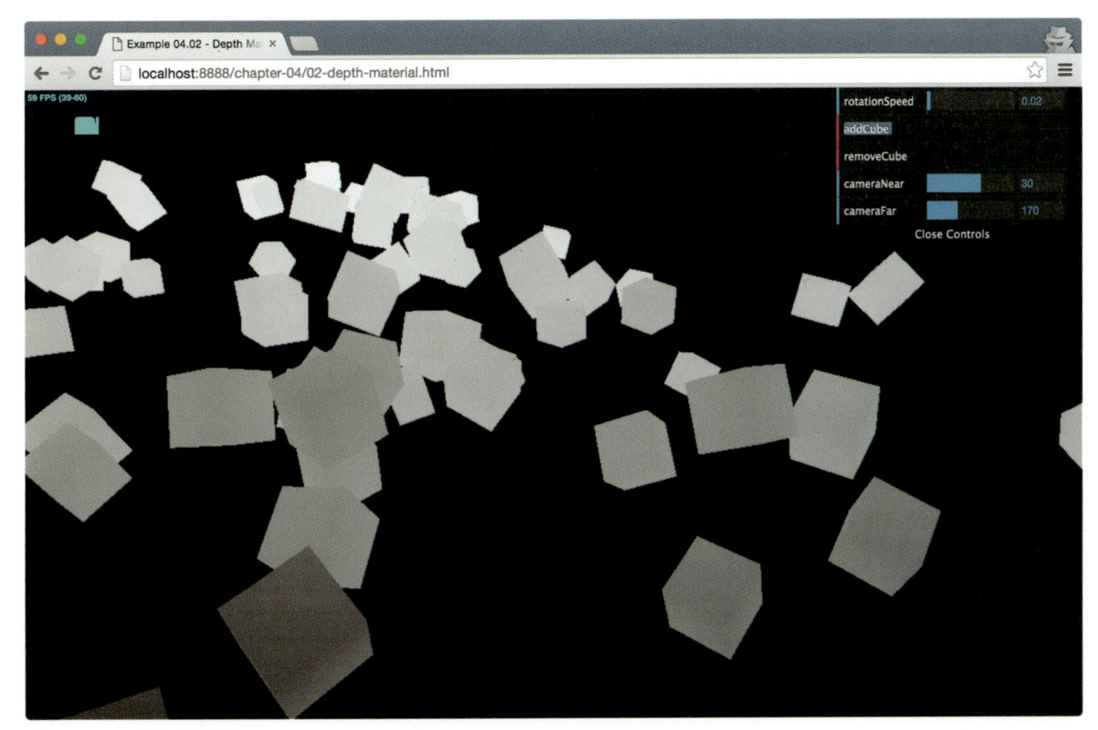

図4-4　THREE.MeshDepthMaterial

このマテリアルにはオブジェクトをどのように描画するかを設定できるプロパティはあまりありませんが、それでもオブジェクトの色がどのくらい早く減衰するかについては制御が可能です。サンプルでは、カメラのnearプロパティとfarプロパティを変更可能にしています。これら2つのプロパティを「2章 シーンの基本要素」で取り上げたのを覚えているでしょう。このプロパティによりカメラが映す領域を設定できます。nearプロパティよりもカメラに近いオブジェクトやfarプロパティよりもカメラから遠いオブジェクトはいずれもカメラの可視領域からは外れます。

カメラのnearプロパティとfarプロパティの間の距離によりオブジェクトの色の変化の速さが決まります。その距離が非常に大きければ、オブジェクトがカメラから遠ざかってもあまり変化しません。距離が小さければ、(**図4-5**にあるように)非常に速く変化します。

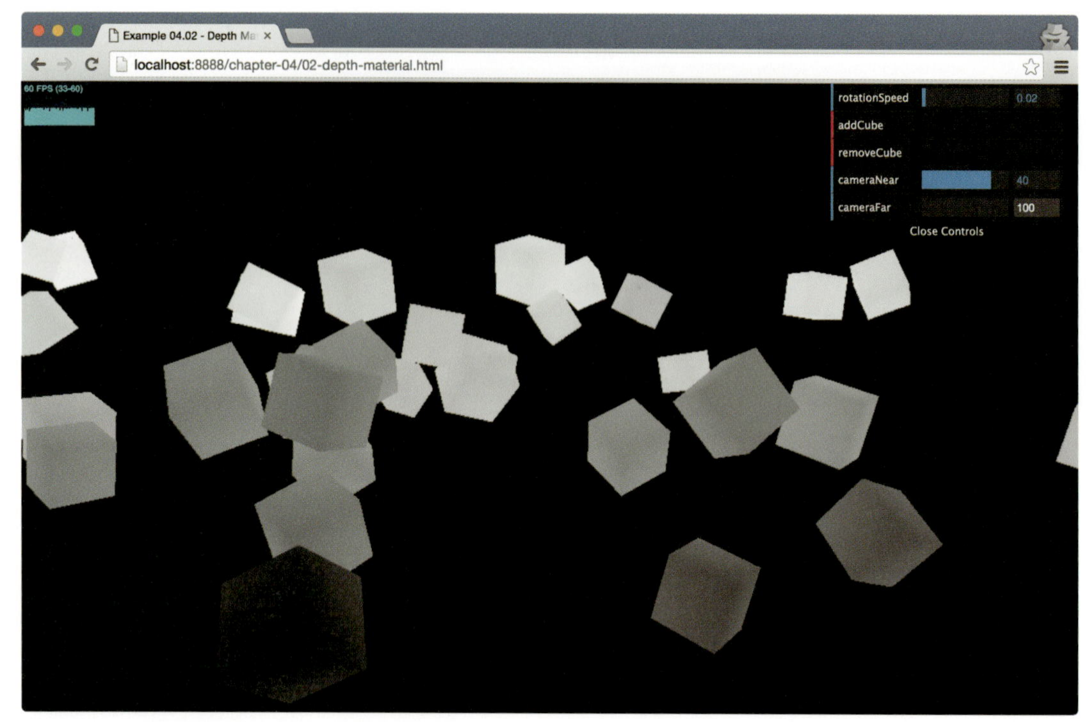

図4-5 カメラの可視領域が狭いと色が極端に変化する

THREE.MeshDepthMaterialの作成は非常に簡単です。コンストラクタには引数が不要です。例えば次のようにscene.overrideMaterialプロパティを使用すれば、THREE.Meshオブジェクトそれぞれのマテリアルを明示的に指定しなくても、シーン内のすべてのオブジェクトでこのマテリアルを使えます。

```
var scene = new THREE.Scene();
scene.overrideMaterial = new THREE.MeshDepthMaterial();
```

次の節では、特定のマテリアルについての説明ではなく、複数のマテリアルを組み合わせて使用する方法について紹介します。

4.2.3 マテリアルの組み合わせ

THREE.MeshDepthMaterialのプロパティを見直すと、立方体の色を設定するオプションがないことに気づきます。すべてはマテリアルのデフォルトプロパティによって決定されています。しかしThree.jsには複数のマテリアルを一緒に組み合わせて新しい効果を得る方法があります（ブレンディングが利用される場所でもあります）。

```
var cubeMaterial = new THREE.MeshDepthMaterial();
var colorMaterial = new THREE.MeshBasicMaterial({color: 0x00ff00,
  transparent: true, blending: THREE.MultiplyBlending});
var cube = new THREE.SceneUtils.createMultiMaterialObject(
```

```
    cubeGeometry, [colorMaterial, cubeMaterial]);
  cube.children[1].scale.set(0.99, 0.99, 0.99);
```

次の緑色の立方体はTHREE.MeshDepthMaterialからは明度を、THREE.MeshBasicMaterialからは色をそれぞれ適用しています。03-combined-material.htmlを開いてください（**図4-6**）。

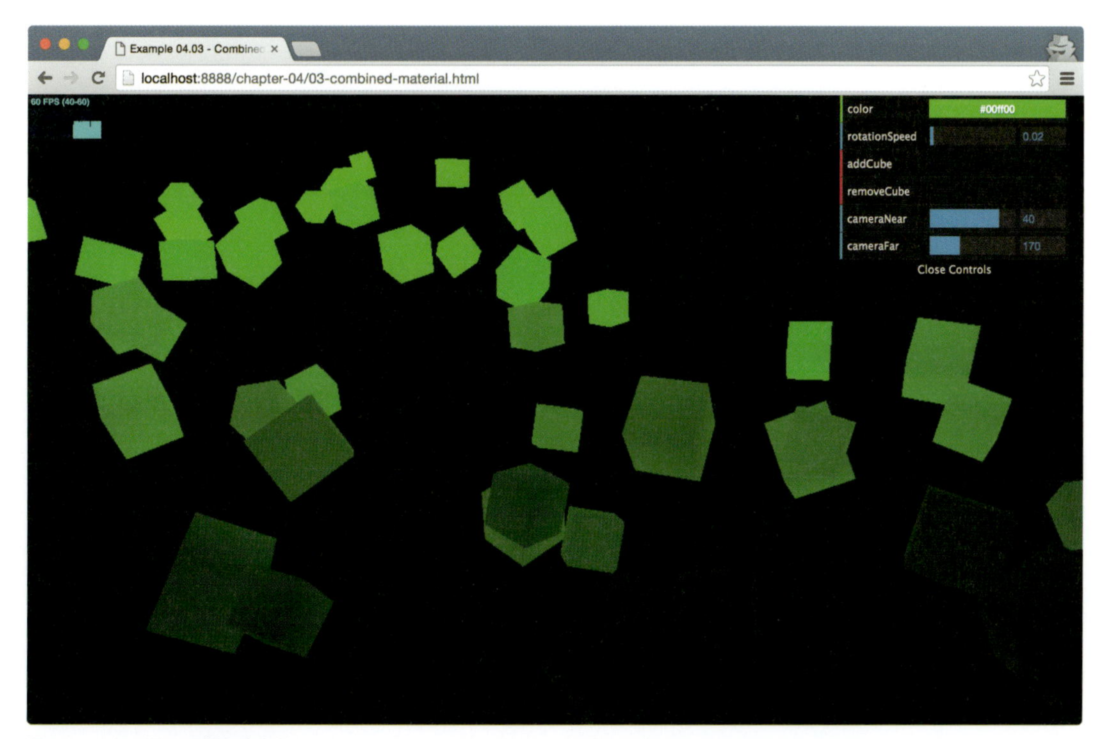

図4-6　マテリアルの組み合わせ

この特殊な効果を得るために必要な手順を見ていきましょう。

まず、マテリアルを2つ作成する必要があります。THREE.MeshDepthMaterialには何も特別なことはありません。しかし、THREE.MeshBasicMaterialではtransparentプロパティをtrueにし、ブレンディングモードを設定しています。transparentプロパティをtrueに設定しないとThree.jsはすでに描画されている色を考慮する必要がないと判断してしまうため、全体がただ緑色のオブジェクトが表示されます。transparentをtrueに設定すれば、Three.jsはblendingプロパティを確認して、緑のTHREE.MeshBasicMaterialオブジェクトが背景の影響をどのように受けるべきかを知ることができます。今回の場合、背景はTHREE.MeshDepthMaterialによって描画された立方体です。Three.jsで利用できるさまざまなブレンドモードについては「9章 アニメーションとカメラの移動」でより深く議論します。

ところでこのサンプルではTHREE.MultiplyBlendingを使用しました。このブレンドモードは前景の色と背景の色を掛け合わせることで望む効果を得ます。また、コードの最後の行も重要です。THREE.SceneUtils.createMultiMaterialObject()関数でメッシュを作成すると、ジオメトリをコピーして、2つの厳密に同じメッシュをグループ内に入れて返します。最後の行を追加せずにこれらを描画するとチラツキが発生するのがわかるでしょう。この現象はあるオブジェクトが別のオブジェクトの上に描画されて片方が半透明である時に発生することがあります。THREE.MeshDepthMaterialで作成されたメッシュを縮小すると、この現象が避けられます。それには以下のようなコードを使用します。

```
cube.children[1].scale.set(0.99, 0.99, 0.99);
```

次のマテリアルも指定した色を無視して描画が行われます。

4.2.4 THREE.MeshNormalMaterial

このマテリアルがどのように描画されるかを理解するにはまずサンプルを見てみるのが一番です。chapter-04フォルダのサンプル04-mesh-normal-material.htmlを開いてください。メッシュとして球を選択すると、**図4-7**のような画面が表示されます。

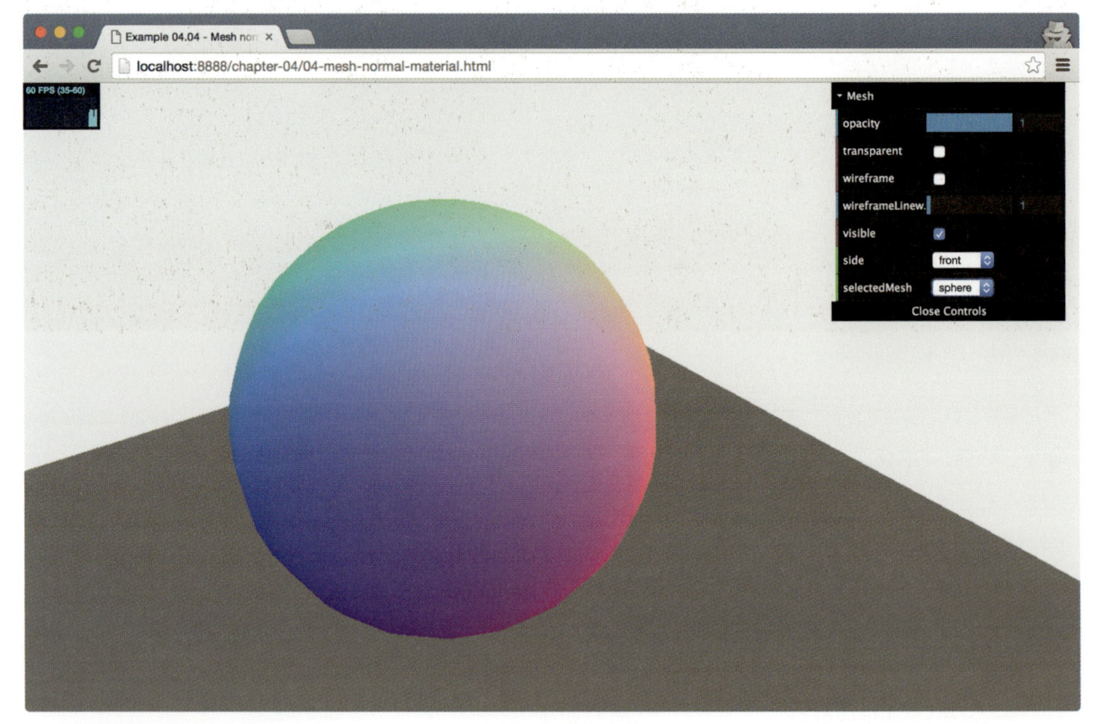

図4-7　THREE.MeshNormalMaterial

見てわかるとおりメッシュの各部分がそれぞれ少し違う色で描画されていて、球が回転しているにもかかわらず同じ場所の色はずっと同じままです。これは各部の色が外向き法線に基づいて決められているからです。法線とは面に対して垂直なベクトルで、Three.jsのさまざまな場所で利用されています。光の反射を計算するために使用され、3Dモデルにテクスチャをマッピングする助けをし、表面のピクセルにどのようにライトを当て、陰や色を付けるかを決めるための情報を提供します。ありがたいことにThree.jsはこれらのベクトルを内部的に計算して利用しているので、自分でそれらを計算する必要はありません。**図4-8**には`THREE.SphereGeometry`のすべての面の法線ベクトルが表示されています。

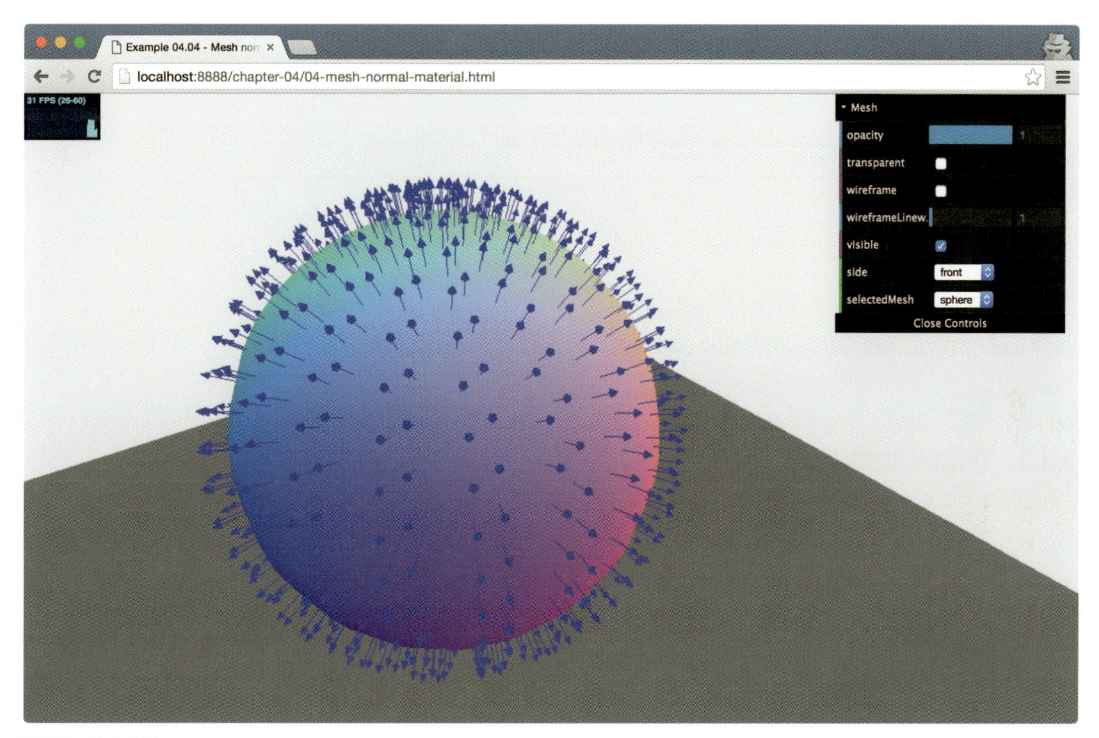

図4-8　面の法線

`THREE.MeshNormalMaterial`を使うとこの法線が指す方向が面の色の決定に使用されます。球を構成する面の法線はすべて違う方向を向いていて、各法線の間は滑らかに補間されるので、サンプルにあるようなカラフルな球が得られます。ちょっとしたおまけですが、以下のように`THREE.ArrowHelper`を利用すると法線を矢印で示すことができます。

```
for (var f = 0, fl = sphere.geometry.faces.length; f < fl; f++) {
  var face = sphere.geometry.faces[f];
  var centroid = new THREE.Vector3(0, 0, 0);
  centroid.add(sphere.geometry.vertices[face.a]);
  centroid.add(sphere.geometry.vertices[face.b]);
  centroid.add(sphere.geometry.vertices[face.c]);
  centroid.divideScalar(3);

  var arrow = new THREE.ArrowHelper(face.normal,
    centroid, 2, 0x3333FF, 0.5, 0.5);
  sphere.add(arrow);
}
```

ここではTHREE.SphereGeometryを構成する面をすべて走査しています。そしてそれぞれのTHREE.Face3オブジェクトについて、面を構成するベクトルをすべて足し合わせて3で割り、中心（重心）を計算します。この重心と面の法線ベクトルを利用して矢印を描画します。THREE.ArrowHelperはコンストラクタ引数としてdirection、origin、length、color、headLength、headWidthを受け取ります。

THREE.MeshNormalMaterialに設定できるプロパティは他にもいくつかあります（表4-7）。

表4-7 THREE.MeshNormalMaterialのプロパティ

プロパティ	説明
wireframe	ワイヤーフレームを表示するかどうかを指定する
wireframeLineWidth	ワイヤーフレームの幅を指定する

wireframeプロパティとwireframeLineWidthプロパティは両方ともTHREE.MeshBasicMaterialのサンプルで紹介しました。

単純なマテリアルについての説明は次のTHREE.MultiMaterialで最後です。

4.2.5 THREE.MultiMaterial

最後に説明する基本的なマテリアルは実際にはマテリアルではなく、むしろ他のマテリアルのためのコンテナのようなものです。THREE.MultiMaterialを使用するとジオメトリの面に個別に異なるマテリアルを指定できます。例えば、立方体をの場合は面は12個（Three.jsが扱えるのは三角形ポリゴンだけということを思い出してください）あり、このマテリアルを使用すれば立方体の側面それぞれに異なるマテリアル（例えば違う色など）を設定できます。このマテリアルの使用は非常に簡単で、次のコードを見ればすぐに理解できるでしょう。

```
var matArray = [];
matArray.push(new THREE.MeshBasicMaterial({color: 0x009e60}));
matArray.push(new THREE.MeshBasicMaterial({color: 0x009e60}));
matArray.push(new THREE.MeshBasicMaterial({color: 0x0051ba}));
matArray.push(new THREE.MeshBasicMaterial({color: 0x0051ba}));
matArray.push(new THREE.MeshBasicMaterial({color: 0xffd500}));
matArray.push(new THREE.MeshBasicMaterial({color: 0xffd500}));
matArray.push(new THREE.MeshBasicMaterial({color: 0xff5800}));
matArray.push(new THREE.MeshBasicMaterial({color: 0xff5800}));
matArray.push(new THREE.MeshBasicMaterial({color: 0xC41E3A}));
matArray.push(new THREE.MeshBasicMaterial({color: 0xC41E3A}));
matArray.push(new THREE.MeshBasicMaterial({color: 0xffffff}));
matArray.push(new THREE.MeshBasicMaterial({color: 0xffffff}));

var faceMaterial = new THREE.MultiMaterial(matArray);

var cubeGeom = new THREE.BoxGeometry(3,3,3);
var cube = new THREE.Mesh(cubeGeom, faceMaterial);
```

まず、すべてのマテリアルを保持するためにmyArrayという名前の配列を作成します。それからそれぞれの面で使用される違う色を持つ新しいマテリアル、今回の場合はTHREE.MeshBasicMaterialを作成します。そしてTHREE.MultiMaterialをインスタンス化し、立方体のジオメトリと組み合わせてメッシュを作成します。それでは次のサンプルにある簡単な3Dルービックキューブを作成するためにはどのような処理が必要か、コードの詳細に注目しながら見ていきましょう。05-multi-material.htmlを開いてください（**図4-9**）。

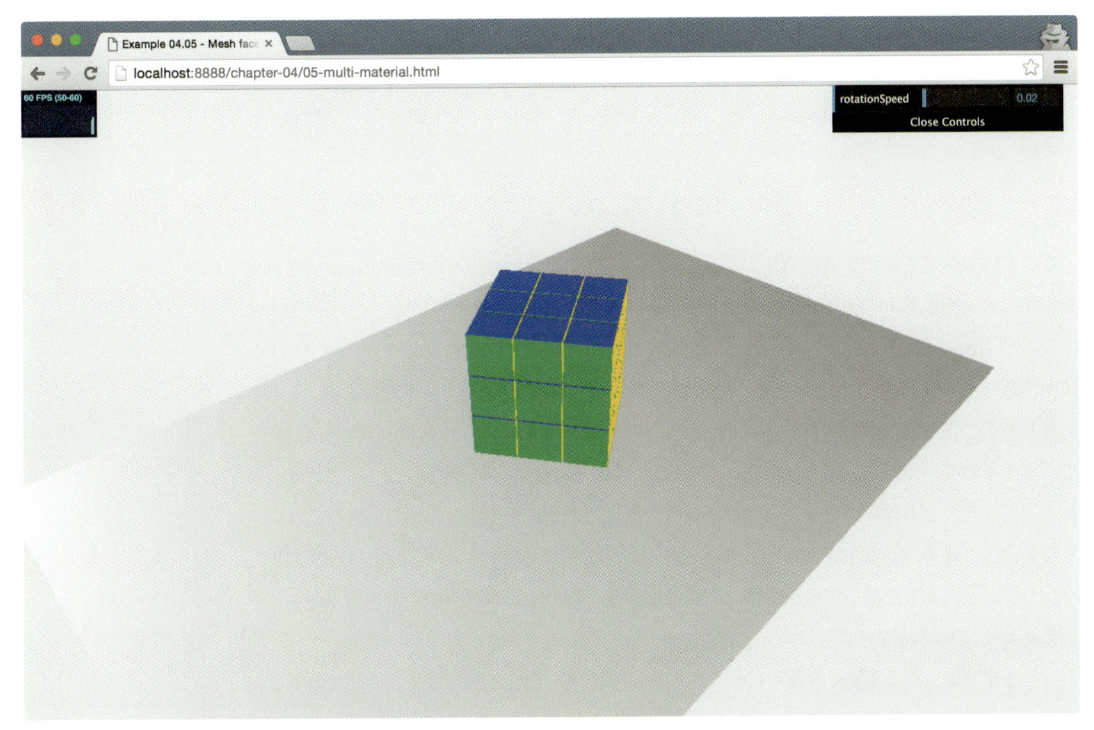

図4-9　THREE.MultiMaterial

このルービックキューブはたくさんの小さな立方体で構成されています。x軸に沿った3つの立方体と、y軸に沿ったものが3つ、z軸に沿ったものが3つです。次に実際にどのように作成したかを示します。

```
var group = new THREE.Group();
var mats = [];
mats.push(new THREE.MeshBasicMaterial({color: 0x009e60}));
mats.push(new THREE.MeshBasicMaterial({color: 0x009e60}));
mats.push(new THREE.MeshBasicMaterial({color: 0x0051ba}));
mats.push(new THREE.MeshBasicMaterial({color: 0x0051ba}));
mats.push(new THREE.MeshBasicMaterial({color: 0xffd500}));
mats.push(new THREE.MeshBasicMaterial({color: 0xffd500}));
mats.push(new THREE.MeshBasicMaterial({color: 0xff5800}));
mats.push(new THREE.MeshBasicMaterial({color: 0xff5800}));
mats.push(new THREE.MeshBasicMaterial({color: 0xC41E3A}));
```

```
mats.push(new THREE.MeshBasicMaterial({color: 0xC41E3A}));
mats.push(new THREE.MeshBasicMaterial({color: 0xffffff}));
mats.push(new THREE.MeshBasicMaterial({color: 0xffffff}));

var faceMaterial = new THREE.MultiMaterial(mats);

for (var x = 0; x < 3; x++) {
  for (var y = 0; y < 3; y++) {
    for (var z = 0; z < 3; z++) {
      var cubeGeom = new THREE.BoxGeometry(2.9, 2.9, 2.9);
      var cube = new THREE.Mesh(cubeGeom, faceMaterial);
      cube.position.set(x * 3 - 3, y * 3, z * 3 - 3);

      group.add(cube);
    }
  }
}
```

ここでは初めに個別の立方体（のグループ）をすべて保持するための`THREE.Group`を作成します。次にそれぞれの面のためのマテリアルを作成して`mats`配列に詰め込みます。立方体のひとつの側面は2つの面で構成されることを忘れないでください。したがって、マテリアルは12個必要です。これらのマテリアルから`THREE.MultiMaterial`を作成します。そして必要な数の立方体を確実に作成するため、3重のループを作ります。このループ内では個別の立方体をそれぞれ作成し、マテリアルを設定して正しい位置に配置した後、グループにそれらを追加します。立方体の位置はこのグループの位置から相対的なものになることを忘れないでください。グループを移動または回転するとすべての立方体が同時に移動または回転します。グループがどのように振る舞うかについて詳細な情報が必要であれば「8章 高度なメッシュとジオメトリ」を参照してください。

ブラウザでサンプルを開くとルービックキューブ全体は回転していますが、個別の立方体は回転していません。これは描画ループの中で以下のように記述しているためです。

```
group.rotation.y = step += controls.rotationSpeed;
```

これはグループ全体をその中心`(0, 0, 0)`の周りに回転させます。個別の立方体を配置する際に、それらがこの中心点の周囲に正しく配置されるようにしています。先ほどの`cube.position.set(x * 3 - 3, y * 3, z * 3 - 3);`というコードで-3のオフセットを使用しているのはそのためです。

このコードを見ると、Three.jsがどのようにして特定の面に適用するマテリアルを決定しているのか疑問に思うかもしれません。Three.jsは`geometry.faces`配列内のそれぞれの面に設定されている`materialIndex`プロパティを使用して、適用するマテリアルを決定します。このプロパティで指定するのは`THREE.MultiMaterial`オブジェクトのコンストラクタに渡したマテリアル配列のインデックスです。Three.jsの標準ジオメトリのいずれかを使用してジオメトリを

作成した場合は、Three.jsにより妥当なデフォルト値が設定されています。そのデフォルトの動作を変更したければ、自身でmaterialIndexプロパティを設定してどの面にどのマテリアルを使用するか指定してください。

THREE.MultiMaterialが基本的なマテリアルの最後でした。次の節ではThree.jsで利用できる高度なマテリアルをいくつか見ていくことになります。

4.3 高度なマテリアル

この節ではThree.jsが提供している高度なマテリアルについて見ていきます。初めにTHREE.MeshPhongMaterialとTHREE.MeshLambertMaterialについて説明します。これら2つのマテリアルは光源に反応し、それぞれ光沢のあるもしくはくすんだ見た目のマテリアルを作成するために使用できます。その次にTHREE.MeshStandardMaterialについて説明します。このマテリアルも光源に反応しますが、そのための設定項目が前の2つとは異なり、より物理現象に則したプロパティを設定できます。最後にもっとも万能ですがもっとも利用するのが難しいマテリアルのひとつであるTHREE.ShaderMaterialも紹介します。THREE.ShaderMaterialを使用するとマテリアルとオブジェクトをどのように表示するかを定義する独自のシェーダープログラムを作成できます。

4.3.1 THREE.MeshLambertMaterial

このマテリアルはシーン内の光源に反応する非常に使いやすいマテリアルで、くすんだ見た目の、光沢のない表面を作成するために使用できます。このマテリアルでもこれまでに見てきたたくさんのプロパティcolor、opacity、blending、depthTest、depthWrite、wireframe、wireframeLinewidth、wireframeLinecap、wireframeLinejoin、vertexColors、fogを利用できますが、この節ではそれらのプロパティの詳細には立ち入らず、このマテリアルに特有のものに焦点を当てることにしましょう。そうすると表4-8のひとつだけが残ります。

表4-8 THREE.MeshLambertMaterialのプロパティ

プロパティ	説明
emissive	マテリアルが発する色。実際にはライトのように振る舞うわけではなく、他のライティングの影響を受けない固定の色となる。デフォルトは黒

このマテリアルの作成方法は他のマテリアルとまったく同じで、次のようになります。

```
var meshMaterial = new THREE.MeshLambertMaterial({
  color: 0x7777ff});
```

サンプルは06-mesh-lambert-material.htmlです（図4-10）。

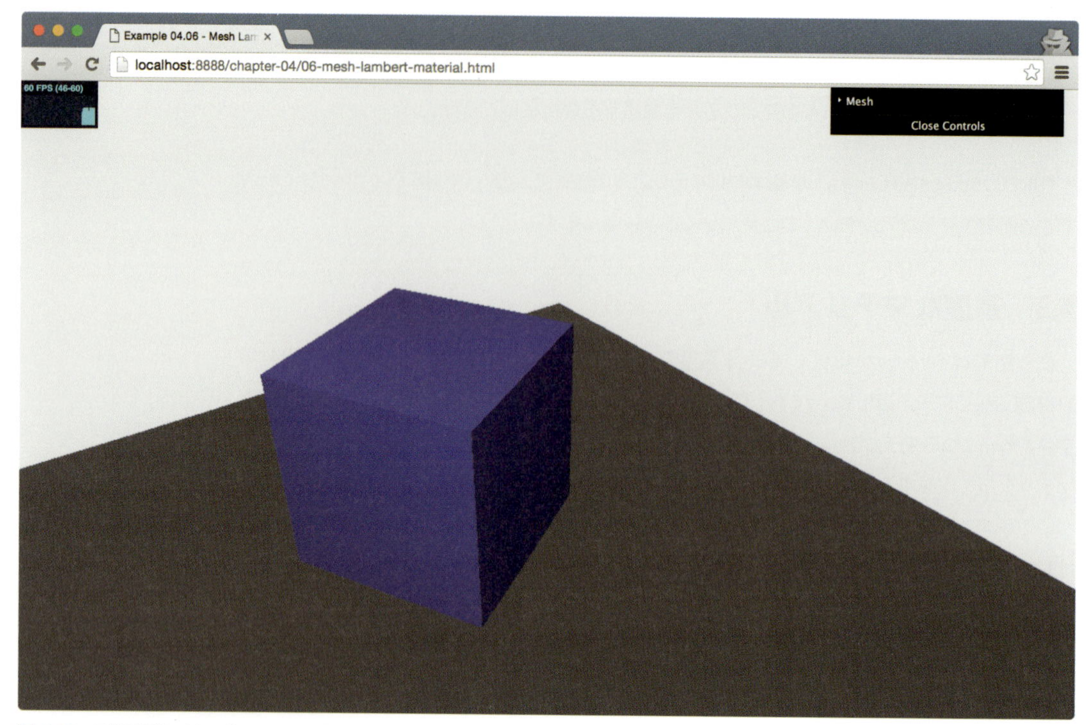

図4-10　THREE.MeshLambertMaterial

このスクリーンショットを見るとわかるとおり、このマテリアルの反射は少し鈍く見えます。一方、次に紹介するマテリアルは光沢のある表面を作成するために使用できます。

4.3.2　THREE.MeshPhongMaterial

THREE.MeshPhongMaterialを使用すると光沢のあるマテリアルを作成できます。光沢のないTHREE.MeshLambertMaterialオブジェクトと比較すると設定できるプロパティの数は少し多くなっています。なお、ここでも基本プロパティとすでに説明したプロパティcolor、opacity、blending、depthTest、depthWrite、wireframe、wireframeLinewidth、wireframeLinecap、wireframeLinejoin、vertexColorsについては説明を省略します。

このマテリアルに関する興味深いプロパティは以下のとおりです（**表4-9**）。

表4-9　THREE.MeshPhongMaterialのプロパティ

プロパティ	説明
emissive	マテリアルが発する色。実際にはライトのように振る舞うわけではなく、他のライティングの影響を受けない固定された色となる。デフォルトは黒
specular	このプロパティはマテリアルにどのくらい光沢があるかと、その光沢の色を指定する。colorプロパティと同じ色に設定されるとより金属のような見た目のマテリアルになる。灰色に設定するとよりプラスチックのような見た目のマテリアルが得られる

プロパティ	説明
shininess	このプロパティは反射するハイライトがどのくらい明るいかを指定する。デフォルト値は30
shading	シェーディングがどのように適用されるか定義する。設定可能な値はTHREE.SmoothShading、THREE.NoShading、THREE.FlatShadingで、デフォルト値はTHREE.SmoothShading。THREE.SmoothShadingの結果としてそれぞれの面の境目を見ることができないなめらかなオブジェクトが得られる

THREE.MeshPhongMaterialオブジェクトの初期化はこれまでのマテリアルと同じで、次のコードのようになります。

```
var meshMaterial = new THREE.MeshPhongMaterial({color: 0x7777ff});
```

厳密な比較のために、THREE.MeshLambertMaterialで使用したものと同じサンプルを今回のマテリアルを使用して作成しました。コントロールGUIを使用してこのマテリアルをいろいろと試すことができます。例えば図4-11の設定を使用するとプラスチックのような見た目のマテリアルになります。サンプルは07-mesh-phong-material.htmlです。

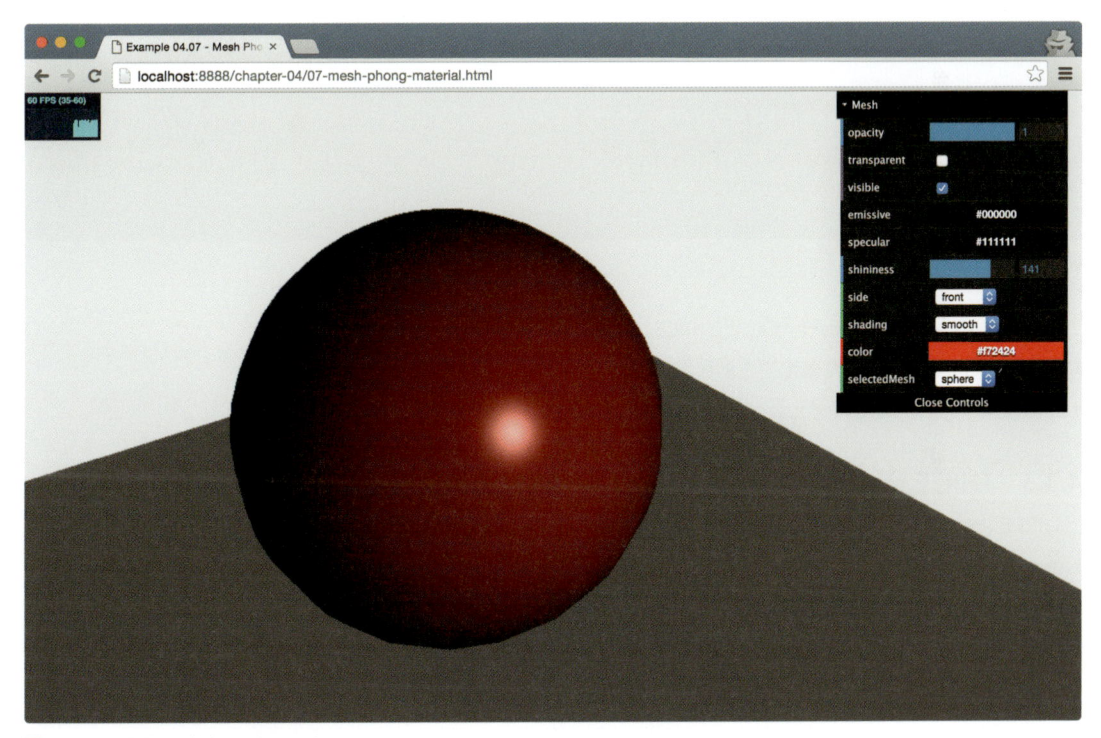

図4-11　THREE.MethPhongMaterial

shadingプロパティを実際に試してみるのは本章では実は今回が初めてです。shadingプロパティを使用するとThree.jsにオブジェクトをどのように描画するかを指示できます。THREE.FlatShadingを指定するとそれぞれの面はそのまま描画され、THREE.SmoothShadingを指定すると、オブジェクトの面がなめらかに均されます。例えば、

THREE.FlatShadingを使用して描画した球は図4-12のように見えます。

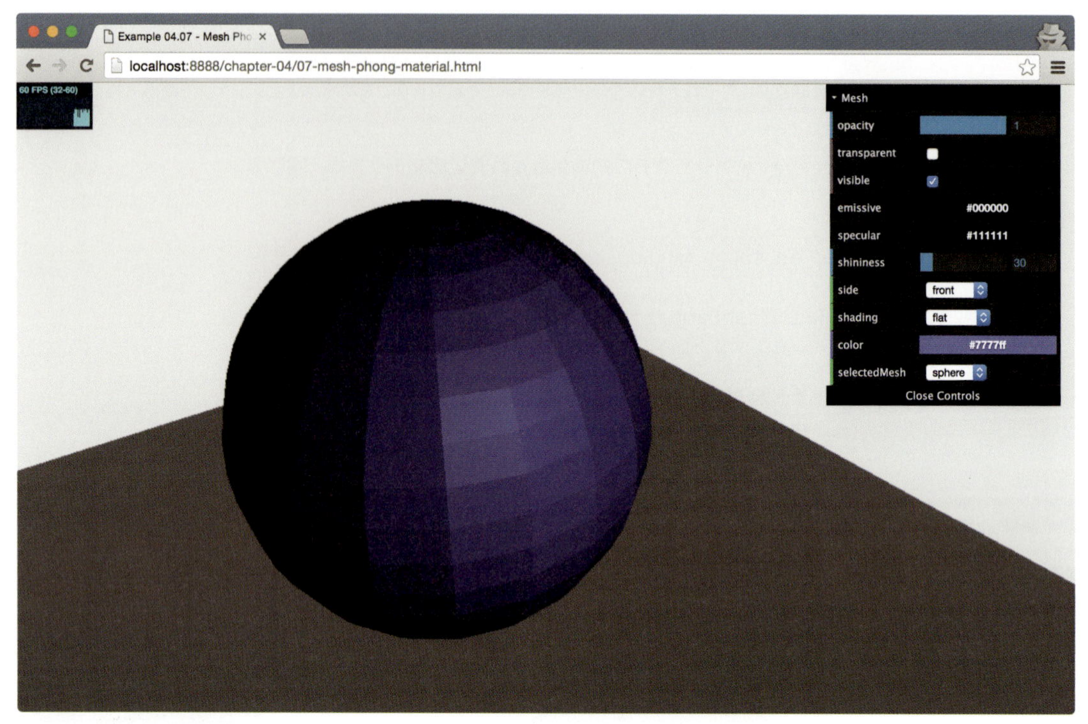

図4-12　THREE.FlatShading

THREE.MeshLambertMaterialとTHREE.MeshPhongMaterialは比較的よく似たパラメーターで反射の特性を指定できました。次に紹介するマテリアルも光源に反応しますが、パラメーターの指定方法がこれまでとは少し異なります。

4.3.3　THREE.MeshStandardMaterial

THREE.MeshStandardMaterialは簡易的な物理ベースレンダリング（Physically-based rendering：PBR）を実現するマテリアルです。先に紹介したTHREE.MeshLambertMaterialやTHREE.MeshPhongMaterialではオブジェクトの質感をspecularやshininessなどの反射パラメーターを調節することで表現していました。しかし物理ベースレンダリングではオブジェクトの質感をより物理現象に則した形で実現しようとします。ただし、THREE.MeshStandardMaterialは将来本格的な物理ベースレンダリングを導入することを視野に入れつつ[*1]、必要なパラメーターを大幅に省略した簡易的な実装になっています。具体的にはTHREE.MeshStandardMaterialで設定できるプロパティは表4-10のようになります。

＊1　訳注：THREE.MeshPhysicalMaterialはすでにThree.jsのソースコード内にありますが、まだ開発中で現在のところTHREE.MeshStandardMaterialとほとんど違いがありません。

表4-10　THREE.MeshStandardMaterialのプロパティ

プロパティ	説明
`metalness`	金属性。この値によって光をどの程度どのような色で反射するかが決定される。0から1の値を取る。デフォルト値は0.5
`metalnessMap`	`metalness`をより細かく指定するためのテクスチャ
`roughness`	表面の粗さ。光沢の度合いを指定する。0から1の値を取る。デフォルト値は0.5
`roughnessMap`	`roughness`をより細かく指定するためのテクスチャ

`THREE.MeshStardardMaterial`オブジェクトの使用方法は次のとおりで、これまでと特に違いはありません。

```
var meshMaterial = new THREE.MeshStandardMaterial({color: 0x7777ff});
```

これらのプロパティの値を実際に変更して結果を確認するには`11-mesh-standard-material.html`を使用してください。[shading]を[flat]にし、[roughness]を少し下げて[metalness]を少し上げた結果は**図4-13**のようになります。

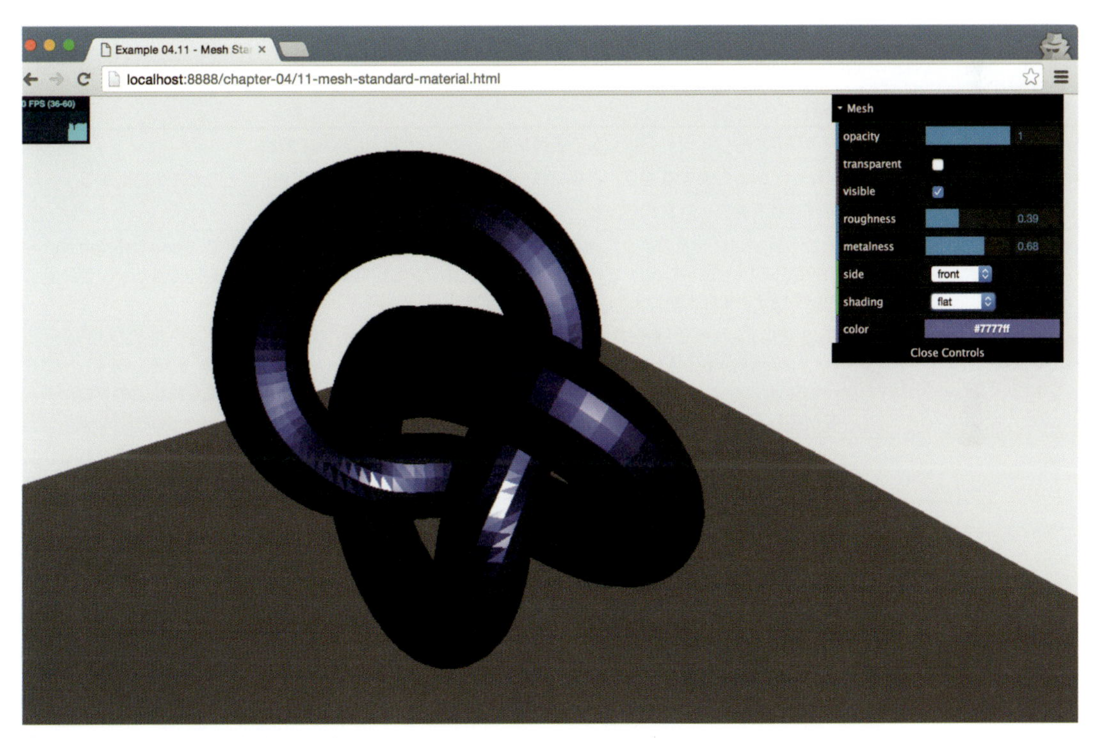

図4-13　THREE.MeshStandardMaterial

本書で最後に説明する高度なマテリアルは`THREE.ShaderMaterial`です。

4.3.4 THREE.ShaderMaterialを使用した独自シェーダーの作成

THREE.ShaderMaterialはThree.jsで利用できるマテリアルの中でもっとも強力ですがその分非常に複雑なマテリアルです。このマテリアルには、WebGLのコンテキストで直接実行される独自シェーダーを設定することができます。シェーダーとはJavaScriptで記述されたThree.jsのメッシュを画面上のピクセルに変換するためもので、独自シェーダーを使用するとオブジェクトの描画方法やThree.jsのデフォルトの表示を上書きする方法を厳密に指定できます。ただしこの節ではまだ独自シェーダーの書き方についての詳細には踏み込みません。その詳細については、「11章 カスタムシェーダーとポストプロセス」を参照してください。ここではひとまず、非常に単純なサンプルを試してみることでこのマテリアルをどのように設定するかを簡単に確認するにとどめておきましょう。

THREE.ShaderMaterialにもこれまで見てきたような多くのプロパティを設定できます。ただしThree.jsはこれらのプロパティに関係する情報をすべてシェーダーに渡しますが、THREE.ShaderMaterialの場合、この情報の処理は自作シェーダープログラム内で自分で記述する必要があります（表4-11）。

表4-11 THREE.ShaderMaterialのプロパティ

プロパティ	説明
wireframe	マテリアルをワイヤーフレームで描画する。デバッグ時には非常に便利
wireframeLinewidth	wireframeが有効な場合、このプロパティでワイヤーフレームのワイヤーの太さを指定する
linewidth	描画される線の太さを指定する
shading	シェーディングをどのように適用するかを指定する。設定可能な値はTHREE.SmoothShadingとTHREE.FlatShading。このプロパティはこのマテリアルのサンプルでは有効ではない。例を見るには「4.3.2 THREE.MeshPhongMaterial」を参照
vertexColors	このプロパティではそれぞれの頂点に適用される個別の色を設定する。このプロパティはCanvasRendererでは動作せず、WebGLRendererだけで動作する。「4.4.1 THREE.LineBasicMaterial」のサンプルを参照すると、線のさまざまな場所に色を付けるためにこのプロパティを使用しているのを確認できる
fog	このマテリアルがグローバルなフォグ設定の影響を受けるかどうかを指定する。実際に見られるサンプルはない。falseに設定すると、「2章 シーンの基本要素」で見たグローバルなフォグはこのマテリアルが設定されたオブジェクトの表示に影響を与えない

これらのプロパティ以外にも、THREE.ShaderMaterialには独自シェーダーに追加の情報を渡すことができる特殊なプロパティ（現時点では少し曖昧に思えるかもしれません。詳細は、「11章 カスタムシェーダーとポストプロセス」を参照してください）がたくさんあります。表4-12を参照してください。

表4-12　THREE.ShaderMaterialの特殊なプロパティ

プロパティ	説明
`fragmentShader`	このシェーダーは受け取ったピクセルの色を設定する。ここではフラグメントシェーダープログラムを文字列で渡す
`vertexShader`	このシェーダーは受け取った頂点の位置を変更できる。ここでは頂点シェーダープログラムを文字列として渡す
`uniforms`	シェーダーには情報を送ることができ、このプロパティでは頂点シェーダーとフラグメントシェーダーの両方に同じ情報が送信される
`defines`	`#define`に変換される。このコードを使用してシェーダープログラムにグローバル変数を追加できる
`attributes`	頂点シェーダーとフラグメントシェーダーの呼び出しごとに異なる値が設定される。通常は位置もしくは法線に関係するデータを渡すために利用される。もしこのプロパティがなければ、呼び出しごとにジオメトリのすべての頂点を渡すことになる
`lights`	ライトのデータをシェーダーに渡すかどうかを指定する。デフォルト値は`false`

サンプルを試してみる前に、`THREE.ShaderMaterial`に関するもっとも重要な事実を簡単に述べます。このマテリアルを利用するには以下の2種類のシェーダーが必要です。

vertexShader

ジオメトリの頂点それぞれについて実行されます。このシェーダーを利用すると、頂点の位置を変更してジオメトリを変形させることができます。

fragmentShader

ジオメトリのフラグメント*1それぞれについて実行されます。`fragmentShader`は特定のフラグメントについて表示すべき色を返します。

この章でこれまでに説明してきたマテリアルについてはすべてThree.jsが用意した`fragmentShader`と`vertexShader`を使用しているので、それらについて気にかける必要はありませんでした。

この節では簡単なサンプルを使用します。サンプルでは立方体の頂点のx、y、z座標を変更する非常に簡単な`vertexShader`プログラムと、http://glslsandbox.com/にあるシェーダーを利用する`fragmentShader`プログラムを使用して、アニメーションするマテリアルを作成します。

以下に`vertexShader`のコードの全文を紹介します。シェーダーはJavaScriptで記述するわけではないことに注意してください。シェーダーは次のようにGLSL（WebGLはOpenGL ESシェーダー言語1.0をサポートしています。GLSLについての詳細はhttps://www.khronos.org/webgl/を参照）と呼ばれるC言語のような言語で記述します。

＊1　訳注：ピクセルのことだと考えておおよそ間違いありません。

```
<script id="vertex-shader" type="x-shader/x-vertex">
  uniform float time;

  void main()
  {
    vec3 posChanged = position;
    posChanged.x = posChanged.x*(abs(sin(time*1.0)));
    posChanged.y = posChanged.y*(abs(cos(time*1.0)));
    posChanged.z = posChanged.z*(abs(sin(time*1.0)));
    gl_Position = projectionMatrix * modelViewMatrix * vec4(posChanged,1.0);
  }
</script>
```

ここでは詳細には触れず、コードのもっとも重要な部分だけに焦点を当てます。JavaScriptからシェーダーに情報を渡すためには、`uniforms`と呼ばれる変数を使用します。このサンプルでは`uniform float time;`という文を使用して外部から受け取る値を宣言します。この値に基づいて（`position`変数として）受け取った頂点のx、y、z座標を変換します。

```
vec3 posChanged = position;
posChanged.x = posChanged.x*(abs(sin(time*1.0)));
posChanged.y = posChanged.y*(abs(cos(time*1.0)));
posChanged.z = posChanged.z*(abs(sin(time*1.0)));
```

この時点で`posChanged`ベクトルには受け取った`time`変数に基づいて得られるこの頂点の新しい座標が格納されています。最後にこの新しい座標をThree.jsへ返す必要があります。それには次のように書きます。

```
gl_Position = projectionMatrix * modelViewMatrix * vec4(posChanged,1.0);
```

`gl_Position`変数は特殊な変数で、ここに代入された値が最終的な座標として返されます。次に`shaderMaterial`を作成して、`vertexShader`を渡さなければいけません。そのために単純なヘルパー関数を作成しました。次のコードにあるように、この関数は`var meshMaterial1 = createMaterial("vertex-shader", "fragment-shader-1");`のようにして利用します。

```
function createMaterial(vertexShader, fragmentShader) {
  var vertShader = document.getElementById(vertexShader
    ).innerHTML;
  var fragShader = document.getElementById(fragmentShader
    ).innerHTML;

  var uniforms = {
    time: {type: 'f', value: 0.2},
    scale: {type: 'f', value: 0.2},
    alpha: {type: 'f', value: 0.6},
    resolution: {type: 'v2', value: new THREE.Vector2()}
  };
```

```
    uniforms.resolution.value.x = window.innerWidth;
    uniforms.resolution.value.y = window.innerHeight;

    var meshMaterial = new THREE.ShaderMaterial({
      uniforms: uniforms,
      vertexShader: vertShader,
      fragmentShader: fragShader,
      transparent: true
    });

    return meshMaterial;
  }
```

この関数の引数としてHTMLページ内のscript要素のIDを2つ指定します。uniforms変数を準備していますが、この変数はレンダラからシェーダーに情報を渡すためのものです。このuniforms変数には次のように描画ループ内で値が設定されます。

```
  function render() {
    stats.update();

    cube.rotation.y = step += 0.01;
    cube.rotation.x = step;
    cube.rotation.z = step;

    cube.material.materials.forEach(function(e) {
      e.uniforms.time.value += 0.01;
    });

    requestAnimationFrame(render);
    renderer.render(scene, camera);
  }
```

描画ループが実行されるたびにtime変数を0.01ずつ増やしていることがわかるでしょう。この情報はvertexShaderに渡され、立方体の頂点の新しい座標を計算するために使用されます。サンプル08-shader-material.htmlを開くと、立方体が座標軸に沿って縮んだり膨らんだりしている様子が見られます。**図4-14**でこのサンプルの画像を確認できます。

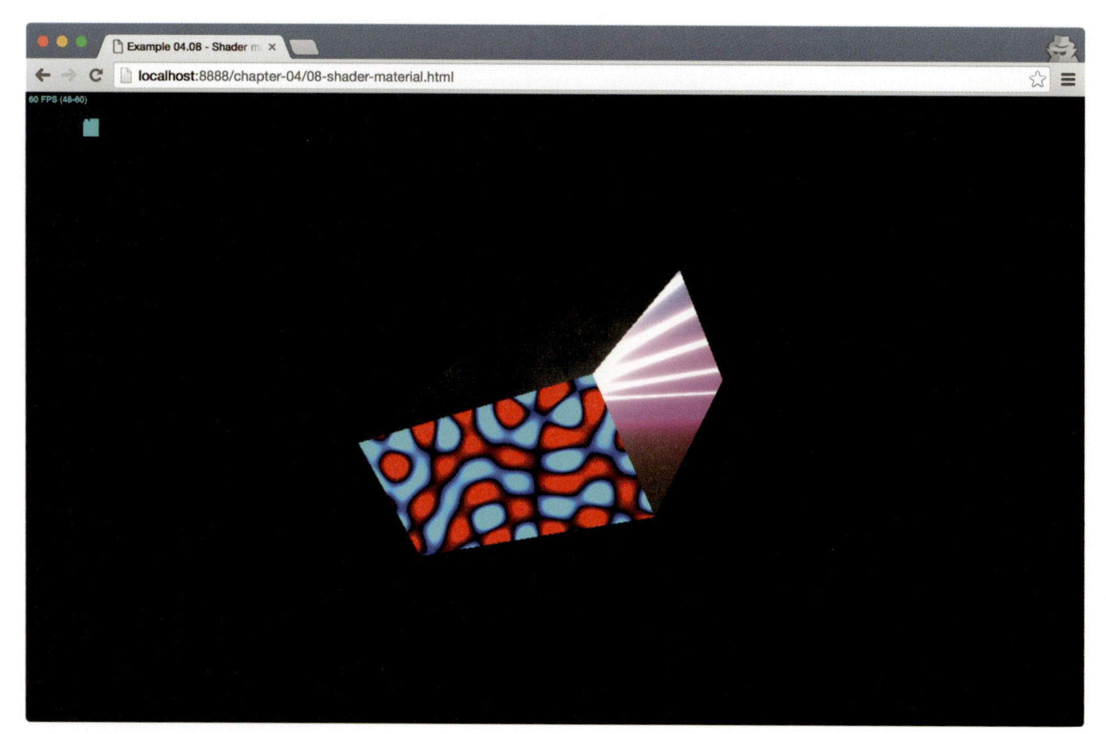

図4-14　THREE.ShaderMaterial

このサンプルでは、立方体のそれぞれの面でアニメーションするパターンを見ることができます。立方体のそれぞれの面に割り当てられているフラグメントシェーダーでこれらのパターンを作成しています。おそらく想像どおり、ここではTHREE.MultiMaterial（と前に説明したcreateMaterial関数）が使用されます。

```
var cubeGeometry = new THREE.BoxGeometry(20, 20, 20);

var meshMaterial1 = createMaterial("vertex-shader",
  "fragment-shader-1");
var meshMaterial2 = createMaterial("vertex-shader",
  "fragment-shader-2");
var meshMaterial3 = createMaterial("vertex-shader",
  "fragment-shader-3");
var meshMaterial4 = createMaterial("vertex-shader",
  "fragment-shader-4");
var meshMaterial5 = createMaterial("vertex-shader",
  "fragment-shader-5");
var meshMaterial6 = createMaterial("vertex-shader",
  "fragment-shader-6");

var material = new THREE.MeshFaceMaterial([
  meshMaterial1, meshMaterial2, meshMaterial3,
  meshMaterial4, meshMaterial5, meshMaterial6]);

var cube = new THREE.Mesh(cubeGeometry, material);
```

最後に説明する要素はfragmentShaderです。このサンプルでは、fragmentShaderオブジェクトはすべてhttp://glslsandbox.com/からコピーしたものです。このサイトではfragmentShaderオブジェクトを共有できる実験的なプレイグラウンドが提供されています。ここで詳細には触れませんが、例えばこのサンプルで使用しているfragment-shader-6は次のようなものです。

```
<script id="fragment-shader-6" type="x-shader/x-fragment">
  uniform float time;
  uniform vec2 resolution;

  void main( void )
  {
    vec2 uPos = ( gl_FragCoord.xy / resolution.xy );

    uPos.x -= 1.0;
    uPos.y -= 0.5;

    vec3 color = vec3(0.0);
    float vertColor = 2.0;
    for( float i = 0.0; i < 15.0; ++i )
    {
      float t = time * (0.9);

      uPos.y += sin( uPos.x*i + t+i/2.0 ) * 0.1;
      float fTemp = abs(1.0 / uPos.y / 100.0);
      vertColor += fTemp;
      color += vec3( fTemp*(10.0-i)/10.0, fTemp*i/10.0, pow(fTemp,1.5)*1.5 );
    }

    vec4 color_final = vec4(color, 1.0);
    gl_FragColor = color_final;
  }
</script>
```

最終的にThree.jsに返される色はgl_FragColor = color_finalで設定された値です。fragmentShaderがどのようなものか感覚をつかむにはhttp://glslsandbox.com/にあるコードを試してみて、気に入ったコードを自身のオブジェクトで使ってみるとよいでしょう。次のマテリアルの説明に進む前に、独自vertexShaderプログラム（https://www.shadertoy.com/view/4dXGR4）で何ができるかを示す例をもうひとつ紹介します（**図4-15**）。

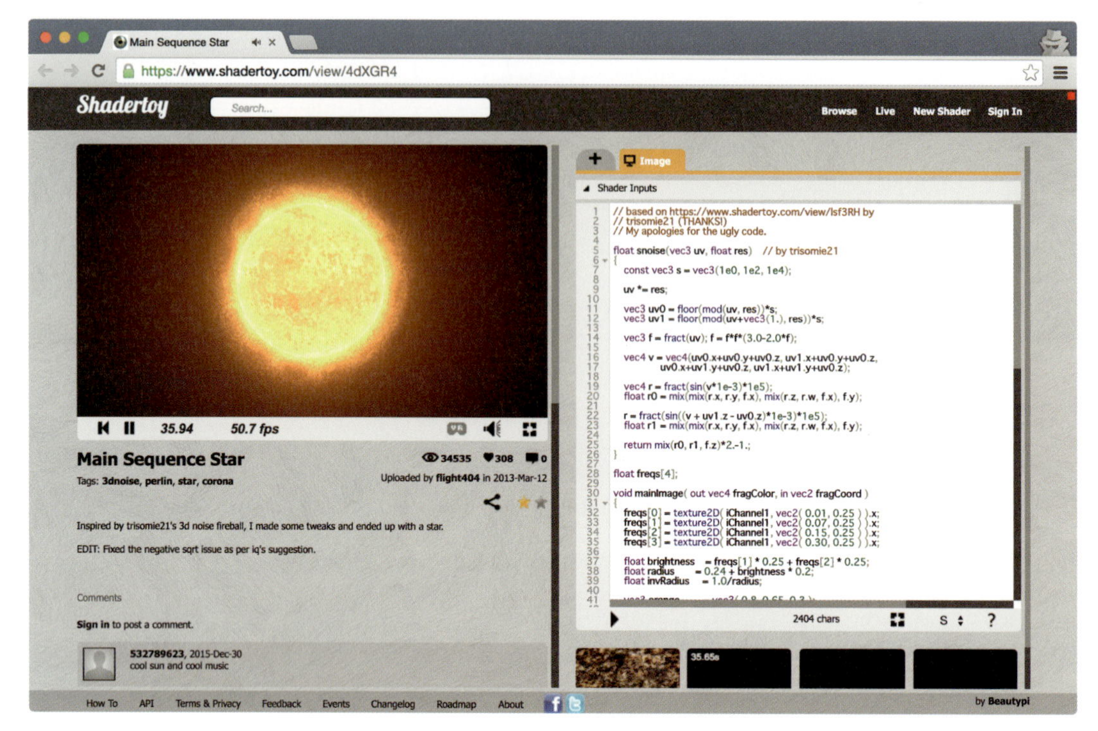

図4-15　Main Sequence Star

フラグメントシェーダーと頂点シェーダーについて詳細な情報が必要な場合は「11章 カスタムシェーダーとポストプロセス」を参照してください。

4.4　ラインジオメトリで利用できるマテリアル

本章で最後に紹介するマテリアルは特定のジオメトリ、`THREE.Line`でだけ利用できます。名前からわかるとおりこのジオメトリは単純な線で、頂点と辺だけで構成されていて面を持ちません。Three.jsでラインに設定できるマテリアルは次の2つです。

THREE.LineBasicMaterial

ラインのための基本的なマテリアルで`color`、`linewidth`、`linecap`、`linejoin`といったプロパティが設定できます

THREE.LineDashedMaterial

これは`THREE.LineBasicMaterial`と同じプロパティも持っていますが、それ以外にも線と線間の長さを指定して点線を作ることができます

まず基本の線を紹介し、その後で点線を紹介します。

4.4.1 THREE.LineBasicMaterial

THREE.Lineジオメトリで利用可能なマテリアルは非常に単純です。このマテリアルで利用可能なプロパティを表4-13に示します。

表4-13 THREE.Lineジオメトリで利用可能なプロパティ

プロパティ	説明
color	線の色を指定する。vertexColorsを指定するとこのプロパティは無視される
linewidth	線の幅を指定する
linecap	このプロパティはワイヤーフレームで線端をどのような見た目にするかを指定する。指定可能な値はbutt、round、squareで、デフォルト値はroundである。実際のところ、このプロパティを変更した結果を確認することはほとんどできない。このプロパティはWebGLRendererではサポートされていない
linejoin	線の接合部がどのように見えるかを指定する。可能な値はround、bevel、miterで、デフォルト値はroundである。低いopacityと非常に大きなwireframeLinewidthを使用したサンプルで、極端に近づいてみるとこの結果を確認できる。このプロパティはWebGLRendererではサポートされていない
vertexColors	このプロパティの値としてTHREE.VertexColorsを設定すると、各頂点ごとに特定の色を設定できる
fog	このオブジェクトがグローバルなfogプロパティの影響を受けるかどうかを指定する

LineBasicMaterialのサンプルを試す前に、頂点群からTHREE.Lineジオメトリを作成しLineMaterialと組み合わせてメッシュを作成する方法を簡単に紹介しておきます。次のコードを見てください。

```
var points = gosper(4, 60);

var lines = new THREE.Geometry();
var colors = [];
var i = 0;
points.forEach(function(e) {
  lines.vertices.push(new THREE.Vector3(e.x, e.z, e.y));
  colors[i] = new THREE.Color(0xffffff);
  colors[i].setHSL(e.x / 100 + 0.5, (e.y * 20) / 300, 0.8);
  i++;
});

lines.colors = colors;
var material = new THREE.LineBasicMaterial({
  opacity: 1.0,
  linewidth: 1,
  vertexColors: THREE.VertexColors
});

var line = new THREE.Line(lines, material);
```

このコードの最初の部分var points = gosper(4, 60);ではx座標とy座標の組を生成しています。今回の例ではgosper関数を使用して2次元の領域を満たす簡単なアルゴリズムであるゴスパー曲線（詳細はhttp://en.wikipedia.org/wiki/Gosper_curveを参照）上の各点を得ています。次にTHREE.Geometryインスタンスを作成し、points内のそれぞれの座標に基づいて作成した頂点をこのインスタンスのlinesプロパティに詰め込みます。また、座標ごとに色も計算してcolorsプロパティに設定します。

このサンプルでは、色を設定するためにsetHSL()メソッドを使用しました。HSLでは値として赤、緑、青を与える代わりに、色相（hue）、彩度（saturation）、明度（lightness）を指定します。HSLの利用はRBGと比べてはるかに直感的で、適した色の組み合わせを非常に簡単に得られます。CSS仕様書http://www.w3.org/TR/2003/CR-css3-color-20030514/#hsl-colorではHSLについて非常にわかりやすく説明されています。

これでラインジオメトリが得られました。次にTHREE.LineBasicMaterialを作成して、このジオメトリと組み合わせるとTHREE.Lineメッシュが作成できます。その結果はサンプル09-line-material.htmlで確認できます（**図4-16**）。

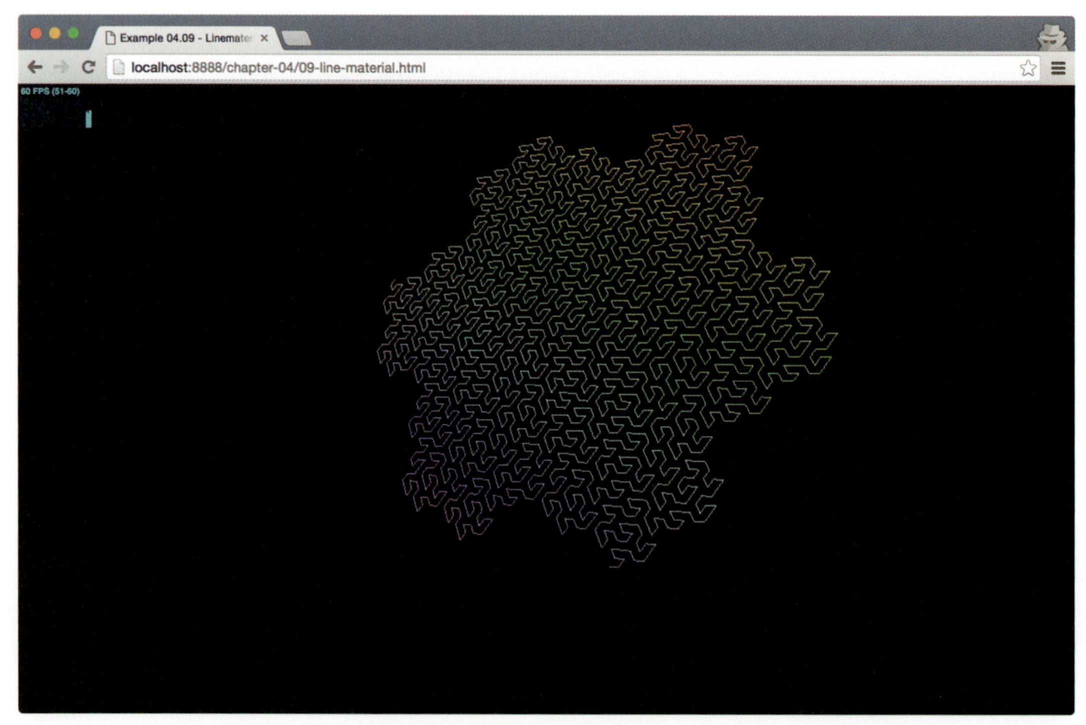

図4-16　THREE.LineBasicMaterial

次の、そして本章で紹介する最後のマテリアルはTHREE.LineBasicMaterialとほんの少し違うだけです。THREE.LineDashedMaterialを使用すると、線に色を付けるだけではなく、点線の効果も加えることができます。

4.4.2 THREE.LineDashedMaterial

このマテリアルにはTHREE.LineBasicMaterialとまったく同じプロパティに加えて点線の線の長さと線間の幅を指定するためのプロパティがあります。表4-14を参照してください。

表4-14 THREE.LineDashedMaterialのプロパティ

プロパティ	説明
scale	dashSizeとgapSizeを拡大縮小する。スケールが1より小さければdashSizeとgapSizeは増加し、スケールが1より大きければdashSizeとgapSizeは減少する
dashSize	点の長さ
gapSize	点間の長さ

このマテリアルはTHREE.LineBasicMaterialとほぼまったく同じように動作します。使い方は以下のとおりです。

```
lines.computeLineDistances();
var material = new THREE.LineDashedMaterial({vertexColors: true,
  color: 0xffffff, dashSize: 10, gapSize: 1, scale: 0.1});
```

唯一の違いは（線を構成する頂点間の距離を計算するために）THREE.GeometryオブジェクトのcomputeLineDistances()を呼び出す必要があるということです。これを呼び出さなければ点間が正確に設定されません。サンプルは10-line-material-dashed.htmlです。図4-17のように表示されます。

図4-17　THREE.LineDashedMaterial

4.5　まとめ

Three.jsにはジオメトリの表面を飾るために利用できるマテリアルが数多く提供されています。マテリアルは非常に単純なもの（THREE.MeshBasicMaterial）から、独自のvertexShaderプログラムやfragmentShaderプログラムを作成できる複雑なもの（THREE.ShaderMaterial）まで幅広く用意されています。何かひとつマテリアルの使用法を理解していれば、おそらく他のマテリアルの使い方も想像できます。ただしすべてのマテリアルがシーン内のライトに反応するわけではないということに注意してください。ライティングの影響を受けるマテリアルが必要なら、THREE.MeshPhongMaterial、THREE.MeshLamberMaterial、THREE.MeshStandardMaterialのいずれかを使用しましょう。なお、コードを見るだけでマテリアルの特定のプロパティの効果を決定することは困難です。dat.GUIを使用してこれらのプロパティの値を実際に変更して試してみるとよいでしょう。

マテリアルのプロパティのほとんどは実行時に変更できるということも忘れないでください。ただし（例えばsideなど）いくつかの値は実行時には変更できません。それらの値を変更した場合には、needsUpdateプロパティをtrueに設定する必要があります。実行時に何が変更できて何が変更できないのか全体的に把握するにはhttps://github.com/mrdoob/three.

js/wiki/Updatesを参照してください。

この章と前の章のサンプルではさまざまなジオメトリを使用していました。次の章ではジオメトリ関するすべてを学び、それらを実際にどのように使えばよいかを確認します。

5章 ジオメトリ

これまでの章でThree.jsの使い方について多くを学びました。基本的なシーンの作成方法やライティングの追加方法、メッシュのマテリアルの設定方法はすでに身についています。しかし、「2章 シーンの基本要素」で少し触れましたが、Three.jsで3Dオブジェクトを作成するために利用できるジオメトリの詳細についてはまだ説明していません。この章と次の章でThree.jsが初めから用意している（前の章で説明したTHREE.Lineを除く）すべてのジオメトリをひとつずつ説明します。この章ではまず次のジオメトリを紹介します。

- THREE.CircleGeometry
- THREE.RingGeometry
- THREE.PlaneGeometry
- THREE.ShapeGeometry
- THREE.BoxGeometry
- THREE.SphereGeometry
- THREE.CylinderGeometry
- THREE.ConeGeometry
- THREE.TorusGeometry
- THREE.TorusKnotGeometry
- THREE.PolyhedronGeometry
- THREE.IcosahedronGeometry
- THREE.OctahedronGeometry
- THREE.TetraHedronGeometry
- THREE.DodecahedronGeometry

そしてその次の章で以下の複雑なジオメトリを紹介します。

- THREE.ConvexGeometry
- THREE.LatheGeometry
- THREE.ExtrudeGeometry
- THREE.TubeGeometry
- THREE.ParametricGeometry
- THREE.TextGeometry

それではThree.jsで利用できるすべての基本的なジオメトリを見ていきましょう。

5.1　基本的なジオメトリ

Three.jsには2次元のメッシュを構成する少数のジオメトリと3次元のメッシュを構成する多くのジオメトリがあります。この節ではまず2次元のジオメトリであるTHREE.CircleGeometryとTHREE.RingGeometry、THREE.PlaneGeometry、THREE.ShapeGeometryを紹介し、その後でそれ以外の3次元ジオメトリをすべて紹介します。

5.1.1　2次元のジオメトリ

2次元のオブジェクトは平坦な見た目で、名前が示すとおり次元を2つしか持ちません。今回最初に紹介する2次元ジオメトリはTHREE.PlaneGeometryです。

5.1.1.1　THREE.PlaneGeometry

PlaneGeometryオブジェクトを使用すると非常に単純な2次元の四角形を作成できます。このジオメトリのサンプルは本章のフォルダにある01-basic-2d-geometries-plane.htmlで見ることができます。PlaneGeometryを使用して作成される四角形は**図5-1**のようなものです。

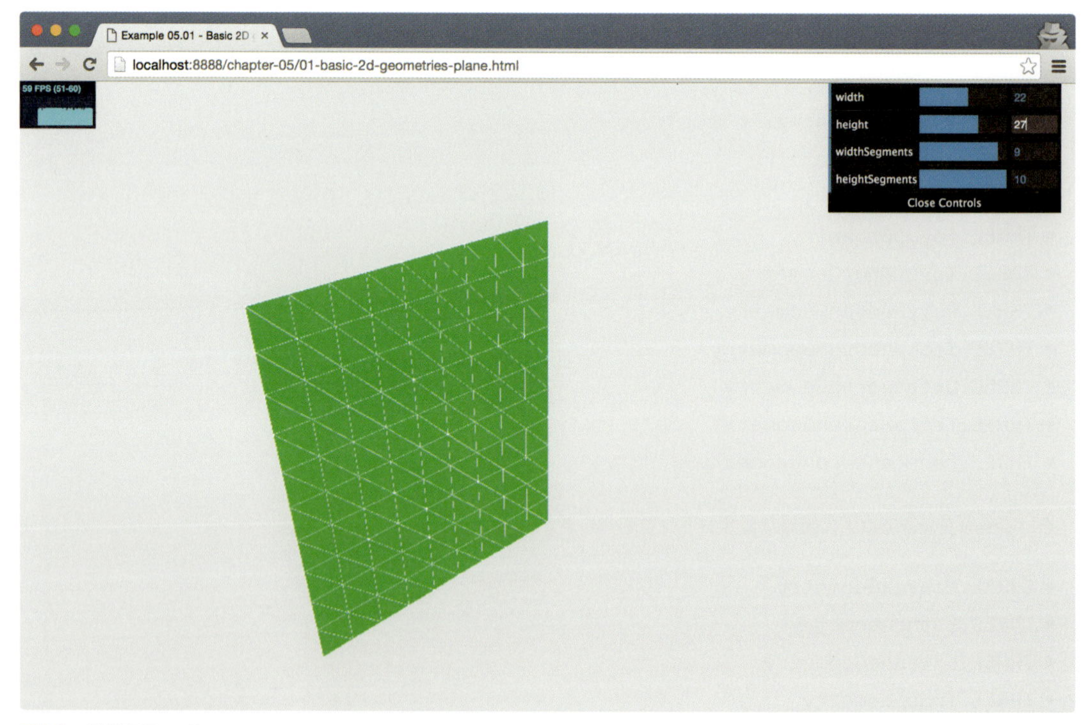

図5-1　THREE.PlaneGeometry

このジオメトリの作成は次のように非常に簡単です。

```
new THREE.PlaneGeometry(width, height, widthSegments,
  heightSegments);
```

THREE.PlaneGeometryのプロパティを直接変更できるサンプルがあり、最終的な3Dオブジェクトにどのような影響があるか実際に確認できます。THREE.PlaneGeometryのプロパティを表5-1に示します。

表5-1 THREE.PlaneGeometryのプロパティ

プロパティ	必須	説明
width	Yes	四角形の横幅を指定する
height	Yes	四角形の高さを指定する
widthSegments	No	横幅をいくつのセグメントに分割するかを指定する。デフォルト値は1
heightSegments	No	高さをいくつのセグメントに分割するかを指定する。デフォルト値は1

見てわかるとおり、これはそれほど複雑なジオメトリではありません。サイズを指定するだけで完了です（例えばチェック柄を作成したいなどの理由で）面を増やしたければ、widthSegmentsプロパティとheightSegmentsプロパティを使用してジオメトリを小さい面に分割することができます。

別のジオメトリの説明に進む前に、このサンプルで使用しているマテリアルについて簡単に説明します。この章の他のほとんどサンプルでもこのマテリアルを使用しています。このマテリアルと指定したジオメトリを使用してメッシュを作成するメソッドを用意しました。

```
function createMesh(geom) {
  // マテリアルを2つ準備
  var meshMaterial = new THREE.MeshNormalMaterial();
  meshMaterial.side = THREE.DoubleSide;
  var wireFrameMat = new THREE.MeshBasicMaterial();
  wireFrameMat.wireframe = true;

  // マルチマテリアルオブジェクトを作成
  var plane = THREE.SceneUtils.createMultiMaterialObject(
    geom, [meshMaterial, wireFrameMat]);

  return plane;
}
```

この関数では与えられたジオメトリに基づいてマルチマテリアルが設定されたメッシュを作成します。使用される最初のマテリアルはTHREE.MeshNormalMaterialです。前の章で学んだとおり、THREE.MeshNormalMaterialは各面に法線ベクトル（面の向き）に基づいた色を設定します。またこのマテリアルは両面（THREE.DoubleSide）で有効にしています。もしそうしなければ、特に2次元のオブジェクトでカメラが裏側に回った時にオブジェクトがまったく見えなくなってしまうでしょう。さらにTHREE.MeshNormalMaterialに加えて、

wireframeプロパティを有効にしたTHREE.MeshBasicMaterialも追加しました。これによりオブジェクトの3D形状と特定のジオメトリを構成している面がはっきりと見えるようになります。

作成後にジオメトリのプロパティにアクセスしたい場合、単にplane.widthを呼ぶだけではうまくいきません。ジオメトリのプロパティにアクセスするにはオブジェクトのparametersプロパティを使用する必要があります。つまりこの節で作成したplaneオブジェクトのwidthプロパティを取得したければ、plane.parameters.widthと記述する必要があります。

5.1.1.2 THREE.CircleGeometry

THREE.CircleGeometryの結果がどのような形状になるかは名前を見ればおそらく想像がつくでしょう。このジオメトリを使用すると非常に単純な2次元の円（もしくは部分円）を作成できます。まずこのジオメトリを使用したサンプル02-basic-2d-geometries-circle.htmlを見てみましょう。**図5-2**でthetaLengthに2 * Math.PIよりも小さい値を指定したTHREE.CircleGeometryの例を見ることができます。

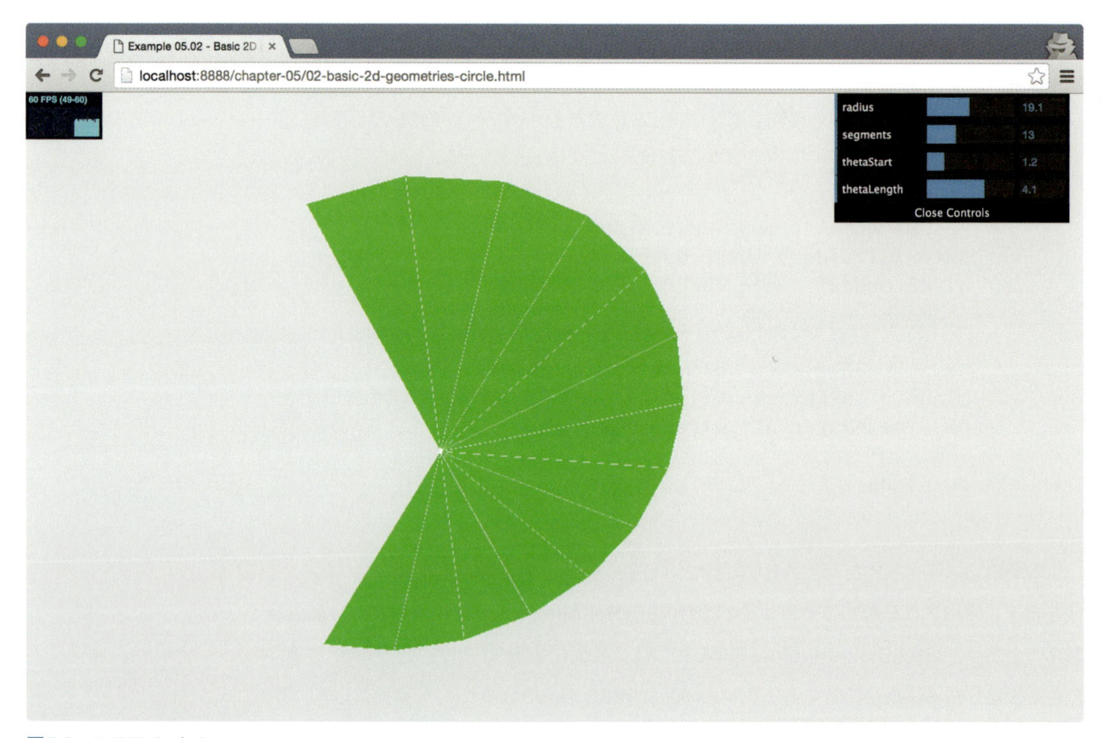

図5-2 THREE.CircleGeometry

2 * Math.PIはラジアン単位で完全な円周です。ラジアンではなく度を使用したければ、簡単に相互変換できます。ラジアンと度の変換には次の関数を使用してください。

```
function deg2rad(degrees) {
  return degrees * Math.PI / 180;
}

function rad2deg(radians) {
  return radians * 180 / Math.PI;
}
```

このサンプルではTHREE.CircleGeometryを使用して作成したメッシュのプロパティを試すことができます。THREE.CircleGeometryを作る時には、表5-2のプロパティで円の見た目を指定できます。

表5-2 THREE.CircleGeometryのプロパティ

プロパティ	必須	説明
radius	No	円の半径は大きさを定義する。半径は円の中心から円周までの距離。デフォルト値は50
segments	No	このプロパティは円を作成するために使用する面の数を指定する。最小の数は3で、もし指定がなければ数値はデフォルト値の8になる。値が大きければそれだけなめらかな円になる
thetaStart	No	このプロパティは円を描き始める場所を指定する。この値は0から2 * Math.PIの範囲の値を取ることができる。デフォルト値は0
thetaLength	No	このプロパティはどこで円周が終了するかを指定する。指定されなければデフォルト値の2 * Math.PI（完全な円）になる。例えばこの値を0.5 * Math.PIに設定すると円の4分の1の扇型が得られる。円の形状を指定するには、このプロパティとthetaStartと組み合わせて使用する

次のコードで完全な円を作成できます。

```
new THREE.CircleGeometry(3, 12);
```

このジオメトリを使用して半円を作成したい場合は次のようにしてください。

```
new THREE.CircleGeometry(3, 12, 0, Math.PI);
```

次のジオメトリの説明に進む前に、これらのような2次元形状（THREE.PlaneGeometry、THREE.CircleGeometry、THREE.RingGeometry、THREE.ShapeGeometry）を作成する場合にThree.jsが使用する座標系について少し注意すべきことがあるので、そのことについて説明しておきます。Three.jsはこれらのオブジェクトを立ち上がった状態で作成します。つまりx-y平面上に作成します。2次元形状という意味で論理的には何も間違っていませんが、多くの場合、中でもTHREE.PlaneGeometryは地面のような領域にして他のオブジェクトをその上に置くために下面（x-z平面）と平行にメッシュを配置したいのではないでしょうか。2次元のオブジェクトを垂直ではなく水平向きに作成するもっとも簡単な方法は、次のようにメッシュをx軸周りに1/4だけ逆回転（-Math.PI/2）させることです。

```
mesh.rotation.x = -Math.PI / 2;
```

THREE.CircleGeometryについては以上です。次に紹介するジオメトリTHREE.RingGeometryはTHREE.CircleGeometryとよく似ています。

5.1.1.3 THREE.RingGeometry

THREE.RingGeometryを使用すると、中心に穴の空いたオブジェクト（03-basic-3d-geometries-ring.htmlを参照）を作成できます（図5-3）。

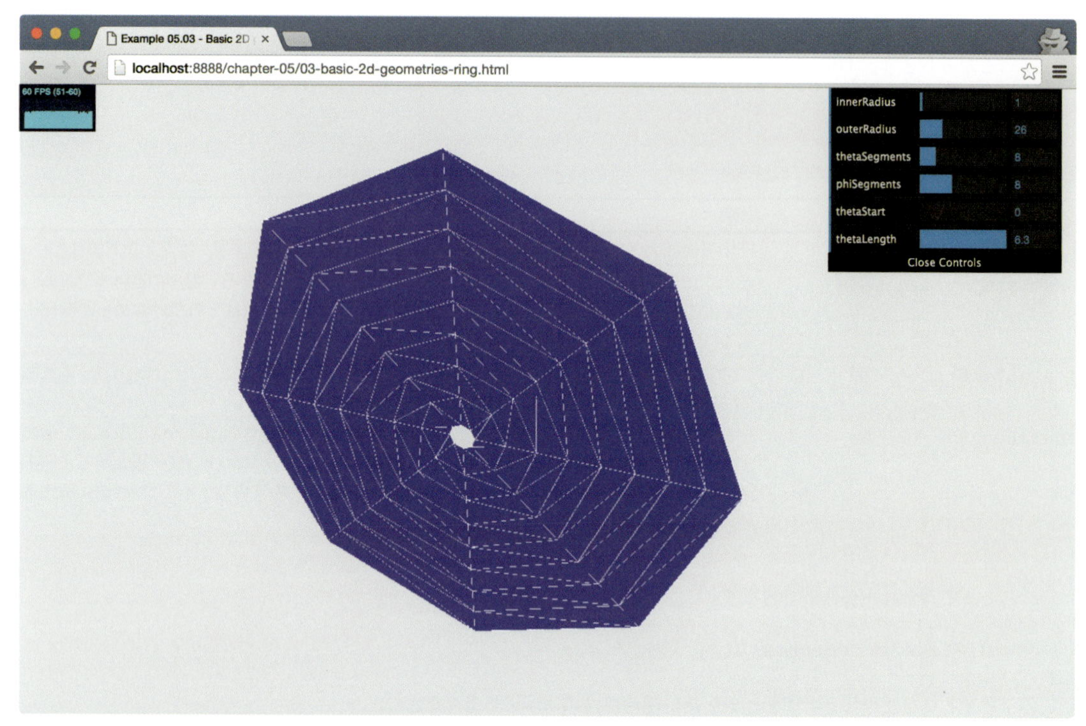

図5-3　THREE.RingGeometry

THREE.RingGeometryに必須のプロパティはありません（デフォルト値については表5-3を参照）。したがってこのジオメトリを作成するには次のように指定するだけです。

```
var ring = new THREE.RingGeometry();
```

コンストラクタに表5-3の引数を渡すと、このリング状のジオメトリの見た目を変更できます。

表5-3　THREE.RingGeometryのプロパティ

プロパティ	必須	説明
innerRadius	No	円の内部半径とは中心にある穴の大きさのこと。このプロパティを0に設定した場合、内部半径としてデフォルト値が使用される。デフォルト値は20
outerRadius	No	円の外部半径とは円の大きさのこと。つまり円の中心から円周までの距離のこと。デフォルト値は50
thetaSegments	No	円を作成する際に使用される円周方向に沿ったセグメントの数。大きな値を設定すると輪がよりなめらかになる。デフォルト値は8
phiSegments	No	直径方向に必要なのセグメントの数。デフォルト値は1。実際のところこの値は円のなめらかさには影響を与えないが、面の数を増加させる
thetaStart	No	円周をどの位置から描き始めるかを指定する。0から2 * Math.PIの間の値を取る。デフォルト値は0
thetaLength	No	円周がどの位置で終わるかを指定する。何も指定しない場合のデフォルト値は2 * Math.PI（完全な円）。例えば値に0.5 * Math.PIを指定すると円の4分の1の扇型が得られる。円の形状を指定するには、このプロパティとthetaStartと組み合わせて使用する

次の節では最後の2次元形状THREE.ShapeGeometryを紹介します。

5.1.1.4　THREE.ShapeGeometry

これまでのTHREE.PlaneGeometryとTHREE.CircleGeometry、THREE.RingGeometryは見た目が限定的にしかカスタマイズできませんでした。もし任意の2次元形状を作成する必要があればTHREE.ShapeGeometryを使用します。THREE.ShapeGeometryには独自の形状を作成するために利用できる関数がいくつかあります。これらの関数はHTMLのcanvas要素やSVGの<path>要素で利用できる関数とよく似ています。まずはサンプルを触ってみましょう。その後でさまざまな関数を使用して任意の形状を描く方法を説明します。サンプルは04-basic-2d-geometries-shape.htmlです（**図5-4**）。

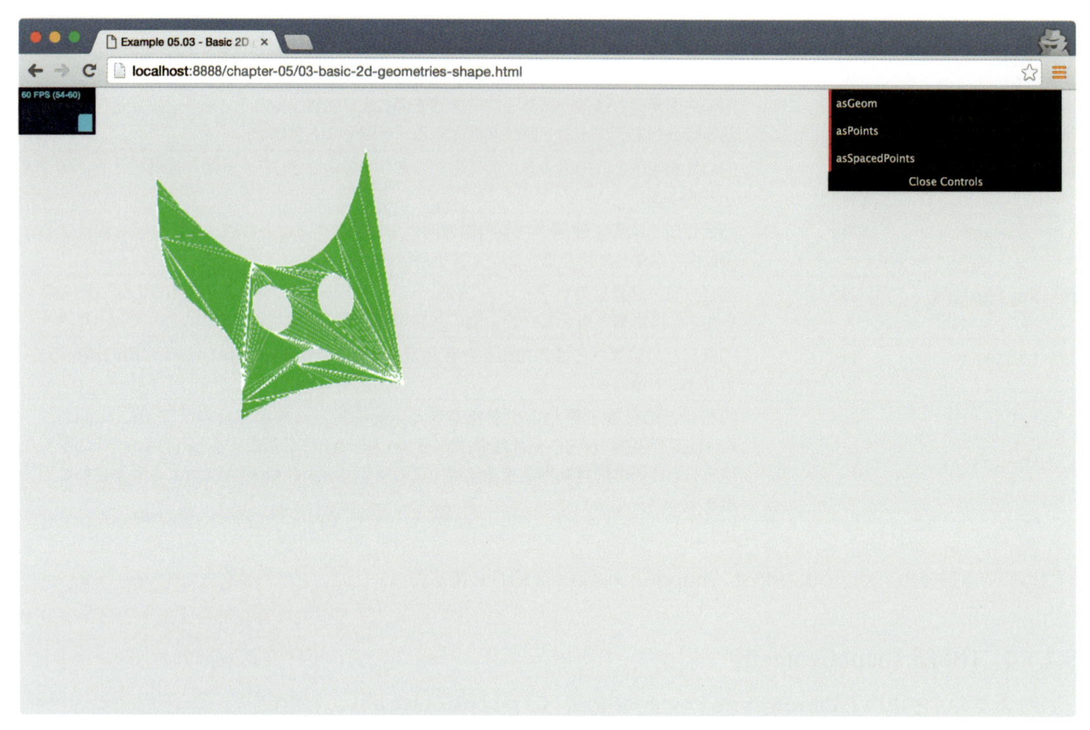

図5-4 THREE.ShapeGeometry

このサンプルには独自に作成した2次元形状が表示されています。ジオメトリのプロパティの説明に進む前にまずこの形状を作成するために使用しているコードを見てみましょう。THREE.ShapeGeometryを作成するにはTHREE.Shapeを先に作成する必要があります。**図5-4**を見てください。右下の角から開始して順番に描画の処理を説明します。

```
function drawShape() {
  // 基本となるShapeを作成
  var shape = new THREE.Shape();

  // 開始点
  shape.moveTo(10, 10);

  // 上方向に直線を描画
  shape.lineTo(10, 40);

  // 図の一番上で右曲がりの曲線を描画
  shape.bezierCurveTo(15, 25, 25, 25, 30, 40);

  // 下方向にスプライン曲線を描画
  shape.splineThru(
    [new THREE.Vector2(32, 30),
      new THREE.Vector2(28, 20),
      new THREE.Vector2(30, 10),
    ])
```

```
    // 下側の曲線を描画
    shape.quadraticCurveTo(20, 15, 10, 10);

    // ひとつめの「目」を追加
    var hole1 = new THREE.Path();
    hole1.absellipse(16, 24, 2, 3, 0, Math.PI * 2, true);
    shape.holes.push(hole1);

    // 2つめの「目」を追加
    var hole2 = new THREE.Path();
    hole2.absellipse(23, 24, 2, 3, 0, Math.PI * 2, true);
    shape.holes.push(hole2);

    // 「口」を追加
    var hole3 = new THREE.Path();
    hole3.absarc(20, 16, 2, 0, Math.PI, true);
    shape.holes.push(hole3);

    // shapeを返す
    return shape;
  }
```

このコードでは形状の輪郭を直線、曲線、スプライン曲線を使用して作成していることがわかります。その後でTHREE.Shapeのholesプロパティを使用していくつか穴を開けています。この節で説明したいのはTHREE.ShapeではなくTHREE.ShapeGeometryなのでTHREE.Shapeの説明はひとまずこれで終わりです。THREE.Shapeからジオメトリを作成するには、次のようにしてTHREE.ShapeGeometryの引数として（今回のサンプルではdrawShape()の戻り値である）THREE.Shapeを渡します。

```
new THREE.ShapeGeometry(drawShape());
```

これによりメッシュ作成に使用できるジオメトリが得られます。なお、すでにシェイプオブジェクトが存在する場合は、shape.makeGeometry(options)を呼び出すことでもTHREE.ShapeGeometryのインスタンスが得られます。

では、まず初めにTHREE.ShapeGeometryが受け取ることのできるパラメーターを見てみましょう（**表5-4**）。

表5-4　THREE.ShapeGeometryのコンストラクタ引数

プロパティ	必須	説明
`shapes`	Yes	`THREE.Geometry`を作成するために利用する`THREE.Shape`オブジェクトはひとつとはかぎらない。単一の`THREE.Shape`オブジェクトを渡すことも`THREE.Shape`オブジェクトの配列を渡すこともできる
`options`	No	`shapes`引数で渡されたすべてのシェイプに適用されるオプション。このオプションの内容は以下のとおり • `curveSegments`――シェイプに現れる曲線をどの程度なめらかに描画するかを指定する。デフォルト値は`12` • `material`――形状に使用する面（`THREE.Face3`）を作成する時の`materialIndex`プロパティとして使用される。つまり、このジオメトリを`THREE.MultiMaterial`を組み合わせた時に、面とマテリアルを紐付けるために利用される • `UVGenerator`――マテリアルでテクスチャを使用する場合、特定の面にテクスチャのどの部分を使用するかを決めるためにUVマッピングが使用される。`UVGenerator`プロパティでは、渡されたシェイプを構成する面のUV設定を生成するオブジェクトを渡すことができる。UV設定に関する詳細な情報は「10章 テクスチャ」を参照。何も指定がなければ、`THREE.ExtrudeGeometry.WorldUVGenerator`が使用される

`THREE.ShapeGeometry`を使用するにあたりもっとも重要なのは`THREE.Shape`です。`THREE.Shape`を使用して形状を定義するので、そこで利用できる描画関数の一覧を見てみましょう（**表5-5**）。これらは実際には`THREE.Shape`の派生元である`THREE.Path`オブジェクトの関数であることに注意してください。

表5-5　THREE.Shapeの描画関数

関数	説明
`moveTo(x, y)`	描画点を指定された`x`, `y`座標に移動する
`lineTo(x, y)`	（例えば`moveTo`関数で設定された）現在の位置から指定された`x`, `y`座標まで直線を描く
`quadraticCurveTo(aCPx, aCPy, x, y)`	曲線を指定する方法には、`quadraticCurveTo`関数と`bezierCurveTo`関数の2種類がある。これら2つの関数は曲線の曲率をどのように指定するかが異なっている。以下の図はこれら2つの選択肢がどう違うかを示している。 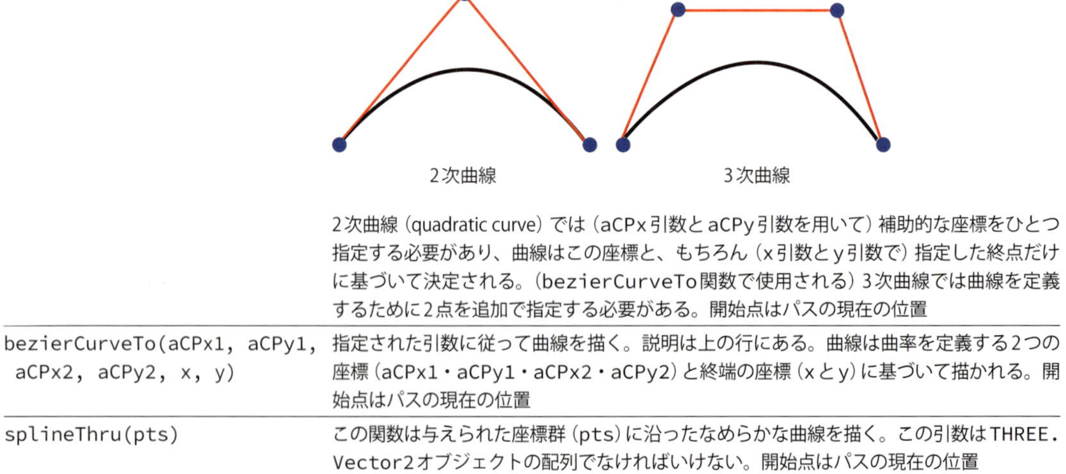 2次曲線（quadratic curve）では（`aCPx`引数と`aCPy`引数を用いて）補助的な座標をひとつ指定する必要があり、曲線はこの座標と、もちろん（`x`引数と`y`引数で）指定した終点だけに基づいて決定される。（`bezierCurveTo`関数で使用される）3次曲線では曲線を定義するために2点を追加で指定する必要がある。開始点はパスの現在の位置
`bezierCurveTo(aCPx1, aCPy1, aCPx2, aCPy2, x, y)`	指定された引数に従って曲線を描く。説明は上の行にある。曲線は曲率を定義する2つの座標（`aCPx1`・`aCPy1`・`aCPx2`・`aCPy2`）と終端の座標（`x`と`y`）に基づいて描かれる。開始点はパスの現在の位置
`splineThru(pts)`	この関数は与えられた座標群（`pts`）に沿ったなめらかな曲線を描く。この引数は`THREE.Vector2`オブジェクトの配列でなければいけない。開始点はパスの現在の位置

関数	説明
arc(aX, aY, aRadius, aStartAngle, aEndAngle, aClockwise)	円（もしくは部分円）を描画する。円はパスの現在の位置から開始する。ここでaXとzYは現在の位置からのオフセットとして使用される。aRadiusで円の大きさを設定し、aStartAngleとaEndAngleが円のどのくらいの部分を描画するかを設定していることに注意してほしい。真偽値を持つaClockwiseプロパティは円を時計回りに描画するか、反時計回りに描画するかを指定する
absarc(aX, aY, aRadius, aStartAngle, aEndAngle, aClockwise)	arcの説明を参照。この関数では現在の位置からの相対座標ではなく絶対座標で位置を指定する
ellipse(aX, aY, xRadius, yRadius, aStartAngle, aEndAngle, aClockwise)	arcの説明を参照。加えて、ellipse関数ではx軸方向の半径とy軸方向の半径を個別に指定できる
absellipse(aX, aY, xRadius, yRadius, aStartAngle, aEndAngle, aClockwise)	ellipseの説明を参照。この関数では現在の位置からの相対座標ではなく絶対座標で位置を指定する
fromPoints(vectors)	THREE.Vector2オブジェクト（またはTHREE.Vector3オブジェクト）の配列をこの関数に渡すと、Three.jsは受け取った座標群を元に直線を使用してパスを作成する
holes	holsプロパティはTHREE.Shapeオブジェクトの配列を保持する。この配列内のオブジェクトは穴として描画される。**図5-4**のコードでは3つのTHREE.Shapeオブジェクトを配列に追加した。メインのTHREE.Shapeオブジェクトに空いた、ひとつは左目、ひとつは右目、そして最後が口だった

このサンプルではnew THREE.ShapeGeometry(drawShape())コンストラクタを使用してTHREE.ShapeオブジェクトからTHREE.ShapeGeometryを作成しましたが、THREE.Shapeオブジェクト自身もジオメトリを作成するためのヘルパー関数をいくつか持っています（**表5-6**）。

表5-6　THREE.Shapeのメソッド

メソッド	説明
makeGeometry(options)	THREE.ShapeからTHREE.ShapeGeometryを返す。利用可能なオプションについては**表5-4**に示したTHREE.ShapeGeometryのプロパティを参照
createPointsGeometry (divisions)	シェイプを点列に変換する。divisionsプロパティはいくつの点を返すかを指定する。値が大きければそれだけ多くの点が返され、結果として線がよりなめらかになる。divisionsはパスのそれぞれの部分に個別に適用される
createSpacedPointsGeometry (divisions)	これもシェイプを点列に変換するが、今回はdivisionsがパス全体に適用される

点列を作成するにはcreatePointsGeometryかcreateSpacedPointsGeometryを使用します。作成した点列は次のように線を書くために使用することができます。

```
new THREE.Line(shape.createPointsGeometry(10),
  new THREE.LineBasicMaterial({color: 0xff3333, linewidth: 2}));
```

サンプルの［asPoints］ボタンまたは［asSpacedPoints］ボタンをクリックすると**図5-5**が表示されます。

図5-5　[asPoints] ボタン押下の結果

2次元の形状については以上になります。次は基本的な3次元の形状についてまずは実際にサンプルを見て、その後で詳細について説明します。

5.1.2　3次元のジオメトリ

この節では基本的な3次元ジオメトリを紹介します。まずはすでに何度か見たことがあるジオメトリ`THREE.BoxGeometry`を説明します。

5.1.2.1　THREE.BoxGeometry

`THREE.BoxGeometry`は非常に単純な3Dジオメトリで、幅と高さ、奥行きを指定して立方体を作成できます。動作の確認のためにサンプル`04-basic-3d-geometries-cube.html`を用意しました。このサンプルではジオメトリのプロパティを変更して結果を確認できます（**図5-6**）。

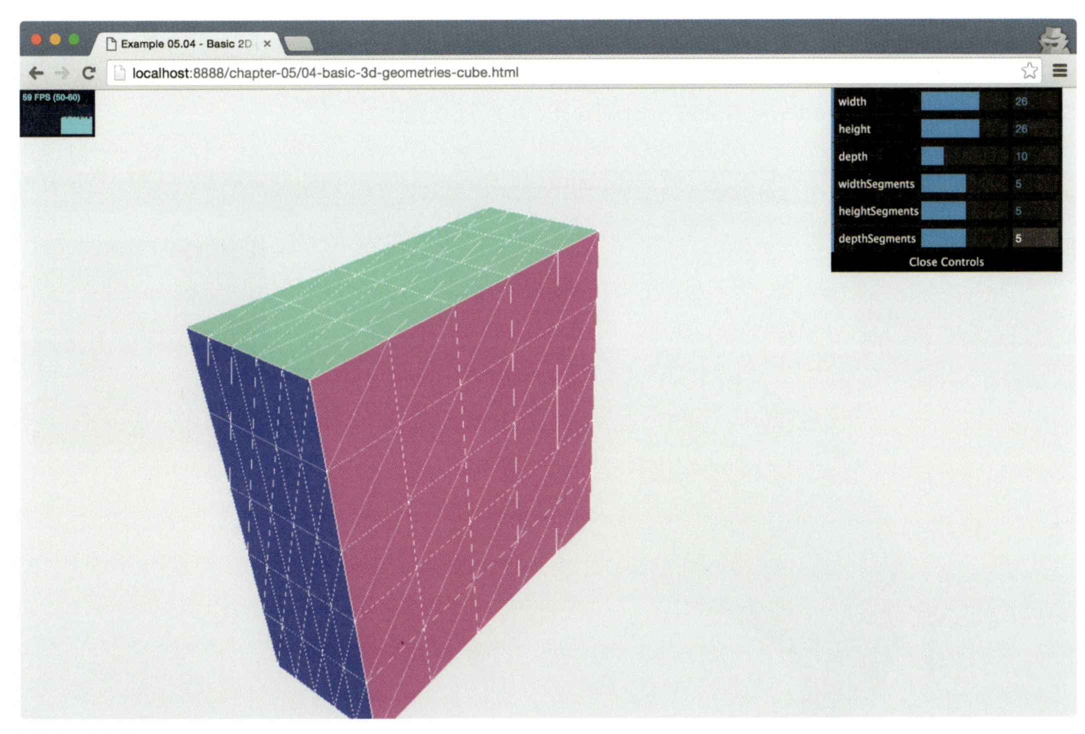

図5-6　THREE.BoxGeometry

サンプルからわかるとおり、THREE.BoxGeometryのwidthプロパティやheightプロパティ、depthプロパティを変更すると最終的なメッシュのサイズを制御できます。これら3つは次のとおり新しく立方体を作る場合も必須のプロパティです。

```
new THREE.BoxGeometry(10, 10, 10);
```

このサンプルでは立方体で定義できる他のプロパティもいくつか設定できます（表5-7）。

表5-7　THREE.BoxGeometryのプロパティ

プロパティ	必須	説明
width	Yes	立方体の幅。立方体のx軸方向の頂点の長さを指定する
height	Yes	立方体の高さ。立方体のy軸方向の頂点の長さを指定する
depth	Yes	立方体の奥行き。立方体のz軸方向の頂点の長さを指定する
widthSegments	No	立方体をx軸方向に分割するセグメントの数。デフォルト値は1
heightSegments	No	立方体をy軸方向に分割するセグメントの数。デフォルト値は1
depthSegments	No	立方体をz軸方向に分割するセグメントの数。デフォルト値は1

セグメントに関連するプロパティの値を増やすと、立方体の6つの面を小さい面に分割できます。これはTHREE.MultiMaterialを使用して立方体の一部に特定のマテリアルを設定する場合などに利用できます。THREE.BoxGeometryは非常に単純なジオメトリでした。もうひとつ同様に単純なジオメトリがTHREE.SphereGeometryです。

5.1.2.2 THREE.SphereGeometry

THREE.SphereGeometryを使用すると、3次元の球を作成できます。何はともあれサンプル05-basic-3d-geometries-sphere.htmlを見てみましょう（図5-7）。

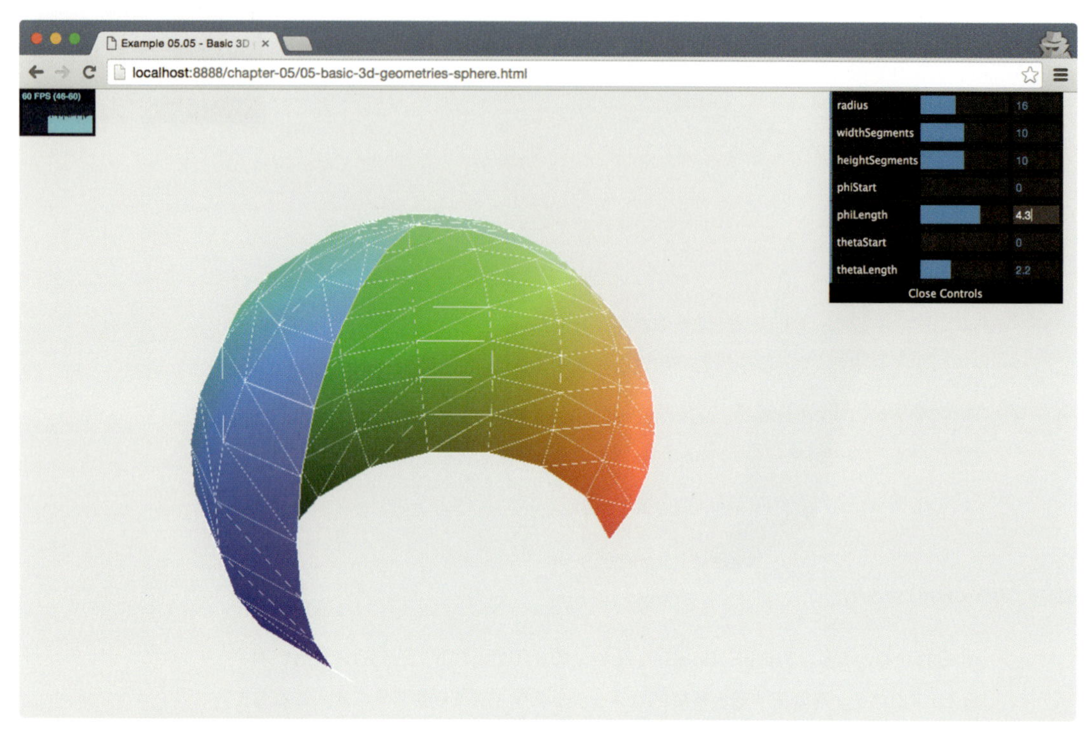

図5-7　THREE.SphereGeometry

図5-7には、THREE.SphereGeometryを使用して作成された半壊した球が表示されています。このジオメトリは非常に柔軟で、球に関係したあらゆる種類の形状を作成することができます。しかしTHREE.SphereGeometryの基本的な使用方法はnew THREE.SphereGeometry()のように非常に簡単です。表5-8のプロパティを使用すると、作成されるメッシュの見た目を非常に細かく調整できます。

表5-8　THREE.SphereGeometryのプロパティ

プロパティ	必須	説明
radius	No	球の半径を設定するために使用する。生成されるメッシュの大きさを規定する。デフォルト値は50
widthSegments	No	水平方向に使用されるセグメントの数。セグメントを増やすとそれだけ表面がなめらかになる。デフォルト値は8で、最小値は3
heightSegments	No	垂直方向に使用されるセグメントの数。セグメントを増やすとそれだけ表面がなめらかになる。デフォルト値は6で、最小値は2
phiStart	No	球をどの経度から描き始めるかを指定する。0から2 * Math.PIの間の値を取ることができる。デフォルト値は0

プロパティ	必須	説明
phiLength	No	phiStartから開始してどのくらいの長さ球を描画するかを指定する。2 * Math.PIは完全な球を描画し、0.5 * Math.PIは開いた4分の1の球を描画する。デフォルト値は2 * Math.PI
thetaStart	No	球をどの緯度から描き始めるかを指定する。0からMath.PIの間の値を取る。デフォルト値は0
thetaLength	No	thetaStartから開始してどのくらいの長さ球を描画するかを指定する。値がMath.PIの場合は完全な球になり、0.5 * Math.PIだと球の上半分だけが描画される。デフォルト値はMath.PI

radiusプロパティとwidthSegmentsプロパティ、heightSegmentsプロパティについてはその意味するところは明らかでしょう。他のジオメトリのサンプルでもこれらのプロパティについてはすでに目にしています。phiStartプロパティ、phiLengthプロパティ、thetaStartプロパティ、thetaLengthプロパティについてはサンプルを見なければ少し理解が難しいかもしれません。幸いサンプル05-basic-3d-geometries-sphere.htmlのメニューからこれらのプロパティをいろいろと試してみることができます。これらを利用すると図5-8のような興味深い形状も作成できます。

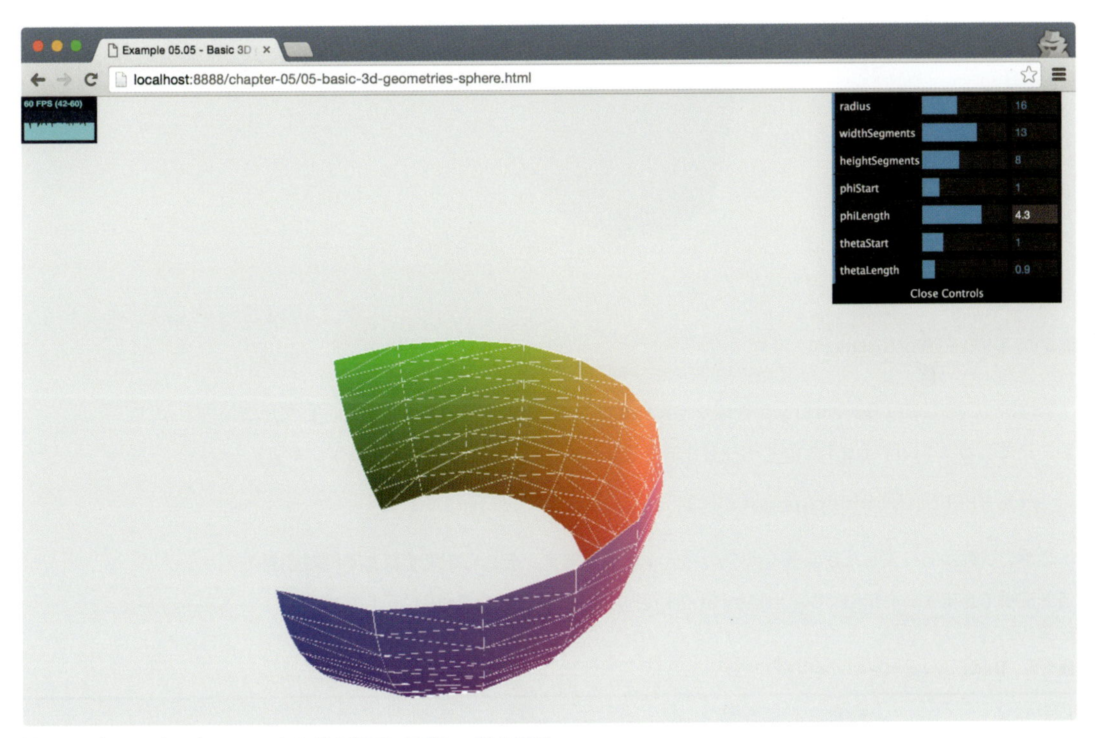

図5-8　phiLength、thetaLengthなどを利用して球の一部を描画

次に取り上げるのはTHREE.CylinderGeometryです。

5.1.2.3 THREE.CylinderGeometry

このジオメトリを使用すると、円柱や円柱に似たオブジェクトを作成できます。他のジオメトリと同様にこのジオメトリにもプロパティの値を試すことができるサンプル`06-basic-3d-geometries-cylinder.html`があり、そのスクリーンショットは**図5-9**のとおりです。

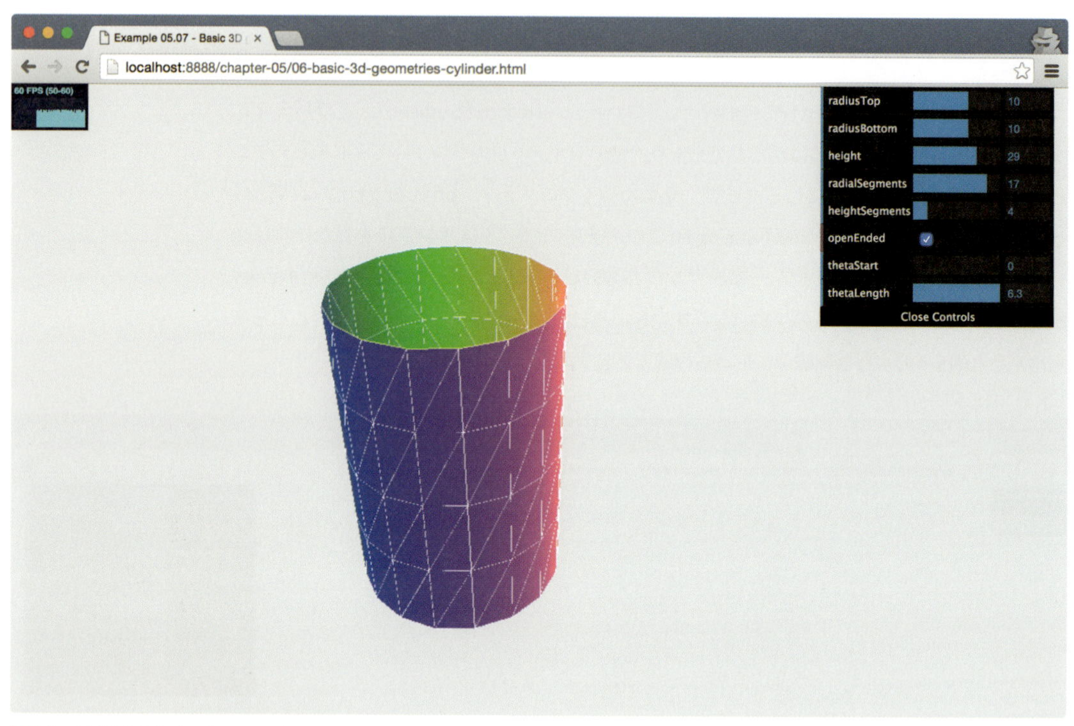

図5-9 THREE.CylinderGeometry

`THREE.CylinderGeometry`を作成するにあたって、必須の引数はありません。したがって、ただ次のように呼び出すだけで円柱を作成できます。

```
new THREE.CylinderGeometry()
```

必須の引数はありませんが、多くのプロパティがあります。それらを渡すことで円柱の見た目を変更できます。`THREE.CylinderGeometry`のプロパティを**表5-9**に示します。

表5-9 THREE.CylinderGeometryのプロパティ

プロパティ	必須	説明
`radiusTop`	No	円柱の上面の大きさを設定する。デフォルト値は`20`
`radiusBottom`	No	円柱の下面の大きさを設定する。デフォルト値は`20`
`height`	No	円柱の高さを設定する。デフォルト値は`100`

プロパティ	必須	説明
radialSegments	No	円柱の半径方向のセグメントの数を指定する。デフォルト値は8。セグメントを増やすと円柱がなめらかになる
heightSegments	No	円柱の高さ方向のセグメントの数を指定する。デフォルト値は1。セグメントを増やすと面の数が増える
openEnded	No	メッシュの上面と下面を開けるか閉じるかを指定する。デフォルト値はfalse
thetaStart	No	円周をどの経度から描き始めるかを指定する。0から2 * Math.PIの間の値を取ることができる。デフォルト値は0
thetaLength	No	thetaStartから開始してどのくらいの長さ円周を描画するかを指定する。2 * Math.PIは完全な円を描画し、0.5 * Math.PIは開いた4分の1の円を描画する。デフォルト値は2 * Math.PI

円柱を設定するために利用できるプロパティはこれがすべてで、いずれも非常に基本的です。しかしひとつ興味深いのは、上面（もしくは下面）の半径として負の値を使用することができるということです。負の値を使用するとこのジオメトリを使用して**図5-10**の砂時計のような形状を作成できます。ここでひとつ注意しておくべきなのは、色を見てわかるとおり、負の値を指定すると（今回の場合は上半分）裏表が逆になるということです。つまり、マテリアルをTHREE.DoubleSideに設定しなければ、この上半分は表示されません。

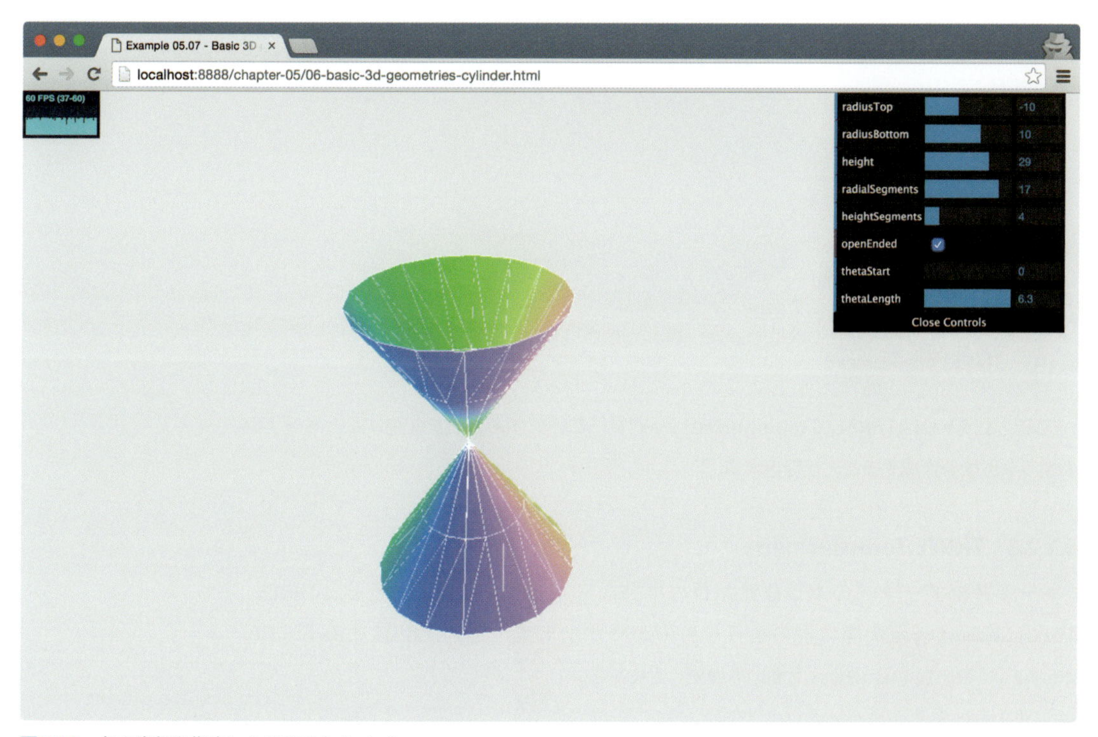

図5-10　負の半径を指定したTHREE.CylinderGeometry

次にTHREE.ConeGeometryを紹介します。

5.1.2.4　THREE.ConeGeometry

実はTHREE.ConeGeomtryについて説明することはほとんどありません。このジオメトリの実体はradiusTopが0に固定されたTHREE.CylinderGeometryにすぎません。サンプルは10-basic-3d-geometries-cone.htmlです。ここでは**図5-11**にスクリーンショットだけを示すので利用できるプロパティなどの詳細については「5.1.2.3 THREE.CylinderGeometry」を参照してください。

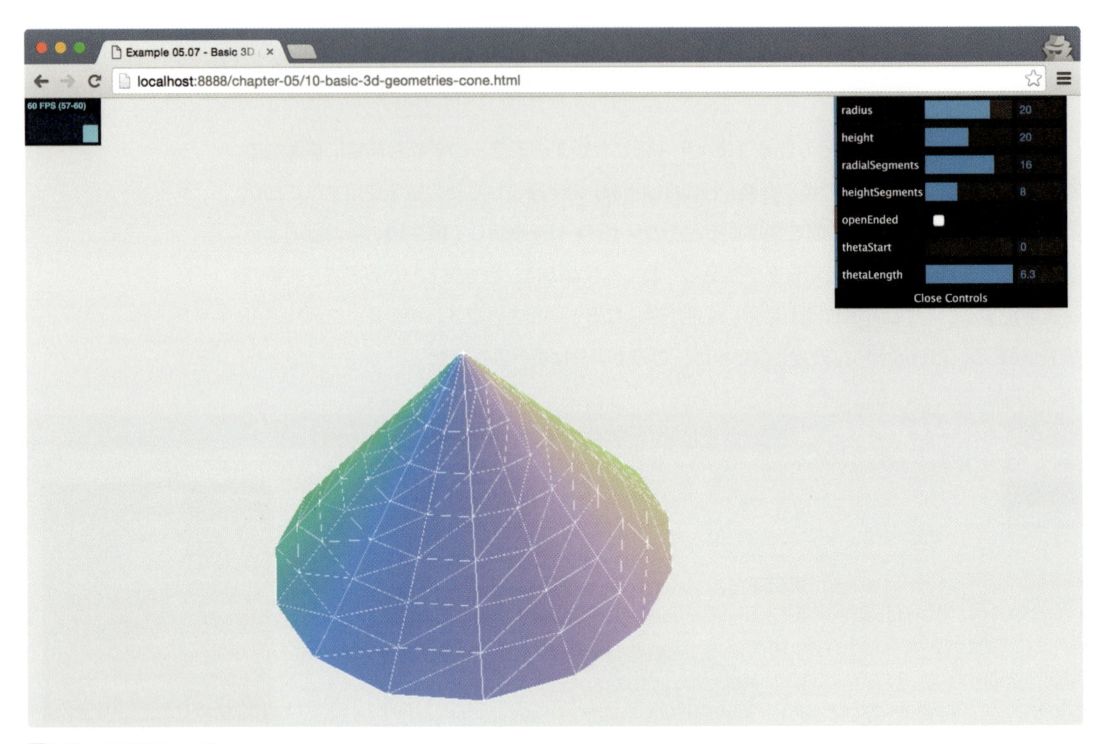

図5-11　THREE.ConeGeometry

次のジオメトリはTHREE.TorusGeometryです。このジオメトリを使用するとドーナツのような形状を作成することができます。

5.1.2.5　THREE.TorusGeometry

トーラスはドーナツのような見た目の単純な形状です。**図5-12**を見るとTHREE.TorusGeometryが実際にどのようなものかわかります。サンプル07-basic-3d-geometries-torus.htmlを開いて確認してください。

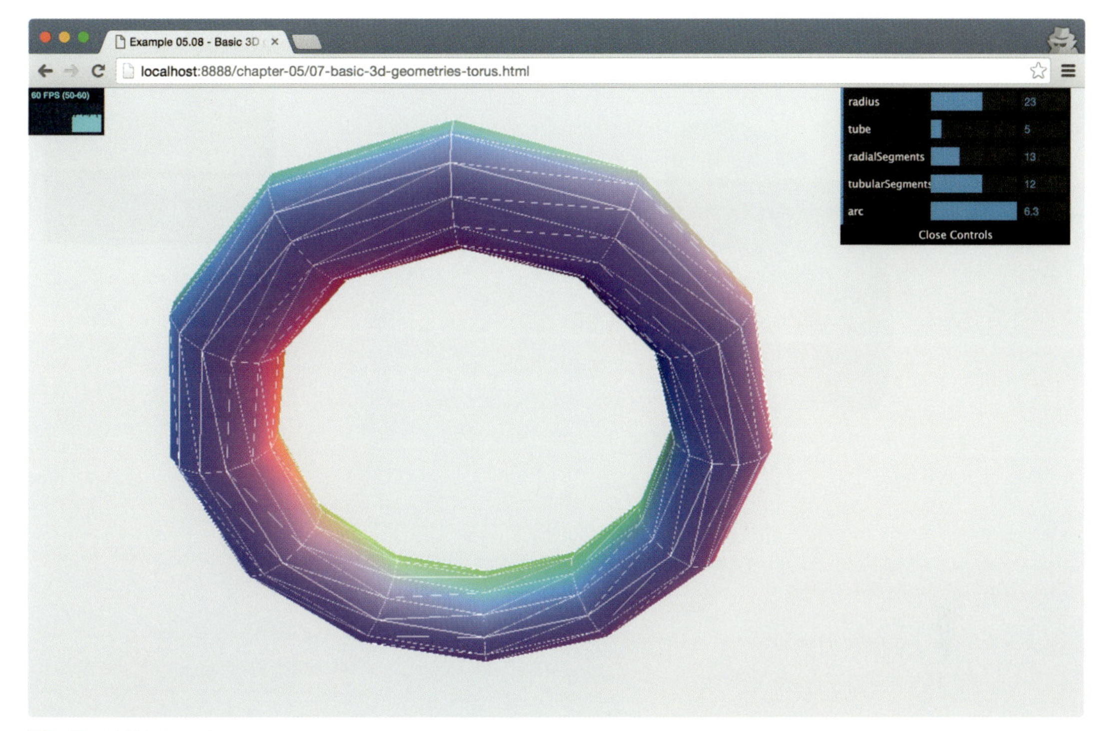

図5-12　THREE.TorusGeometry

大部分の単純なジオメトリと同様に、`THREE.TorusGeometry`を作成する時に必須の引数はありません。このジオメトリを作成する時に指定できる引数を**表5-10**に示します。

表5-10　THREE.TorusGeometryのプロパティ

プロパティ	必須	説明
`radius`	No	トーラスの軸の半径を指定する。デフォルト値は`100`
`tube`	No	チューブ（実際のドーナツ部分）の半径を指定する。このプロパティのデフォルト値は`40`
`radialSegments`	No	チューブの円周に沿って使用されるセグメントの数を指定する。デフォルト値は8。この値を変更するとどのような効果があるかはデモで確認できる
`tubularSegments`	No	トーラスの円周に沿って使用されるセグメントの数を指定する。デフォルト値は6。この値を変更するとどのような効果があるかはデモで確認できる
`arc`	No	このプロパティを使用すると、完全な円としてトーラスを描画するかどうかを制御できる。デフォルト値は`2 * Math.PI`（完全な円）

これら基本的なプロパティのほとんどはすでに見たことがあるでしょう。しかし`arc`プロパティは少し興味深いと感じられるかもしれません。このプロパティを使用すると、ドーナツを完全な円にするか、部分的なものにするかを指定できます。このプロパティを試してみると興味深いメッシュが得られます。例えば、**図5-13**は`arc`の値を`0.5 * Math.PI`に設定したものです。

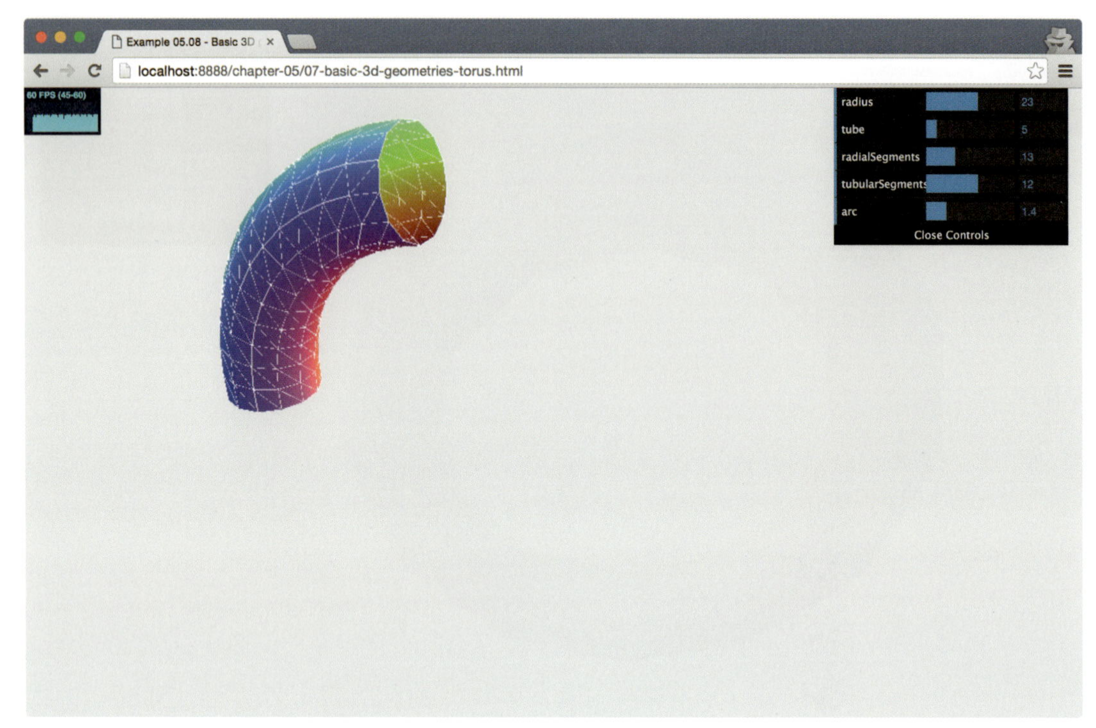

図5-13　arcプロパティを設定したTHREE.TorusGeometry

THREE.TorusGeometryは非常にわかりやすいジオメトリでした。次の節では、名前は今回のジオメトリとほぼ同じですが、非常にわかりにくいジオメトリを紹介します。

5.1.2.6　THREE.TorusKnotGeometry

THREE.TorusKnotGeometryを使用するとトーラス結び目を作成できます。トーラス結び目は自分自身に複数回巻き付いているチューブのように見える結び目の一種です。これを説明するにはサンプル08-basic-3d-geometries-torus-knot.htmlを見てもらうのが一番でしょう。**図5-14**でこのジオメトリを確認できます。

図5-14　THREE.TorusKnotGeometry

このサンプルを開いてpプロパティとqプロパティを変更してみると、さまざまな見た目の美しいジオメトリが現れます。pプロパティは結び目が自身の軸の周りに何回巻き付くかを定義し、qプロパティは内側の穴の周りに何回巻き付くかを定義します。この説明は非常にわかりにくく感じられるかもしれませんが、心配はいりません。**図5-15**にあるような美しい結び目を作成するのにこれらのプロパティを理解する必要はありません（詳細について興味がある人はhttps://ja.wikipedia.org/wiki/トーラス結び目を参照してください）。

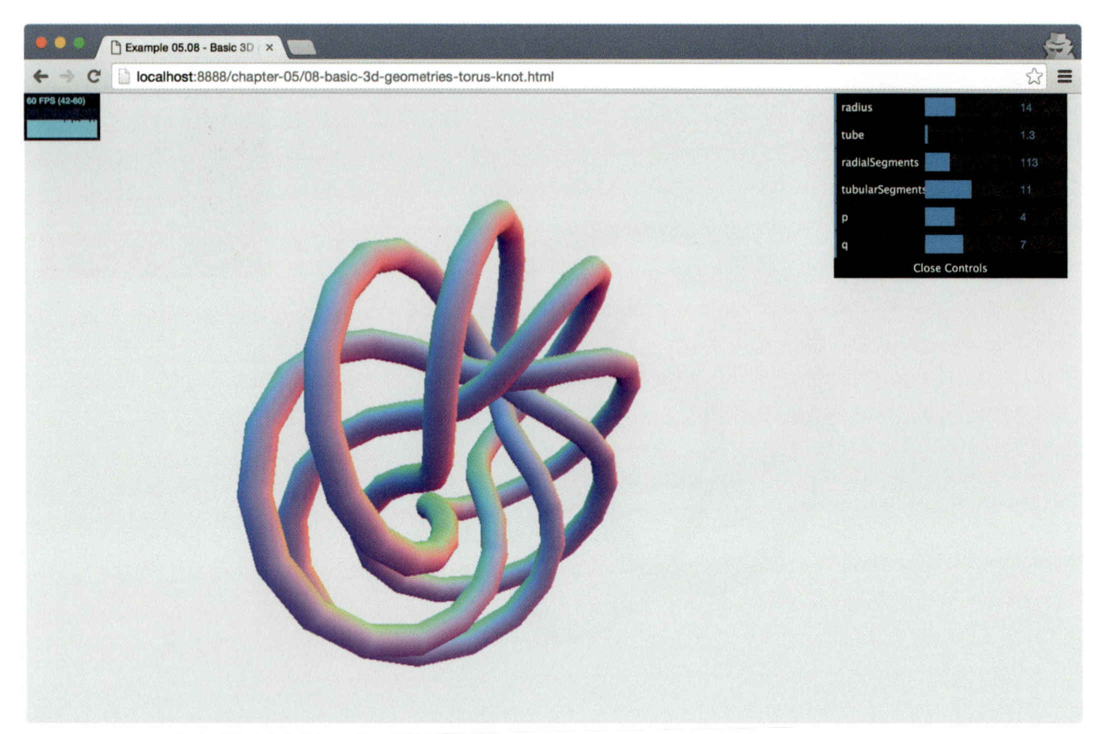

図5-15　パラメーターを変更したTHREE.TorusKnotGeometry

このジオメトリのサンプルで**表5-11**のプロパティをいろいろと試してください。pとqのさまざまな組み合わせがこのジオメトリにどのような効果を与えるか確認できます。

表5-11　THREE.TorusKnotGeometryのプロパティ

プロパティ	必須	説明
radius	No	トーラス全体のサイズを指定する。デフォルト値は100
tube	No	チューブ（実際のドーナツ）の半径を指定する。このプロパティのデフォルト値は40
radialSegments	No	トーラス結び目の長さ方向に使用されるセグメントの数を指定する。デフォルト値は64。この値を変更した際の効果はデモを参照
tubularSegments	No	トーラス結び目の幅方向に使用されるセグメントの数を指定する。デフォルト値は8。この値を変更した際の効果はデモを参照
p	No	結び目の形を定義する。デフォルト値は2
q	No	結び目の形を定義する。デフォルト値は3

次のTHREE.PolyhedronGeometryで基本的なジオメトリの紹介は最後になります。

5.1.2.7　THREE.PolyhedronGeometry

このジオメトリを使用すると多面体を簡単に作成できます。多面体とは平らな面と直線の辺だけからなる形状です。しかし、このジオメトリを直接使用することはほとんどありません。Three.jsにはTHREE.PolyhedronGeometryで頂点や面を直接指定しなくても、簡単に利用できる正多面体が数多くあります。それらについてはこの節の後半で説明します。THREE.PolyhedronGeometryを直接利用する場合は、(「3章 光源」で立方体に対して行ったのと同じように)次のようにして頂点や面を指定する必要があります。

```
var vertices = [
  1, 1, 1,
  -1, -1, 1,
  -1, 1, -1,
  1, -1, -1
];

var indices = [
  2, 1, 0,
  0, 3, 2,
  1, 3, 0,
  2, 3, 1
];

polyhedron = createMesh(new THREE.PolyhedronGeometry(
  vertices, indices, controls.radius, controls.detail));
```

THREE.PolyhedronGeometryを構築するにはverticesプロパティ、indicesプロパティ、radiusプロパティ、detailプロパティを引数に渡します。先のコードで描画されるTHREE.PolyhedronGeometryオブジェクトはサンプル09-basic-3d-geometries-polyhedron.htmlで見ることができます(**図5-16**の右上メニューの[type]で[Custom]を選択してください)。

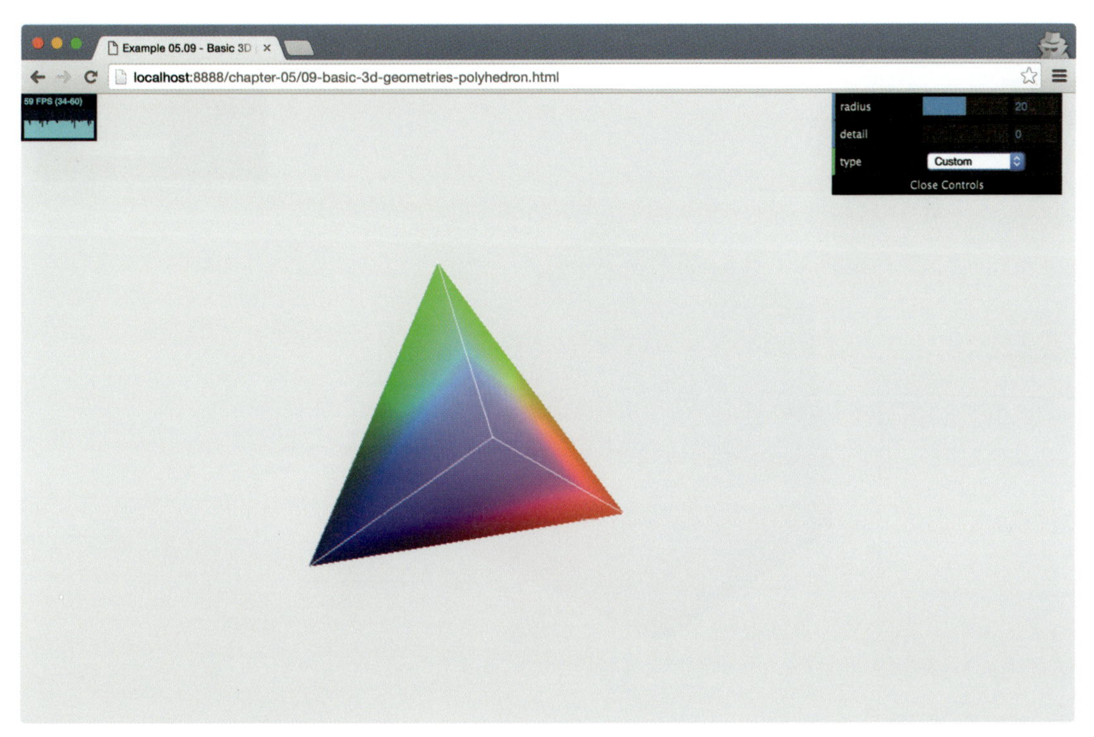

図5-16 THREE.PolyhedronGeometry

多面体を作成するには表5-12の4つのプロパティを渡します。

表5-12　多面体を作成する4つのプロパティ

プロパティ	必須	説明
`vertices`	Yes	多面体を構成する座標
`indices`	Yes	面を構成する頂点のインデックス
`radius`	No	多面体のサイズ。デフォルト値は1
`detail`	No	このプロパティを使用すると、多面体をより詳細にすることができる。1に設定すると多面体の三角ポリゴンがそれぞれ4つのさらに小さな三角形に分割される。2に設定すると4つのさらに小さな三角形のそれぞれをさらに4つの小さな三角形に分割し、それ以降も同様

先ほど、Three.jsには複雑な設定をしなくてもそのまま利用できる多面体がいくつかあると説明しました。続く節で、それらを簡単に見ていきます。

ここで紹介するすべての多面体はサンプル`09-basic-3d-geometries-polyhedron.html`で確認できます。

5.1.2.8　THREE.IcosahedronGeometry

`THREE.IcosahedronGeometry`は正二十面体、つまり12個の頂点を持ち、20個の同一形状の三角形で構成される多面体を作成します。この多面体を作成するために指定する必要があるのは`radius`と`detail`だけです。図5-17には`THREE.IcosahedronGeometry`を使用して作成された多面体が表示されています。

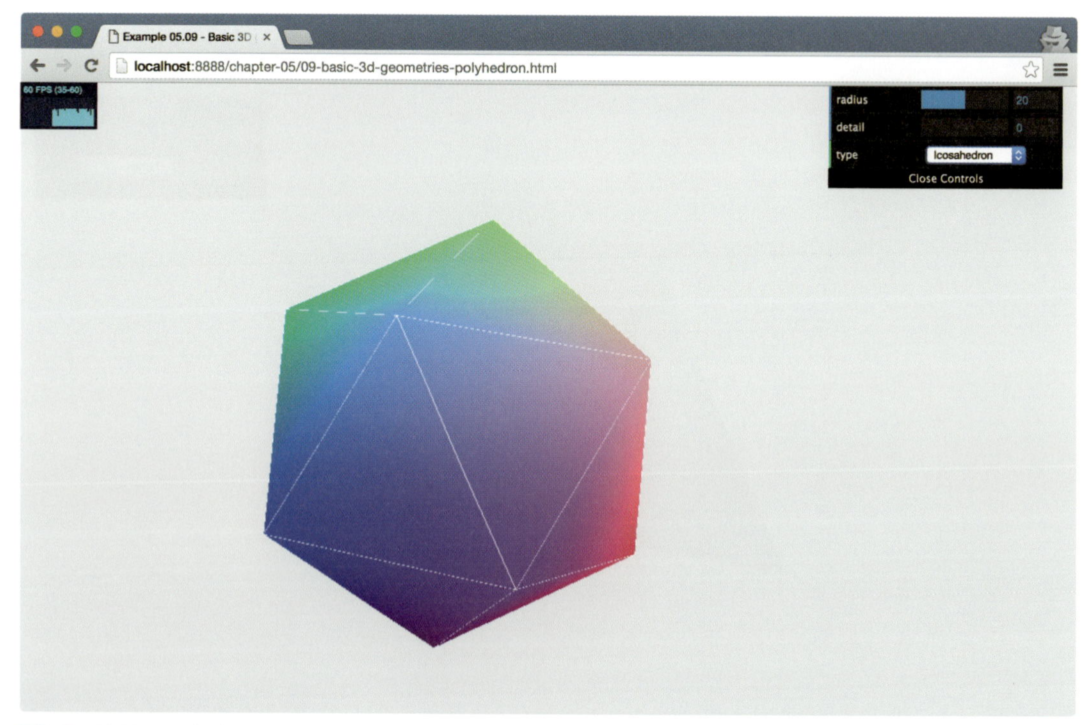

図5-17　THREE.IcosahedronGeometry

5.1.2.9　THREE.TetrahedronGeometry

正四面体はもっとも単純な多面体です。この多面体には4つの頂点と4つの三角ポリゴンしかありません。THREE.TetrahedronGeometryはThree.jsで利用できる他の多面体と同じようにradiusとdetailを指定して作成します。図5-18はTHREE.TetrahedronGeometryで作成された正四面体です。

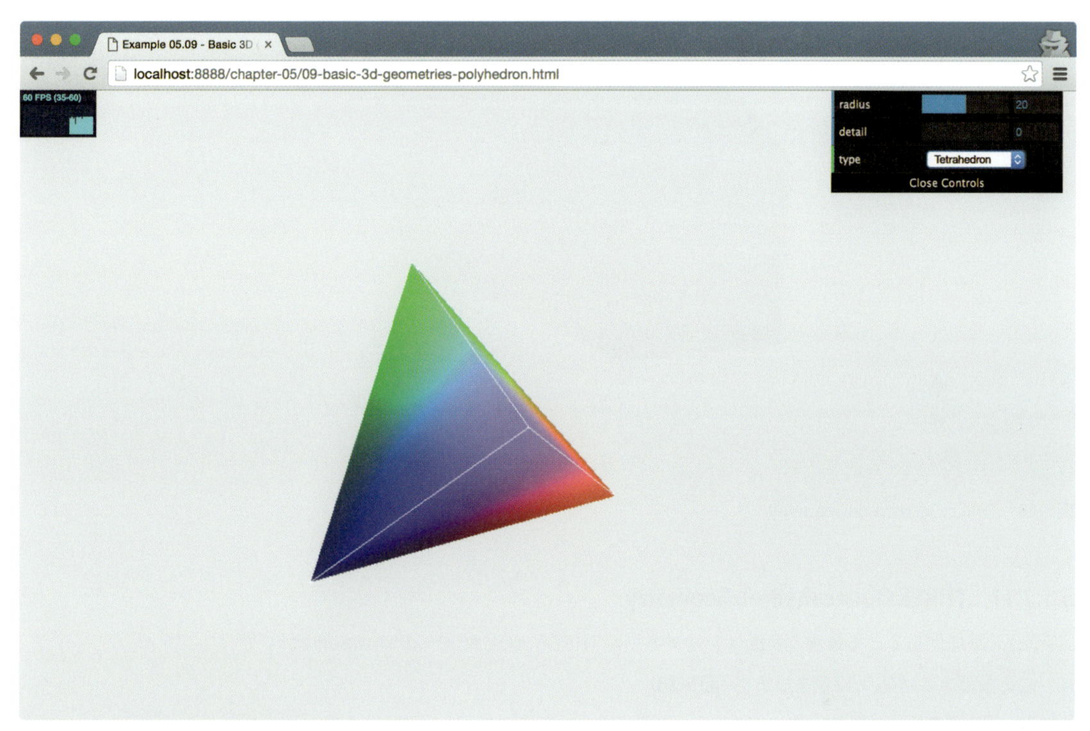

図5-18　THREE.TetrahedronGeometry

5.1.2.10　THREE.OctahedronGeometry

Three.jsは正八面体の実装も提供しています。名前のとおり、正八面体には8つの面があり、それらの面は6つの頂点から構成されます（図5-19）。

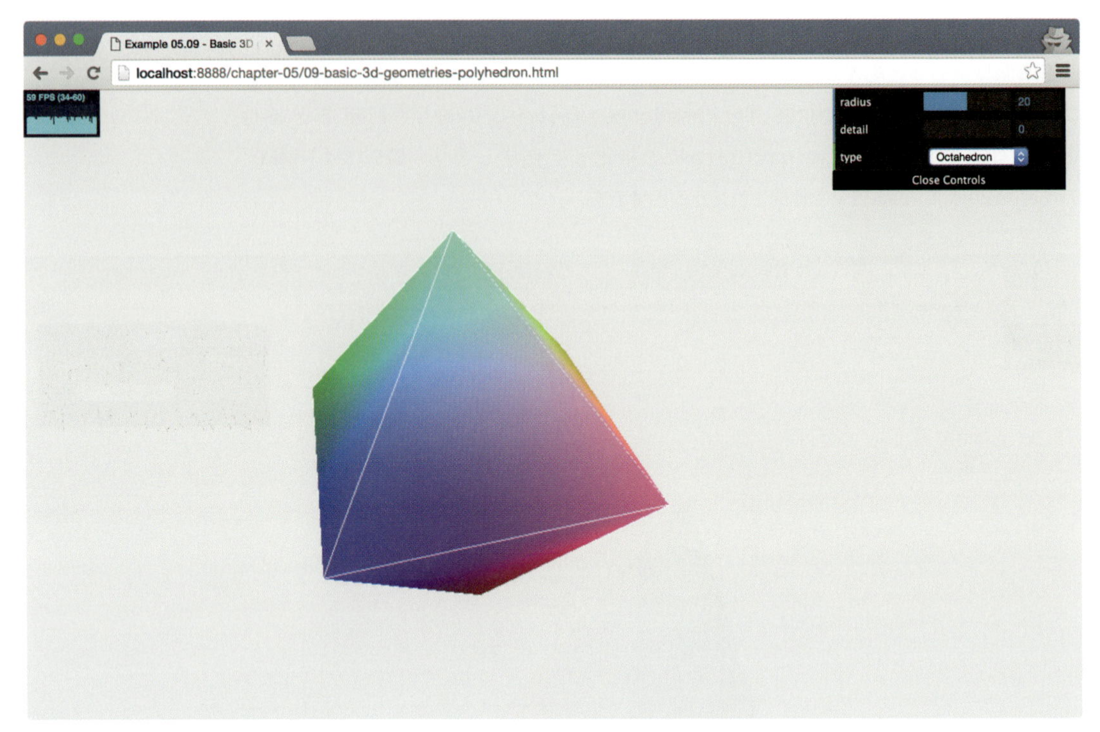

図5-19　THREE.OctahedronGeometry

5.1.2.11　THREE.DodecahedronGeometry

Three.jsが提供している最後の多面体ジオメトリは`THREE.DodecahedronGeometry`です。この多面体には面が12個あります（**図5-20**）。

Three.jsが提供している基本的な2次元ジオメトリと3次元ジオメトリに関する説明は以上で終わりです。

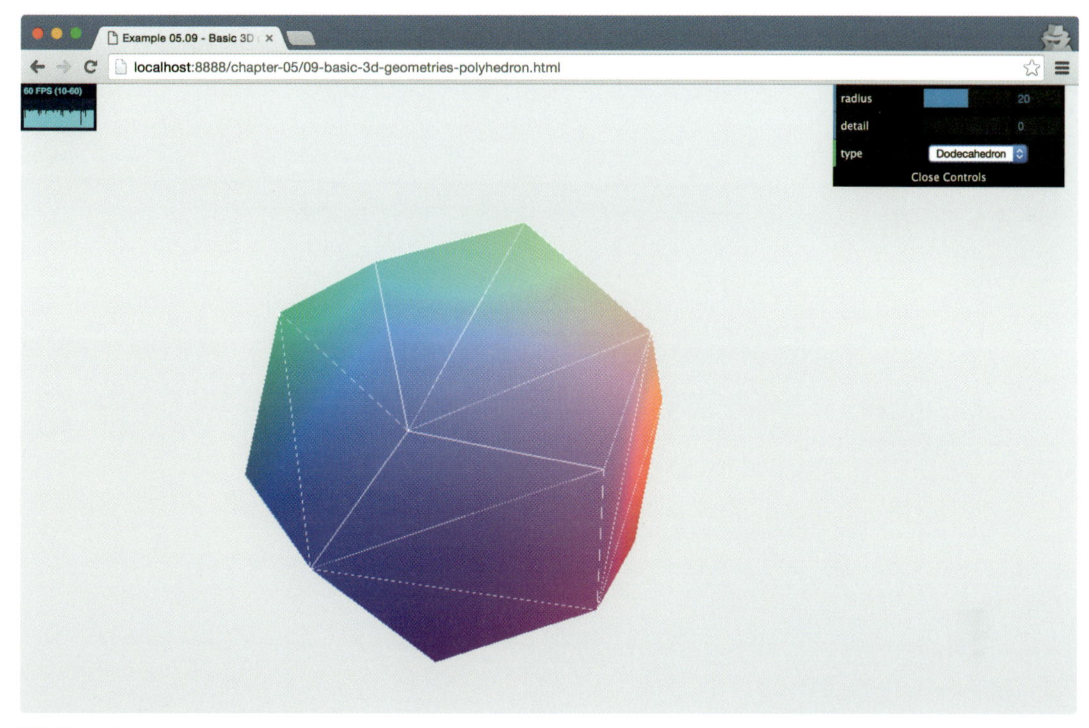

図5-20　THREE.DodecahedronGeometry

5.2　まとめ

この章ではThree.jsで利用できる標準的なジオメトリをすべて紹介しました。見たとおりすぐに利用できるジオメトリがたくさんあります。これらのジオメトリの使い方を学ぶには実際にジオメトリを使っていろいろと試してみることが一番です。この章のサンプルを通じて各ジオメトリのプロパティについて知り、標準的なジオメトリをカスタマイズできるようになりましょう。ジオメトリを使う時にはまず基本的なマテリアルを検討するのがよい考えです。複雑なマテリアルをいきなり使わないようにしましょう。その代わりに`wireframe`を`true`に設定した`THREE.MeshBasicMaterial`か`THREE.MeshNormalMaterial`を使用して単純なもので試してみましょう。そうするとジオメトリの実際の形状をしっかりと把握できます。2次元形状では、それらがx-y平面上に配置されるということに気をつけてください。水平な2次元形状が必要ならメッシュをx軸周りに`-0.5 * Math.PI`だけ回転します。最後に2次元形状や（例えばシリンダーやチューブのような）開いた3次元形状を回転する時は、マテリアルを`THREE.DoubleSide`に設定するのを忘れないようにしてください。これを忘れるとジオメトリの内側や裏側が表示されません。

この章では単純でわかりやすいジオメトリに焦点を当てました。もちろんThree.jsにはもっと複雑なジオメトリを作成する方法もあります。次の章ではそれらについて学びます。

6章
高度なジオメトリとブーリアン演算

前の章ではThree.jsで利用できる基本的なジオメトリをすべて紹介しました。それらの基本的なジオメトリの他にもThree.jsではより高度で特殊なオブジェクトがいくつか利用できます。この章ではそれらの高度なジオメトリについて説明します。この章で説明するのは次のような内容です。

- `THREE.ConvexGeometry`、`THREE.LatheGeometry`、`THREE.TubeGeometry`などの高度なジオメトリの使用方法
- `THREE.ExtrudeGeometry`を使用して2次元形状から3次元形状を作成する方法。Three.jsの機能を使用して描画した2D形状を使用するだけでなく、外部から読み込まれたSVG画像から3次元形状を作成するサンプルも紹介します。
- `THREE.ParamtericGeometry`を使用して独自の形状を作成する方法。これまでの章で説明した形状を変形して独自の形状を実現することもできますが、`THREE.ParamtericGeometry`を使用すると方程式を組み合わせてジオメトリを作成できます。
- 最後に`THREE.TextGeometry`を使用して3Dのテキストを作成する方法を説明します。
- さらに補足として、Three.jsの拡張であるThreeBSPのブーリアン演算を使用して既存のジオメトリを組み合わせて新しいジオメトリを作成する方法も紹介します。

それではこのリストの一番上、`THREE.ConvexGeometry`の説明から始めましょう。

6.1 THREE.ConvexGeometry

`THREE.ConvexGeometry`を使用すると、一群の座標を含む凸包（とつほう）（Convex hull）を作成できます。凸包はすべての座標を覆う最小の形状です。サンプルを見てみるとすぐに理解できるはずです。サンプル`01-advanced-3d-geometries-convex.html`を開くとランダムな座標群の凸包を確認できます。図6-1にはこのジオメトリが表示されています。

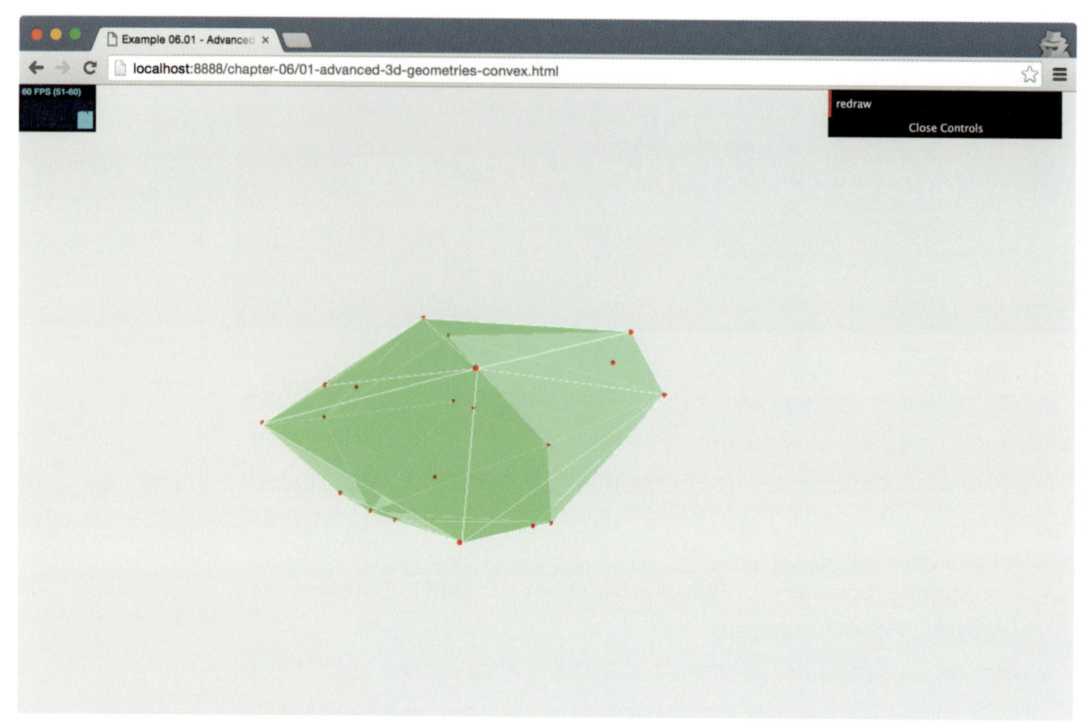

図6-1　THREE.ConvexGeometry

このサンプルでは、ランダムな座標をいくつか生成して、それらの座標に基づいてTHREE.ConvexGeometryを作成します。サンプルの右上をクリックすると新しく20個の座標を生成して凸包を再描画します。サンプルでは凸包がどのように動作するかをわかりやすく示すために凸包を求めるのに使用した座標も小さなTHREE.SphereGeometryオブジェクトとして追加しています。THREE.ConvexGeometryは標準のThree.jsファイルには含まれていません。そのためこのジオメトリを使用するには別のJavaScriptファイルを読み込む必要があります。HTMLページのヘッダーに以下を追加してください。

```
<script src="../libs/geometries/ConvexGeometry.js"></script>
```

以下のコードは、どのようにしてこれらの座標を作成してシーンに追加するかを示しています。

```
function generatePoints() {
  // ランダムな位置に20個の球を追加
  var points = [];
  for (var i = 0; i < 20; i++) {
    var randomX = -15 + Math.round(Math.random() * 30);
    var randomY = -15 + Math.round(Math.random() * 30);
    var randomZ = -15 + Math.round(Math.random() * 30);

    points.push(new THREE.Vector3(randomX, randomY, randomZ));
  }
```

```
    spGroup = new THREE.Group();
    var material = new THREE.MeshBasicMaterial({color: 0xff0000,
      transparent: false});
    points.forEach(function (point) {
      var spGeom = new THREE.SphereGeometry(0.2);
      var spMesh = new THREE.Mesh(spGeom, material);
      spMesh.position.copy(point);
      spGroup.add(spMesh);
    });

    // 座標のグループをシーンに追加
    scene.add(spGroup);
  }
```

このコードを見てわかるとおり、まず20個のランダムな座標（THREE.Vector3）を作成し配列に追加します。そしてその配列を走査して、作成したTHREE.SphereGeometryの位置をその点の座標（position.clone(point)）に設定します。作成した球はすべてグループに追加して（詳細については「7章 パーティクル、スプライト、ポイントクラウド」を参照）、そのグループひとつを回転するだけで簡単にそれら全体を回転できるようにします。

この座標群が得られれば、THREE.ConvexGeometryの作成は次のようにとても簡単です。

```
  // 同じ座標群を使用してConvexGeometryを作成
  var convexGeometry = new THREE.ConvexGeometry(points);
  convexMesh = createMesh(convexGeometry);
  scene.add(convexMesh);
```

THREE.ConvexGeometryが受け取ることができるのは（THREE.Vector3型の）頂点の配列だけです。ここで呼び出しているcreateMesh()関数は「5章 ジオメトリ」で独自に作成した関数ですが、ひとつ注意点があります。前の章ではこのメソッドはTHREE.MeshNormalMaterialが設定されているメッシュを作成していました。今回のサンプルでは作成した凸包とこのジオメトリを構成する点それぞれがよく見えるように、メッシュに半透明の緑のTHREE.MeshBasicMaterialを設定しています。

次の複雑なジオメトリはTHREE.LatheGeometryです。このジオメトリは壺のような形状を作成するために使用します。

6.2 THREE.LatheGeometry

THREE.LatheGeometryを使用するとなめらかな曲線を元に3次元形状を作成できます。この曲線は多くの（ノットとも呼ばれる）点を使用して定義され、スプライン曲線とも呼ばれます。このスプライン曲線がオブジェクトのz軸の周りを回り、壺のような形や鈴のような形が作成されます。今回もサンプルを見てみることが、THREE.LatheGeometryがどのようなものかを理解する一番の方法です。02-advanced-3d-geometries-lathe.htmlでこのジオメトリを見ることができます（**図6-2**）。

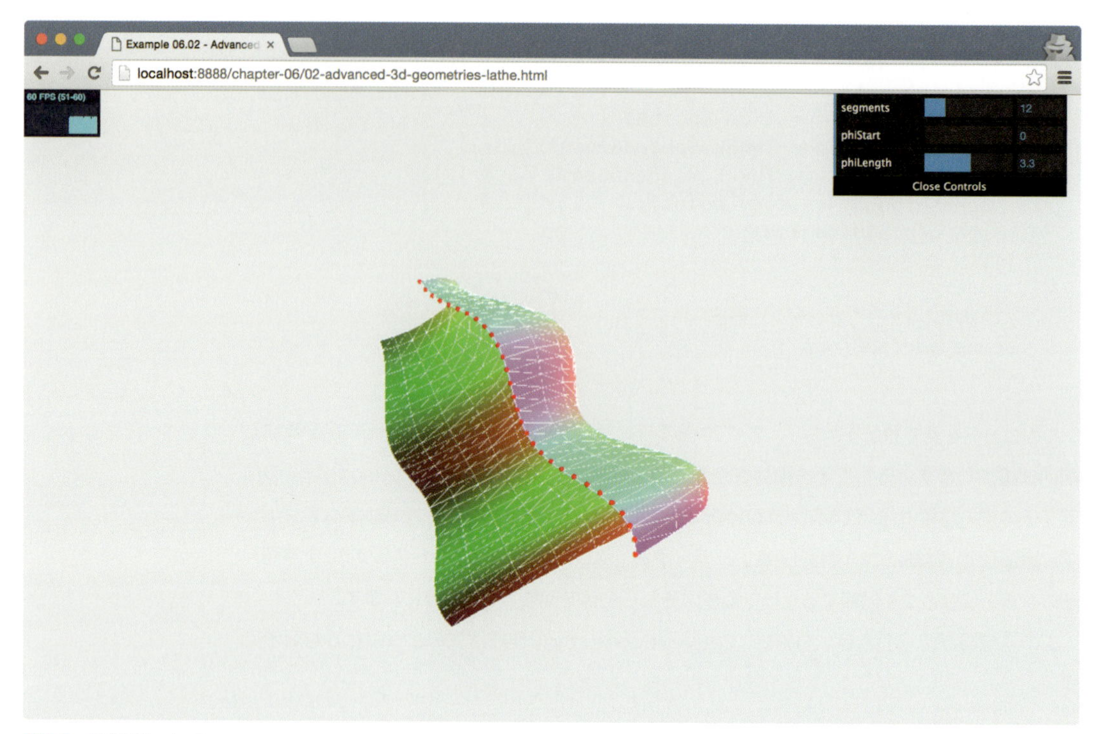

図6-2　THREE.LatheGeometry

図6-2ではスプライン曲線は小さな赤い球の連なりとして示されています。これらの球の座標は他のいくつかの引数と合わせて`THREE.LatheGeometry`に渡されます。サンプルではこのスプライン曲線を半回転させた軌跡に基づいて表示のような図形が押し出されています。すべての引数を確認する前に、まずはスプライン曲線を作成するために使用されているコードと、`THREE.LatheGeometry`がそのスプライン曲線をどのように利用しているかを見ておきましょう。

```
function generatePoints(segments, phiStart, phiLength) {
  // ランダムな位置に30個の球を追加
  var points = [];
  var height = 5;
  var count = 30;
  for (var i = 0; i < count; i++) {
      points.push(new THREE.Vector2((Math.sin(i * 0.2) +
        Math.cos(i * 0.3)) * height + 12, ( i - count ) +
        count / 2));
  }

  ...

   // 同じ点列を使用してLatheGeometryを作成
  var latheGeometry = new THREE.LatheGeometry(points,
    segments, phiStart, phiLength);
```

```
    latheMesh = createMesh(latheGeometry);
    scene.add(latheMesh);
  }
```

このJavaScriptコードを見ると30個の点が生成されています。それらのx座標はサイン関数とコサイン関数の組み合わせで決定され、z座標は変数`i`と変数`count`から決定されていることがわかります。これらの座標を元に**図6-2**で赤い点で示されているスプライン曲線を作成します。

これらの点列から`THREE.LatheGeometry`を作成できます。`THREE.LatheGeometry`は頂点の配列以外にもいくつか引数を取ります。すべての引数を**表6-1**に示します。

表6-1 THREE.LatheGeometryのプロパティ

プロパティ	必須	説明
`points`	Yes	ベル型／壺型の形状を生成するために使用されるスプライン曲線を構成する点列
`segments`	No	形状を生成するために使用されるセグメントの数。この数が多いと、それだけ生成される形状の断面が円形に近づく。デフォルト値は`12`
`phiStart`	No	円のどの位置から形状の生成を始めるかを指定する。`0`から`2 * Math.PI`の間の値を取る。デフォルト値は`0`
`phiLength`	No	形状をどこまで生成するかを指定する。例えば、4分の1だけ生成する場合は`0.5 * Math.PI`を指定する。デフォルト値は円周全体、つまり`2 * Math.PI`

次の節では2次元形状を押し出して3次元形状を作成する方法をもうひとつ紹介します。

6.2.1 押し出してジオメトリを作成

Three.jsには2次元形状から3次元形状を押し出す手段がいくつかあります。「押し出す」(extruding)とは2次元形状をその法線方向に引き伸ばして3次元にすることです。例えば、`THREE.CircleGeometry`を押し出すと円柱のような形状が得られ、`THREE.PlaneGeometry`を押し出すと直方体のような形状が得られます。

形状を押し出すもっとも汎用的な手段は`THREE.ExtrudeGeometry`オブジェクトを使用することです。

6.2.1.1 THREE.ExtrudeGeometry

`THREE.ExtrudeGeometry`を使用すると2次元形状から3次元のオブジェクトを作成できます。このジオメトリの詳細な説明に入る前に、まずサンプル`03-extrude-geometry.html`を見ておきましょう。**図6-3**にこのジオメトリが表示されています。

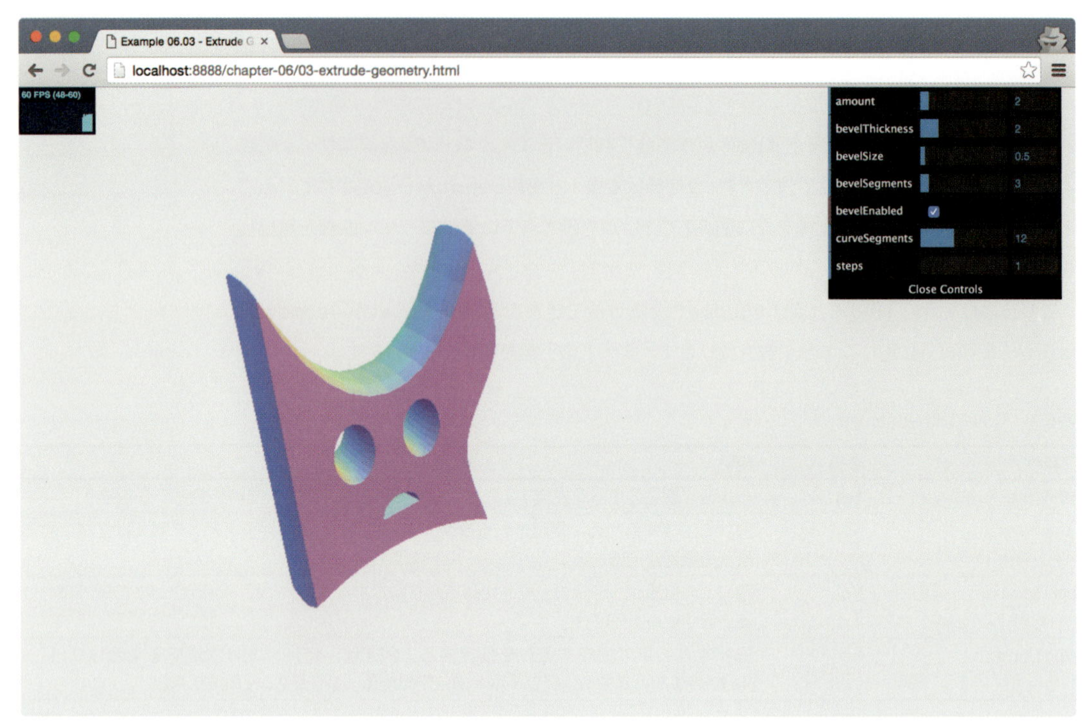

図6-3　THREE.ExtrudeGeometry

このサンプルでは前の章で作成した2次元形状を元に、THREE.ExtrudeGeometryで3次元に変換しました。**図6-3**からわかるように、元の形状がz軸方向に押し出されて3次元形状になっています。THREE.ExtrudeGeometryを作成するコードは非常に簡単です。

```
var options = {
  amount: 10,
  bevelThickness: 2,
  bevelSize: 1,
  bevelSegments: 3,
  bevelEnabled: true,
  curveSegments: 12,
  steps: 1
};

shape = createMesh(new THREE.ExtrudeGeometry(drawShape(),
  options));
```

このコードでは前の章と同じようにdrawShape()関数を使用して2次元形状を作成しました。この2次元形状はoptionsオブジェクトとともにTHREE.ExtrudeGeometryコンストラクタに渡されます。optionsオブジェクトでは形状がどのように押し出されるかを詳細に指定できます。THREE.ExtrudeGeometryに渡せるoptionsを**表6-2**に示します。

表6-2 THREE.ExtrudeGeometryのオプション

プロパティ	必須	説明
shapes	Yes	ジオメトリを押し出すためにひとつ以上の2次元形状（THREE.Shapeオブジェクト）が必要になる。具体的な作成方法については前章を参照
amount	No	どのくらいの距離（深さ）だけ押し出すかを指定する。デフォルト値は100
bevelThickness	No	ベベルの深さを指定する。ベベルとは押し出された前面と後面の間の丸みのついた角のこと。この値はベベルが形状のどの程度の深さまで到達するかを指定する。デフォルト値は6
bevelSize	No	ベベルの高さを指定する。この高さは形状の通常の高さに追加される。デフォルト値はbevelThickness - 2
bevelSegments	No	ベベルに使用されるセグメントの数を指定する。セグメント数が多ければそれだけベベルがなめらかに見える。デフォルト値は3
bevelEnabled	No	trueに設定するとベベルが追加される。デフォルト値はtrue
curveSegments	No	形状の曲線を押し出す時にセグメントをいくつ使用するかを指定する。使用するセグメントが多ければそれだけ曲線がなめらかに見える。デフォルト値は12
steps	No	押し出す方向にいくつのセグメントに分割するかを指定する。値を大きくするとそれだけ個別の面が増える。デフォルト値は1
extrudePath	No	形状が押し出される方向を指定するパス（THREE.CurvePath）。このプロパティが指定されなければz軸に沿って押し出される
uvGenerator	No	マテリアルにテクスチャを使用する場合、特定の面にテクスチャのどの部分を使用するかはUVマッピングによって指定される。uvGeneratorプロパティを使用すると、形状を構成する面のためのUV設定を作成する独自オブジェクトを渡すことができる。UV設定に関しては「10章 テクスチャ」で詳しく説明する。何も指定しなければTHREE.ExtrudeGeometry.WorldUVGeneratorが使用される
frames	No	スプライン曲線の接線、法線、従法線の計算にはフレネ標構が使用される。このプロパティを指定するとextrudePathに沿って押し出す際にその値が使用される。Three.jsにはこの独自の実装、THREE.TubeGeometry.FrenetFramesが含まれていて、デフォルトでこちらが使用されるのでこのプロパティの値を指定する必要はない。フレネ標構の詳細についてはhttp://en.wikipedia.org/wiki/Differential_geometry_of_curves#Frenet_frameを参照

サンプル03-extrude-geometry.htmlのメニューにこれらのオプションがあり、動作を確認できます。

このサンプルでは形状をz軸に沿って押し出しています。extrudePathオプションでパスを指定すると形状をそのパスに沿って押し出すこともできます。次のTHREE.TubeGeometryでも同様な動作になります。

6.2.1.2　THREE.TubeGeometry

THREE.TubeGeometryは3次元のスプライン曲線に沿って押し出されたチューブを作成します。サンプル04-extrude-tube.htmlで実際に動作を確認できます（**図6-4**）。

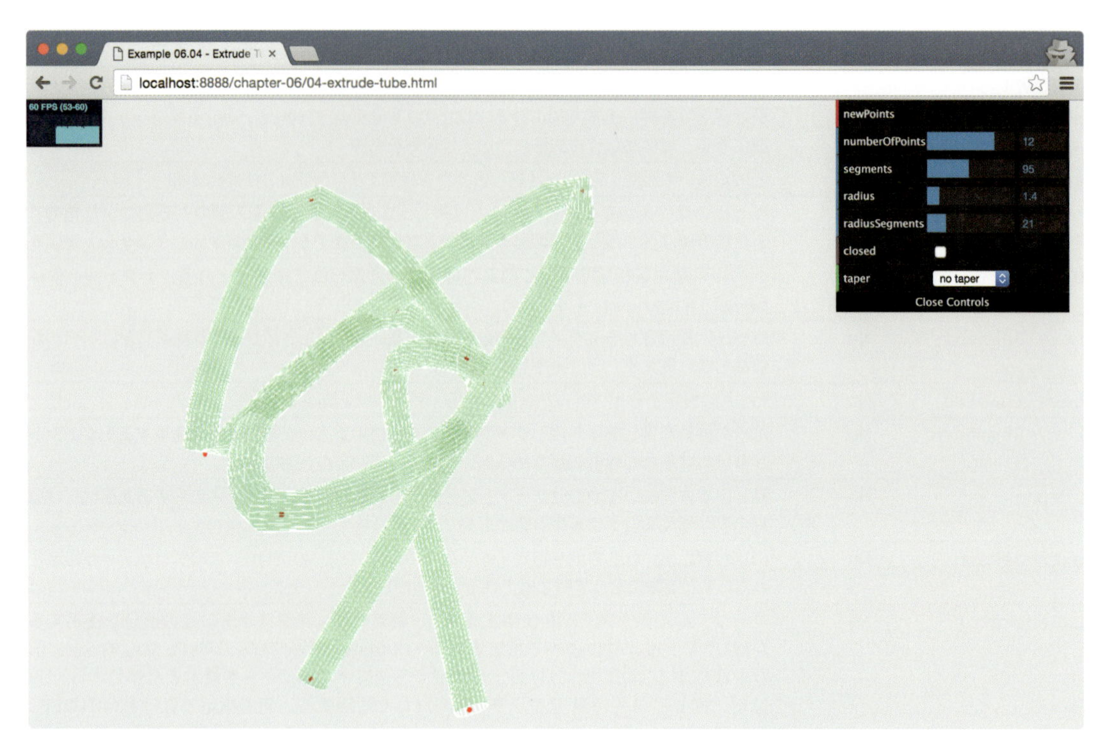

図6-4　THREE.TubeGeometry

このサンプルではランダムな点をたくさん生成して、それらの点を元にチューブを生成して描画しています。右上のメニューを使用するとチューブの見た目を指定したり、[newPoints]ボタンをクリックして新しいチューブを生成できます。チューブを作成するために必要なコードは次のように非常に簡単です。

```
var points = [];
for (var i = 0; i < controls.numberOfPoints; i++) {
  var randomX = -20 + Math.round(Math.random() * 50);
  var randomY = -15 + Math.round(Math.random() * 40);
  var randomZ = -20 + Math.round(Math.random() * 40);

  points.push(new THREE.Vector3(randomX, randomY, randomZ));
}

var tubeGeometry = new THREE.TubeGeometry(
  new THREE.CatmullRomCurve3(points),
  segments, radius, radiusSegments, closed);
tubeMesh = createMesh(tubeGeometry);
scene.add(tubeMesh);
```

`THREE.ConvexGeometry`や`THREE.LatheGeometry`の場合と同じように、まず初めに`THREE.Vector3`型の頂点群を作成する必要があります。ただし、これらの点列を直接使用してチューブを作成するのではなく、まず点列を`THREE.CatmullRomCurve3`に変換します。つまり、定義した点列からなめらかな曲線を生成しなければいけません。これはTHREE.CatmullRomCurve3のコンストラクタに頂点の配列を単純に渡すだけです。このスプライン曲線と（後ほど簡単に説明する）他の引数を使用すると、チューブを作成してシーンに追加できます。

THREE.TubeGeometryはTHREE.CatmullRomCurve3の他にもいくつか引数を取ります。THREE.TubeGeometryのすべての引数を表6-3に示します。

表6-3 THREE.TubeGeometryのプロパティ

プロパティ	必須	説明
path	Yes	チューブが従うパスを規定するTHREE.CatmullRomCurve3
segments	No	チューブを構築するために使用されるセグメントの数。デフォルト値は64。パスが長ければ、より多くのセグメントを指定すべきである
radius	No	チューブの半径。デフォルト値は1
radiusSegments	No	チューブの円周方向に沿って使用されるセグメントの数。デフォルト値は8。大きい数を指定するとそれだけチューブの見た目が円に近づく
closed	No	trueに設定するとチューブの開始点と終了点が接続される。デフォルト値はfalse
taper	No	チューブの半径を端点に向かって次第に縮めるかどうかを指定する。利用可能な値はTHREE.TubeGeometry.NoTaperとTHREE.TubeGeometry.SinusoidalTaperで、デフォルト値はTHREE.TubeGeometry.NoTaper（テーパーなし）

この章で紹介する最後の押し出しに関する例は実際のところ新しいジオメトリではありません。次の節ではTHREE.ExtrudeGeometryを使用してSVGで書かれた既存のパスを押し出して3次元オブジェクトを作成する方法を紹介します。

6.2.1.3 SVGの押し出し

THREE.ShapeGeometryについて紹介した時に2次元の形状を描画するのにSVGとほとんど同じ方法を使用していると説明したことを覚えているでしょうか。SVGはThree.js内部の2次元形状の扱いと非常に相性がよいので、この節ではhttps://github.com/asutherland/d3-threeDで取得できるライブラリを使用してSVGパスからThree.jsの2次元形状表現に変換する方法を紹介します。

サンプル05-extrude-svg.htmlでは、バットマンのロゴをSVGで描画した画像を使用して、THREE.ExtrudeGeometryで図6-5のような3次元形状に変換します。

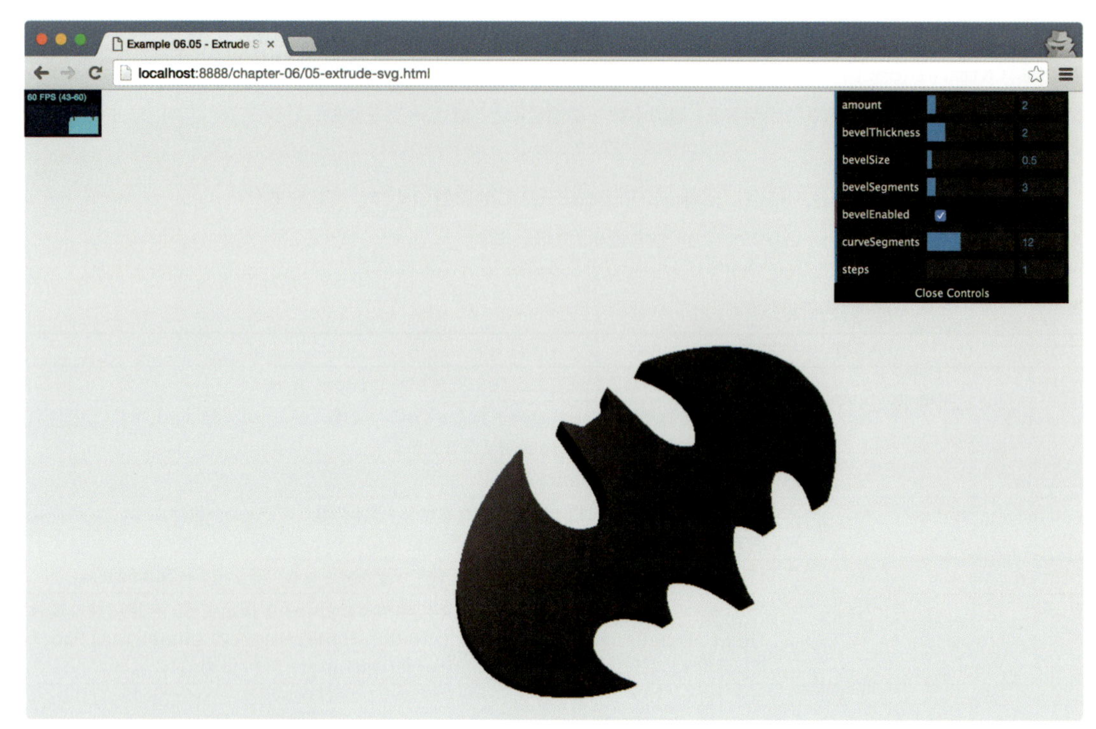

図6-5　SVGを押し出した3次元形状

初めに元のSVGのコードがどのようなものかを見ておきましょう（このサンプルのソースコードを見れば自分でも確認できます）。

```
<svg version="1.0" xmlns="http://www.w3.org/2000/svg"
  xmlns:xlink="http://www.w3.org/1999/xlink"
  x="0px" y="0px" width="1152px" height="1152px"
  xml:space="preserve">
  <g>
    <path  id="batman-path" style="fill:rgb(0,0,0);"
      d="M 261.135 114.535 C 254.906 116.662 247.491
      118.825 244.659 119.344 C 229.433 122.131 177.907
      142.565 151.973 156.101 C 111.417 177.269 78.9808
      203.399 49.2992 238.815 C 41.0479 248.66 26.5057
      277.248 21.0148 294.418 C 14.873 313.624 15.3588
      357.341 21.9304 376.806 C 29.244 398.469 39.6107
      416.935 52.0865 430.524 C 58.2431 437.23 63.3085
      443.321 ... 261.136 114.536 L 261.135 114.535 "/>
  </g>
</svg>
```

SVGを知らなければ、おそらく意味がわからないでしょう。これらは描画のための命令列です。例えば、`C 277.987 119.348 279.673 116.786 279.673 115.867`はブラウザに3次のベジェ曲線を描画するように、`L 489.242 111.787`は指定した位置まで直線を描画するように指示しています。ただ幸いなことにこれを解釈するためのコードを自分で書く必要はありません。d3-threeDライブラリを使用すればSVGからThree.js形式への変換は自動的に行われます。このライブラリはもともとはあのD3.jsライブラリで使用するために作られたものですが、少し修正するだけで特定の関数を単独で利用できるようになります。

SVGはScalable Vector Graphicsの略です。ウェブで利用できるベクター形式の2次元画像を作成するためのXMLに基づいた標準仕様で、すべてのモダンブラウザでサポートされています。しかしSVGを直接記述したりJavaScriptから操作することはそれほど簡単ではありません。幸い、SVGがとても簡単に利用できるようになるオープンソースのJavaScriptライブラリがいくつかあります。中でもPaper.js、Snap.js、D3.js、Raphael.jsなどはよくできています。

以下のコードは、どのようにして先ほどのSVGを読み込んでTHREE.ExtrudeGeometryに変換し、画面に表示するかを示しています。

```
function drawShape() {
  var svgString = document.querySelector("#batman-path"
    ).getAttribute("d");
  var shape = transformSVGPathExposed(svgString);
  return shape;
}

var options = {
  amount: 10,
  bevelThickness: 2,
  bevelSize: 1,
  bevelSegments: 3,
  bevelEnabled: true,
  curveSegments: 12,
  steps: 1
};

shape = createMesh(new THREE.ExtrudeGeometry(
  drawShape(), options));
```

transformSVGPathExposed関数が使用されています。この関数がd3-threeDライブラリによって提供されるもので、SVG文字列を引数として受け取ります。今回はSVG要素から次のようにして直接SVG文字列を取得しています。

```
document.querySelector("#batman-path").getAttribute("d")
```

SVGではd属性に形状を描画するためのパスステートメントが含まれています。このジオメトリに光沢のある綺麗なマテリアルとスポットライトを追加すれば、サンプルで見た画面のできあがりです。

この節で紹介する最後のジオメトリはTHREE.ParametricGeometryです。このジオメトリを使用するには、ジオメトリを作成するための関数をいくつか指定しなければいけません。

6.2.1.4 THREE.ParametricGeometry

THREE.ParametricGeometryを使用すると、方程式に基づいてジオメトリを作成できます。独自のサンプルの詳しい説明の前に、まずThree.jsが提供しているサンプルを見ておくとよいでしょう。Three.jsをダウンロードするとexamples/js/ParametricGeometries.jsというファイルが含まれています。このファイルにTHREE.ParametricGeometryと組み合わせて利用できる関数の例がいくつか含まれています。もっとも基本的な例は平面を作成する関数でしょう。

```
function plane(u, v) {
  var x = u * width;
  var y = 0;
  var z = v * depth;
  return new THREE.Vector3(x, y, z);
}
```

この関数はTHREE.ParametricGeometryに渡すことができます。uとvは0から1の間の値を取り、値を少しずつ変えながら繰り返し呼び出されます。この例ではuの値はベクトルのx座標を決定するために使用され、vの値はz座標を決定するために使用されます。この実行結果は幅がwidthで奥行きがdepthの単純な平面になります。

我々のサンプルでも同じようなことをしますが、平面を作成するのではなくサンプル06-parametric-geometries.htmlにあるように、波のようなパターンを作成します（図6-6）。

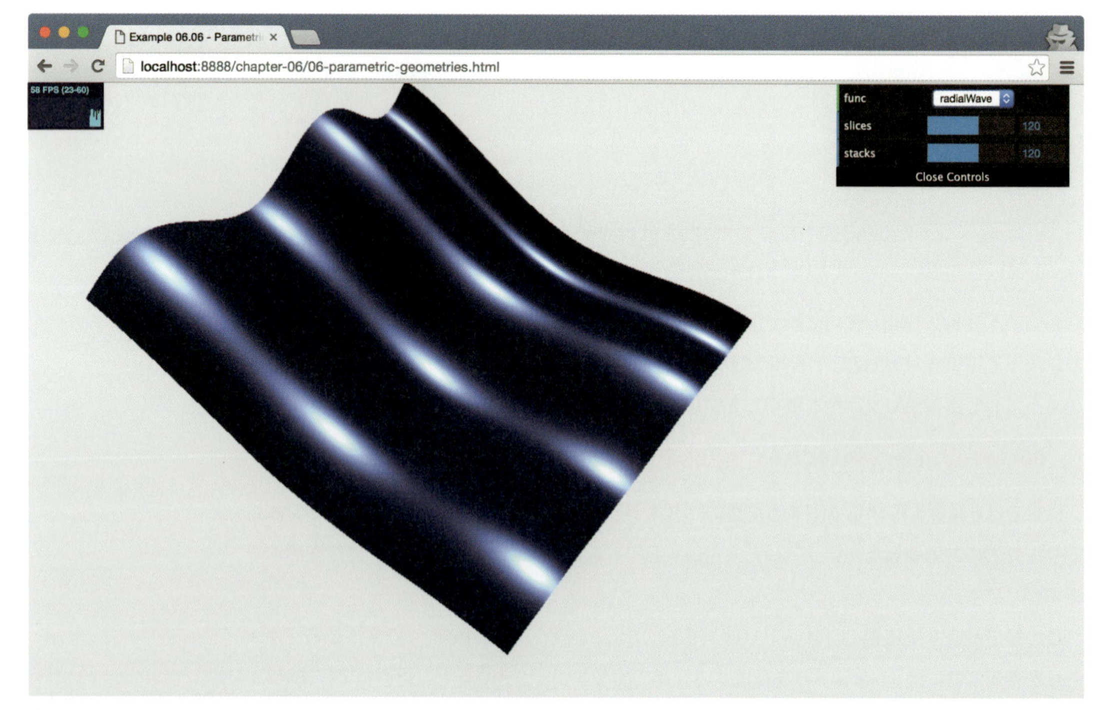

図6-6　THREE.ParametricGeometry

この形状を作成するために、以下の関数をTHREE.ParametricGeometryに渡します。

```
radialWave = function (u, v) {
  var r = 50;
  var x = Math.sin(u) * r;
  var z = Math.sin(v / 2) * 2 * r;
  var y = (Math.sin(u * 4 * Math.PI) + Math.cos(
    v * 2 * Math.PI)) * 2.8;

  return new THREE.Vector3(x, y, z);
};

var mesh = createMesh(new THREE.ParametricGeometry(
  radialWave, 120, 120, false));
```

サンプルを見てわかるとおり、このたった数行のコードで非常に興味深いジオメトリが作成できています。サンプルではTHREE.ParametricGeometryに渡すことができる引数の動作も確認できます。引数の説明を表6-4に示します。

表6-4 THREE.ParametricGeometryのプロパティ

プロパティ	必須	説明
function	Yes	引数として与えられるu、vの値に応じて頂点座標を定義する関数
slices	Yes	uの分割数
stacks	Yes	vの分割数

この章の最後のトピックに進む前に、slicesプロパティとstacksプロパティをどのように使用するか説明しておきましょう。uプロパティとvプロパティが関数の引数として渡されることと、それら2つのプロパティの値が0から1の値を取ることについてはすでに説明しました。slicesプロパティとstacksプロパティを使用すると、受け取った関数が呼び出される回数を指定できます。例えばslicesを5に設定し、stacksを4に設定すると、関数は以下のような引数を伴って呼び出されます。

```
u:0/5, v:0/4
u:1/5, v:0/4
u:2/5, v:0/4
u:3/5, v:0/4
u:4/5, v:0/4
u:5/5, v:0/4
u:0/5, v:1/4
u:1/5, v:1/4
...
u:5/5, v:3/4
u:5/5, v:4/4
```

したがって大きな値を指定すればそれだけ多くの頂点が得られ、作成されるジオメトリがなめらかになります。サンプル06-parametric-geometries.htmlの右上のメニューを使用するとこれらプロパティの効果を確認できます。

Three.jsに含まれているexamples/js/ParametricGeometries.jsファイルにはさらにさまざまなサンプルがあります。このファイルには次のようなジオメトリを作成する関数が含まれています。

- クラインの壺
- 平面
- 平らなメビウスの輪
- 3次元のメビウスの輪
- チューブ
- トーラス結び目
- 球

次の3Dテキストオブジェクトの作成がこの章の前半部で扱う最後のトピックになります。

6.3 3Dテキスト作成

3Dテキスト効果の作成方法ついて説明します。まずThree.jsに含まれているフォントを使用したテキストをどのようにして描画できるかを確認します。そしてその後で独自のフォントを使用する方法について説明します。

6.3.1 テキストの描画

Three.jsでテキストを描画するのは非常に簡単です。必要となるのは、使用したいフォントとTHREE.ExtrudeGeometryを紹介した時に説明した押し出しに関する基本的なプロパティ定義だけです。**図6-7**はサンプル07-text-geometry.htmlのもので、Three.jsでテキストがどのように描画されるかを示しています。

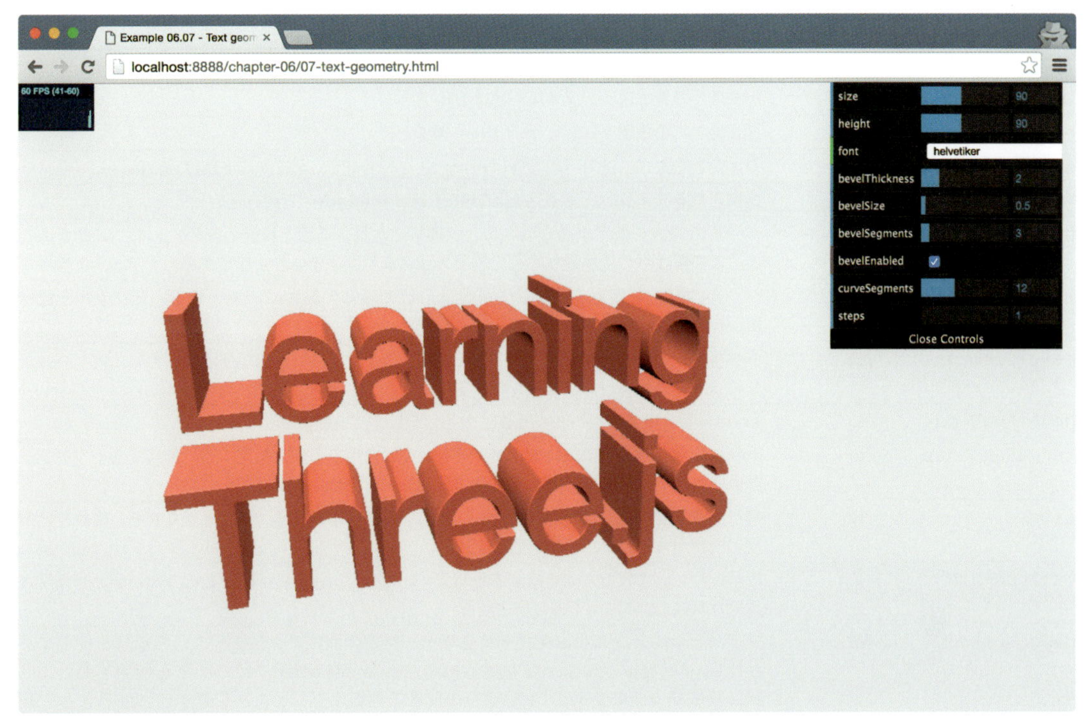

図6-7　3Dテキスト

この3Dテキストを作成するのに必要なコードは以下のとおりです。

```
var options = {
  size: 90,
  height: 90,
  weight: 'normal',
  font: helvetikerFont, // THREE.FontLoaderで事前に読み込まれたフォント
  bevelThickness: 9,
  bevelSize: 4,
  bevelSegments: 3,
  bevelEnabled: true,
  curveSegments: 12,
  steps: 1
};

// createMeshは以前見たものと同じ関数です
text1 = createMesh(new THREE.TextGeometry("Learning", options));
text1.position.z = -100;
text1.position.y = 100;
scene.add(text1);

text2 = createMesh(new THREE.TextGeometry("Three.js", options));
scene.add(text2);
```

ではTHREE.TextGeometryで指定できるすべてのオプションを確認しましょう(**表6-5**)。

表6-5　THREE.TextGeometryのプロパティ

プロパティ	必須	説明
`size`	No	テキストのサイズ。デフォルト値は`100`
`height`	No	押し出される距離（深さ）。デフォルト値は`50`
`weight`	No	フォントの太さ。使用可能な値は`normal`と`bold`で、デフォルト値は`normal`
`font`	No	使用されるフォント。フォントは`THREE.FontLoader`で読み込む
`bevelThickness`	No	ベベルの深さを指定する。ベベルとは押し出された前面と後面の間の丸みのついた角のこと。この値はベベルが形状のどの程度の深さまで到達するかを指定する。デフォルト値は6
`bevelSize`	No	ベベルの高さを指定する。この高さは形状の通常の高さに追加される。デフォルト値は`bevelThickness - 2`
`bevelSegments`	No	ベベルに使用されるセグメントの数を指定する。セグメント数が多ければそれだけベベルがなめらかに見える。デフォルト値は3
`bevelEnabled`	No	`true`に設定するとベベルが追加される。デフォルト値は`true`
`curveSegments`	No	形状の曲線を押し出す時にセグメントをいくつ使用するかを指定する。使用するセグメントが多ければそれだけ曲線がなめらかに見える。デフォルト値は12
`steps`	No	押し出す方向にいくつのセグメントに分割するかを指定する。値を大きくするとそれだけ個別の面が増える。デフォルト値は1
`extrudePath`	No	形状が押し出される方向を指定するパス（`THREE.CurvePath`）。このプロパティが指定されなければz軸に沿って押し出される
`uvGenerator`	No	マテリアルにテクスチャを使用する場合、特定の面にテクスチャのどの部分を使用するかはUVマッピングによって指定される。`uvGenerator`プロパティを使用すると、形状を構成する面のためのUV設定を作成する独自オブジェクトを渡すことができる。UV設定に関しては「10章 テクスチャ」で詳しく説明する。何も指定しなければ`THREE.ExtrudeGeometry.WorldUVGenerator`が使用される
`frames`	No	スプライン曲線の接線、法線、従法線の計算にはフレネ標構が使用される。このプロパティを指定すると`extrudePath`に沿って押し出す際にその値が使用される。Three.jsにはこの独自の実装、`THREE.TubeGeometry.FrenetFrames`が含まれていて、デフォルトでこちらが使用されるのでこのプロパティの値を指定する必要はない。フレネ標構の詳細についてはhttp://en.wikipedia.org/wiki/Differential_geometry_of_curves#Frenet_frameを参照

Three.jsに含まれているフォントはこの本のサンプルソースにも追加されています。`assets/fonts`フォルダを確認してください。

もしフォントを2次元で描画したいのであれば、例えばそれらをテクスチャとして設定したマテリアルを使うなどして、`THREE.TextGeometry`の使用は避けるべきです。`THREE.TextGeometry`は3Dテキストを作成するために内部的に`THREE.ExtrudeGeometry`を使用していますが、JavaScriptでフォントを導入するのは大きな負荷がかかります。2次元フォントを単純に描画するだけであれば`canvas`要素を普通に使用するのとほとんど変わりません。テキストをcanvasに出力して、そのcanvasはテクスチャとして使用できます。これについては後ほど「10章 テクスチャ」で紹介します。

このジオメトリで他のフォントを使用することもできますが、それにはまずフォントをJavaScriptに変換する必要があります。次の節でその方法を紹介します。

6.3.2 独自フォントの追加

Three.jsにはシーン内で利用できるフォントがいくつか含まれていますが、これらのフォントは**Facetype.js**（http://gero3.github.io/facetype.js/）で公開されているフォントが元になっています。Facetype.jsはTrueTypeフォントやOpenTypeフォントをJSONに変換するライブラリです。変換後のJSONファイルは`THREE.FontLoader`で読み込むことができるので、Three.jsでそのフォントが利用可能になります。

http://gero3.github.io/facetype.js/にあるウェブページを利用すると、既存のOpenTypeフォントもしくはTrueTypeフォントをJSONに変換できます。このページにフォントをアップロードするだけでフォントがJSONに変換されます。ただし必ずすべてのフォントがここで変換できるとはかぎらないことに注意してください。単純なフォント（直線が多い）ほど、Three.jsで使用した時に正しく描画される可能性は高くなります。

JavaScriptに変換できていれば`THREE.FontLoader`の`load`関数を使用するだけフォントを読み込めます。

```
var fontFile = "../assets/fonts/helvetiker_regular.typeface.json";
var fontLoader = new THREE.FontLoader();
fontLoader.load(fontFile, function(helvetikerFont) {
  init();
});
```

`load`関数に渡したコールバック関数に渡されるフォントを`THREE.TextGeometry`の`font`オプションの値として使用します。つまり`THREE.TextGeometry`を使用する場合は必ず`THREE.FontLoader`の`load`関数のコールバック内で使用する必要があることに注意してください。

この章の後半部では交差、差、結合などのブーリアン演算を使用して非常に興味深い見た目のジオメトリを作成できるThreeBSPライブラリを紹介します。

6.4 ブーリアン演算を使用したメッシュの結合

この節ではジオメトリを作成するまた別の方法を紹介します。これまではThree.jsがデフォルトで提供しているジオメトリを使用してさまざまなジオメトリを作成してきました。もちろんその方法でもジオメトリのプロパティを変更して多様なモデルを作成できますが、そのバリエーションはThree.jsが提供しているプロパティの枠内に限定されています。この節では**CSG**（Constructive Solid Geometry）として知られる技術を用いて、基本的なジオメトリの組み合わせから新しい形状を作成する方法を紹介します。それにはThree.jsの拡張であるThreeBSPを使用します。ThreeBSPはhttps://github.com/skalnik/ThreeBSPで取得できます。この拡張ライブラリを使用すると表6-6の3つの機能が利用できます。

表6-6　ThreeBSPの機能

関数	説明
intersect	この機能を使用すると既存の2つのジオメトリの交差した部分を元に新しいジオメトリを作成できる。つまり両方のジオメトリが重なった部分を元に新しいジオメトリの形状が決定される
union	union関数では2つのジオメトリを結合してひとつのジオメトリを作成する。これは見た目の上では「8章 高度なメッシュとジオメトリ」で紹介するTHREE.Geometry.merge()関数と同等のものになる
subtract	subtract関数はunion関数の逆で、最初のジオメトリから重なった部分を取り除いて新しいジオメトリを作成する

次の節でこれらの関数それぞれについてもう少し詳細に見ていきます。**図6-8**はunion関数とsubtract関数を順番に適用するだけで作ることができる形状の一例です。

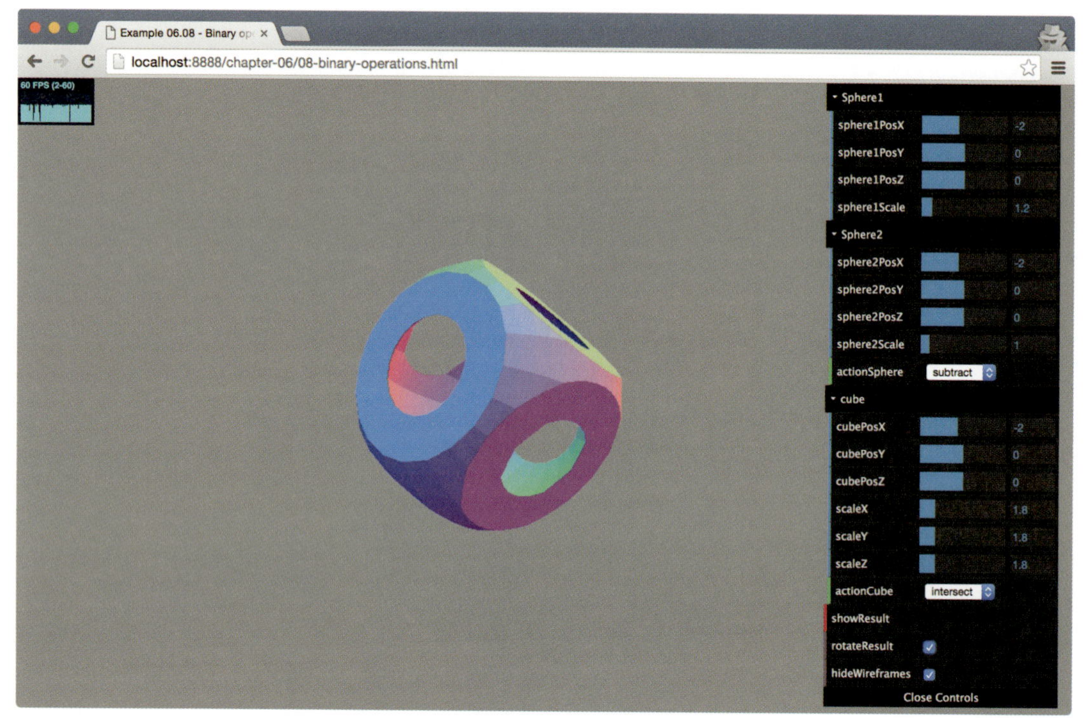

図6-8　ブーリアン演算によるジオメトリの構築

このライブラリを使用するにはライブラリをページ内に読み込む必要があります。このライブラリはJavaScriptのユーザーフレンドリーな拡張であるCoffeeScriptで記述されています。CoffeeScriptを利用するには選択肢が2つあり、CoffeeScriptのJavaScriptファイルを読み込んで実行時にコンパイルするか、事前にJavaScriptにコンパイルしてそれを直接HTMLページに読み込むかです。最初の方法を採用する場合、次のようにしなければいけません。

```
<script src="../libs/coffee-script.js"></script>
<script src="../libs/ThreeBSP.coffee"></script>
```

ThreeBSP.coffeeファイルがこのサンプルで必要な機能を定義しているファイルで、coffee-script.jsはそのThreeBSPが使用しているCoffeeScriptを解釈して実行してくれるものです。最後に、ThreeBSPの機能を使い始めるより前にThreeBSP.coffeeファイルのパースが完了されているようにしなければいけません。それにはファイルの最後に以下を追加します。

```
<script type="text/coffeescript">
  onReady();
</script>
```

そして次のようにこれまで初期に使用していたonload関数の名前をonReadyに変更します。

```
function onReady() {
  // Three.jsのコード
}
```

CoffeeScriptのコマンドラインツールを使用してCoffeeScriptをJavaScriptに事前コンパイルした場合は、生成されたJavaScriptファイルを直接読み込むことができます。しかしそれにはまずCoffeeScriptをインストールしなければいけません。http://coffeescript.org/にあるインストール指示に従ってください。CoffeeScriptをインストールすると次のコマンドラインを使用してCoffeeScriptで記述されたThreeBSPファイルをJavaScriptに変換できます。

```
> coffee --compile ThreeBSP.coffee
```

このコマンドの結果ThreeBSP.jsファイルが生成されます。このファイルは他のJavaScriptファイルと同じようにそのままサンプルで読み込むことができます。ページを読み込むたびにCoffeeScriptをコンパイルするよりも直接JavaScriptファイルを読み込んだほうが高速にウェブアプリを開始できるので、サンプルでは2つめの方法を使用しています。具体的には、HTMLページのヘッダーに次の行を追加しています。

```
<script src="../libs/ThreeBSP.js"></script>
```

これでThreeBSPライブラリが読み込まれて、その機能が利用できるようになります。

6.4.1 subtract関数

subtract関数を使ってみる前に、ひとつ忘れてはいけない重要な確認事項があります。これから説明する3つの関数はメッシュの絶対座標を計算に使用しています。そのためこの関数適用前にメッシュをグループ化していたりマルチマテリアルを使用しているとおそらく結果がおかしなことになります。期待どおりの結果を得るために事前にメッシュがグループ化されていないことを確認しておきましょう。

初めに試してみるのはsubtract関数です。それにはサンプル08-binary-operations.htmlを使用します。このサンプルを使用すると、ThreeBSPの3種類の操作を実際に試してみることができます。このブーリアン操作のサンプルを開くと初めに目にするのは図6-9のような画面です。

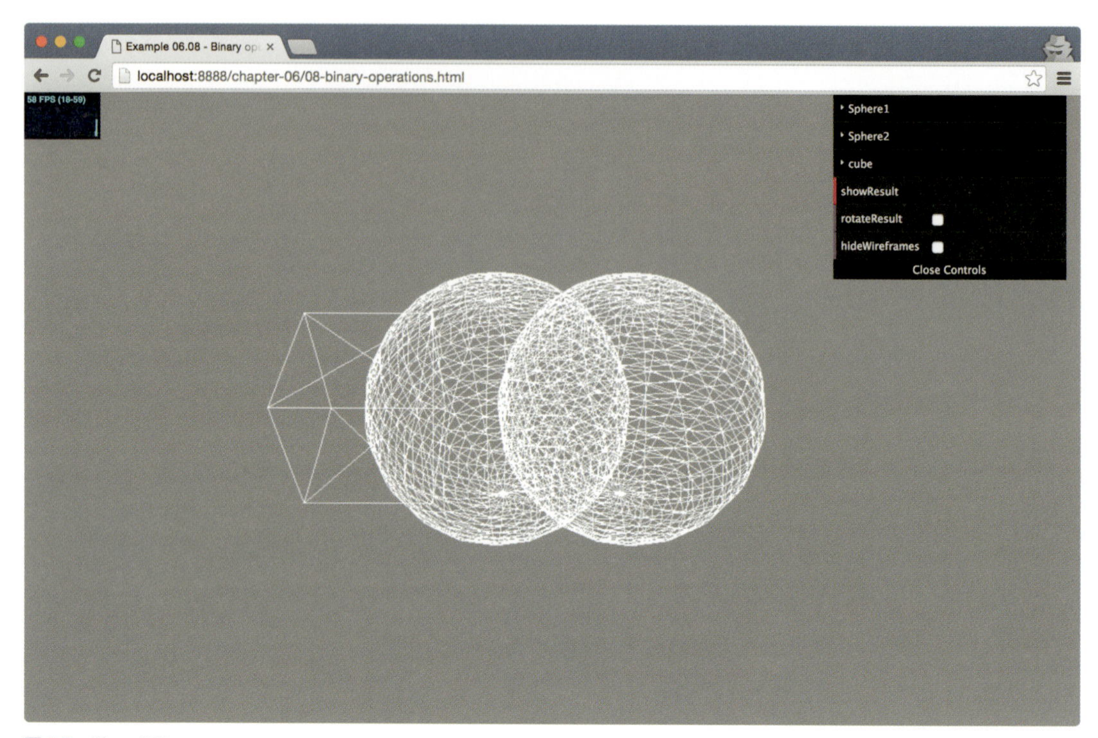

図6-9　ThreeBSP

ひとつの立方体と2つの球、計3つのワイヤーフレームが表示されています。中心にある球、[Sphere1] がすべての操作が適用されるオブジェクトで、[Sphere2] がその右側に、[Cube] が左側にあります。[Sphere2] と [Cube] に対して [subtract]、[union]、[intersect]、[none] という4つの操作のうちひとつを選んで指定できます。これらの操作は [Sphere1] の視点で適用されます。[Sphere2]に対して[subtract]を設定して[showResult]を選択（してワイヤーフレームを非表示に）すると、[Sphere1] と [Sphere2] の交わる部分を [Sphere1] から取り除いた形状が表示されます。これらの操作のいくつかは [showResult] ボタンを押してから完了までに数秒かかりしばらく処理中アイコンを眺めなければいけない場合があることに注意してください。

図6-10には球から別の球を取り除いた（[subtract]）後の結果が表示されています。

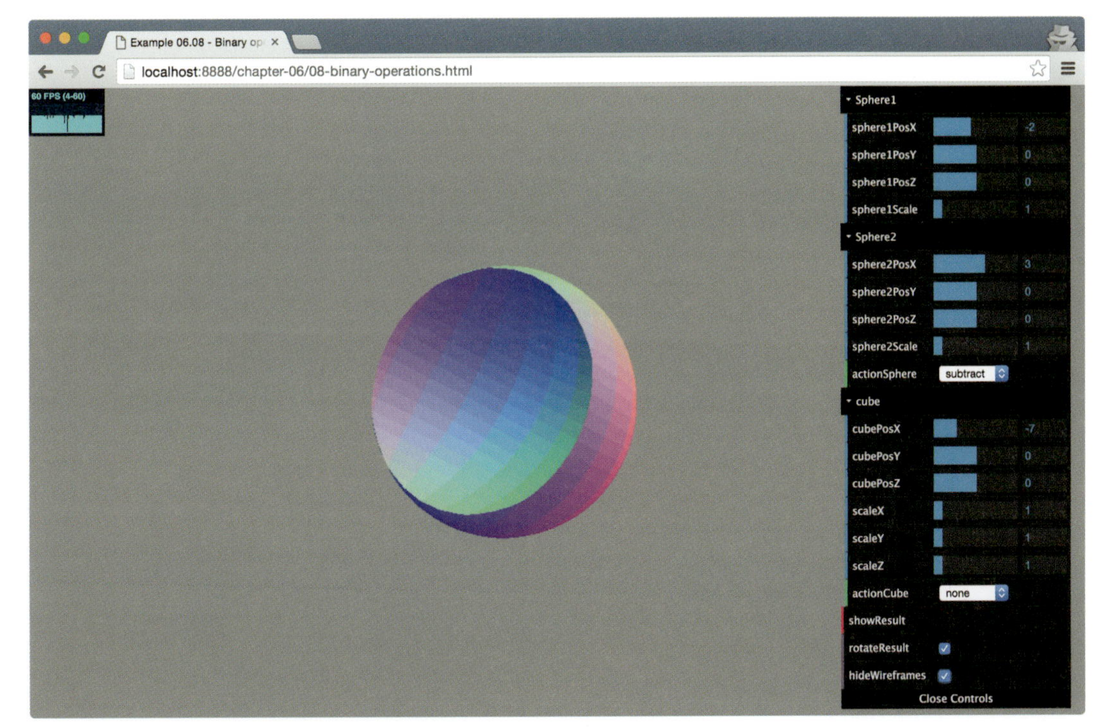

図6-10　Sphere1からSphere2をsubtractした結果

このサンプルでは［Sphere2］に定義された操作が初めに実行され、次に［Cube］の操作が実行されます。そのため、［Sphere2］と（x軸方向に少し拡大した）［Cube］の両方に［subtract］を設定すると**図6-11**のような結果になります。

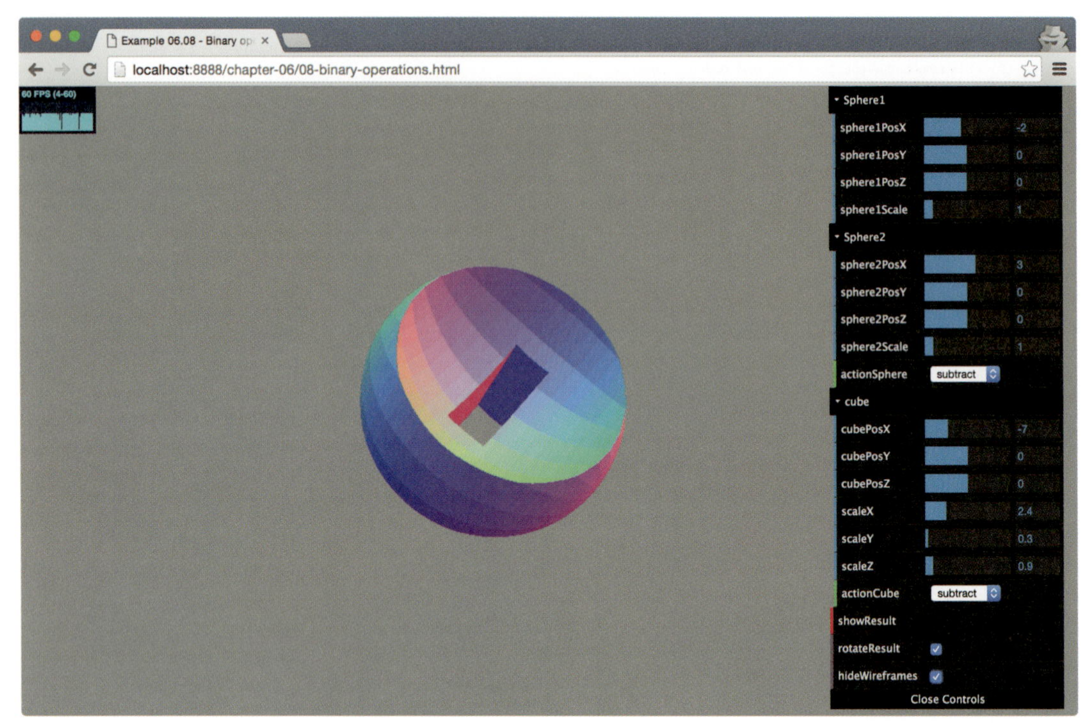

図6-11　Shpere2への操作がCubeへの操作より先に実行される

subtract関数を理解する一番の方法は単にサンプルをいろいろと試してみることです。今回のサンプルを実現しているThreeBSPのコードは非常に単純で、サンプルの［showResult］ボタンがクリックされるたびにredrawResult関数が呼び出され、その中ですべての処理が実装されています。

```
function redrawResult() {
  scene.remove(result);
  var sphere1BSP = new ThreeBSP(sphere1);
  var sphere2BSP = new ThreeBSP(sphere2);
  var cube2BSP = new ThreeBSP(cube);

  var resultBSP;

  // 初めに球から処理
  switch (controls.actionSphere) {
    case "subtract":
      resultBSP = sphere1BSP.subtract(sphere2BSP);
      break;
    case "intersect":
      resultBSP = sphere1BSP.intersect(sphere2BSP);
      break;
    case "union":
      resultBSP = sphere1BSP.union(sphere2BSP);
      break;
```

```
        case "none": // noop;
      }

      // 次に立方体を処理
      if (!resultBSP) resultBSP = sphere1BSP;
      switch (controls.actionCube) {
        case "subtract":
          resultBSP = resultBSP.subtract(cube2BSP);
          break;
        case "intersect":
          resultBSP = resultBSP.intersect(cube2BSP);
          break;
        case "union":
          resultBSP = resultBSP.union(cube2BSP);
          break;
        case "none": // noop;
      }

      if (controls.actionCube === "none" &&
        controls.actionSphere === "none") {
        // 何もしない
      } else {
        result = resultBSP.toMesh();
        result.geometry.computeFaceNormals();
        result.geometry.computeVertexNormals();
        scene.add(result);
      }
    }
```

このコードではまず初めに（ワイヤーフレームとして描画されていた）メッシュをThreeBSPオブジェクトでラップしています。これによりオブジェクトに対してsubtract、intersect、unionなどの関数が適用できるようになります。これで中心の球をラップしたThreeBSPオブジェクト（sphere1BSP）に対して適用したい関数を呼び出すだけで、新しいメッシュを作成するのに必要な情報をすべて含んだオブジェクトが得られます。実際にメッシュを作成するにはresultBSPオブジェクトのtoMesh()関数を呼び出すだけです。作成されたメッシュのジオメトリに対しては、まずcomputeFaceNormals()とcomputeVertexNormals()を呼び出してすべての法線を正しく設定する必要があります。これはブーリアン操作によってジオメトリの頂点と面が変更され、面の法線もその影響を受けるため再計算する必要があるからです。（マテリアルがTHREE.SmoothShadingと設定されている場合には）明示的に法線を再計算した結果として、新しいオブジェクトの陰がなめらかになり描画も正確になります。最後にそのメッシュをシーンに追加しています。

intersectとunionの利用についてもまったく同じです。

6.4.2 intersect関数

前の節ですべて説明しているので、intersect関数について説明することはそれほどありません。この関数はメッシュ同士が重なっている部分だけを残します。図6-12には球と立方体の両方がintersectに設定されている場合の結果が表示されています。

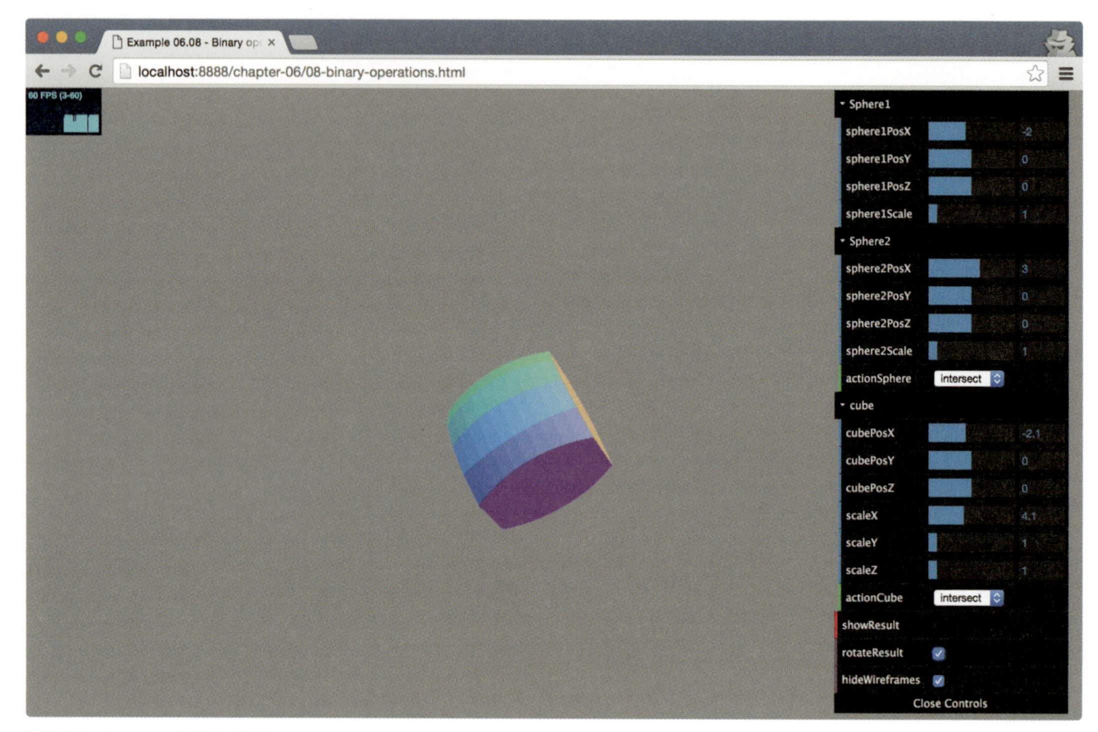

図6-12 intersect関数の結果

サンプルを開いていろいろと試してみるとこのようなオブジェクトがとても簡単に作成できることがわかるでしょう(図6-13)。覚えておいてほしいのは、この操作は作成したすべてのメッシュに適用できるということです。この章で見たTHREE.ParametricGeometryやTHREE.TextGeometryのような複雑なものであっても、問題ありません。

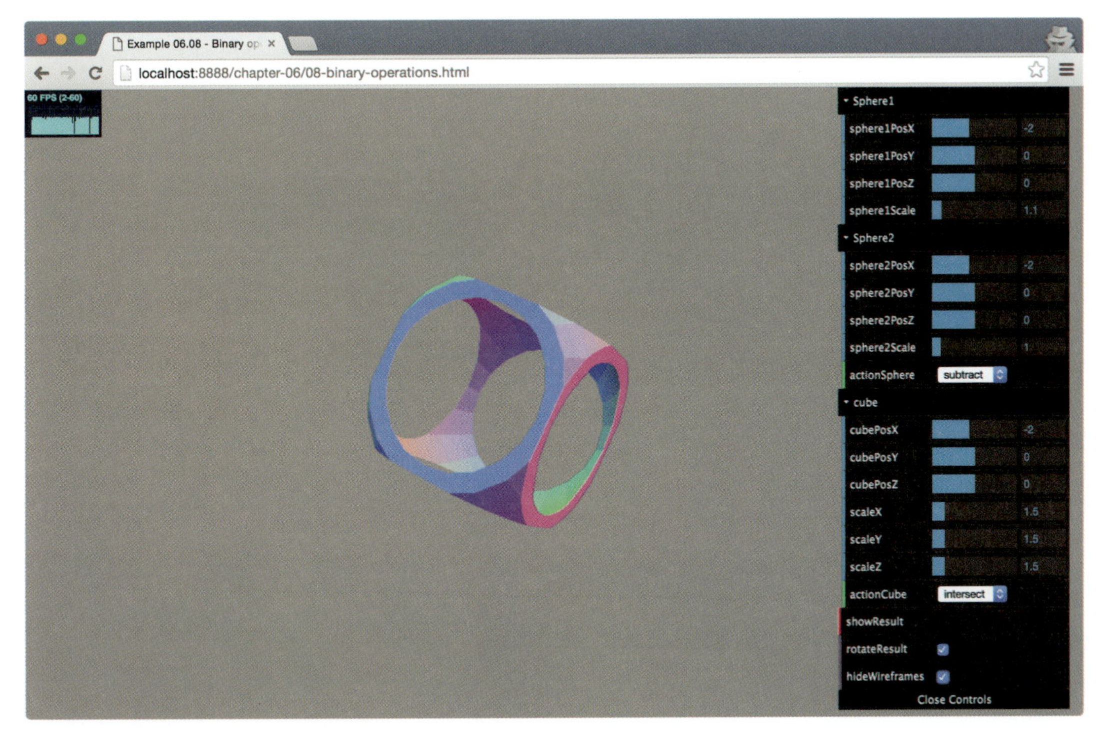

図6-13　subtract関数とintersect関数の結果

`subtract`関数と`intersect`関数はうまく組み合わせるととても興味深い形状を作成できます。最初に見た**図6-8**のサンプルでは、初めに小さな球を取り除いて（`subtract`）球状の空洞を作り、それから中が空洞の球と立方体の交わり（`intersect`）を取ることで先のような結果（中が空洞の丸い角を持つ立方体）を得ていました。

ThreeBSPが提供している最後の関数は`union`関数です。

6.4.3　union関数

最後の関数はThreeBSPが提供しているものの中でもっとも退屈なものです。この関数を使用すると2つのメッシュを統合してひとつの新しいメッシュを作成できます。つまりこの関数を2つの球と立方体に適用すると統合された単一のオブジェクトが得られます（**図6-14**）。

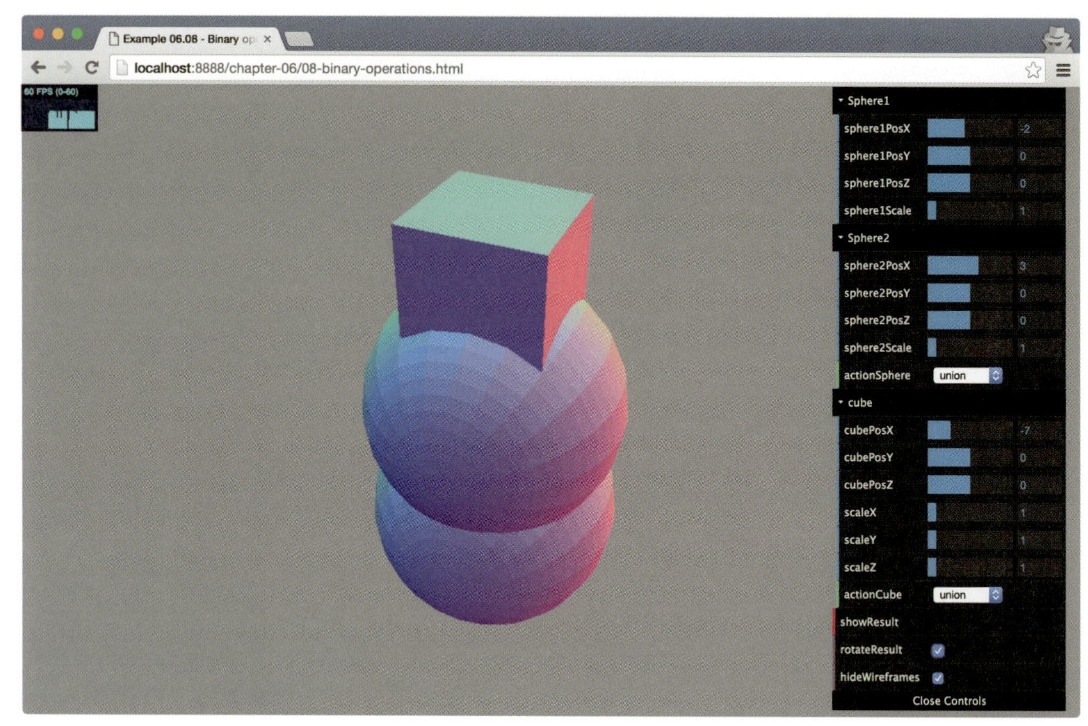

図6-14　union関数の結果

メッシュ同士の結合は`THREE.Geometry.merge`としてThree.jsでも提供されています（「8章 高度なメッシュとジオメトリ」を参照）。しかし`THREE.Geometry.merge`で作成されるジオメトリは単純に2つのジオメトリの頂点や面をひとつのジオメトリ内に収めただけのものです。例えば`wireframe`プロパティを`true`にしたマテリアルを使用するとメッシュ内部にも頂点や面があることがわかります。ThreeBSPの`union`関数を使用した場合はジオメトリ同士が交差した部分にある頂点や面は取り除かれ、ジオメトリの境界部分には矛盾がないように新しく頂点や面が追加されます。ほとんどの場合はオブジェクト内部を気にかける必要はないのでジオメトリの結合には前者、`THREE.Geometry.merge`を使用するとよいでしょう。ただし、メッシュが半透明な場合や、CADのようにソリッドなオブジェクトが必要なアプリケーションを作成する場合はオブジェクト内部を気にかける必要があるのでThreeBSPを使用してください。

6.5 まとめ

この章では多くのことを学びました。高度なジオメトリをいくつか紹介し、単純なブーリアン操作を使用して交差したように見えるジオメトリを作成する方法を説明しました。`THREE.ConvexGeometry`や`THREE.TubeGeometry`、`THREE.LatheGeometry`のような高度なジオメトリを使用して美しい形状を作成するだけでなく、それらのジオメトリのプロパティをいろいろと試して望む結果を得る方法を説明しました。既存のSVGパスをThree.jsに変換できるというすばらしい機能も紹介しました。ただし場合によってはGIMPやAdobe Illustrator、Inkscapeといったツールを使用してパスをうまく調整する必要があることを忘れないでください。

3Dテキストを作りたければ、使用するフォントを指定する必要があります。Three.jsにも利用可能なフォントがいくつか付いていますが、自分で独自のフォントを作って利用することもできます。ただし複雑なフォントは正しく変換できない場合も多いので注意してください。最後に、ThreeBSPを使用すると、`union`、`subtract`、`intersect`という3つのブーリアン操作をメッシュに適用できることを学びました。`union`を使用すると2つのメッシュを結合でき、`subtact`を使用するとメッシュ同士の重なった部分を基準のメッシュから取り除くことができ、`intersect`を使用すると重なった部分だけを残すことができます。

これまでは面を構成するために頂点同士が接続されているソリッドな（またはワイヤーフレームの）ジオメトリだけを見てきました。次の章ではジオメトリを可視化する別の方法としてパーティクルと呼ばれるものを使用する方法を紹介します。パーティクルを使用するとジオメトリ全体は描画されず、頂点だけが空間内に点として描画されます。このパーティクルを使用すると高速に動作するすばらしい見た目の3Dエフェクトを作ることもできます。

7章
パーティクル、スプライト、ポイントクラウド

これまで章でThree.jsの重要なコンセプトと利用できるオブジェクトやAPIのほとんどについて説明しました。この章ではこれまで説明していない唯一のコンセプト「パーティクル」について説明します。パーティクル（スプライトとも呼ばれる）を使用すると、大量の小さなオブジェクトを作成して簡単に雨や雪、煙やその他の興味深いエフェクトを実現できます。例えば個々のジオメトリをパーティクルの集まりとして描画して、それらのパーティクルを個別に制御することができます。この章ではThree.jsが提供しているパーティクルのさまざまな機能を説明します。具体的には、この章で説明するのは次のような内容です。

- `THREE.SpriteMaterial`を使用したパーティクルの作成と見た目の変更
- ポイントクラウドを使用したパーティクルのグループ化
- 既存のジオメトリを元にしたポイントクラウドの作成
- パーティクルとパーティクルシステムのアニメーション
- テクスチャを使用したパーティクルの見た目の変更
- `THREE.SpriteCanvasMaterial`と`canvas`要素を使用したパーティクルの見た目の変更

パーティクルは何か、そしてそれをどのようにして作成するかについて説明を始める前に、この章で使用される名前について補足説明をしておきます。Three.jsの最近のバージョンでパーティクルに関連するオブジェクトの名前が変更されました。本章で使用する`THREE.Points`は、以前は`THREE.PointCloud`や`THREE.ParticleSystem`と呼ばれていました。同様に`THREE.Sprite`も以前は`THREE.Particle`と呼ばれていました。さらにそれらに紐付いたマテリアルも同じように名前が変更されています。オンラインでのサンプルには古い名前が使用されているものもありますが、それらを目にした時には本章でこれから紹介するものと同じコンセプトについて書かれているということを思い出してください。この章ではThree.jsの最新バージョンで導入された新しい命名規約を使用しています。

7.1　パーティクルを理解

これまでも新しいコンセプトが登場したらやってきたように、まずはサンプルを見てみましょう。この章のソースフォルダに`01-particles.html`という名前のサンプルがあります。このサンプルを開くと**図7-1**のような特におもしくもない見た目の白い立方体で構成される格子が目に入るでしょう。

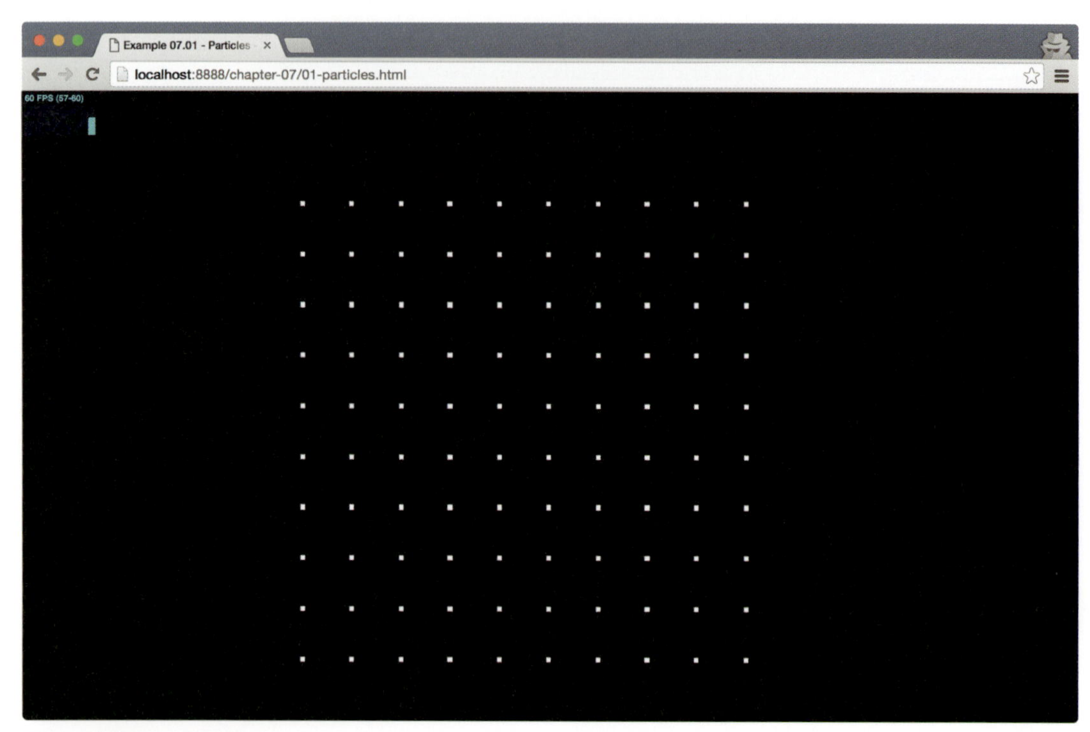

図7-1　単純なパーティクル

この画面には100個のスプライトがあります。スプライトは常に面をカメラの方に向けている2Dの平面です。何もプロパティを与えずにスプライトを作成するとそれらは小さくて白い2次元の正方形として描画されます。これらのスプライトは次のような数行のコードで作成されています。

```
function createSprites() {
  var material = new THREE.SpriteMaterial();

  for (var x = -5; x < 5; x++) {
    for (var y = -5; y < 5; y++) {
      var sprite = new THREE.Sprite(material);
      sprite.position.set(x * 10, y * 10, 0);
      scene.add(sprite);
    }
  }
}
```

このサンプルではTHREE.Sprite(material)コンストラクタを使用して、スプライトを手作業で作成しました。引数として渡したのはマテリアルだけです。この引数はTHREE.SpriteMaterialまたはTHREE.SpriteCanvasMaterialでなければいけません。これからこの章でそれらのマテリアルについてより詳細に見ていきます。

パーティクルについて細かい説明に入る前に、THREE.Spriteオブジェクトについて少し詳しく見ておきます。THREE.SpriteオブジェクトはTHREE.Object3Dオブジェクトを継承していて、ちょうどTHREE.Meshと同じように動作します。つまりTHREE.Meshで使うことができたプロパティや関数の多くはTHREE.Spriteでも利用できます。positionプロパティを使用すると位置を、scaleプロパティを使用すると拡大率を設定でき、translateプロパティを使用すると相対的に移動できます。

Three.jsの古いバージョンでは、THREE.SpriteオブジェクトはTHREE.WebGLRendererでは利用できずTHREE.CanvasRendererでのみ利用できました。現在のバージョンではどちらのレンダラであってもTHREE.Spriteを利用できます。

THREE.Spriteを使用すると、オブジェクト群を作成してそれらをシーン内で動かすことが簡単にできます。しかしこの方法ではThree.jsがそれぞれのオブジェクトを個別に管理する必要があるので、オブジェクトの数が少ない時にはうまく動作しますが、大量のTHREE.Spriteオブジェクトを扱おうとするとすぐにパフォーマンス上の問題が発生します。幸い、Three.jsには大量のスプライト（もしくはパーティクル）を扱う方法がもうひとつあります。それがTHREE.Pointsです。THREE.Pointsを使用すると、Three.jsは多くのTHREE.Spriteを個別に管理する必要がなくなり、そのTHREE.Pointsを管理するだけで済みます。

THREE.Pointsを使用して**図7-1**と同じ結果を得るには次のようにします。

```
function createParticles() {

  var geom = new THREE.Geometry();
  var material = new THREE.PointsMaterial({size: 4,
    vertexColors: true, color: 0xffffff});

  for (var x = -5; x < 5; x++) {
    for (var y = -5; y < 5; y++) {
      var particle = new THREE.Vector3(x * 10, y * 10, 0);
      geom.vertices.push(particle);
      geom.colors.push(new THREE.Color(Math.random() * 0x00ffff));
    }
  }

  var cloud = new THREE.Points(geom, material);
  scene.add(cloud);
}
```

見てわかるとおり、パーティクル（ポイントクラウドの中の点）のそれぞれについて（THREE.Vector3で表される）頂点を作成してTHREE.Geometryに追加し、そのTHREE.GeometryとTHREE.PointsMaterialを使用してTHREE.Pointsを作成する必要があります。（色付きで）実際に動作するTHREE.Pointsのサンプルは02-particles-webgl.htmlです（図7-2）。

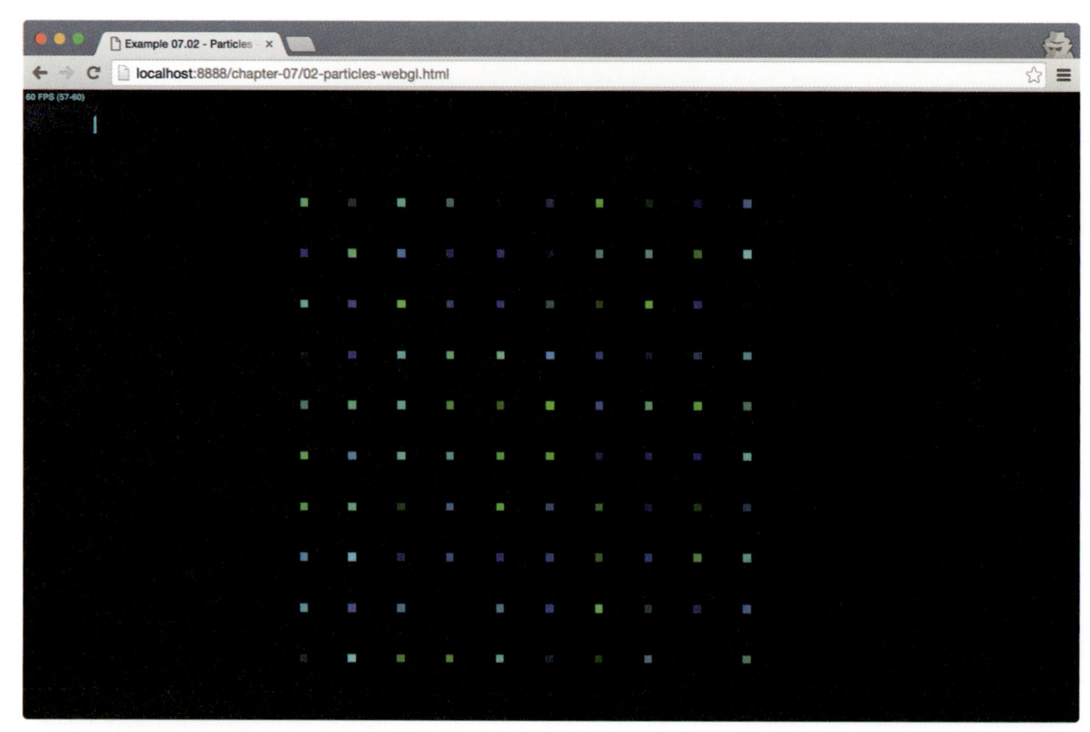

図7-2　THREE.Pointsを使用したパーティクル

次の節ではTHREE.Pointsについてより深く学びます。

7.2　パーティクル、THREE.Points、THREE.PointsMaterial

前の節で最後にTHREE.Pointsを簡単に紹介しました。THREE.Pointsのコンストラクタは2つの引数、ジオメトリとマテリアルを受け取ります。マテリアルは（後で見るように）パーティクルの色とテクスチャを設定し、ジオメトリは個々のパーティクルがどこに配置されるかを指定します。ジオメトリを定義するために使用された頂点がそれぞれパーティクルとして表示されます。例えばTHREE.BoxGeometryを元にTHREE.Pointsを作成すると、立方体の各角にひとつ、全部で8つのパーティクルが得られます。しかし通常はThree.jsの標準のジオメトリからTHREE.Pointsを作成することはあまりなく、ちょうど前の節の最後に行ったように、白紙のジオメトリに手作業で頂点を追加（または外部のモデルをロード）して使用します。この節ではその方法についてより深く学び、さらにTHREE.PointsMaterial

を使用してパーティクルの見た目を変更する方法を学びます。ここで学ぶことはサンプル`03-basic-point-cloud.html`を使用して実際に試すことができます（**図7-3**）。

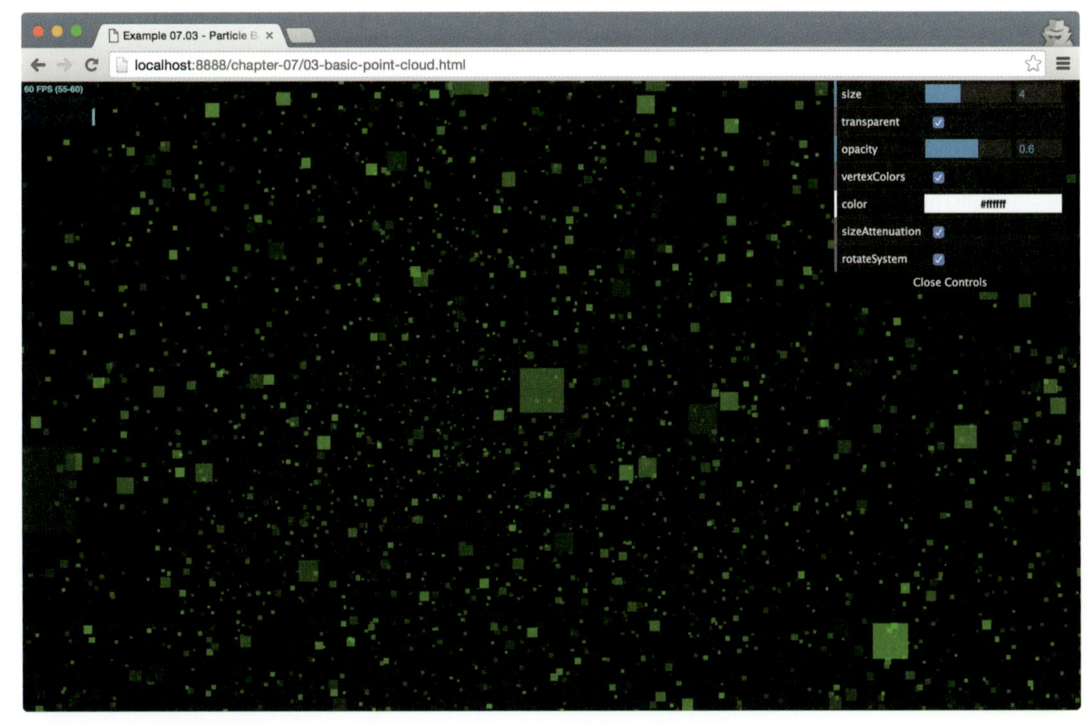

図7-3　パーティクルシステム

このサンプルでは15,000パーティクルが含まれている`THREE.Points`を作成しています。また、それらのパーティクルの見た目はすべて`THREE.PointsMaterial`を使用して設定しています。`THREE.Points`を作成するのに使用したコードは次のようなものです。

```
function createParticles(size, transparent, opacity,
  vertexColors, sizeAttenuation, color) {

  var geom = new THREE.Geometry();
  var material = new THREE.PointsMaterial({
    size: size,
    transparent: transparent,
    opacity: opacity,
    vertexColors: vertexColors,
    sizeAttenuation: sizeAttenuation,
    color: color
  });

  var range = 500;
  for (var i = 0; i < 15000; i++) {
    var particle = new THREE.Vector3(
      Math.random() * range - range / 2,
```

```
      Math.random() * range - range / 2,
      Math.random() * range - range / 2);
    geom.vertices.push(particle);
    var color = new THREE.Color(0x00ff00);
    color.setHSL(color.getHSL().h, color.getHSL().s,
      Math.random() * color.getHSL().l);
    geom.colors.push(color);
  }

  cloud = new THREE.Points(geom, material);
  cloud.name = "particles";
  scene.add(cloud);
}
```

この関数では初めにTHREE.Geometryを作成し、その後でTHREE.Vector3で表されるパーティクルをジオメトリに追加しています。単純なループで位置がランダムに設定されたTHREE.Vector3を作成してジオメトリに追加し、さらにそのループ内でgeom.colorsに色の配列を指定しています。このgeom.colorsはTHREE.PointsMaterialのvertexColorsプロパティがtrueの時にだけ利用されます。そして最後にTHREE.Pointsを作成してシーンに追加します。

THREE.PointsMaterialに設定できるすべてのプロパティを表7-1に示します。

表7-1　THREE.PointsMaterialのプロパティ

プロパティ	説明
color	Points内のすべてのパーティクルの色を指定する。vertexColorsプロパティをtrueにしてジオメトリのcolorsプロパティを使用して頂点カラーを指定していた場合、このプロパティは上書きされる（簡単にいうと頂点の色は最終的にこの値との掛け合わせで決定される）。デフォルト値は0xFFFFFF
map	このプロパティを使用すると、パーティクルにテクスチャを適用できる。例えばパーティクルを雪片のような見た目にできる。このプロパティの動作は今回のサンプルでは確認できないが、この章の後半で説明する
size	パーティクルの大きさ。デフォルト値は1
sizeAttenuation	この値をfalseに設定すると、すべてのパーティクルがカメラからどの程度離れているかに関係なく同じ大きさで表示される。trueに設定すると、パーティクルの大きさがカメラからの距離に応じて決まる。デフォルト値はtrue
vertexColors	通常、THREE.Points内のパーティクルはすべて同じ色を持つ。このプロパティの値をTHREE.VertexColorsに設定して、ジオメトリのcolors配列に値が設定されていると、代わりにその配列内の色が使用される（この表のcolorプロパティの説明も参照）。デフォルト値はTHREE.NoColors
opacity	transparentプロパティと同時に使用してパーティクルの透明度を指定する。デフォルト値は1（不透明）
transparent	trueに設定すると、パーティクルがopacityプロパティで設定された透明度で描画される
blending	パーティクルを描画する際に使用されるブレンドモードを指定する。ブレンドモードについての詳細は「9章 アニメーションとカメラの移動」を参照
fog	パーティクルがシーンに設定されているフォグの影響を受けるかどうかを指定する。デフォルト値はtrue

先に挙げたサンプルには簡単なメニューがあり、THREE.PointsMaterialのプロパティをいろいろと試すことができました。

これまでのところパーティクルはデフォルトの表示である小さな正方形としてしか描画していません。しかし次のような方法でパーティクルの見た目を変更することもできます。

- THREE.SpriteCanvasMaterialを適用すると（THREE.CanvasRendererでのみ利用可能です）canvas要素の結果をテクスチャとして使用できます。
- THREE.WebGLRendererを使用している時にcanvas要素の出力を使用するにはTHREE.SpriteMaterialとHTML5ベースのテクスチャが使用できます。
- THREE.Pointsのすべてのパーティクルの見た目を変更するにはTHREE.PointsMaterialのmapプロパティの値に外部画像を（またはcanvas要素の出力結果を）設定します。

次の節でその具体的な方法を説明します。

7.3 canvas要素を使用してパーティクルの見た目を変更

Three.jsでcanvas要素を使用してパーティクルの見た目を変更するにはやり方が3種類あります。THREE.CanvasRendererを使用しているなら、THREE.SpriteCanvasMaterialからcanvas要素を直接参照できます。THREE.WebGLRendererの場合、canvas要素を使用してパーティクルの見た目を変更するにはいくつか手順を踏まなければいけません。続く2つの節で、それぞれ異なったやり方を紹介します。

7.3.1 THREE.CanvasRendererでcanvas要素を使用

THREE.SpriteCanvasMaterialを使用するとcanvas要素の出力をパーティクルのテクスチャとして利用できます。このマテリアルはTHREE.CanvasRendererのために特別に用意されていて、このレンダラを使用している時にだけ正しく動作します。なお、このマテリアルはTHREE.CanvasRendererと同じファイル内で定義されているので、libs/renderers/CanvasRenderer.jsを読み込んでいなければ利用できません。このマテリアルの使い方を説明する前に、まずこのマテリアルに設定できるプロパティを確認しましょう（表7-2）。

表7-2 THREE.SpriteCanvasMaterialのプロパティ

プロパティ	説明
color	パーティクルの色。指定したブレンドモードに応じて、canvas画像の色に影響を与える
program	canvasのコンテキストをパラメーターとして受け取る関数。この関数はパーティクルが描画される時に呼び出される。2D描画コンテキストへの呼び出しの結果がパーティクルとして表示される
opacity	パーティクルの透明度を指定する。デフォルト値は1で、一切透過しない
transparent	パーティクルが透過するかどうかを指定する。これはopacityプロパティと組み合わせて使用する
blending	ブレンドモード。詳細は「9章 アニメーションとカメラの移動」を参照
rotation	このプロパティを使用するとcanvasの表示内容を回転できる。通常はcanvasの内容を正しく揃えるためにこの値をMath.PIに設定する必要がある。このプロパティはマテリアルのコンストラクタで渡すことはできず、明示的に設定する必要がある

THREE.SpriteCanvasMaterialが実際に動作しているところを見るには、サンプル04-program-based-sprites.htmlを開いてください（図7-4）。

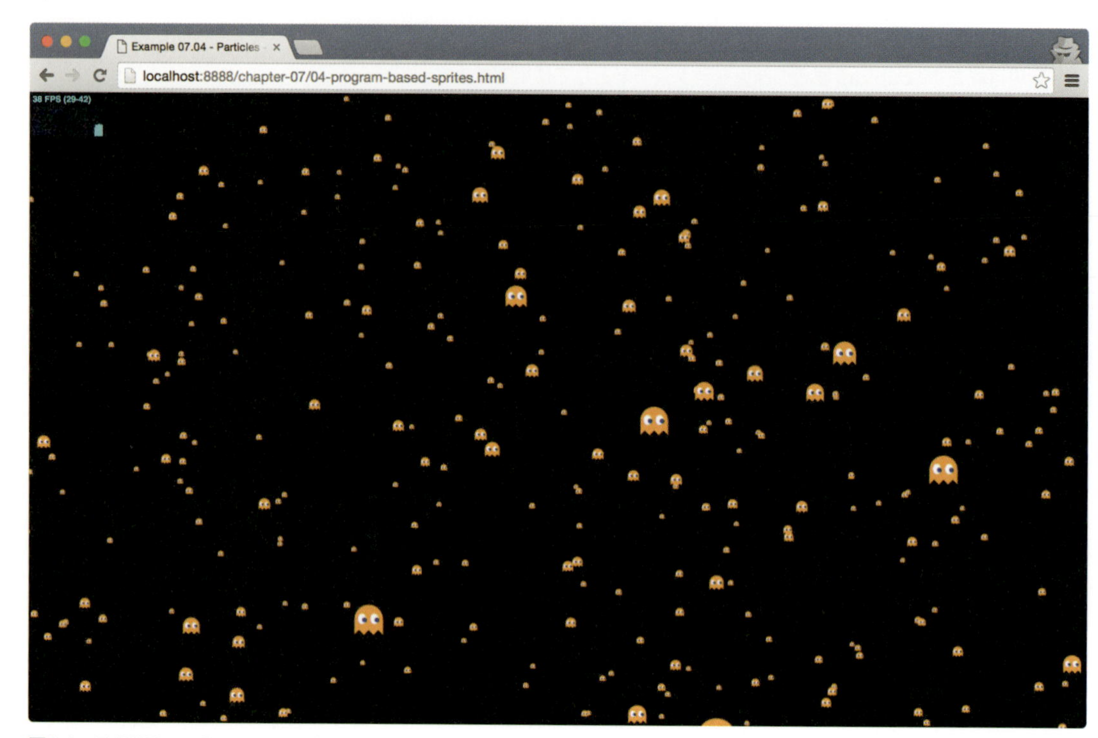

図7-4　THREE.SpriteCanvasMaterial

このサンプルではパーティクルはcreateSprites関数の中で作成されています。

```
function createSprites() {
  var material = new THREE.SpriteCanvasMaterial({
    program: getTexture,
    color: 0xffffff});
  material.rotation = Math.PI;

  var range = 500;
  for (var i = 0; i < 1500; i++) {
    var sprite = new THREE.Sprite(material);
    sprite.position.set(Math.random() * range - range / 2,
      Math.random() * range - range / 2,
      Math.random() * range - range / 2);
    sprite.scale.set(0.1, 0.1, 0.1);
    scene.add(sprite);
  }
}
```

このコードは前の節で見たものとよく似ています。主な違いはTHREE.CanvasRendererを使用しているのでTHREE.Pointsを使う代わりにTHREE.Spriteオブジェクトを直接作成しているところです。このコードでは描画関数を指示するためのprogramプロパティを持ったTHREE.SpriteCanvasMaterialも定義しています。描画関数ではパーティクルがどのような見た目になるか（今回の場合はパックマンのゴーストです）を指定します。

```
var getTexture = function (ctx) {
  ctx.translate(-81, -84);
  ctx.fillStyle = "orange";
  ctx.beginPath();
  ...
  // ctxに対して多くの描画命令呼び出し
  ...
  ctx.arc(89, 102, 2, 0, Math.PI * 2, true);
  ctx.fill();
};
```

図形描画に必要な実際のcanvasコードの詳細には踏み込みません。ここで重要なのは2D canvasのコンテキスト（ctx）を引数として受け取る関数を定義しているということです。このコンテキスト上に描画されたものがすべてTHREE.Spriteの形状として使用されます。

7.3.2 WebGLRendererでcanvas要素を使用

THREE.WebGLRendererでcanvas要素を使用する方法は2つあります。THREE.PointsMaterialを使用してTHREE.Pointsを作成するか、THREE.SpriteとTHREE.SpriteMaterialのmapプロパティを使用するかです。

まずは1番目の方法でTHREE.Pointsを作成してみましょう。THREE.PointsMaterialのプロパティの説明でmapプロパティについて簡単に説明しました。このプロパティを使用するとパーティクルで使用するテクスチャを指定できます。Three.jsではcanvas要素の出力もテクスチャとして使用できるので、このmapプロパティを使用するとcanvas要素の出力をパーティクルのテクスチャとして利用できます。この考え方を示したサンプルが05a-program-based-point-cloud-webgl.htmlです（**図7-5**）。

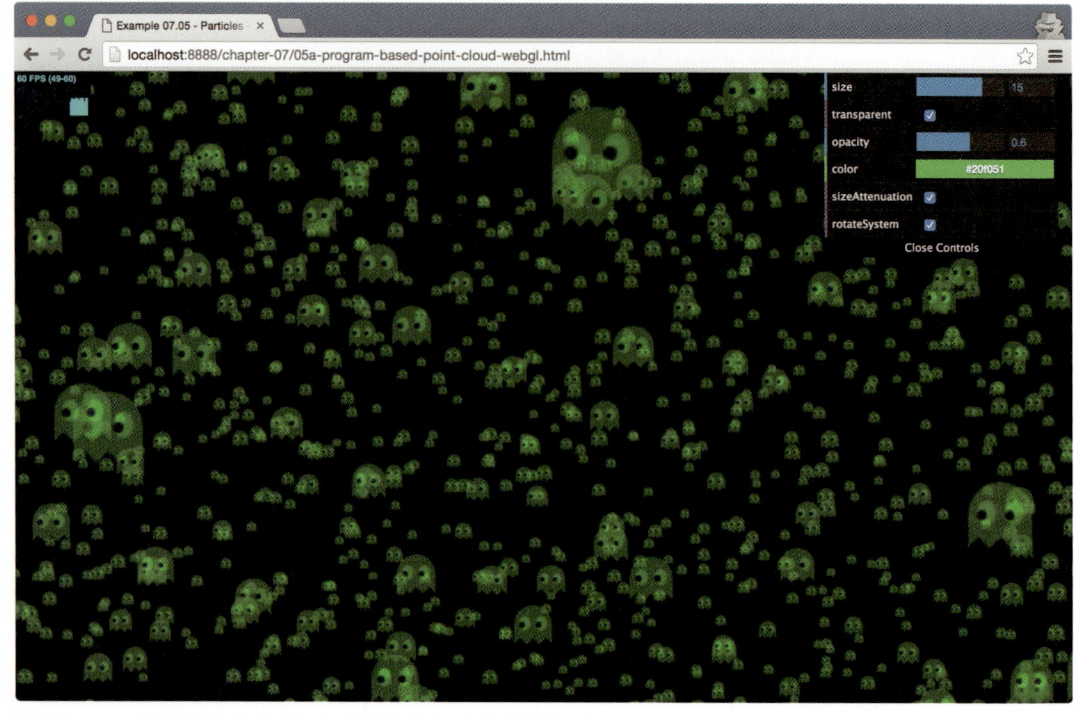

図7-5 canavs要素の出力をパーティクルのテクスチャとして使用

それではこの効果を実現するために記述したコードを見てみましょう。コードの大部分は前のWebGLのサンプルと同じなので説明は省略します。このサンプルを動作させるために重要なコード上の違いは次の部分です。

```
var getTexture = function () {
  var canvas = document.createElement('canvas');
  canvas.width = 32;
  canvas.height = 32;

  var ctx = canvas.getContext('2d');
  ...
  // ゴーストを描画
  ...
  ctx.fill();

  var texture = new THREE.Texture(canvas);
  texture.needsUpdate = true;
  return texture;
};

function createPoints(size, transparent, opacity,
  sizeAttenuation, color) {

  var geom = new THREE.Geometry();
```

```
    var material = new THREE.PointsMaterial({
        size: size,
        transparent: transparent,
        opacity: opacity,
        depthWrite: false,
        map: getTexture(),
        sizeAttenuation: sizeAttenuation,
        color: color
    });

    var range = 500;
    for (var i = 0; i < 5000; i++) {
      var particle = new THREE.Vector3(
        Math.random() * range - range / 2,
        Math.random() * range - range / 2,
        Math.random() * range - range / 2);
      geom.vertices.push(particle);
    }

    cloud = new THREE.Points(geom, material);
    cloud.name = 'pointcloud';
    scene.add(cloud);
  }
```

コード内に2つあるJavaScript関数の1番目、getTextureの中でcanvas要素を元にTHREE.Textureを作成します。そして次の関数createPointsでこのテクスチャをTHREE.PointsMaterialのmapプロパティに設定します。この関数ではTHREE.PointsMaterialのdepthWriteプロパティの値をfalseに設定していることに注意してください。これによりパーティクルは深度バッファに影響を与えなくなります。パーティクルが部分的に重なっていたり半透明部分が正しく表示されない場合には、このプロパティをfalseに設定すると（ほとんどの場合）問題が解決します。

THREE.Pointsのプロパティの話題になったのでついでに触れておくと、THREE.Pointsには（実際はTHREE.Object3Dに）frustumCulledというプロパティがあります。このプロパティをtrueに設定すると、パーティクルがカメラに映る範囲外に出た時に描画を試みなくなります。これによりパフォーマンスが向上しフレームレートが上がることがあります。

先ほどのサンプルではgetTexture()メソッドの中でcanvasに描画したものをTHREE.Pointsのパーティクルの表示に使用しました。次の節では外部ファイルから読み込んだテクスチャを使用する方法ついて少し詳細に見ていきます。なお、今回のサンプルではテクスチャを使用して可能なことのごく一部しか説明しないことに注意してください。テクスチャを使用することで可能になることの詳細については「10章 テクスチャ」で説明します。

この節の最初でTHREE.Spriteとmapプロパティを組み合わせて使用することでcanvasベースのパーティクルを作成できると説明しました。これには前のサンプルでTHREE.Textureを作成したのと同様の方法を使用します。ただし今回は次のとおりTHREE.

Spriteを設定します。

```
function createSprites() {
  var material = new THREE.SpriteMaterial({
    map: getTexture(),
    color: 0xffffff
  });

  var range = 500;
  for (var i = 0; i < 1500; i++) {
    var sprite = new THREE.Sprite(material);
    sprite.position.set(Math.random() * range - range / 2,
      Math.random() * range - range / 2,
      Math.random() * range - range / 2);
    sprite.scale.set(4, 4, 4);
    scene.add(sprite);
  }
}
```

ここでは、標準のTHREE.SpriteMaterialオブジェクトを使用してcanvasの出力をTHREE.Textureとしてマテリアルのmapプロパティに設定しています。ブラウザで05b-program-based-sprites-webgl.htmlを開くとこのサンプルを実際に見ることができます。先ほどの方法と今回の方法、いずれの方法にもそれぞれ長所と短所があります。THREE.Spriteでは個々のパーティクルをより細かく制御できますが、大量のパーティクルを使用する時にパフォーマンス上の問題が起きやすく複雑です。THREE.Pointsでは大量のパーティクルでも簡単に扱えますが、パーティクルをそれぞれ個別に制御する必要がある場合には向いていません。

7.4 テクスチャを使用してパーティクルの見た目を変更

前のサンプルでcanvas要素を使用してTHREE.Pointsオブジェクトと個別のTHREE.Spriteオブジェクトの見た目を変更する方法を学びました。canvasはその上に自由に描画するだけでなく、外部の画像を読み込むこともできます。これを使用してパーティクルシステムの見た目をさらに自由に設定することできますが、パーティクルの見た目を変更するために画像を使用するのであればもう少し直接的な方法があります。THREE.TextureLoaderオブジェクトのload()関数を使用して画像をTHREE.Textureとして読み込むことができるので、このTHREE.Textureをマテリアルのmapプロパティの値として設定してください。

この節ではサンプルを2つ紹介し、それぞれどのように作成するかを説明します。これらのサンプルはいずれも画像をパーティクルのテクスチャとして使用します。最初のサンプル06-rainy-scene.htmlでは雨のように見える画面を作成します（**図7-6**）。

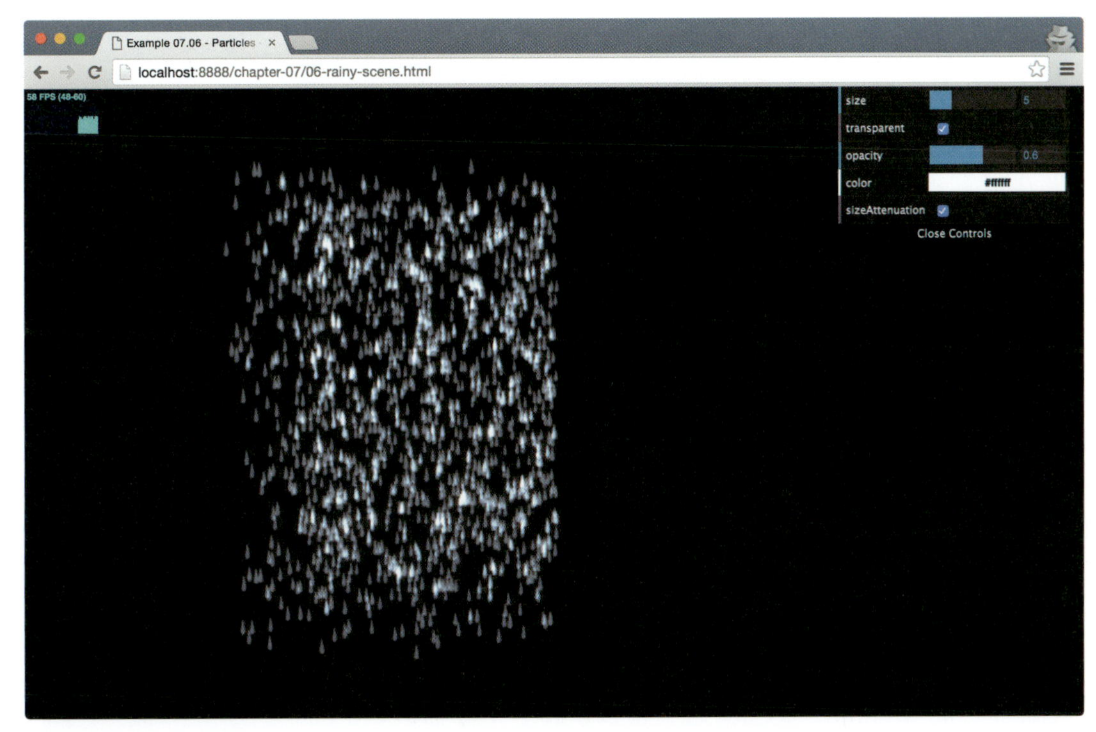

図7-6　雨のパーティクル

まず初めに行わなければいけないのは雨粒を表すテクスチャを取得することです。`assets/textures/particles`フォルダにいくつか例があります。テクスチャについての詳細な内容と要件は「9章 アニメーションとカメラの移動」ですべて説明しますが、ここではひとまずテクスチャは正方形でなければならず、2の累乗の長さ（例えば、64×64、128×128、256×256）を持つことが好ましいということだけを覚えておいてください。このサンプルでは**図7-7**のテクスチャを使用します。

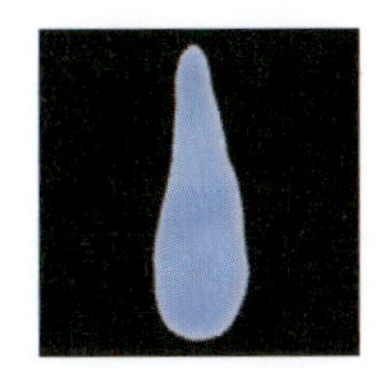

図7-7　雨粒のテクスチャ

この画像は黒い背景（正しくブレンドするために必要です）の上に、雨粒の色と形が描画されています。`THREE.PointsMaterial`でこの画像をテクスチャとして使用するためにはまず画像を読み込む必要があります。それには次のようにします。

```
var textureLoader = new THREE.TextureLoader();
var texture = textureLoader.load(
  "../assets/textures/particles/raindrop-1.png");
```

このコードを使用してThree.jsにテクスチャを読み込むと、マテリアルで利用することができます。このサンプルで使用しているマテリアル定義は次のようなものです。

```
var material = new THREE.PointsMaterial({
    size: 3,
    transparent: true,
    opacity: true,
    depthWrite: false,
    map: texture,
    blending: THREE.AdditiveBlending,
    sizeAttenuation: true,
    color: 0xffffff
});
```

この章ではここで使用しているすべてのプロパティについて説明します。まず理解すべきはTHREE.TextureLoaderを使用して読み込んだテクスチャをmapプロパティで指定することと、ブレンディングモードとしてTHREE.AdditiveBlendingを指定することです。このブレンディングモードでは背景にあるピクセルの色と新しいピクセルの色を足し合わせて、新しいピクセルを描画します。このブレンディングモードの設定と合わせてdepthWriteプロパティをfalseに設定すると今回の雨粒のテクスチャでは黒い背景が表示されなくなります。

これでTHREE.Pointsの見た目が変更できるようになりました。サンプルを開いた時にもうひとつ気になるのはパーティクル同士がばらばらに動いていることでしょう。前のサンプルではパーティクルシステム全体が同じように動いていましたが、今回はTHREE.Points内の個々のパーティクルの位置を個別に指定しています。それぞれのパーティクルはTHREE.Pointsを作成する時に使用したジオメトリの頂点で表されているということを覚えていれば、この実現は簡単です。まずTHREE.Pointsのパーティクルをどのようにして追加したかを見てみましょう。

```
var range = 40;
for (var i = 0; i < 1500; i++) {
  var particle = new THREE.Vector3(
    Math.random() * range - range / 2,
    Math.random() * range * 1.5,
    Math.random() * range - range / 2);
  particle.velocityX = (Math.random() - 0.5) / 3;
  particle.velocityY = 0.1 + Math.random() / 5;
  geom.vertices.push(particle);
}
```

これは前に見たサンプルとさほど変わりません。今回はそれぞれのパーティクル（THREE.Vector3）に新しく2つのプロパティ、velocityXとvelocityYを設定しています。最初のプロパティはパーティクル（雨粒）が単位時間に水平方向にどの程度動くかを指定し、2つめのプロパティで雨粒が落ちる速さを指定しています。水平方向の速さは-0.16から+0.16の間で、垂直方向の速さは0.1から0.3の間です。これでそれぞれの雨粒が独自の速度を持つようになり、描画ループ内でパーティクルを個別に動かすことができます。

```
var vertices = cloud.geometry.vertices;
vertices.forEach(function (v) {
  v.y = v.y - (v.velocityY);
  v.x = v.x - (v.velocityX);

  if (v.y <= 0) v.y = 60;
  if (v.x <= -20 || v.x >= 20) v.velocityX = v.velocityX * -1;
});
cloud.geometry.verticesNeedUpdate = true;
```

ここではTHREE.Pointsを作成するために使用されているジオメトリからすべての頂点（パーティクル）を取り出しています。そしてそれぞれのパーティクルからvelocityXとvelocityYを取り出し、それらを使用してパーティクルの位置を変更します。ループ内の最後の2行でパーティクルの位置が定義した範囲内に収まっていることを保証しています。つまりv.yがゼロ以下になると雨粒を再び一番上に追加し、v.xの座標が端に到達すると水平方向の速度を逆にして反対方向に跳ね返しています。このコードにあるようにジオメトリの頂点を変更した場合、それを表示に反映させるにはジオメトリのverticesNeedUpdateプロパティをtrueに設定する必要があります。

もうひとつのサンプルも見てみましょう。今度は雨ではなく雪を降らせます。さらにテクスチャも1種類だけではなく、（Three.jsのexamplesから取り出した）4種類の画像を使用します。まずは結果を見てみます。07-snowy-scene.htmlを開いてください（**図7-8**）。

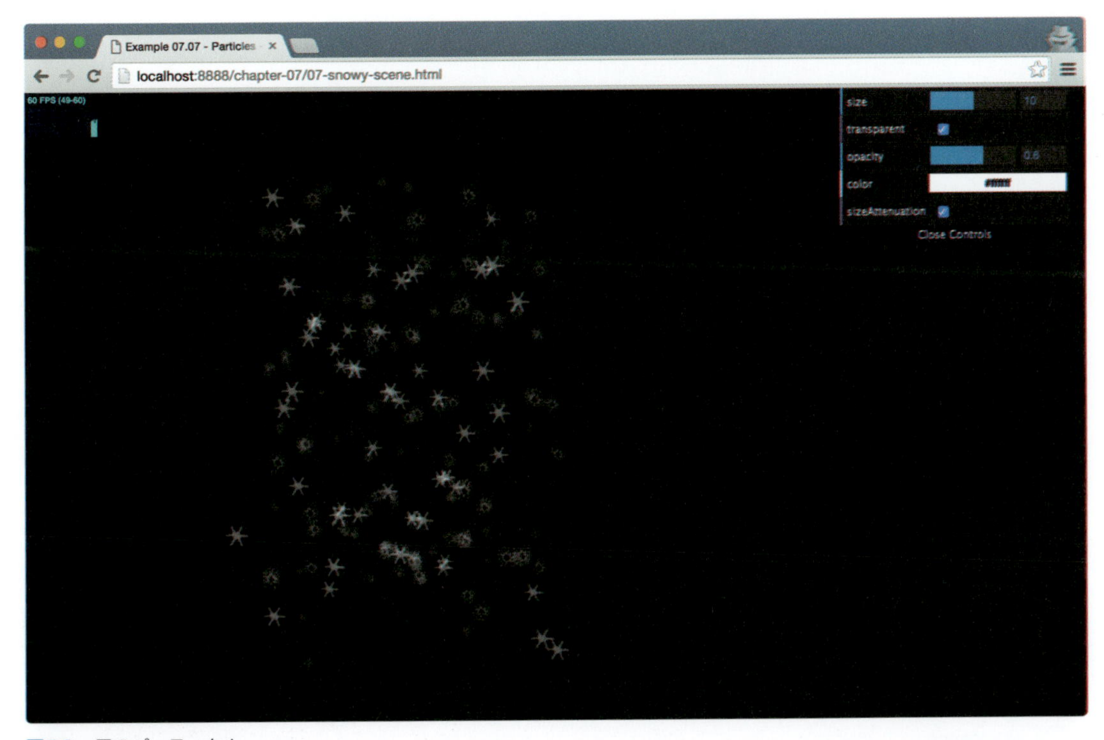

図7-8　雪のパーティクル

図7-8でテクスチャとしてたったひとつの画像を使うのではなく、複数の画像が利用できることを確認できました。どうやったのか不思議に思った読者もいるでしょう。ご存知のようにTHREE.Pointsにはひとつしかマテリアルを設定できません。複数のマテリアルが使いたいのであれば、次のコードのように複数のパーティクルシステムを作成する他ありません。

```
function createMultiPoints(size, transparent,
  opacity, sizeAttenuation, color) {

  var textureLoader = new THREE.TextureLoader();
  var texture1 = textureLoader.load(
    "../assets/textures/particles/snowflake1.png");
  var texture2 = textureLoader.load(
    "../assets/textures/particles/snowflake2.png");
  var texture3 = textureLoader.load(
    "../assets/textures/particles/snowflake3.png");
  var texture4 = textureLoader.load(
    "../assets/textures/particles/snowflake5.png");

  scene.add(createPoints("system1", texture1, size,
    transparent, opacity, sizeAttenuation, color));
  scene.add(createPoints("system2", texture2, size,
    transparent, opacity, sizeAttenuation, color));
  scene.add(createPoints("system3", texture3, size,
    transparent, opacity, sizeAttenuation, color));
  scene.add(createPoints("system4", texture4, size,
    transparent, opacity, sizeAttenuation, color));
}
```

ここではテクスチャを個別に読み込み、THREE.Pointsをどのように作成するかに関する情報をすべてcreatePoints関数に渡していることがわかります。この関数は次のようなものです。

```
function createPoints(name, texture, size, transparent, opacity, sizeAttenuation, color) {
  var geom = new THREE.Geometry();

  var color = new THREE.Color(color);
  color.setHSL(color.getHSL().h, color.getHSL().s,
    Math.random() * color.getHSL().l);

  var material = new THREE.PointsMaterial({
    size: size,
    transparent: transparent,
    opacity: opacity,
    map: texture,
    blending: THREE.AdditiveBlending,
    depthWrite: false,
    sizeAttenuation: sizeAttenuation,
    color: color
  });

  var range = 40;
```

```
  for (var i = 0; i < 50; i++) {
    var particle = new THREE.Vector3(
      Math.random() * range - range / 2,
      Math.random() * range * 1.5,
      Math.random() * range - range / 2);
    particle.velocityY = 0.1 + Math.random() / 5;
    particle.velocityX = (Math.random() - 0.5) / 3;
    particle.velocityZ = (Math.random() - 0.5) / 3;
    geom.vertices.push(particle);
  }

  var system = new THREE.Points(geom, material);
  system.name = name;
  system.sortParticles = true;
  return system;
}
```

この関数では最初にこのテクスチャを使用するパーティクルの色を定義します。パーティクルの色は受け取った色の明度をランダムに変更して作成します。次にマテリアルを先ほどと同じ方法で作成します。このコードの最後でそれぞれのパーティクルにランダムな速度を与え、ランダムな位置に配置します。描画ループ内では次のとおりそれぞれのTHREE.Points内のパーティクルの位置を更新しています。

```
scene.children.forEach(function (child) {
  if (child instanceof THREE.Points) {
    var vertices = child.geometry.vertices;
    vertices.forEach(function (v) {
      v.y = v.y - (v.velocityY);
      v.x = v.x - (v.velocityX);
      v.z = v.z - (v.velocityZ);

      if (v.y <= 0) v.y = 60;
      if (v.x <= -20 || v.x >= 20) v.velocityX = v.velocityX * -1;
      if (v.z <= -20 || v.z >= 20) v.velocityZ = v.velocityZ * -1;
    });
    child.verticesNeedsUpdate = true;
  }
});
```

この方法で異なるテクスチャを持ったパーティクルを作成できます。しかしこれには少し制限があります。テクスチャの種類を増やせば増やすほど、管理するポイントクラウドの数も増やさなければいけません。異なる見た目を持つパーティクルの数が少ないのであれば、この章の最初に紹介したTHREE.Spriteオブジェクトを使用したほうがよいでしょう。

7.5 スプライトマップの利用

この章の最初にTHREE.Spriteオブジェクトを使用してTHREE.CanvasRendererとTHREE.WebGLRendererでスプライトを表示しました。これらのスプライト（ビルボードとも呼ばれます）は3D空間内に配置されてカメラからの距離に応じてサイズが決定されます。この節ではこのTHREE.Spriteオブジェクトのまた別の利用法として、THREE.OrthographicCameraインスタンスをもうひとつ使用して作成した3Dコンテンツ上に表示されるヘッドアップディスプレイ（HUD）のようなレイヤーをTHREE.Spriteを使用して作成する方法を紹介します。さらにスプライトマップを使用してTHREE.Spriteオブジェクトの画像を選択する方法も紹介します。

サンプルとして画面上を左から右に動く単純なTHREE.Spriteオブジェクトを作成します。さらにTHREE.Spriteがカメラと独立に移動していることを明確にするために、背景に移動するカメラを使って3Dシーンを描画します。**図7-9**は初めてのサンプルとして作る08-sprites.htmlです。

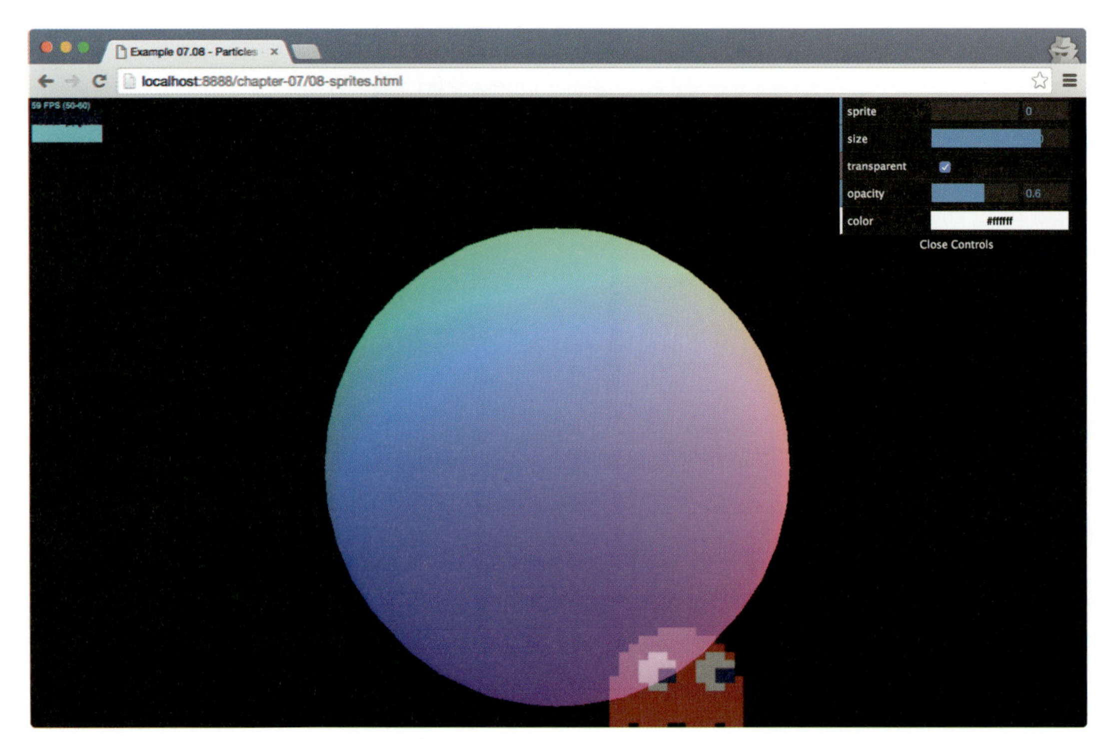

図7-9　背景のカメラ移動とは独立して動くスプライト

ブラウザでこのサンプルを開くとパックマンのゴーストのようなスプライトが画面の右端にぶつかるたびに色と形を変化させながら画面を往復しています。まず初めにTHREE.Spriteが描画されるのとは別のシーンとそのシーンで使用するTHREE.OrthographicCameraを作成します。

```
var sceneOrtho = new THREE.Scene();
var cameraOrtho = new THREE.OrthographicCamera(
  0, window.innerWidth, window.innerHeight, 0, -10, 10);
```

次にTHREE.Spriteをどのように構築して、スプライトで表示する複数のテクスチャをどのように読み込むのか見てみましょう。

```
var getTexture = function () {
  var textureLoader = new THREE.TextureLoader();
  var texture = new textureLoader.load(
    "../assets/textures/particles/sprite-sheet.png");
  return texture;
};

function createSprite(size, transparent, opacity, color, spriteNumber)
{
  var spriteMaterial = new THREE.SpriteMaterial({
      opacity: opacity,
      color: color,
      transparent: transparent,
      map: getTexture()
  });

  // 1行にスプライトは5つ
  spriteMaterial.map.offset = new THREE.Vector2(0.2 * spriteNumber, 0);
  spriteMaterial.map.repeat = new THREE.Vector2(1 / 5, 1);
  // オブジェクトは必ず前面に表示
  spriteMaterial.depthTest = false;

  spriteMaterial.blending = THREE.AdditiveBlending;

  var sprite = new THREE.Sprite(spriteMaterial);
  sprite.scale.set(size, size, size);
  sprite.position.set(100, 50, -10);
  sprite.velocityX = 5;

  sceneOrtho.add(sprite);
}
```

テクスチャはgetTexture()関数内で読み込みます。ただし、それぞれのゴースト用に5種類の画像を読み込むのではなく、5種類のゴーストの画像がすべて含まれたテクスチャを1枚だけ読み込みます。このテクスチャは**図7-10**のような画像です。

図7-10　5種類のゴーストを含むテクスチャ

map.offsetプロパティとmap.repeatプロパティを使用して画面に表示するスプライトを設定します。map.offsetプロパティでは読み込んだテクスチャ画像のx軸（u）とy軸（v）のオフセットを指定します。これらのプロパティは0から1の範囲の値を取ります。今回は1行しかなくvオフセット（y軸）を変更する必要はないので、例えば3番目のゴーストを選択するにはuオフセット（x軸）を0.4に設定するだけです。ゴーストを1体だけ表示するにはテクスチャ全体を使用するのではなくその一部にズームインする必要があります。そのためにmap.repeatプロパティのuの値を1/5に設定しています。これにより（x軸に関しては）テクスチャの20%だけを表示するようにズームして、ゴーストを1体だけ表示します。

最後にrender関数を更新する必要があります。

```
webGLRenderer.render(scene, camera);
webGLRenderer.autoClear = false;
webGLRenderer.render(sceneOrtho, cameraOrtho);
```

初めに通常のカメラと移動する球を持ったシーンを描画して、その後でスプライトが含まれるシーンを描画します。WebGLRendererのautoClearプロパティをfalseに設定していることに注意してください。これを忘れるとスプライトを描画する前にシーンがクリアされ、球が表示されなくなります。

前のサンプルで使用したTHREE.SpriteMaterialのすべてのプロパティの概要を表7-3に示します。

表7-3　THREE.SpriteMaterialのプロパティ

プロパティ	説明
color	スプライトの色
map	スプライトで使用されるテクスチャ。この節のサンプルで見たようなスプライトシートを使用できる
rotation	値をラジアンで指定するとスプライトが回転して表示される。デフォルト値は0
opacity	スプライトの透明度を設定する。デフォルト値は1（不透明）
blending	スプライトを描画する際のブレンドモード。ブレンドモードの詳細は「9章 アニメーションとカメラの移動」を参照
fog	スプライトがシーンに追加されているフォグの影響を受けるかどうかを指定する。デフォルト値はtrue

このマテリアルにはdepthTestプロパティとdepthWriteプロパティも設定できます。それらのプロパティの詳細については「4章 マテリアル」を参照してください。

（この章の初めに行ったように）3D内でTHREE.Spriteを配置する時にスプライトマップももちろん利用できます。このサンプルは09-sprites-3D.htmlです（図7-11）。

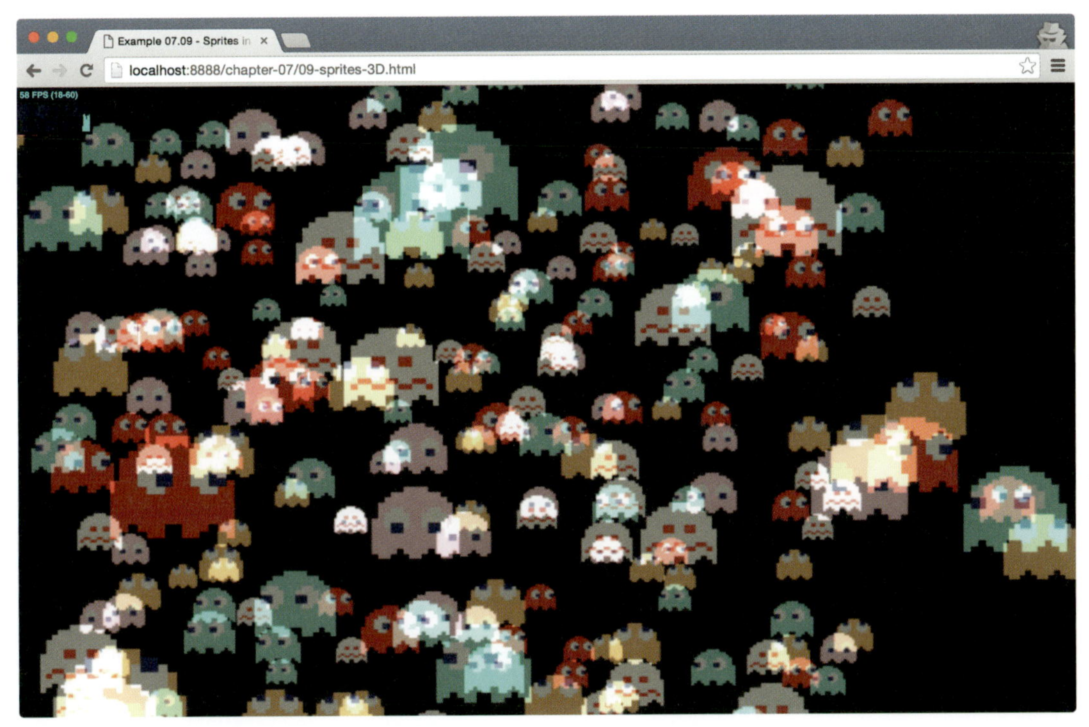

図7-11　スプライトマップの利用

表7-3のプロパティを使用すると、**図7-11**のような効果を非常に簡単に作成できます。

```
function createSprites() {
  group = new THREE.Group();
  var range = 200;
  for (var i = 0; i < 400; i++) {
    group.add(createSprite(10, false, 0.6, 0xffffff, i % 5,
      range));
  }
  scene.add(group);
}

function createSprite(size, transparent, opacity, color,
  spriteNumber, range) {

  var spriteMaterial = new THREE.SpriteMaterial({
    opacity: opacity,
    color: color,
    transparent: transparent,
    map: getTexture()
  });

  // 1行にスプライトは5つ
  spriteMaterial.map.offset = new THREE.Vector2(
    0.2 * spriteNumber, 0);
  spriteMaterial.map.repeat = new THREE.Vector2(1 / 5, 1);
```

```
    spriteMaterial.depthTest = false;

    spriteMaterial.blending = THREE.AdditiveBlending;

    var sprite = new THREE.Sprite(spriteMaterial);
    sprite.scale.set(size, size, size);
    sprite.position.set(Math.random() * range - range / 2,
      Math.random() * range - range / 2,
      Math.random() * range - range / 2);
    sprite.velocityX = 5;

    return sprite;
  }
```

このサンプルでは先ほど紹介したスプライトシートを使用してスプライトを400枚作成しています。ここで使用しているプロパティやコンセプトの大部分についてはおそらくこれまでに見たことがあり、理解できるでしょう。スプライトをすべてひとつのグループに追加したので、次のようにすると非常に簡単に全体を回転できます。

```
  group.rotation.x += 0.1;
```

この章ではこれまで主に何もないところからスプライトやポイントクラウドを作成する方法を紹介しました。しかし別の方法として既存のジオメトリから`THREE.Points`を作成することもできます。

7.6　高度なジオメトリからTHREE.Pointsを作成

覚えていると思いますが、`THREE.Points`は受け取ったジオメトリの頂点に基づいてそれぞれのパーティクルを描画します。つまり複雑なジオメトリ（例えばトーラス結び目やチューブ）を渡すと、そのジオメトリの頂点を元に`THREE.Points`を作成できます。この章の最後の節で前の章で紹介したトーラス結び目を作成して、それを`THREE.Points`として描画します。

トーラス結び目については前の章ですでに説明していますので、ここで詳細には触れません。前の章とまったく同じコードを使用していますが、描画されたメッシュを`THREE.Points`に変換するためのメニューオプションをひとつだけ追加しました。サンプルは`10-create-particle-system-from-model.html`です（**図7-12**）。

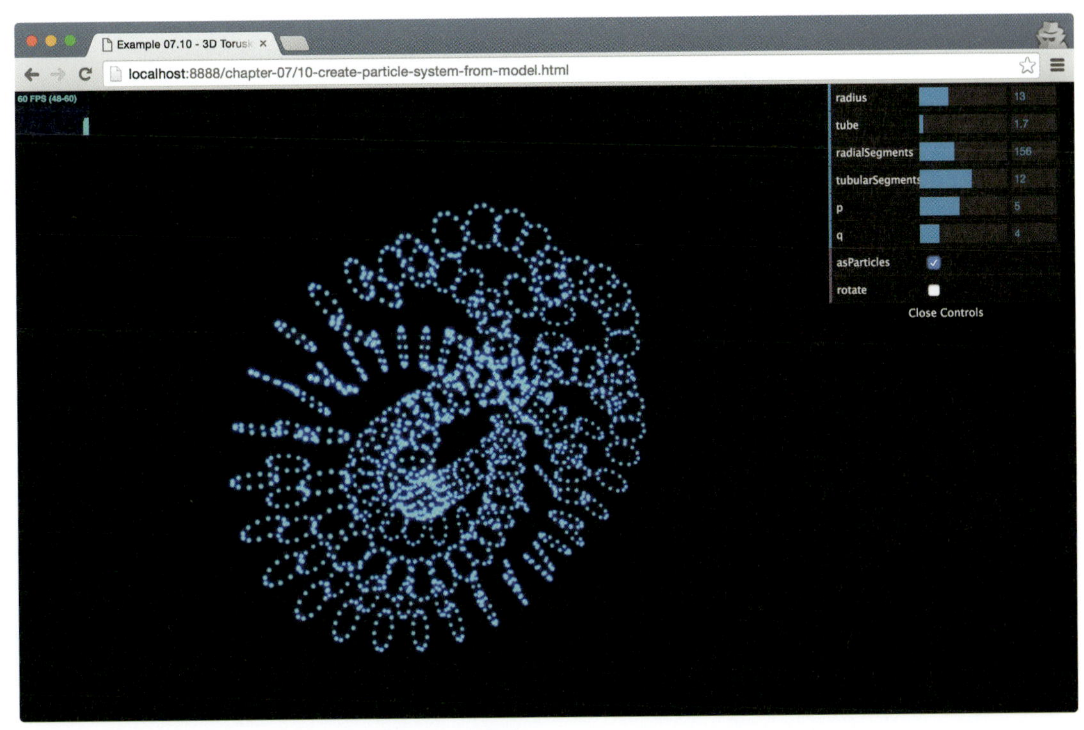

図7-12　THREE.TorusKnotGeometryからTHREE.Pointsを作成

図7-12にあるように、トーラス結び目を生成するために使用された頂点がすべてパーティクルとして利用されています。このサンプルではcanvas要素を使用して見た目のよいマテリアルを追加し、輝いているような効果を出しました。他のプロパティについてはこの章ですでに説明しているので、ここではマテリアルとパーティクルシステムを作成するコードだけ見ることにします。

```
function generateSprite() {
  var canvas = document.createElement('canvas');
  canvas.width = 16;
  canvas.height = 16;

  var context = canvas.getContext('2d');
  var gradient = context.createRadialGradient(
    canvas.width / 2, canvas.height / 2, 0,
    canvas.width / 2, canvas.height / 2, canvas.width / 2);
  gradient.addColorStop(0, 'rgba(255,255,255,1)');
  gradient.addColorStop(0.2, 'rgba(0,255,255,1)');
  gradient.addColorStop(0.4, 'rgba(0,0,64,1)');
  gradient.addColorStop(1, 'rgba(0,0,0,1)');

  context.fillStyle = gradient;
  context.fillRect(0, 0, canvas.width, canvas.height);

  var texture = new THREE.Texture(canvas);
```

```
    texture.needsUpdate = true;
    return texture;

  }

  function createPoints(geom) {
    var material = new THREE.PointsMaterial({
      color: 0xffffff,
      size: 3,
      transparent: true,
      blending: THREE.AdditiveBlending,
      map: generateSprite(),
      depthWrite: false
    });

    var cloud = new THREE.Points(geom, material);
    cloud.sortParticles = true;
    return cloud;
  }

  // 次のようにして使用
  var geom = new THREE.TorusKnotGeometry(...);
  var knot = createPoints(geom);
```

createPoints()とgenerateSprite()という2つの関数があります。最初の関数で受け取ったジオメトリ（今回のサンプルではトーラス結び目）から直接単純なTHREE.Pointsオブジェクトを作成して、次にgenerateSprite()関数で（canvas要素で生成された）**図7-13**のような光る点をテクスチャ（mapプロパティ）に設定しています。

図7-13　光る点のようなテクスチャ

7.7 まとめ

これでこの章は終わりです。パーティクル、スプライト、ポイントクラウドと何か、また専用のマテリアルを使用してのようにそれらの見た目を設定するかについて説明しました。この章ではTHREE.CanvasRendererとTHREE.WebGLRendererで直接THREE.Spriteを使用する方法を紹介しました。しかし大量のパーティクルを作成したいのであればTHREE.Pointsを使うべきです。THREE.Pointsを使用するとすべてのパーティクルが同じマテリアルを共有します。個別のパーティクルごとに変更が可能な唯一のプロパティはその色で、マテリアルのvertexColorsプロパティをTHREE.VertexColorsに設定し、THREE.Pointsを作成するのに使用したTHREE.Geometryのcolors配列に色を与えるとパーティクルごとに個別の色を使用できます。また、その位置を変更して簡単にパーティクルをアニメーションできることを示しました。これは個別のTHREE.Spriteインスタンスの場合でも、THREE.Pointsを作成するに使用したジオメトリの頂点群の場合でも同様に動作します。

これまでThree.jsで提供されているジオメトリを使用してメッシュを作成してきました。これは球や立方体のような単純なモデルであればまったく問題ありませんが、複雑な3Dモデルを作成したい場合にはベストなやり方とはいえません。そのようなモデルの作成には通常Blenderや3D Studio Maxといった3Dモデリングアプリケーションを使用します。次の章ではそのような3Dモデリングアプリケーションを使用して作成されたモデルを読み込んで表示する方法を学びます。

8章
高度なメッシュとジオメトリ

この章では高度で複雑なジオメトリとメッシュを作成するこれまでとは異なる方法を紹介します。「5章 ジオメトリ」と「6章 高度なジオメトリとブーリアン演算」でThree.js組み込みのオブジェクトを使用して高度なジオメトリを作成する方法をいくつか紹介しました。この章ではそれらとは異なる次の2つの方法で高度なジオメトリとメッシュを作成します。

グループ化とマージ

ここで紹介する最初の方法ではThree.jsの組み込みの機能を使用して既存のジオメトリをグループ化またはマージします。これによって既存のオブジェクトから新しいメッシュやジオメトリを作り出すことができます。

外部から読み込み

どのようにして外部ソースからメッシュとジオメトリを読み込むかを次に説明します。例えば、Blenderを使用してThree.jsがサポートしている形式でメッシュを書き出す方法について紹介します。

まずはグループ化とマージを使う方法の説明から始めましょう。この方法では新しいオブジェクトを作成するためにThree.jsで標準のグループ化や`THREE.Geometry.merge()`関数を使用します。

8.1 ジオメトリのグループ化とマージ

この節ではThree.jsの基本的な機能を2つ紹介します。具体的には、複数オブジェクトをひとつにグループ化する機能と複数のメッシュを単一のメッシュにマージする機能です。

8.1.1 複数のオブジェクトをまとめてグループ化

先のいくつかの章で複数マテリアルの使用について説明した時にすでにこの内容について紹介しています。複数マテリアルを使用したジオメトリからメッシュを作成するとThree.jsはグループを作成します。つまりジオメトリを必要な数だけ複製してグループに追加し、それぞれに独自のマテリアルを設定します。このグループをメッシュのように扱うと、マテリアルを複数使用しているように見えることになります。しかし実際にはそのグループの中にはメッシュが多数含まれているわけです。

グループの作成は非常に簡単です。作成したメッシュはすべて子要素を持つことができ、add関数でそのリストに追加することができます。グループに子オブジェクトを追加すると、親オブジェクトを拡大縮小、回転、平行移動した時にすべての子オブジェクトも同じ操作の影響を受けるようになります。サンプル`01-grouping.html`を見てみましょう（**図8-1**）。

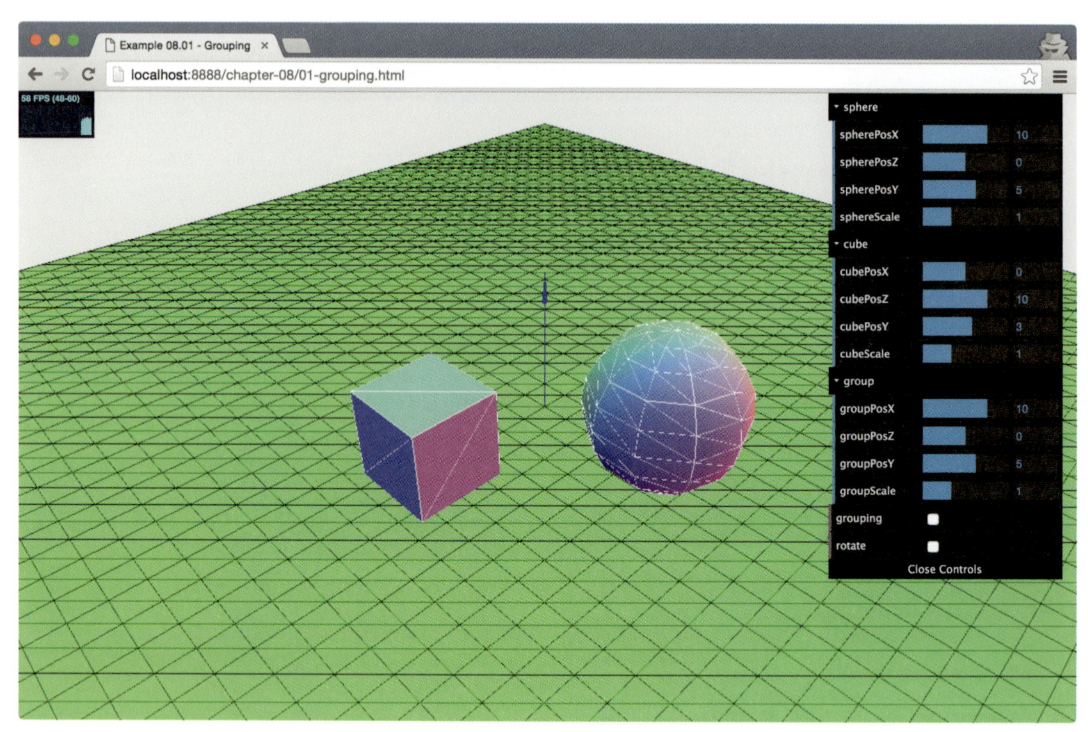

図8-1　メッシュのグループ化

このサンプルではメニューを使用して球や立方体の設定を変更できます。[rotate] オプションをチェックするとこれら2つのメッシュがその中心の周りを回転します。この動きは何も珍しくはありませんし驚くようなこともありません。しかしこれら2つのオブジェクトはシーンに直接追加されているわけではなく、グループとして追加されたものなのです。コードを以下に示します。

```
sphere = createMesh(new THREE.SphereGeometry(5, 10, 10));
cube = createMesh(new THREE.BoxGeometry(6, 6, 6));

group = new THREE.Group();
group.add(sphere);
group.add(cube);

scene.add(group);
```

このコードで`THREE.Group`を作成しています。このオブジェクトは`THREE.Mesh`と

THREE.Sceneの基本クラスであるTHREE.Object3Dオブジェクトと現在のところまったく同じで、これ自体には何もなく、何も描画しません。サンプルではadd関数を使用して球と立方体をこのオブジェクトに追加し、その後でこのオブジェクトをシーンに追加しています。このサンプルを見るとこの状態でも立方体と球それぞれの移動、拡大率の変更、回転ができることがわかります。また、オブジェクトが追加されているグループに対してもこれらのことを実行できます。グループメニューには、[position]オプションと[scale]オプションがあります。これらはグループ全体を拡大縮小、移動するためのものです。そしてグループ内部のオブジェクトの拡大率と位置はグループ自身の拡大率や位置に対する相対的な値として解釈されます。

拡大率と位置は非常にわかりやすいものです。しかしもうひとつ残っている回転の動作は少し異なり、グループを回転しても内部のオブジェクトは個別には回転しません。グループ全体がその中心に対して回転します（今回のサンプルではグループ全体がグループオブジェクトの中心を軸に回転します）。このサンプルではTHREE.ArrowHelperオブジェクトを使用してグループの中心に矢印を追加し、回転中心を示しています。

```
var arrow = new THREE.ArrowHelper(new THREE.Vector3(0, 1, 0),
  group.position, 10, 0x0000ff);
scene.add(arrow);
```

[grouping]チェックボックスと[rotate]チェックボックスの両方をチェックすると、**図8-2**のように球と立方体が（矢印で示される）グループの中心を軸に回転することが確認できます。

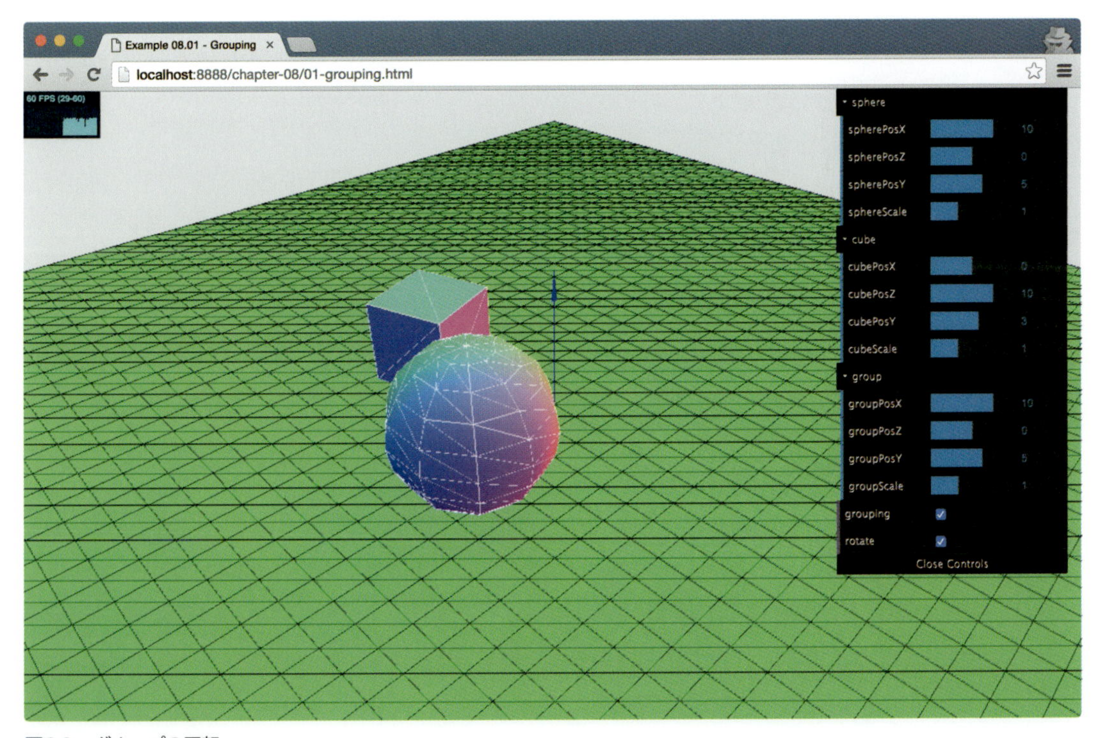

図8-2　グループの回転

グループを使用していても個別のジオメトリの位置を参照したり変更することは可能です。ただし、位置や回転、平行移動などはすべて親オブジェクトからの相対座標で指定されるということに注意が必要です。それでは次の節で複数の独立したジオメトリを組み合わせてひとつのTHREE.Geometryオブジェクトにするマージ操作について見ていきます。

8.1.2　複数のメッシュをひとつのメッシュにマージ

ほとんどの場合、グループを使用することで大量のメッシュを簡単に操作し管理できますが、極めて大量のオブジェクトを扱う場合にパフォーマンス上の問題が発生することがあります。というのも、グループは結局内部的には個別のオブジェクトをそれぞれ別々に操作して描画しているにすぎないからです。ここでTHREE.Geometry.merge()を使用すると複数のジオメトリをマージしてひとつのジオメトリにすることができます。次のサンプルを使用すると、これがどのように動作するか、そしてパフォーマンスへの影響はどのようなものになるかを確認できます。サンプル02-merging.htmlを開いてください。乱雑に散らばった半透明の立方体が大量に配置されているシーンが見えます。メニューのスライダーを使用してシーン内に表示したい立方体の数を設定し、[redraw] ボタンをクリックすると再描画されます。実行しているハードウェアに依存しますが、立方体の数が増えるに従ってパフォーマンスが悪化することがわかるでしょう。図8-3の左上のグラフに見られるように、筆者の環境では4,000オブジェクトのあたりで問題が発生し、通常は60fpsあるリフレッシュレートがだいたい29fpsまで下がりました。

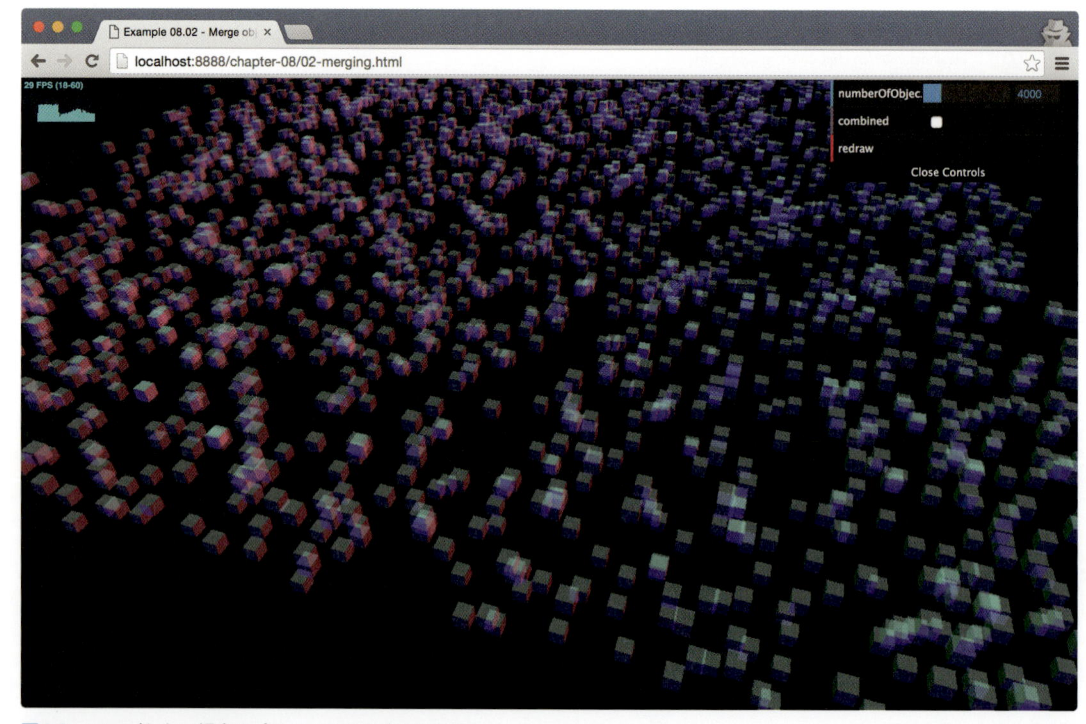

図8-3　マージしない場合はパフォーマンスが低下する

このとおり、シーンに追加できるメッシュの数には限界があります。とはいえ、通常であればそれほど多くのメッシュが必要になることはないでしょう。ただ（例えば『Minecraft』のような）特殊なゲームや高度な可視化を実現したい時には、大量の独立したメッシュを管理する必要があるかもしれません。THREE.Geometry.merge()を使用すると、この問題を解決できます。コードに目を通す前に、同じサンプルを実行してみましょう。ただし、今回は［combine］チェックボックスをチェックしておきます。**図8-4**にあるように、このオプションを使用してすべての立方体をひとつのTHREE.Geometryにマージして、その唯一のオブジェクトを立方体の代わりに追加します。

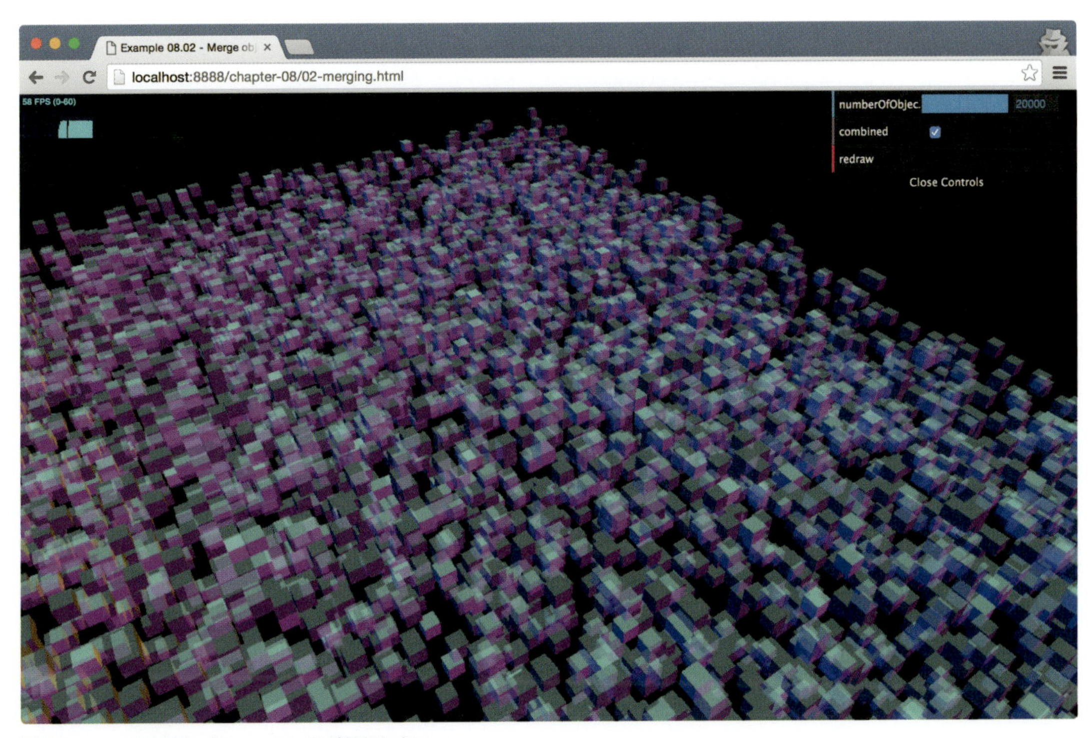

図8-4　マージするとパフォーマンスが低下しない

見てわかるとおり、パフォーマンスをさほど落とすことなく簡単に20,000個の立方体を描画できました。これには次のような数行のコードが使用されています。

```
var geometry = new THREE.Geometry();
for (var i = 0; i < controls.numberOfObjects; i++) {
  var cubeMesh = addcube();
  cubeMesh.updateMatrix();
  geometry.merge(cubeMesh.geometry, cubeMesh.matrix);
}
scene.add(new THREE.Mesh(geometry, cubeMaterial));
```

ここではaddCube()関数がTHREE.Meshを返します。マージされたTHREE.Geometry

オブジェクトが正しく配置され回転できるように、`merge`関数には`THREE.Geometry`だけでなく、変換行列も渡さなければいけません。この行列を`merge`関数に渡すと、マージした立方体が正しく配置されます。

これを20,000回繰り返し、最終的に残った唯一のジオメトリをシーンに追加します。コードを見るとこの方法にはいくつか欠点があることがわかります。まず、最終的に残るジオメトリはひとつだけなので、立方体にそれぞれ個別のマテリアルを設定することはできなくなります。ただしこれについては`THREE.MultiMaterial`を利用することでいくぶん解決できます。もっとも大きな欠点は立方体を個別に制御できなくなることです。特定の立方体を移動、回転、拡大縮小したいと思ったとしても（適切な面と頂点と位置を個別に見つけ出さないかぎり）不可能です。

グループ化とマージを利用すれば、Three.jsで提供されている基本的なジオメトリを使用して巨大で複雑なジオメトリを作成できます。しかしそれよりもさらに高度なジオメトリを作成したければ、Three.jsを使用したプログラムを用いるよりももっとよい方法があるはずです。幸い、Three.jsにはジオメトリを作成する方法が他にもいくつかあります。次の節では外部リソースからジオメトリとメッシュを読み込む方法を紹介します。

8.1.3 外部リソースからのジオメトリの読み込み

Three.jsではさまざまな3Dファイルフォーマットを解釈して、そこで定義されているジオメトリやメッシュを取り込むことができます。表8-1にThree.jsがサポートしている主なファイルフォーマットの一覧を示します。

表8-1 Three.jsがサポートしているファイルフォーマット

フォーマット	説明
JSON	Three.jsには独自のJSONフォーマットがあり、ジオメトリやシーンを宣言的に定義できる。公式のフォーマットではないが、複雑なジオメトリやシーンを再利用したい時に非常に手軽に利用できる
OBJおよびMTL	OBJはもともとWavefront Technologiesによって開発された単純な3Dフォーマット。もっとも広く採用されている3Dファイルフォーマットのひとつで、オブジェクトの形状を定義するために利用できる。MTLはOBJに付随するフォーマット。MTLファイルではOBJファイル内のオブジェクトのマテリアルを指定する。Three.jsには`OBJExporter.js`という独自のOBJエクスポーターもあり、Three.jsのモデルをOBJ形式でエクスポートしたい時に利用できる
Collada	Colladaはデジタルアセットを定義するためのXMLベースのフォーマット。こちらも非常に多くの3Dアプリケーションやレンダリングエンジンでサポートされていて、広く使われている
STL	STLはSTereoLithographyの略で[*1]、ラピッドプロトタイピングの世界で広く利用されていて、例えば3Dプリンターのためのモデルはしばしば STLファイルで記述される。Three.jsには`STLExporter.js`という独自のSTLエクスポーターもあり、Three.jsのモデルをSTL形式でエクスポートしたい時に利用できる
CTM	CTMはopenCTMによって作成されたファイルフォーマット。3Dの三角系ベースのメッシュを軽量な形式で保存するためのフォーマットとして利用されている

＊1　訳注：日本ではStandard Triangulated Languageとも呼ばれます。

フォーマット	説明
VTK	VTKはVisualization Toolkitによって定義されたファイルフォーマット。頂点と面を指定するために利用される。バイナリとASCIIテキストベースの2種類のフォーマットが利用できるが、Three.jsはASCIIベースのフォーマットだけをサポートしている
AWD	AWDは3Dシーンのためのバイナリフォーマット。http://away3d.com/エンジンで非常によく利用される。Three.jsで利用できるローダーは圧縮されたAWDフォーマットをサポートしていないことに注意してほしい
Assimp	Open asset import library（Assimpとも呼ばれる）はさまざまな3Dモデルフォーマットをインポートする標準的な手段。このローダーを使用するとassimp2jsonを使用して変換された非常に幅広い3Dフォーマットのモデルを取り込むことができる。assimp2jsonの詳細についてはhttps://github.com/acgessler/assimp2jsonを参照
VRML	VRMLはVirtual Reality Modeling Languageの略。テキストベースのフォーマットで、このフォーマットを使用して3Dオブジェクトやワールドを定義することができる。VRMLにはX3Dファイルフォーマットという後継があるが、Three.jsはX3Dモデルの読み込みをサポートしていない。ただし、これらのモデルは容易に相互変換できる。より詳細についてはhttp://www.x3dom.org/?page_id=532#を参照
Babylon	JavaScriptの3Dゲームライブラリ。モデルを独自の内部フォーマットで保持する。詳細な情報はhttp://www.babylonjs.com/を参照
PDB	Protein Data Bankによって作成された非常に特殊なフォーマット。タンパク質の構造がどのように見えるかを示すために利用される。Three.jsでは、このフォーマットで指定されたタンパク質を読み込んで可視化できる
PLY	ポリゴンファイルフォーマット。3Dスキャナーから得られた情報を保持するためによく利用される

次の章でアニメーションについて学ぶ時にこれらのフォーマットのうちのいくつかについてはもう一度紹介することになります（加えてもうひとつ、MD2も紹介します[*1]）。まずは表の一番上のもの、Three.jsの内部フォーマットから始めましょう。

8.1.4 Three.jsのJSONフォーマットの保存と読み込み

Three.jsのJSONフォーマットは単一のTHREE.Meshの保存と読み込みに使用できます。

8.1.4.1 THREE.Meshの保存と読み込み

保存と読み込みを試してみるために、THREE.TorusKnotGeometryを使用した簡単なサンプルを作成しました。このサンプルでは、ちょうど「5章 ジオメトリ」と同じようにパラメーターを設定してトーラス結び目を作成し、[Save & Load] メニューの [save] ボタンを押すことでその設定で作成されたジオメトリを保存できます。このサンプルではデータの保存にHTML5のローカルストレージAPIを使用しています。このAPIを使用すると情報をブラウザに永続的に保存して、それを後で簡単に（一度ブラウザを終了して再起動したとしても）参照することができます。

サンプル03-load-save-json-object.htmlを見てみましょう（**図8-5**）。

＊1　訳注：日本語版ではさらに付録BでMikuMikuDanceで使用するモデルデータであるPMDフォーマットやPMXフォーマットについても説明します。

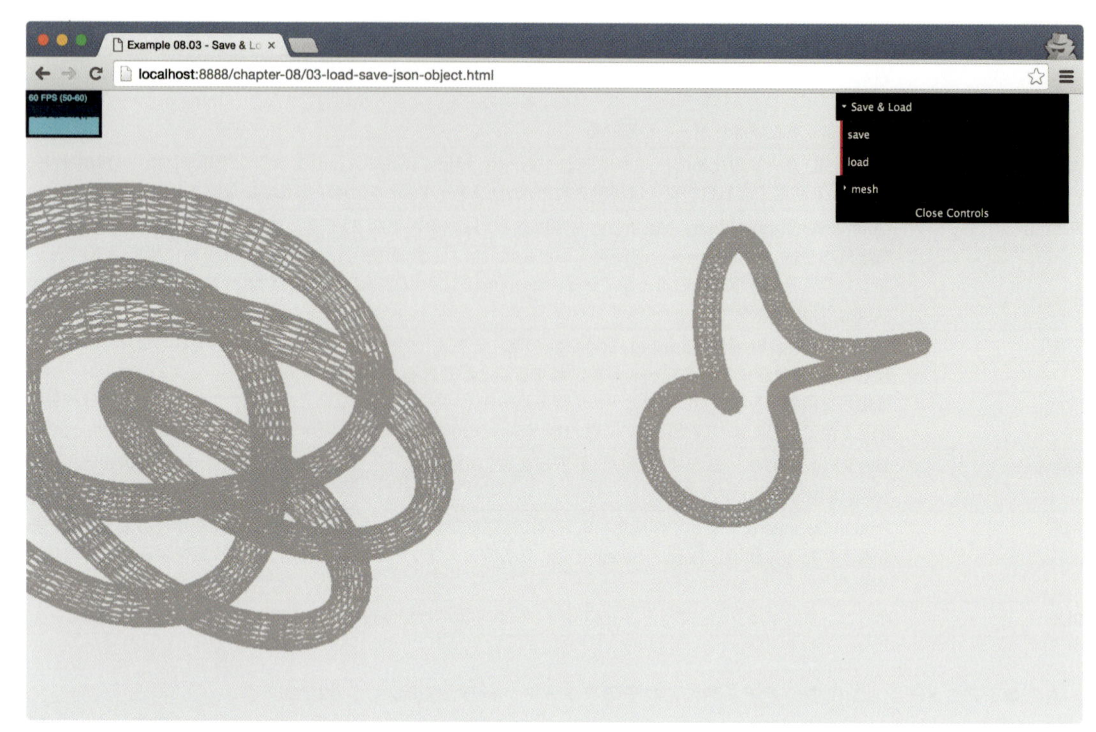

図8-5　JSON形式での保存と読み込み

Three.jsからJSONにエクスポートするのは非常に簡単で、別のライブラリを使用する必要はありません。ただ次のコードのように書けばTHREE.MeshをJSON形式でエクスポートできます。

```
var result = knot.toJSON();
localStorage.setItem("json", JSON.stringify(result));
```

まず保存前にtoJSON関数を使用してJavaScriptオブジェクトに変換し、その結果をJSON.strigify関数で文字列に変換します。JSON文字列に変換された結果は次のようになります（頂点と面のデータの大部分は省略されています）。

```
{
  "metadata":{
    "version":4.4,
    "type":"Object",
    "generator":"Object3D.toJSON"
  },
  "geometries":[{
    "uuid":"939798CE-420B-4218-B4EF-51C6AA8D9CFB",
    "type":"TorusKnotGeometry",
    "radius":11.469926184407733,
    "tube":4.852661078018656,
    "tubularSegments":9,
    "radialSegments":11,
```

```
      "p":3,
      "q":7
    }],
    ...
  }
```

見てわかるとおり、Three.jsはTHREE.Meshに関するすべての情報をJSONに格納します。HTML5のローカルストレージAPIを使用してこの情報を保存するにはlocalStorage.setItem関数を呼び出すだけです。この関数呼び出しの最初の引数がキー（"json"）で、後でこのキーを使用して2番目の引数として渡している情報を読み込むことができます。

THREE.MeshをThree.jsに読み込み直す場合も、次のような数行のコードを書くだけです。

```
var json = localStorage.getItem("json");

if (json) {
  var loadedGeometry = JSON.parse(json);
  var loader = new THREE.ObjectLoader();

  loadedMesh = loader.parse(loadedGeometry);
  loadedMesh.position.x -= 50;
  scene.add(loadedMesh);
}
```

ここではまず保存する際に設定した名前（今回の場合はjson）を使用してローカルストレージからJSONを取得します。それにはHTML5のローカルストレージAPIで提供されているlocalStorage.getItem関数を使用します。次に文字列をJavaScriptオブジェクトに戻して（JSON.parse）、その後さらにJSONオブジェクトをTHREE.Meshに再変換する必要があります。今回のサンプルではローダーのparseメソッドを使用してJSON文字列を直接パースしました。ローダーにはload関数もあり、こちらを使用するとJSONによる定義が記述されているファイルのURLを渡すことができます。

見てわかるように、この方法で保存できるのはTHREE.Meshだけです。それ以外のものはすべて失われます。以前のThree.jsにはシーンのエクスポート／インポートに使用できるSceneExpoter.jsとSceneLoader.jsがありましたが、これらの機能はr72で削除されました。過去にエクスポートされたファイルをインポートするためにSceneLoader.jsはまだexamples/js/loaders/deprecated以下に残されていますが、SceneExporter.jsについてはすでにファイル自体が削除されています。ウェブサイト等で公開されている情報は古い場合があるので注意してください。

複雑なメッシュを作成するために利用できる3Dプログラムはたくさんあります。その中でもオープンソースとして有名なものがBlender（https://www.blender.org/）です。Three.jsにはBlender用の（それ以外にもMayaや3D Studio Max用の）エクスポーターがあり、それを使用することでBlenderからThree.jsのJSONフォーマットを直接エクスポートできます。ここではエクスポーターを利用できるようにBlenderを設定するところから、Blender内の複雑なモデルをエクスポートしてThree.js内で表示するところまでを説明します。

8.1.5 Blenderの利用

設定を開始する前に、最終的にどのようなものを目指しているのか見ておきましょう。**図8-6**ではThree.jsプラグインを使用してエクスポートしたBlenderモデルを`THREE.JSONLoader`でThree.js内に取り込み表示しています。

図8-6 Blenderで作成した椅子のモデル

8.1.5.1 BlenderにThree.jsエクスポーターをインストール

BlenderでThree.jsモデルをエクスポートするためにまずBlenderにThree.jsエクスポーターを追加する必要があります。Macでは次のような手順になりますが、WindowsやLinuxでもほとんど同じです。Blenderをhttps://www.blender.org/からダウンロードし、プラットフォームごとの指示に従ってインストールしてください。インストールが完了するとThree.jsプラグインを追加できます。まずターミナルウィンドウでインストールしたBlenderの`addons`ディレクトリを開きます（**図8-7**）。

ターミナル — zsh — 120×14

```
[yasushiando@macbook] ls -l /Applications/blender-2.77a/blender.app/Contents/Resources/2.77/scripts/addons | head
total 3104
drwxr-xr-x@  2 yasushiando  staff     68  3 18 09:57 Blender_Addons/
dr-xr-xr-x@ 45 yasushiando  staff   1530  2 29 16:53 __pycache__/
drwxr-xr-x@  7 yasushiando  staff    238  2 29 16:53 add_curve_extra_objects/
-rw-r--r--@  1 yasushiando  staff  25942  2 20 05:43 add_curve_ivygen.py
drwxr-xr-x@  6 yasushiando  staff    204  2 29 16:53 add_curve_sapling/
drwxr-xr-x@  6 yasushiando  staff    204  2 29 16:53 add_mesh_BoltFactory/
-rw-r--r--@  1 yasushiando  staff  27863  1 30 11:51 add_mesh_ant_landscape.py
drwxr-xr-x@ 21 yasushiando  staff    714  2 29 16:53 add_mesh_extra_objects/
-rw-r--r--@  1 yasushiando  staff  13089  1 30 11:51 animation_add_corrective_shape_key.py
[yasushiando@macbook]
```

図8-7 Blenderのaddonsディレクトリ

筆者のMacでは以下にありました。

```
/Applications/blender-2.77a/blender.app/Contents/Resources/2.77/scripts/addons
```

Windowsでは、このディレクトリは以下の場所にあります。

```
C:\Users\USERNAME\AppData\Roaming\Blender Foundation\Blender\2.7X\scripts\addons
```

Linuxの場合は以下です。

```
/home/USERNAME/.config/blender/2.7X/scripts/addons
```

次にThree.jsの配布版を取得してローカルで展開します。するとそこに`utils/exporters/blender/addons/`というディレクトリあり、その中に`io_three`という名前のサブディレクトリがあります。このディレクトリをBlenderのaddonsにコピーしてください。

これで後はBlenderを立ち上げてエクスポーターを有効にするだけです。Blenderで[Blender User Preferences]を開いてください（[File]→[User Preferences]）。User Preferencesダイアログが開くので[Addons]タブを選択し、検索ボックスに`three`と入力します。すると**図8-8**のようになるでしょう。

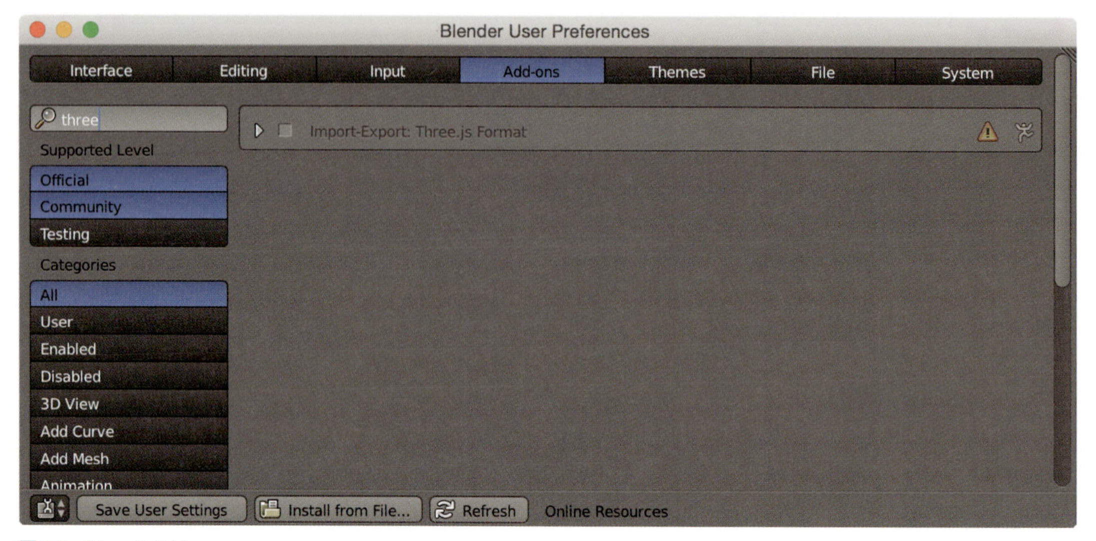

図8-8　Three.js Addon

これでThree.jsプラグインが見つかりますが、まだ有効にはなっていません。右側にある小さなチェックボックスをチェックしてThree.jsエクスポーターを有効にしてください。すべてがうまく動いているかどうか確認するための最終チェックとして［File］→［Export］メニューオプションを開きます。すると**図8-9**のように、エクスポートオプションとしてThree.jsが並んでいることが確認できるでしょう。

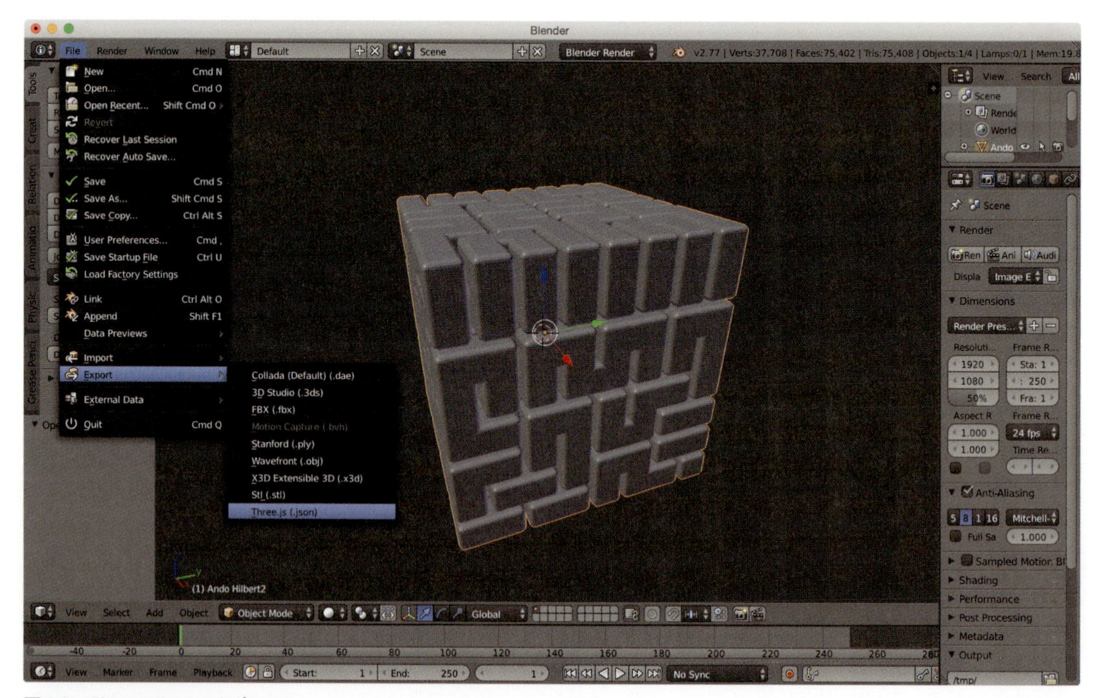

図8-9　Three.js Exportオプション

インストールしたプラグインを利用して最初のモデルを読み込めます。

8.1.5.2 Blenderでのモデルの読み込みと書き出し

例として`misc_chair01.blend`という名前の簡単なBlenderモデルを本書のサンプルディレクトリ内の`assets/models`に用意しています。この節ではこのモデルを読み込んで、Three.js形式でエクスポートするために必要な手順を紹介します。

まずこのモデルをBlenderに読み込みます。[File] → [Open] を使用して`misc_chair01.blend`ファイルのあるフォルダを開いてください。そして、そのファイルを選択し、[Open] をクリックします。すると図8-10のような画面が開きます。

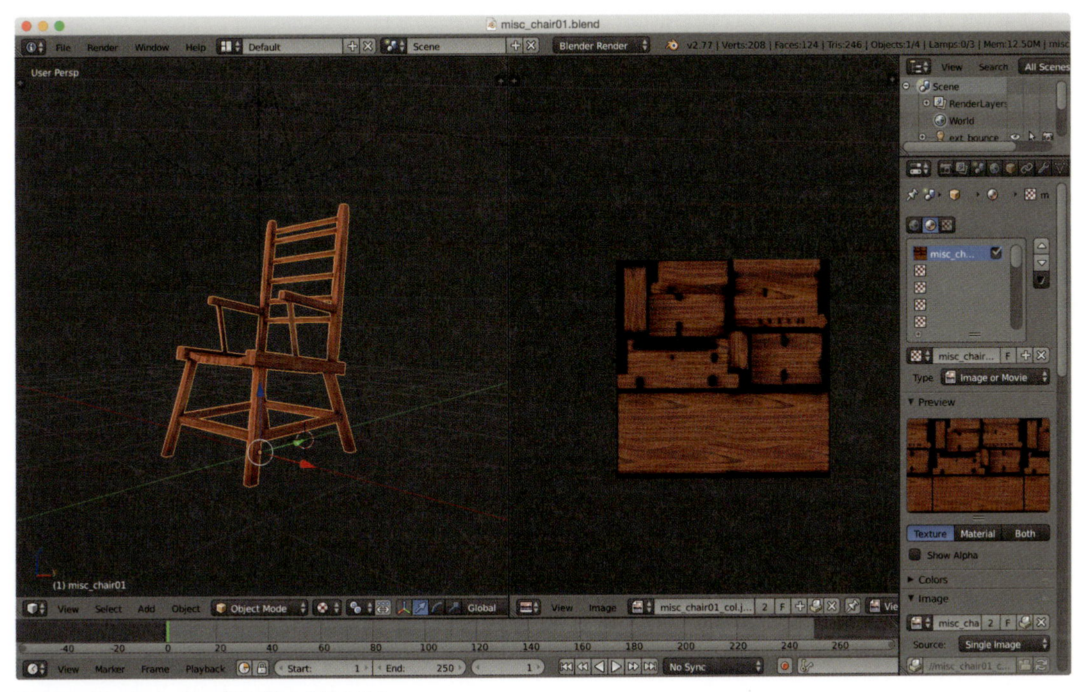

図8-10　Blenderにサンプルモデルを読み込む

このモデルをThree.jsのJSONフォーマットで書き出すのは非常に簡単です。[File] メニューから [Export] → [Three.js] を開き、（テクスチャの情報をエクスポートするために）[Shading:] セクションの [Face Materials] にチェックをして、エクスポートするファイル名を入力したら [Export Three.js] を選択します。これでThree.jsが解釈できるフォーマットのJSONファイルが作成されます。このファイル内容の一部は次のようになります。

```
{
  "metadata":{
    "version":3,
    "materials":1,
    "normals":115,
```

```
      "type":"Geometry",
      "faces":215,
      "vertices":208,
      "uvs":2,
      "generator":"io_three"
    },
    "materials":[ ... ],
    "normals":[ ... ],
    "name":"misc_chair01Geometry",
    "faces":[ ... ],
    "vertices":[ ... ],
    "uvs":[ ... ]
  }
```

しかし作業はまだ終わっていません。**図8-10**に、木のようなテクスチャを持った椅子がありました。エクスポートされたJSONを見ると、次のようにマテリアルが指定された椅子の出力が確認できます。

```
  "materials":[{
    "colorDiffuse":[0.531326,0.250742,0.14792],
    "DbgColor":15658734,
    "doubleSided":true,
    "colorEmissive":[0,0,0],
    "depthWrite":true,
    "DbgName":"misc_chair01",
    "mapDiffuseWrap":["RepeatWrapping","RepeatWrapping"],
    "shading":"lambert",
    "mapDiffuseRepeat":[1,1],
    "DbgIndex":0,
    "wireframe":false,
    "opacity":1,
    "blending":"NormalBlending",
    "mapDiffuse":"misc_chair01_col.jpg" ,
    "transparent":false,
    "depthTest":true,
    "mapDiffuseAnisotropy":1,
    "visible":true
  }],
```

このマテリアルはmapDiffuseプロパティでテクスチャmisc_chair01_col.jpgを指定しています。したがって、エクスポートされたモデルに加えてテクスチャファイルもThree.jsから利用できるようにしておく必要があります。幸いこのテクスチャもBlenderから直接保存できます。

BlenderでUV/Image Editorビューを開いてください。[File] メニューオプションの左側にあるドロップダウンメニューからこのビューを選択できます。ビューを選択するとトップメニューが**図8-11**のものと入れ替わります。

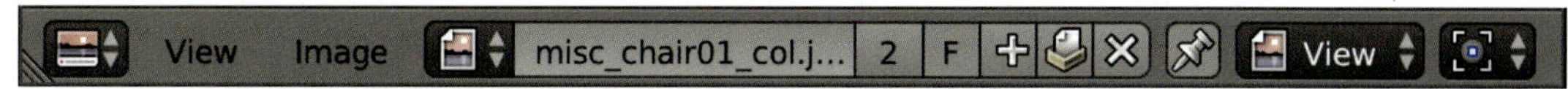

図8-11　Image Editorビューメニュー

エクスポートしたいテクスチャ、今回の場合は`misc_chair_01_col.jpg`が選択されていることを確認してください（他のものを選択する場合は小さな画像アイコンをクリックしてください）。次に［Image］メニューから［Save as Image］メニューオプションを使用して画像を保存します。画像はJSONエクスポートファイルで指定した名前のモデルが保存されているフォルダと同じフォルダに保存してください。これでモデルをThree.jsに読み込む準備ができました。

Three.jsにこのモデルを取り込むコードは次のようになります。

```
var loader = new THREE.JSONLoader();
loader.texturePath = '../assets/models/';
loader.load('../assets/models/misc_chair01.js', function(geometry, mat) {
  mesh = new THREE.Mesh(geometry, mat[0]);

  mesh.scale.x = 15;
  mesh.scale.y = 15;
  mesh.scale.z = 15;

  scene.add(mesh);
});
```

すでに見たことのある`JSONLoader`ですが、今回は`parse`関数ではなく`load`関数を使用しています。この関数を呼び出すには読み込みたい（エクスポートしたJSONファイルを示す）URLとオブジェクトが読み込まれた時に呼び出されるコールバックを指定します。コールバックは`geometry`と`mat`の2つの引数を受け取ります。`geometry`パラメーターはモデルを保持し、`mat`パラメーターはマテリアルオブジェクトの配列を保持しています。今回はマテリアルはひとつしかないことが事前にわかっているので、そのマテリアルを直接参照して`THREE.Mesh`を作成しています。なお、テクスチャがJSONファイルと異なる場所にある場合は`THREE.JSONLoader`の`texturePath`プロパティにテクスチャを見つけるためのパス（ページからの相対パス）を指定します（今回は`misc_chair01.js`と同じディレクトリにあるため本来であれば指定する必要はありませんが、例として指定しています）。サンプル`05-blender-from-json.html`を開くと先ほどBlenderからエクスポートした椅子を見ることができます。

Three.jsエクスポーターだけがBlenderのモデルをThree.jsで読み込む唯一の方法というわけではありません。Three.jsが解釈できる3Dファイルフォーマットは数多くあります。Three.jsが解釈できるフォーマットならJSON以外の形式にエクスポートしてもかまいません。しかしThree.jsのJSON形式は非常に簡単に利用でき、何か問題が起きたとしてもすぐに対応されます。

次の節でThree.jsがサポートしているいくつかのファイルフォーマットを見ていきます。また、OBJ/MTLファイルフォーマットを使用したBlenderベースのサンプルも紹介します。

8.1.6 3Dファイルフォーマットからのインポート

表8-1で、Three.jsがサポートしているファイルフォーマットの一覧を示しました。この節ではそれらフォーマットのうちいくつかのサンプルを簡単に見ていきます。これらのフォーマットを利用する場合はJavaScriptファイルを読み込んで追加する必要があることに注意してください。必要なJavaScriptファイルはすべてThree.js配布版の`examples/js/loaders`ディレクトリ内にあります。

8.1.6.1 OBJフォーマットとMTLフォーマット

OBJとMTLは相性のよいフォーマットで、よく一緒に利用されます。OBJファイルはジオメトリを定義し、MTLファイルはそこで使用されるマテリアルを定義します。OBJとMTLは両者ともにテキストベースのフォーマットで、例としてOBJファイルの一部を抜き出すと以下のようになります。

```
v -0.032442 0.010796 0.025935
v -0.028519 0.013697 0.026201
v -0.029086 0.014533 0.021409
usemtl Material
s1
f 2731 2735 2736 2732 f 2732 2736 3043 3044
```

マテリアルを定義するMTLファイルは以下のようになります。

```
newmtl Material
Ns 56.862745
Ka 0.000000 0.000000 0.000000
Kd 0.360725 0.227524 0.127497
Ks 0.010000 0.010000 0.010000
Ni 1.000000
d 1.000000
illum 2
```

Three.jsが理解できるOBJフォーマットとMTLフォーマットはBlenderもサポートしています。そのためThree.jsのJSON形式に代わるもうひとつの手段として、OBJ/MTLフォーマットを使用してBlenderからモデルをエクスポートするという方法もあります。Three.jsでOBJ形式のジオメトリを読み込むには`OBJLoader`を利用します。今回のサンプル`06-load-obj.html`ではこのローダーを使用しています（図8-12）。

図8-12　THREE.OBJLoader

このモデルをThree.jsにインポートするにはまず`OBJLoader`のJavaScriptファイルを追加する必要があります。

```
<script src="../libs/loaders/OBJLoader.js"></script>
```

その後、次のようにしてモデルをインポートしてください。

```
var loader = new THREE.OBJLoader();
loader.load('../assets/models/pinecone.obj', function (loadedMesh) {
  var material = new THREE.MeshLambertMaterial({color: 0x5C3A21});

  // loadedMeshはメッシュのグループです。
  // それぞれのメッシュに対してマテリアルを設定し
  // three.jsが描画するために必要な情報を計算します。
  loadedMesh.children.forEach(function (child) {
    child.material = material;
    child.geometry.computeFaceNormals();
    child.geometry.computeVertexNormals();
  });

  mesh = loadedMesh;
  loadedMesh.scale.set(100, 100, 100);
  loadedMesh.rotation.x = -0.3;
  scene.add(loadedMesh);
});
```

このコードではOBJLoaderを使用してURLからモデルを読み込んでいます。モデルが読み込まれると、指定したコールバックが実行され、そのコールバック内でモデルをシーンに追加します。

Three.jsにはさまざまなローダーがあります。それらを初めて使用する時はロードされたオブジェクトがどのような形式かを確認するため、初めにコールバックのレスポンスをコンソールに出力するとよいでしょう。ローダーの多くは階層を持ったグループとしてジオメトリまたはメッシュを返します。この階層構造が理解できると、位置の決定や正しいマテリアルの適用、その他の追加の処理を実行するのが非常に簡単になります。さらに、モデルを拡大もしくは縮小する必要があるかどうか、またカメラをどこに配置するかを決定するためにいくつかの頂点の位置を確認しましょう。このサンプルではcomputeFaceNormalsとcomputeVertexNormalsも呼び出しています。これによって使用しているマテリアル（THREE.MeshLambertMaterial）が正しく描画されることが保証されます。

次のサンプル07-load-obj-mtl.htmlではOBJLoaderに加えてMTLLoaderを使用してモデルを読み込み、直接マテリアルを設定しています（**図8-13**）。

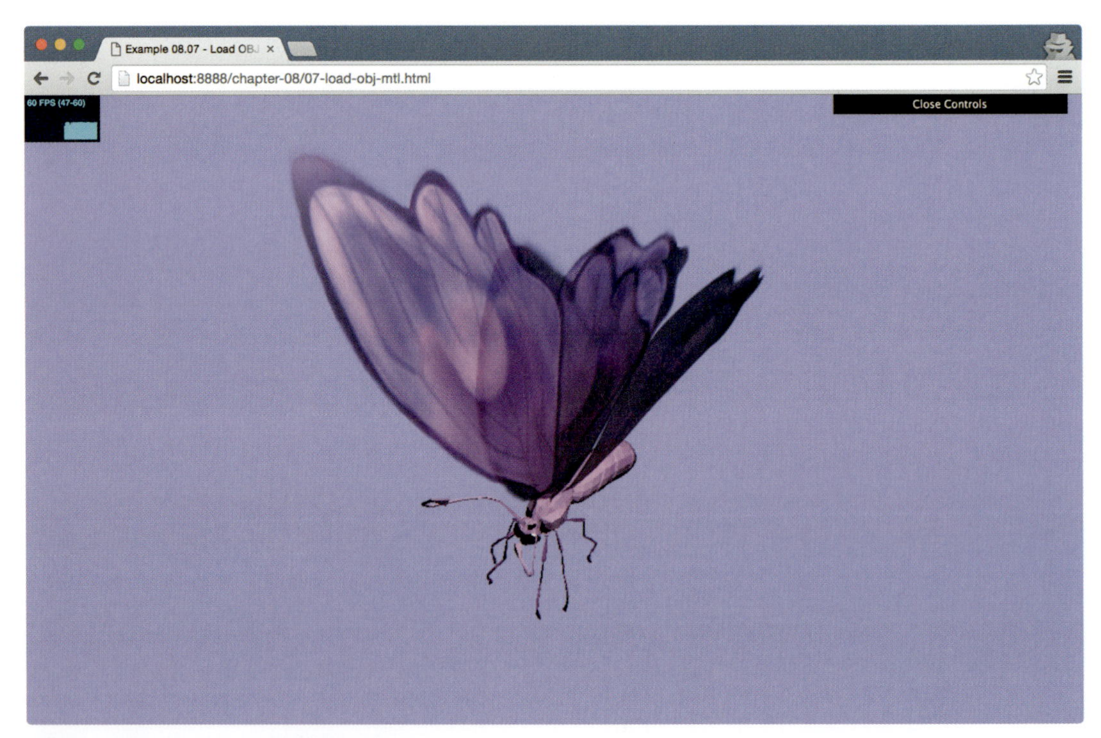

図8-13　THREE.OBJLoaderとTHREE.MTLLoader

まず正しいローダーをページに追加する必要があります。

```
<script src="../libs/loaders/OBJLoader.js"></script>
<script src="../libs/loaders/MTLLoader.js"></script>
```

これで、次のようにしてOBJファイルとMTLファイルからモデルを読み込むことができます。

```
var mtlLoader = new THREE.MTLLoader();
mtlLoader.setPath("../assets/models/");
mtlLoader.load('butterfly.mtl', function(materials) {
  materials.preload();

  var objLoader = new THREE.OBJLoader();
  objLoader.setMaterials(materials);
  objLoader.setPath("../assets/models/");
  objLoader.load('butterfly.obj', function(object) {

    // 翼を設定
    var wing2 = object.children[5];
    var wing1 = object.children[4];

    wing1.material.opacity = 0.6;
    wing1.material.transparent = true;
    wing1.material.depthTest = false;
    wing1.material.side = THREE.DoubleSide;

    wing2.material.opacity = 0.6;
    wing2.material.depthTest = false;
    wing2.material.transparent = true;
    wing2.material.side = THREE.DoubleSide;

    object.scale.set(140, 140, 140);
    mesh = object;
    scene.add(mesh);

    object.rotation.x = 0.2;
    object.rotation.y = -1.3;
  });
});
```

まず注意点としてOBJファイルとMTLファイル、そして必要なテクスチャファイルを受け取ったら初めにMTLファイルがどのようにテクスチャを参照しているか確認する必要があるということを忘れないでください。MTLファイルへの参照は絶対パスではなく相対パスでなければいけません。コードを見てわかるとおりOBJファイルとMTLファイルを同時に使用する場合はMTLLoaderのコールバック内でOBJLoaderを使用します。これはMTLLoaderを使用して得られたマテリアルをsetMaterialsメソッドを使用してOBJLoaderに設定する必要があるためです。さらに今回の例で使用しているモデルは少し複雑なので、OBJLoaderのコールバックの中でマテリアルの特定のプロパティをいくつか設定し、次のような描画上の問題に対応しています。

- ソースファイルの透明度が正しく設定されず、翼が表示されませんでした。そのため`opacity`と`transparent`を自分で設定して問題を解決しました。
- デフォルトではThree.jsはオブジェクトの片面だけを描画します。翼は両側から見られる可能性があるので、`side`プロパティの値を`THREE.DoubleSide`に設定する必要があります。
- 翼が重なって表示される時に見た目上の問題が生じたため、`depthTest`プロパティを`false`に設定することで対応しました。この設定はパフォーマンスに少し影響を与えますが、描画上の問題を解決できる場合が多くあります。

いくつか余分な作業は必要でしたが、見てわかるとおり複雑なものでも簡単にThree.js内で直接読み込むことができ、ブラウザ上にリアルタイムで描画できます。ただしマテリアルのプロパティについては細かい設定が必要になることがあります。

8.1.6.2 Colladaモデルの読み込み

Colladaモデル（拡張子は`.dae`）はシーンとモデル（と次の章で紹介するアニメーション）を定義するために広く利用されている、OJB/MTLとはまた別のフォーマットです。Colladaモデルではジオメトリだけでなくマテリアルも定義できます。それどころか光源を定義することさえ可能です。

Colladaモデルを読み込むにはOBJモデルの場合とよく似た手順が必要になります。初めに使用するローダーを読み込む必要があります。

```
<script src="../libs/loaders/ColladaLoader.js"></script>
```

このサンプル`08-load-collada.html`では**図8-14**のモデルを読み込みます。

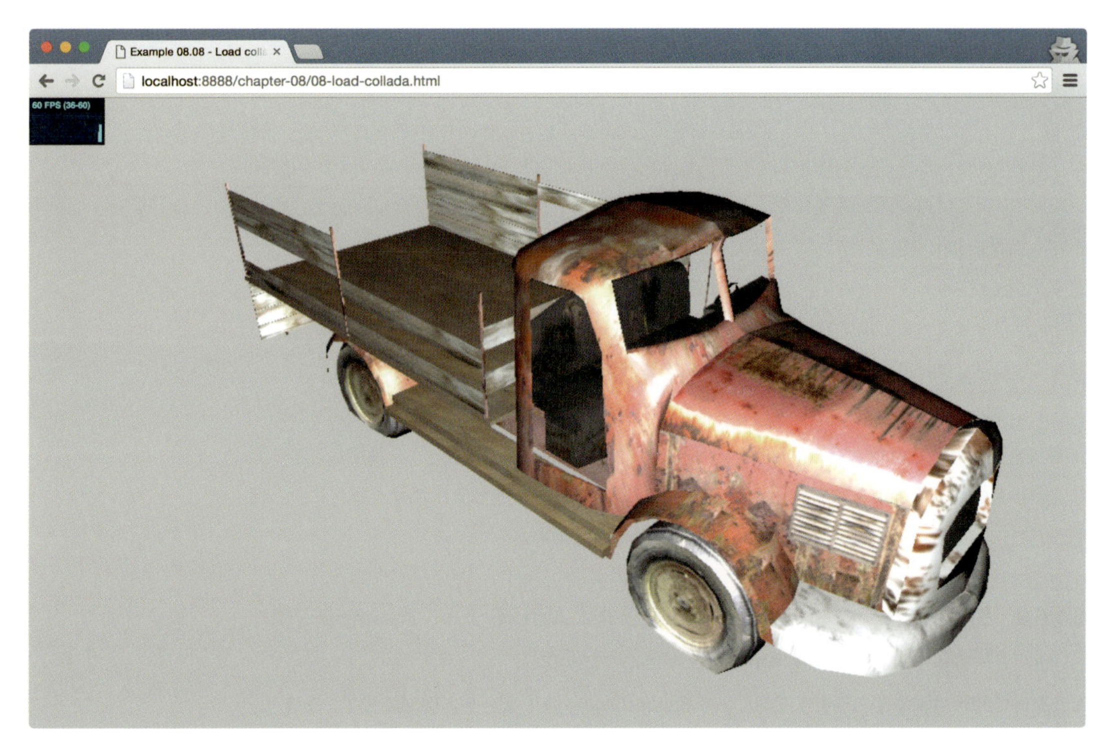

図8-14　THREE.ColladaLoade

今回のトラックの読み込みも非常に簡単です。

```
var mesh;
loader.load("../assets/models/dae/Truck_dae.dae", function(result) {
  mesh = result.scene.children[0].children[0].clone();
  mesh.scale.set(4, 4, 4);
  scene.add(mesh);
});
```

ここで大きく異なるのはコールバック関数に渡されるオブジェクトの形式です。resultオブジェクトは次のような構造を持ちます。

```
var result = {
  scene: scene,
  morphs: morphs,
  skins: skins,
  animations: animData,
  kinematics: kinematics,
  dae: {
    ...
  }
};
```

この章で興味があるのはsceneパラメーター内のオブジェクトです。まずこのsceneをコンソールに出力して興味があるメッシュがどこにあるのかを確認したところ、result.scene.children[0].children[0]にありました。メッシュの位置が確認できると、残る作業はscaleを設定して妥当な大きさにし、シーンに追加するだけです。ここでこのサンプルについてひとつ注意があります。筆者が初めてこのモデルを読み込んだ時はマテリアルが正しく描画されませんでした。これはテクスチャに.tgaフォーマットが使用されていたためです。.tgaフォーマットはWebGLでサポートされていません。この問題を解決するためには.tgaファイルを.pngに変換し、さらに.daeモデルのXMLを編集して.tgaファイルではなく、.pngファイルを指すように変更する必要がありました。

このように、マテリアルを含む複雑なモデルでは期待する結果を得るためにいくつか追加の作業が必要になることがよくあります。そうした場合、(console.log()を使用して)マテリアルがどのように設定されているか確認するか、テスト用のマテリアルと置き換えると、問題がどこにあるのかを簡単に見つけられることがよくあります。

8.1.6.3 STLモデル、CTMモデル、VTKモデル、AWDモデル、Assimpモデル、VRMLモデル、Babylonモデルの読み込み

これらの利用は次のとおりすべて同じような手順になるので、まとめて簡単に見ていきます。

1. [NameOfFormat]Loader.jsをウェブページに読み込みます。
2. [NameOfFormat]Loader.load()を使用してURLを読み込みます。
3. コールバックに渡される結果がどのような構造か確認して、結果を描画します。

それぞれのモデルのサンプルファイル名と画面例を表8-2に示します。

表8-2 さまざまなローダー

ローダー	サンプル	スクリーンショット
STL	09-load-STL.html	
CTM	10-load-CTM.html	

ローダー	サンプル	スクリーンショット
VTK	11-load-vtk.html	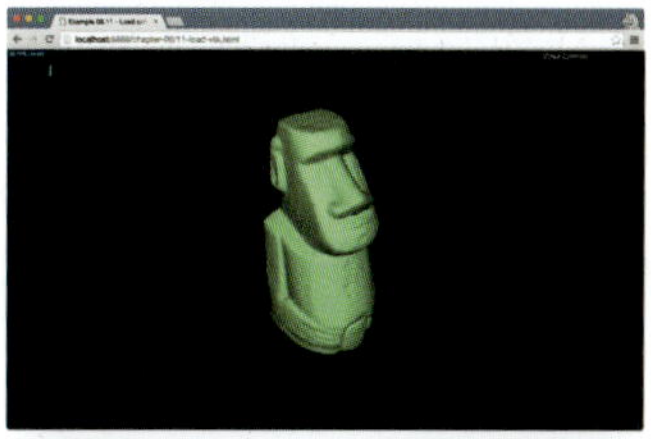
AWD	14-load-awd.html	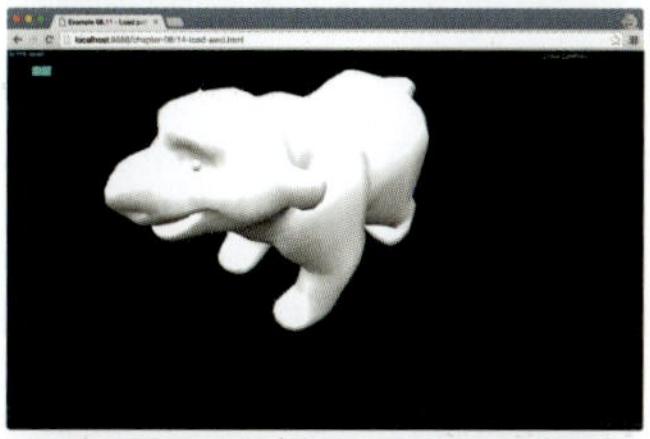
Assimp	15-load-assimp.html	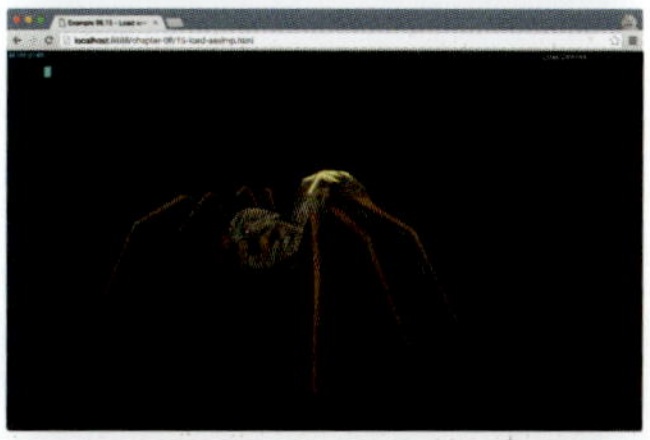
VRML	16-load-vrml.html	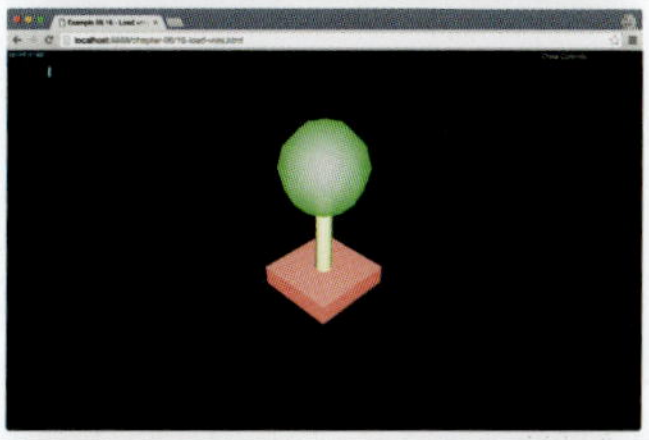
Babylon	14-load-babylon.html （Babylonローダーはこの表の他のローダーとは少し異なる。このローダーの場合、THREE.MeshインスタンスやTHREE.Geometryインスタンスを単独で読み込むのではなく、光源を含むシーン全体を読み込む）	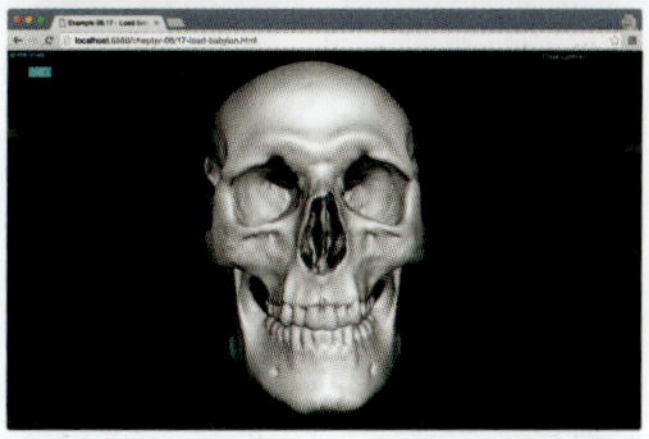

これらのサンプルのソースコードを見るといくつかのサンプルではモデルを正しく描画するためにマテリアルのプロパティを変更するか拡大率を設定する必要があることに気づくでしょう。これらの処理が必要なのは外部アプリケーションでThree.jsで標準的に使用されているものとは異なる座標系やグループ化を使用してモデルが作成されているためです。

サポートされている主なファイルフォーマットについての説明はこれで終わりです。続く2つの節では少し変わったローダーやその使い方を紹介します。初めに蛋白質構造データバンク（Protein Data Bank、PDBフォーマット）から取得したタンパク質構造を描画する方法を紹介し、次にPLYフォーマットを使用して定義されたモデルを使用してパーティクルシステムを作成する方法を紹介します。

8.1.6.4　蛋白質構造データバンクの蛋白質構造を表示

蛋白質構造データバンク（http://www.rcsb.org/）にはさまざまな分子や蛋白質の詳細な情報が含まれています。それだけではなく蛋白質に関する説明に加えて、PDBフォーマットで記述されたこれらの分子構造をダウンロードすることもできます。Three.jsはPDBフォーマットで記述されたファイルのローダーも提供しています。この節では、どのようにすればThree.jsを使用してPDBファイルをパースしてそれらを可視化することができるかを説明します。

いつものように、新しいファイルフォーマットをロードするためにはファイルの最初で次のようにしてThree.jsに対応するローダーを読み込む必要があります。

```
<script src="../libs/loaders/PDBLoader.js"></script>
```

このローダーを使用すると受け取った分子の情報から**図8-15**のような分子の3Dモデルを作成できるようになります（サンプル`12-load-ptb.html`を参照）。

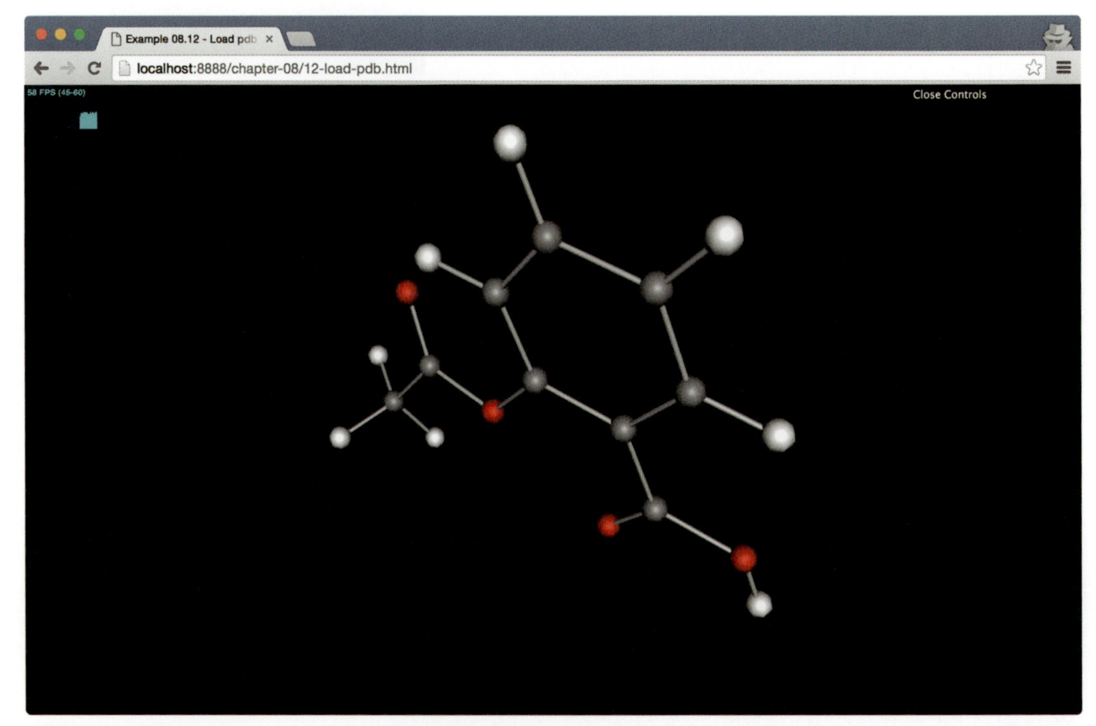

図8-15　THREE.PDBLoader

PDBファイルの読み込みは次のとおりこれまでと同じ方法で実行できます。

```
var loader = new THREE.PDBLoader();
var group = new THREE.Group();
loader.load("../assets/models/aspirin.pdb", function(geometry, geometryBonds) {

  var i = 0;

  geometry.vertices.forEach(function(position) {
    var sphere = new THREE.SphereGeometry(0.2);
    var material = new THREE.MeshPhongMaterial({
      color: geometry.colors[i++]});
    var mesh = new THREE.Mesh(sphere, material);
    mesh.position.copy(position);
    group.add(mesh);
  });

  for (var j = 0; j < geometryBonds.vertices.length; j += 2) {
    var path = new THREE.CatmullRomCurve3(
      [geometryBonds.vertices[j], geometryBonds.vertices[j + 1]]);
    var tube = new THREE.TubeGeometry(path, 1, 0.04);
    var material = new THREE.MeshPhongMaterial({color: 0xcccccc});
    var mesh = new THREE.Mesh(tube, material);
    group.add(mesh);
  }

  scene.add(group);
});
```

このサンプルからわかるとおり、THREE.PDBLoaderをインスタンス化し、そのloadメソッドに読み込みたいモデルのURLと、モデルが読み込まれた時に呼び出されるコールバックを渡しています。この特殊なローダーのコールバック関数はgeometryとgeometryBondsという2つの引数を受け取ります。geometry引数の頂点は蛋白質内の個々の原子の位置を示しています。geometryBoundsはそれら原子間の結合を示しています。

geometry内のそれぞれの頂点について、その頂点カラーとして指定されている色を使用して球を作成します。

```
var sphere = new THREE.SphereGeometry(0.2);
var material = new THREE.MeshPhongMaterial({
  color: geometry.colors[i++]});
var mesh = new THREE.Mesh(sphere, material);
mesh.position.copy(position);
group.add(mesh);
```

結合はそれぞれ次のように定義します。

```
var path = new THREE.CatmullRomCurve3([
  geometryBonds.vertices[j], geometryBonds.vertices[j + 1]]);
var tube = new THREE.TubeGeometry(path, 1, 0.04);
var material = new THREE.MeshPhongMaterial({color: 0xcccccc});
var mesh = new THREE.Mesh(tube, material);
group.add(mesh);
```

結合を表すため、まずTHREE.CatmullRomCurve3オブジェクトを使用して3Dのパスを作成します。このパスはTHREE.Tubeの入力として使用され原子間の結合を構成します。結合と分子はすべてひとつのグループに追加され、最後にこのグループをシーンに追加します。蛋白質構造データバンクには今回使用したものの他にもダウンロード可能なモデルが数多くあります。

図8-16はダイヤモンドの分子構造です。

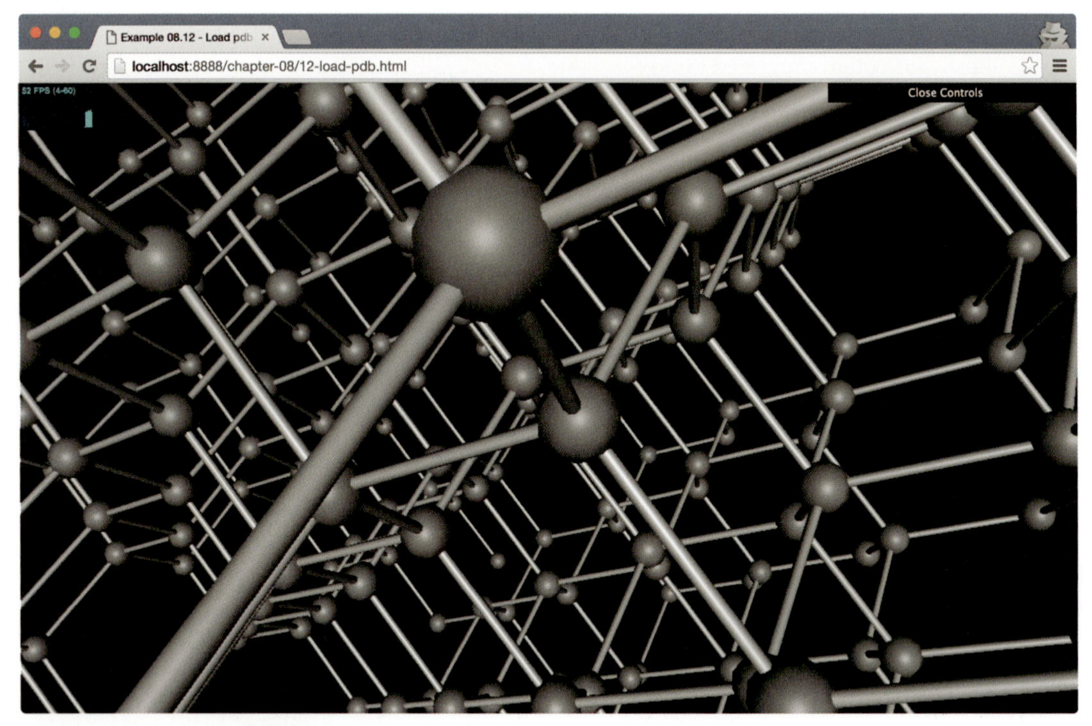

図8-16　ダイヤモンドの分子構造

8.1.6.5　PLYモデルからパーティクルシステムを作成

PLYフォーマットの使用方法も他のフォーマットとさほど違いません。ローダーを読み込み、コールバック関数を渡してモデルを可視化します。しかし最後のサンプルである13-load-PLY.htmlでは、これまでとは少し違う内容を紹介します。ここではモデルをメッシュとして描画する代わりにその情報を元にパーティクルシステムを作成します（**図8-17**）。

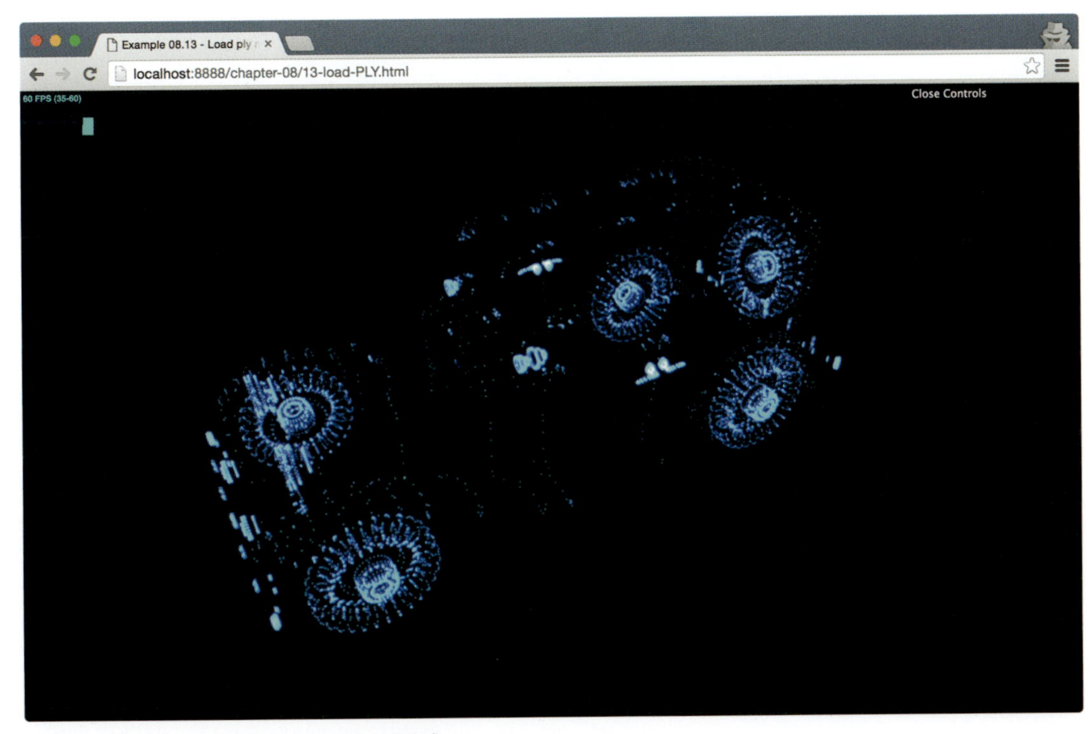

図8-17　PLYファイルからポイントクラウドを作成

図8-17を描画するJavaScriptコードは次のとおり非常に簡単です。

```
var loader = new THREE.PLYLoader();
var group = new THREE.Group();
loader.load("../assets/models/test.ply", function(geometry) {
  var material = new THREE.PointsMaterial({
    color: 0xffffff,
    size: 0.4,
    opacity: 0.6,
    transparent: true,
    depthWrite: false,
    blending: THREE.AdditiveBlending,
    map: generateSprite()
  });

  group = new THREE.Points(geometry, material);
  group.sortParticles = true;

  scene.add(group);
});
```

`THREE.PLYLoader`を使用してモデルを読み込んでいます。この結果、コールバックにジオメトリが渡され、このジオメトリを`THREE.Points`の入力として利用できます。使用するマテリアルは前の章の最後のサンプルで使用したものと同じです。このとおり、Three.jsではほんの数行のコードを使用して非常に簡単にさまざまなソースのモデルを組み合わせて描画できます。

8.2　まとめ

外部ソースのモデルを使用することは、Three.jsではそれほど難しくありません。特に単純なモデルであればほんの数ステップで実現できます。ただし、外部モデルを使用する時やグループ化やマージを使用する時には心に留めておいたほうがよいことがいくつかあります。まず覚えておくべきなのはオブジェクトをグループ化したとしても依然個別のオブジェクトとして利用できるということです。親オブジェクトに適用した変換は子オブジェクトにも影響を与えますが、子オブジェクトも個別に変換できます。グループ化ではなく、ジオメトリをひとつにマージすることもできます。ただしこの方法を使用すると個々のジオメトリは失われ、全体でひとつの新しいジオメトリになります。これは何千ものジオメトリを描画する必要がありパフォーマンス上の問題が起きているような場合に特に有用です。

Three.jsは数多くの外部フォーマットをサポートしています。これらのフォーマットのローダーを使用する時にはソースコードを読んだり、コールバックに渡される情報をログに出力するとよいでしょう。そうすることで正しいメッシュを取り出して正しい位置や拡大率を設定するために必要な手順が理解できます。モデルが正しく表示されない場合はマテリアルの設定が原因であることが多くあります。利用されているテクスチャのフォーマットに非対応であったり、透明度に不正な値が設定されていたり、テクスチャ画像への不適切なリンクが含まれたフォーマットであったりする場合です。モデル自体が正しくロードされているかどうかを確認するためにテストマテリアルを使用したり、ロードされたマテリアルをJavaScriptコンソールにログ出力して期待しない値が設定されていないか確認するとよいでしょう。

この章や前の章で扱ったモデルはほとんどが静的なものでした。アニメーションはしておらず、動くこともなく、形状も変わりません。次の章ではモデルをアニメーションさせて生き生きと見せる方法を学びます。さらにアニメーションに加えて、次の章ではThree.jsが提供しているさまざまなカメラコントロールについても説明します。カメラコントロールを使用するとシーン内のカメラを移動したりパンしたり回転することができます。

9章 アニメーションとカメラの移動

これまでの章でも簡単なアニメーションはありましたが、複雑なものはありませんでした。「1章 初めての3Dシーン作成」で基本的な描画ループを導入した際に、いくつかの単純なオブジェクトを回転したり、他の簡単なアニメーションのコンセプトを紹介しました。この章ではThree.jsでアニメーションがどのようにサポートされているかについてもう少し詳細に説明します。具体的には次の4つの内容を詳しく見ていきます。

- 基本のアニメーション
- カメラの移動
- モーフィングとスキンメッシュアニメーション
- 外部アニメーションの読み込み

まずはアニメーションの基本コンセプトの紹介から始めましょう。

9.1 基本的なアニメーション

サンプルの紹介に入る前に、「1章 初めての3Dシーン作成」で学んだ描画ループについて簡単に見なおしておきましょう。アニメーションをサポートするにはThree.jsにシーンを定期的に更新するように伝える必要があります。それには次のようにHTML5標準のrequestAnimationFrame関数を使用します。

```
render();

function render() {
  // シーンを描画
  renderer.render(scene, camera);

  // requestAnimationFrameを使用して次の描画をスケジューリングする
  requestAnimationFrame(render);
}
```

このコードのとおり、最初にシーンを初期化する時にrender()関数を一度呼び出すだけです。render()関数内ではrequestAnimationFrameを使用して次の描画をスケジューリングします。この方法を使用した場合、render()関数はブラウザにより正確な間隔（通常は秒間60回）で呼び出されることが保証されます。requestAnimationFrameがブラウザに追加される前はsetInterval(function, interval)関数でインターバルを設定していました。しかしこの方法にはブラウザの外部で何が起きているかが一切考慮されないという問題がありました。アニメーションが表示されていなかったり、タブが表に出ていない場合でも、変わらずに呼び出されてリソースを消費し続けます。またそれ以外にもこの関数を呼び出すとブラウザにとって都合が悪い時、つまりCPU利用率が高い時であってもいつでも画面を更新してしまうという問題もあります。requestAnimationFrameの場合、画面を更新する必要があるタイミングをブラウザに指示するのではなく、指定した関数をブラウザにもっとも適切なタイミングで実行するよう依頼します。通常はその結果としてフレームレートはほぼ60fpsが維持されます。つまりrequestAnimationFrameを使用するとアニメーションがよりスムーズに実行され、CPUやGPUへの負荷も減少し、実行タイミングについて心配する必要もなくなるということです。

9.1.1 単純なアニメーション

ここで紹介する方法を使用すると回転角、拡大率、位置、マテリアル、頂点、面、その他考えられるすべてのものを定期的に変更するだけで非常に簡単にアニメーションを実現できます。次の描画ループ内ではThree.jsは変更されたプロパティに従ってオブジェクトを描画し続けています。01-basic-animation.htmlは「1章 初めての3Dシーン作成」ですでに見たものを元にして作成された非常に簡単なサンプルです（**図9-1**）。

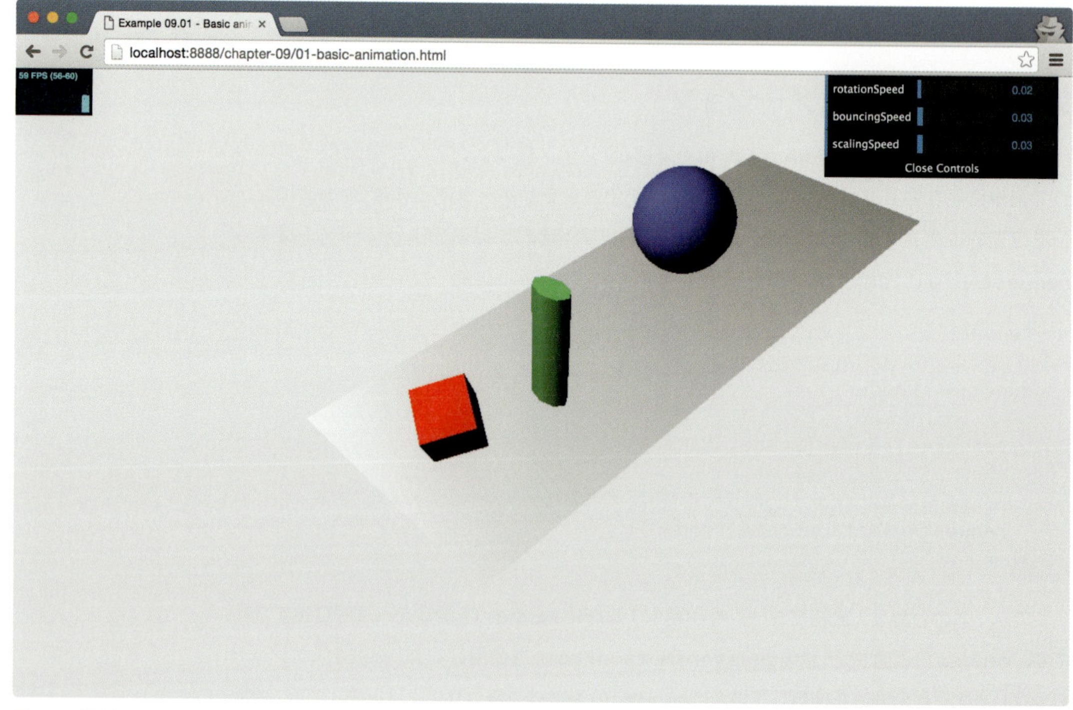

図9-1　単純なアニメーション

今回の描画ループは非常に単純です。シーンに含まれるメッシュのプロパティを変更するだけで残りはThree.jsが処理してくれます。実際には次のようになります。

```
function render() {
  cube.rotation.x += controls.rotationSpeed;
  cube.rotation.y += controls.rotationSpeed;
  cube.rotation.z += controls.rotationSpeed;

  step += controls.bouncingSpeed;

  sphere.position.x = 20 + (10 * (Math.cos(step)));
  sphere.position.y = 2 + (10 * Math.abs(Math.sin(step)));

  scalingStep += controls.scalingSpeed;
  var scaleX = Math.abs(Math.sin(scalingStep / 4));
  var scaleY = Math.abs(Math.cos(scalingStep / 5));
  var scaleZ = Math.abs(Math.sin(scalingStep / 7));
  cylinder.scale.set(scaleX, scaleY, scaleZ);

  renderer.render(scene, camera);
  requestAnimationFrame(render);
}
```

何も特別なことはしていませんが、本書で説明する基本的なアニメーションの背景にあるコンセプトをよく表しています。次の節は少しだけ横道にそれます。アニメーションの利用にかかわらずThree.jsで複雑なシーンを使用するとすぐに必要となるであろう重要な処理がマウスを使用してシーン内のオブジェクトを選択する処理です。この処理について次の節で説明します。

9.1.2 オブジェクトの選択

オブジェクトの選択はアニメーションと直接関係する話ではありませんが、この章ではカメラとアニメーションについて学ぶことになるので、補足として説明するのであれば悪くない場所でしょう。ここで説明するのはマウスを使用してシーンの中のオブジェクトを選択する方法です。サンプルを試してみる前に、まずはそのために必要となるコードを見ておきましょう。

```
var projector = new THREE.Projector();

function onDocumentMouseDown(event) {
  var vector = new THREE.Vector3(
    (event.clientX / window.innerWidth) * 2 - 1,
    -(event.clientY / window.innerHeight) * 2 + 1, 0.5);
  vector = vector.unproject(camera);

  var raycaster = new THREE.Raycaster(camera.position,
    vector.sub(camera.position).normalize());

  var intersects = raycaster.intersectObjects([
    sphere, cylinder, cube]);
```

```
    if (intersects.length > 0) {
      intersects[0].object.material.transparent = true;
      intersects[0].object.material.opacity = 0.1;
    }
  }
```

このコードでは特定のオブジェクトがクリックされたかどうかを判定するためにTHREE.ProjectorとTHREE.Raycasterを組み合わせて使用しています。スクリーンをクリックした時に起きるのは次のような処理です。

1. 初めに、クリックされたスクリーン上の位置を元にTHREE.Vector3が作成されます。
2. 次に、vector.unproject関数を使用して、クリックされたスクリーン上の位置をThree.jsシーン内の座標に変換します。言い換えると、スクリーン座標系からワールド座標系に逆射影（unproject）します。
3. その次に、THREE.Raycasterを作成します。THREE.Raycasterを使用するとシーンの中でレイを飛ばすことができます。今回はカメラの位置（camera.position）からシーン内のクリックされた位置までレイを飛ばします。
4. 最後に、raycaster.intersectObjects関数を使用して与えられたオブジェクトのいずれかがレイに当たっているかどうかを確認します。

最後のステップの結果にはレイが当たったオブジェクトの情報、例えば次のような情報が含まれています。

```
distance: 49.9047088522448
face: THREE.Face3
faceIndex: 4
object: THREE.Mesh
point: THREE.Vector3
uv: THREE.Vector2
```

クリックされたメッシュがobjectで、faceとfaceIndexは選択されたメッシュのどの面がクリックされたかを示します。distanceの値はカメラからクリックされたオブジェクトまでの距離で、pointはクリックされたメッシュ上の正確な位置です。このサンプルの動作は02-selecting-objects.htmlで実際に確認できます。サンプルではクリックしたオブジェクトが半透明になり、選択内容の詳細がコンソールに出力されます。

クリック時に飛ばされるレイの軌跡を確認したければ、メニューのshowRayプロパティを有効にしてください。**図9-2**には青い球を選択するために使用されたレイが表示されています。

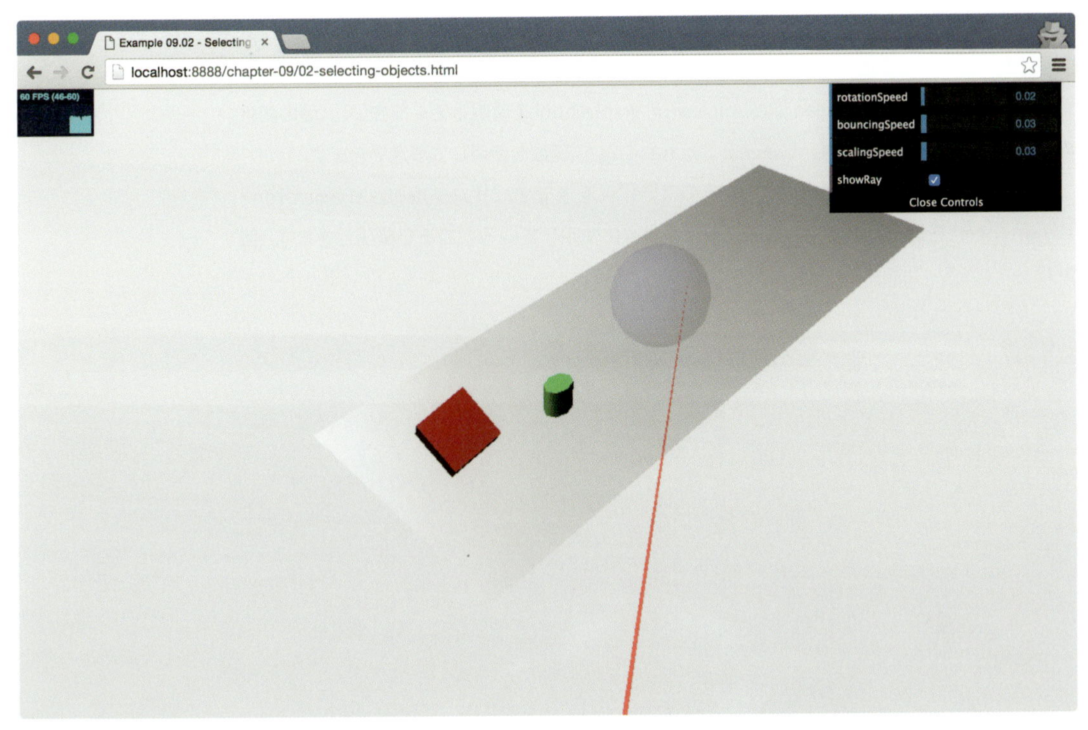

図9-2　レイの表示

簡単でしたが余談はこれで終わりです。アニメーションの話に戻りましょう。これまでは描画ループの中でプロパティの値を少しずつ更新してオブジェクトをアニメーションさせていました。次の節でこのようなアニメーションがもう少し簡単に定義できるようになるライブラリを紹介します。

9.1.3　Tween.jsを使用したアニメーション

Tween.jsは小さなJavaScriptライブラリでhttps://github.com/sole/tween.js/からダウンロードできます。このライブラリを使用するとある値から別の値へのプロパティの変化を簡単に定義できます。開始値と終了値の中間点の値はすべてライブラリが計算します。この処理はトゥイーン（tweening）と呼ばれます。

例えば、このライブラリを使用すると次のようにしてメッシュのx座標を10から3まで10秒かけて変化させることができます。

```
var tween = new TWEEN.Tween({x: 10}).to({x: 3}, 10000
  ).easing(TWEEN.Easing.Elastic.InOut).onUpdate(function() {
  // メッシュのx座標を更新
})
```

このサンプルではTWEEN.Tweenを作成しています。このトゥイーンはxプロパティを10,000ミリ秒かけて10から3まで変化させます。Tween.jsを使用するとこのプロパティが指定した時間をかけてどのように変化するかを定義することもできます。線形であったり2次曲線であったり、その他あらゆる曲線に従って値を変化できます（利用できる曲線の種類の一覧はhttp://sole.github.io/tween.js/examples/03_graphs.htmlを参照してください）。値の変化の過程はイージングと呼ばれ、Tween.jsでは`easing()`関数を使用して設定できます。

Three.jsからこのライブラリを使用するのは非常に簡単です。サンプル`03-animation-tween.html`を開くとTween.jsライブラリを実際に使用しているところを確認できます（**図9-3**）。

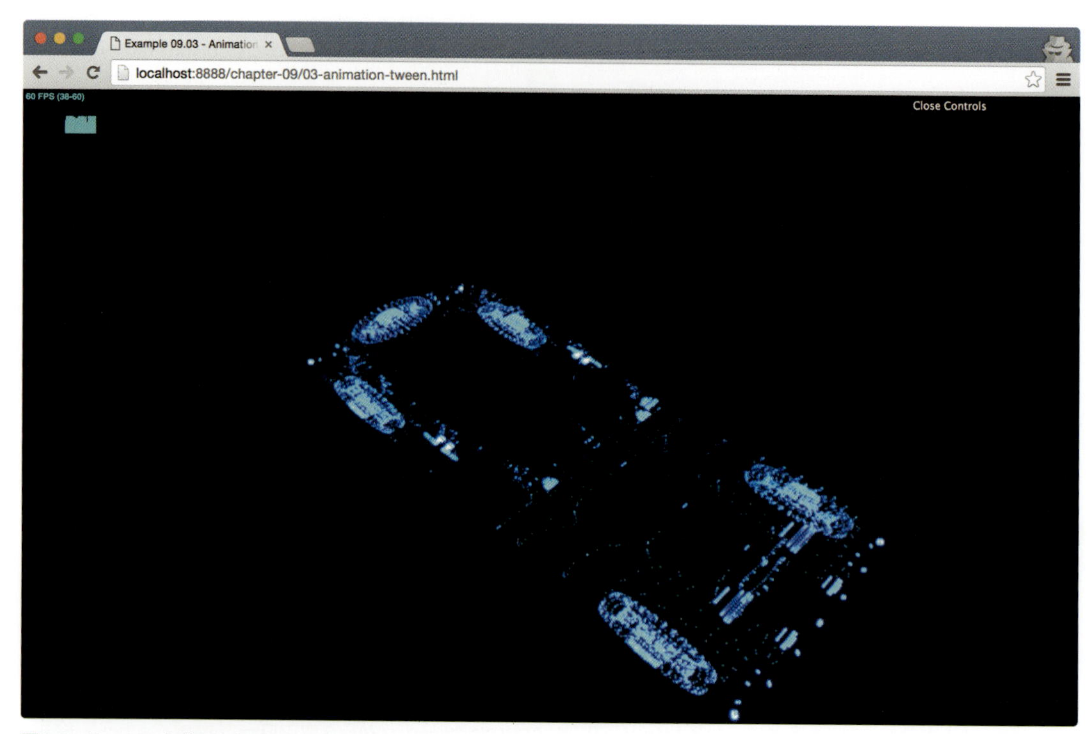

図9-3　Tween.jsを使用したアニメーション

このサンプルでは「7章 パーティクル、スプライト、ポイントクラウド」のパーティクルクラウドを取り出して、すべてのパーティクルを下向きにアニメーションさせています。次のコードのとおり、パーティクルの位置はTween.jsライブラリで作成したトゥイーンに基づいて決定しています。

```
// 初めに使用するトゥイーンを作成
var posSrc = {pos: 1};
var tween = new TWEEN.Tween(posSrc).to({pos: 0}, 5000);
tween.easing(TWEEN.Easing.Sinusoidal.InOut);

var tweenBack = new TWEEN.Tween(posSrc).to({pos: 1}, 5000);
tweenBack.easing(TWEEN.Easing.Sinusoidal.InOut);
```

```
tween.chain(tweenBack);
tweenBack.chain(tween);

var onUpdate = function () {
  var count = 0;
  var pos = this.pos;

  loadedGeometry.vertices.forEach(function (e) {
    var newY = ((e.y + 3.22544) * pos) - 3.22544;
    pointCloud.geometry.vertices[count++].set(e.x, newY, e.z);
  });

  pointCloud.geometry.verticesNeedUpdate = true;
};

tween.onUpdate(onUpdate);
tweenBack.onUpdate(onUpdate);
```

ここではtweenとtweenBackという2つのトゥイーンを使用しています。ひとつめでpositionプロパティを1から0までどのように変化させるかを定義していて、2つめはその反対です。さらにchain()関数を使用してこれら2つのトゥイーンをお互いに連結し、実行を開始するとループされるようにしています。最後に定義しているonUpdateメソッドではパーティクルシステム内のすべての頂点を走査して、それらの位置をトゥイーンによって与えられる座標（this.pos）に変更します。

モデルの読み込みが完了するのを待ってからトゥイーンを開始するために、次の関数の最後でtween.start()関数を呼び出します。

```
var loader = new THREE.PLYLoader();
loader.load( "../assets/models/test.ply", function (geometry) {
  ...
  tween.start()
  ...
});
```

トゥイーンを開始した後は、Tween.jsライブラリの管理しているすべてのトゥイーンをいつ更新すべきかをライブラリに指定する必要があります。

```
function render() {
  TWEEN.update();
  requestAnimationFrame(render);
  webGLRenderer.render(scene, camera);
}
```

このような手順を準備するだけで、tweenライブラリがポイントクラウド内の大量の点の座標を管理してくれます。見てわかるとおり、このライブラリを使用すると自分で座標を少しずつ変更する場合と比較して座標の管理が非常に容易になります。

これまでのようにオブジェクトをアニメーションさせたり変化させるばかりでなく、カメラを移動することでもシーンをアニメーションできます。以前の章ですでに何度かカメラの位置を手動で更新していました。Three.jsではカメラを更新する手段としてさまざまなものが利用できます。

9.2 カメラの使用

Three.jsには数多くのカメラコントロールがあり、シーン内のカメラの移動を制御できます。これらのコントロールはダウンロードしたThree.jsの`examples/js/controls`ディレクトリにあります。この節では表9-1に示すコントロールについて詳しく見ていきます。

表9-1 主なカメラコントロール

カメラコントロール	説明
`FirstPersonControls`	一人称視点のシューティングゲームのような動作をする。キーボードを使用して移動し、マウスを使用して視点を変更する
`FlyControls`	フライトシミュレーターのようなコントロール。キーボードとマウスを使用して移動、操縦できる
`TrackBallControls`	もっともよく利用されるコントロールで、マウス（またはトラックボール）を使用してシーン内を簡単に移動、パン、ズームできる
`OrbitControls`	特定のシーンを回る軌道上の衛星をシミュレートする。マウスとキーボードを使用して動き回ることができる

表9-2に挙げたコントロールはもっとも使い勝手のよいコントロールです。これら以外にも、Three.jsで利用できるコントロールは次のとおり数多くあります（ただし本書で詳しくは説明しません）。これらのコントロールの利用方法も表9-1で説明したものとほぼ同じです。

表9-2 その他のカメラコントロール

カメラコントロール	説明
`DeviceOrientationControls`	デバイスの向きや傾きに基づいてカメラの動きを制御する。内部的にはHTML5の`DeviceOrientation` Event（http://www.w3.org/TR/orientation-event/）を使用している
`EditorControls`	オンラインの3Dエディタ専用のコントロール。http://threejs.org/editor/にあるThree.jsオンラインエディタで使用されている
`OrthographicTrackballControls`	`TrackBallControls`と同じだが、特に`THREE.OrthographicCamera`と組み合わせて使用するために作成されている
`PointerLockControls`	マウスカーソルの動きをシーンが描画されているDOM要素上に制限する簡単なコントロール。単純な3Dゲームのための基本的な機能を提供する
`TransformControls`	Three.jsエディタによって使用されている内部的なコントロール。メッシュの拡大率や平行移動、回転を制御するUI（ギズモ）を追加できる
`VRControls`	`PositionSensorVRDevice` APIを使用してシーンを制御するコントロール。詳細はhttps://developer.mozilla.org/en-US/docs/Web/API/Navigator.getVRDevicesを参照
`DragControls`	オブジェクトをドラッグで移動できるコントロールを表示する
`MouseControls`	コンストラクタの引数として渡したメッシュが常にマウスカーソルの方向に向くようになるコントロール

もちろん、これらのカメラコントロールを使用するのではなく自分自身でカメラの位置を設定し、`lookAt()`関数を使用して向きを変更することもできます。

もし以前のThree.jsを使ったことがあれば、THREE.PathControlsという特殊なカメラコントロールの説明を忘れていると思うかもしれません。このコントロールを使用するとパスを定義し、カメラをそのパスに沿って動かすことができました。しかしコードが複雑すぎたため、Three.jsの最新バージョンではこのコントロールは削除されています。Three.jsの開発者たちは代替の開発を今も続けていますが、まだ利用可能にはなっていません。

最初に説明するコントロールはTrackballControlsです。

9.2.1 THREE.TrackballControls

TrackballControlsを使うには必要なJavaScriptファイルを読み込む必要があります。

```
<script src="../libs/controls/TrackballControls.js"></script>
```

このようにして読み込むと次のようにしてコントロールを作成して、カメラと関連付けることができます。

```
var trackballControls = new THREE.TrackballControls(camera);
trackballControls.rotateSpeed = 1.0;
trackballControls.zoomSpeed = 1.0;
trackballControls.panSpeed = 1.0;
```

このコントロールを使用してカメラの位置を更新するには描画ループ内で次のようにupdate関数を呼び出します。

```
var clock = new THREE.Clock();
function render() {
  var delta = clock.getDelta();
  trackballControls.update(delta);
  requestAnimationFrame(render);
  webGLRenderer.render(scene, camera);
}
```

THREE.Clockという初めて目にするThree.jsオブジェクトがあります。THREE.Clockオブジェクトは経過時間を正確に計算し、特殊な処理を起動したりレンダリングループを確実に実行するために使用されます。clock.getDelta()関数を呼び出すと、前回のgetDelta()呼び出しからの経過時間が得られます。カメラの位置を更新するにはtrackballControls.update()関数を呼び出します。この関数には最後にこのupdate関数を呼び出した時間からの経過時間を渡す必要があり、THREE.ClockオブジェクトのgetDelta()関数はそのために呼び出されます。なぜ単純にフレームレート（1/60秒）をupdate関数に渡さないのか不思議に思うかもしれません。これはrequestAnimationFrameを使用すると60fpsで実行されることが期待されますが、それは確実ではないためです。あらゆる外部要素に基づいてフレームレートは変更される可能性があります。しかしカメラの視点変更や回転をスムーズに行うには正確な経過時間を渡さなければいけません。

これを実際に試せるサンプルが`04-trackball-controls-camera.html`です（**図9-4**）。

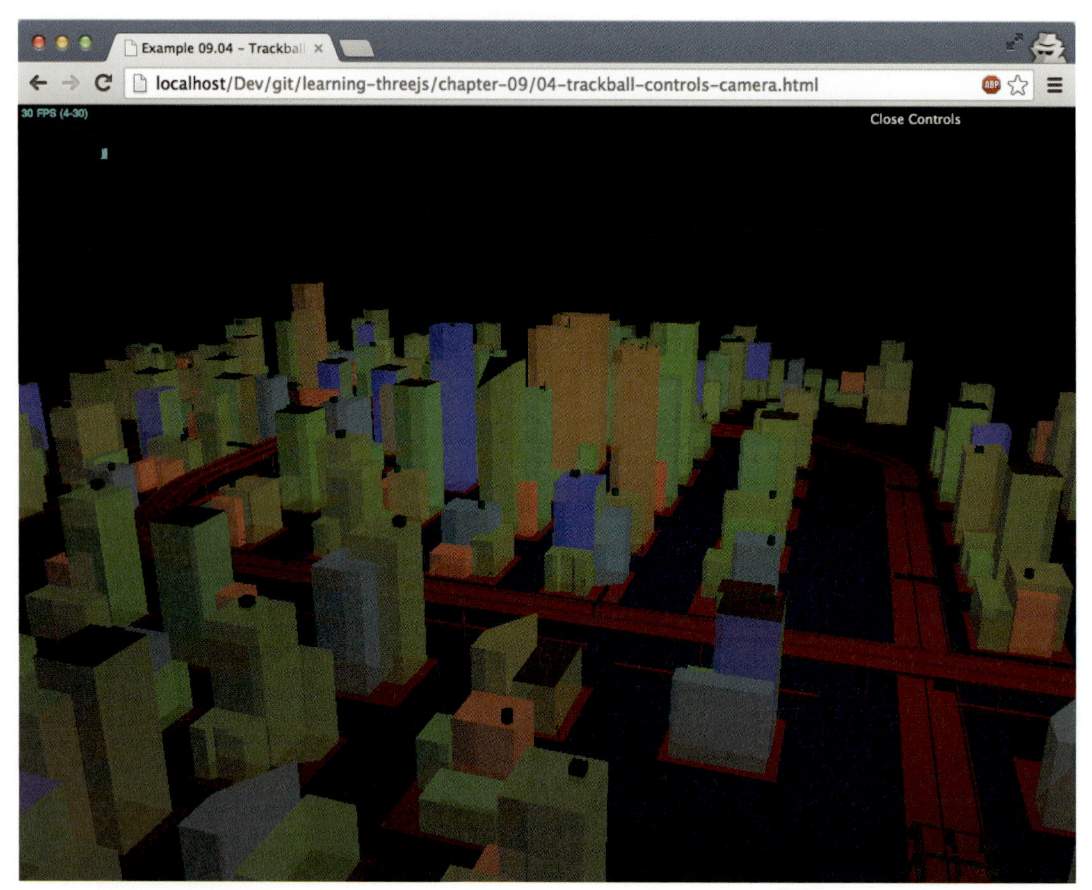

図9-4　THREE.TrackballControls

カメラは**表9-3**のような操作で制御できます。

表9-3　THREE.TrackballControlsの操作

操作	動作
マウス左ボタンを押しながらドラッグ	シーン内でカメラを回転もしくは傾ける
マウスホイール	ズームインまたはズームアウトする
マウス中ボタンを押しながらドラッグ	ズームインまたはズームアウトする
マウス右ボタンを押しながらドラッグ	シーンをパンする

カメラの動きを調整できるプロパティがいくつかあります。例えば`rotateSpeed`プロパティを使用するとカメラが回転する速さを設定でき、`noZoom`プロパティを`true`に設定するとズームを無効にできます。プロパティの名前を見れば内容は理解できるので、こ

の章でそれらの詳細には立ち入りません。何が設定可能なのか全体像を理解したければ、TrackballControls.jsファイルのソースを見てください。プロパティを一覧できます。

9.2.2 THREE.FlyControls

次に紹介するコントロールはFlyControlsです。FlyControlsを使用するとフライトシミュレーターのようなコントロールを使用してシーン内を飛び回ることができます。サンプルは05-fly-controls-camera.htmlです（図9-5）。

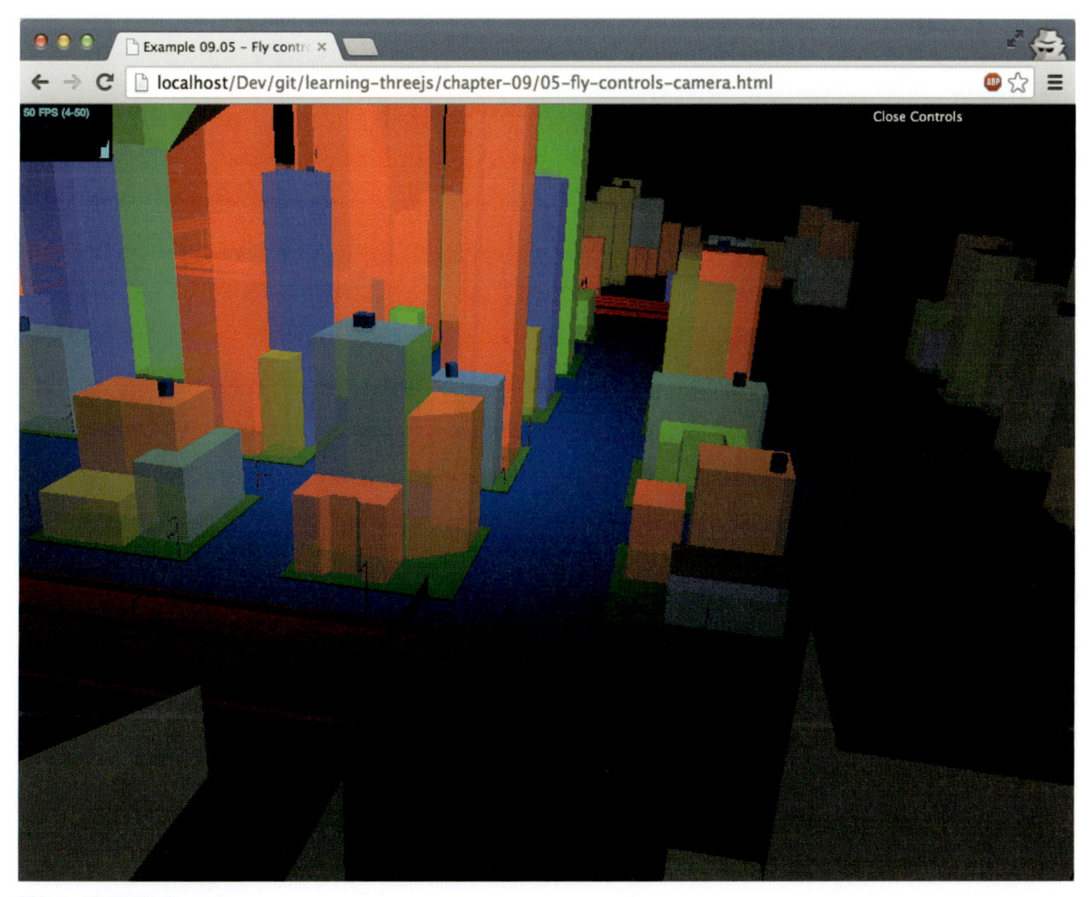

図9-5 THREE.FlyControls

FlyControlsを使用する方法はTrackballControlsと同じです。まず必要なJavaScriptファイルを読み込みます。

```
<script src="../libs/FlyControls.js"></script>
```

次に、コントロールを設定してカメラと紐付けます。

```
var flyControls = new THREE.FlyControls(camera);
flyControls.movementSpeed = 25;
```

```
flyControls.domElement = document.querySelector('#WebGL-output');
flyControls.rollSpeed = Math.PI / 24;
flyControls.autoForward = true;
flyControls.dragToLook = false;
```

繰り返しになりますが、個別のプロパティをすべて説明はしません。必要であればFlyControls.jsファイルのソースを見てください。このコントロールを動作させるために設定が必要なプロパティだけを取り上げましょう。必ず正しく設定する必要があるプロパティはdomElementです。このプロパティにはシーンが描画される要素を設定しなければいけません。例えば本書では次の要素にThree.jsの結果を出力しています。

```
<div id="WebGL-output"></div>
```

したがってこのプロパティは次のように設定します。

```
flyControls.domElement = document.querySelector('#WebGL-output');
```

このプロパティを正しく設定せずにマウスを動すと、期待したように動いてくれません。

THREE.FlyControlsを使用すると**表9-4**のような操作でカメラをコントロールできます。

表9-4 THREE.FlyControlsの操作

操作	動作
マウス左／中ボタン	前に移動する
マウス右ボタン	後ろに移動する
マウス移動	周りを見る
W	前に移動する
S	後ろに移動する
A	左に移動する
D	右に移動する
R	上に移動する
F	下に移動する
上下左右カーソルキー	上下左右を見る
G	左に回転する
E	右に回転する

最後に紹介する基本的なコントロールはFirstPersonControlsです。

9.2.3 THREE.FirstPersonControls

名前から想像できるように、FirstPersonControlsを使用するとちょうど一人称視点（first-person）のシューティングゲームのようにカメラを動かすことができます。マウスは周りを見渡すために使用し、キーボードは移動するために使用します。サンプルは07-first-person-camera.htmlです（**図9-6**）。

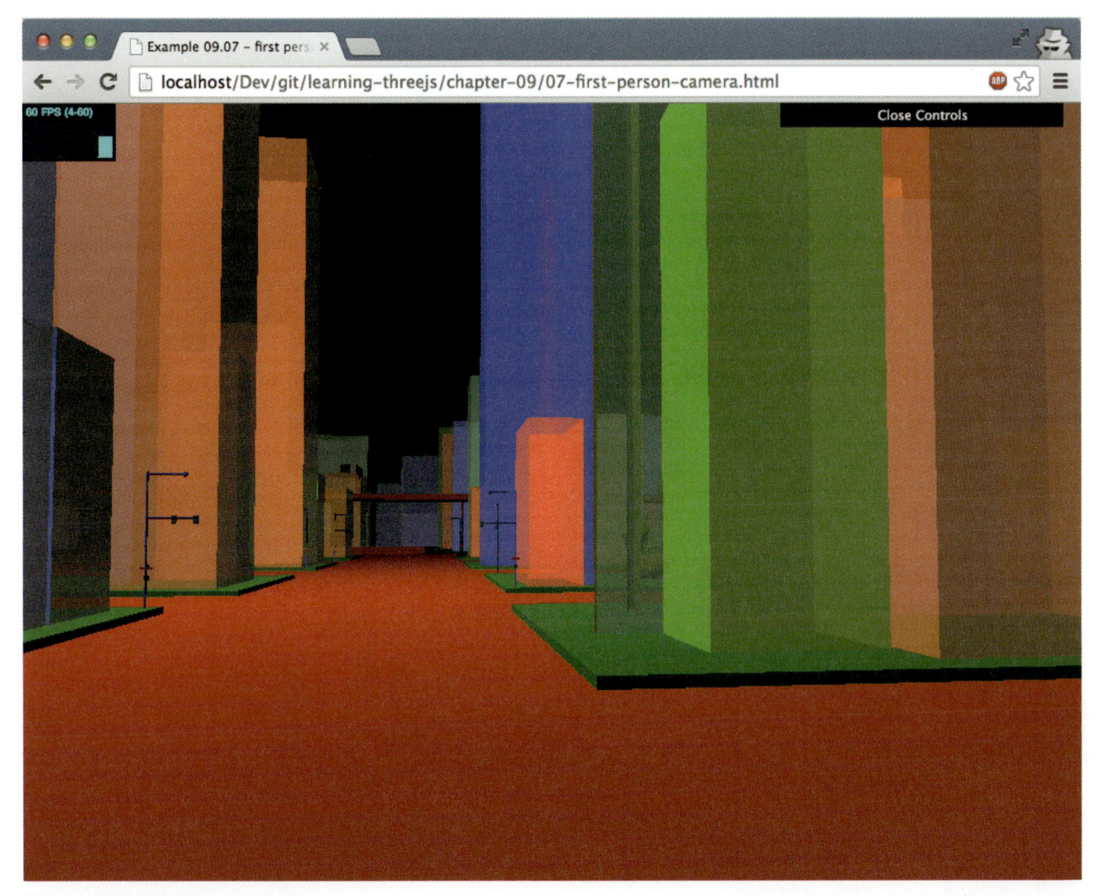

図9-6　THREE.FirstPersonControls

このコントロールの作成はこれまでに見てきた他のコントロールを作成する方法と同じです。先ほど見たサンプルで使用していた設定は次のようなものです。

```
var camControls = new THREE.FirstPersonControls(camera);
camControls.lookSpeed = 0.4;
camControls.movementSpeed = 20;
camControls.noFly = true;
camControls.lookVertical = true;
camControls.constrainVertical = true;
camControls.verticalMin = 1.0;
camControls.verticalMax = 2.0;
camControls.lon = -150;
camControls.lat = 120;
```

このコントロールを自分で使用する時に気をつけるべきプロパティは最後の2つ、lonプロパティとlatプロパティだけです。これら2つのプロパティは初めにシーンが描画された時にカメラをどこに配置するかを指定します。

表9-5に示すようにこのコントロールの操作は非常にわかりやすいものです。

表9-5　THREE.FirstPersonControlsの操作

操作	動作
マウス移動	周りを見る
上下左右カーソルキー	前後左右に移動する
W	前に移動する
A	左に移動する
S	後ろに移動する
D	右に移動する
R	上に移動する
F	下に移動する
Q	すべての動きを停止する

次のコントロールでは視点を一人称から宇宙空間にまで広げます。

9.2.4　THREE.OrbitControl

`OrbitControls`はシーンの中心にあるオブジェクトの周りを回転したりパンしたりするのに非常に便利です。`08-controls-orbit.html`にこのコントロールがどのように動作するかを示すサンプルがあります（図9-7）。

図9-7　THREE.OrbitControls

OrbitControlsの利用は他のコントロールの利用と同じく簡単です。必要なJavaScriptファイルを読み込み、カメラを渡してコントロールを設定し、先ほどと同様にTHREE.Clockを使用してコントロールを更新します。

```
<script src="../libs/OrbitControls.js"></script>
...
var orbitControls = new THREE.OrbitControls(camera);
orbitControls.autoRotate = true;
var clock = new THREE.Clock();
...
var delta = clock.getDelta();
orbitControls.update(delta);
```

表9-6にあるとおりTHREE.OrbitControlsを操作するにはマウスを使用する必要があります。

表9-6　THREE.OrbitControlsの操作

操作	動作
マウス左ボタンを押しながらドラッグ	カメラがシーンの中心を軸に回転移動する
マウスホイールまたはマウス中ボタンを押しながらドラッグ	ズームイン／ズームアウトする
マウス右ボタンを押しながらドラッグ	シーンをパンする
上下左右カーソルキー	シーンをパンする

カメラの移動については以上です。この節ではカメラを操作するためのオブジェクトをいくつか紹介しました。次の節では単純な視点移動ではなく、さらに高度なアニメーションの方法、モーフィングとスキンメッシュアニメーションについて紹介します。

9.3　モーフィングとスケルタルアニメーション

外部プログラム（例えばBlender）でアニメーションを作成する場合、その定義方法には通常2つのタイプがあります。

モーフターゲット

モーフターゲットを使用する場合はキーポジション、つまり変形したメッシュを定義します。この変形されたターゲットにはすべての頂点座標が保持されています。このキーポジションがあれば、すべての頂点を現在の位置から別のキーフレーム内の対応する頂点の位置まで移動することを繰り返して形状を変化させることができます。図9-8は表情を表現するために使用されるさまざまなモーフターゲットです。

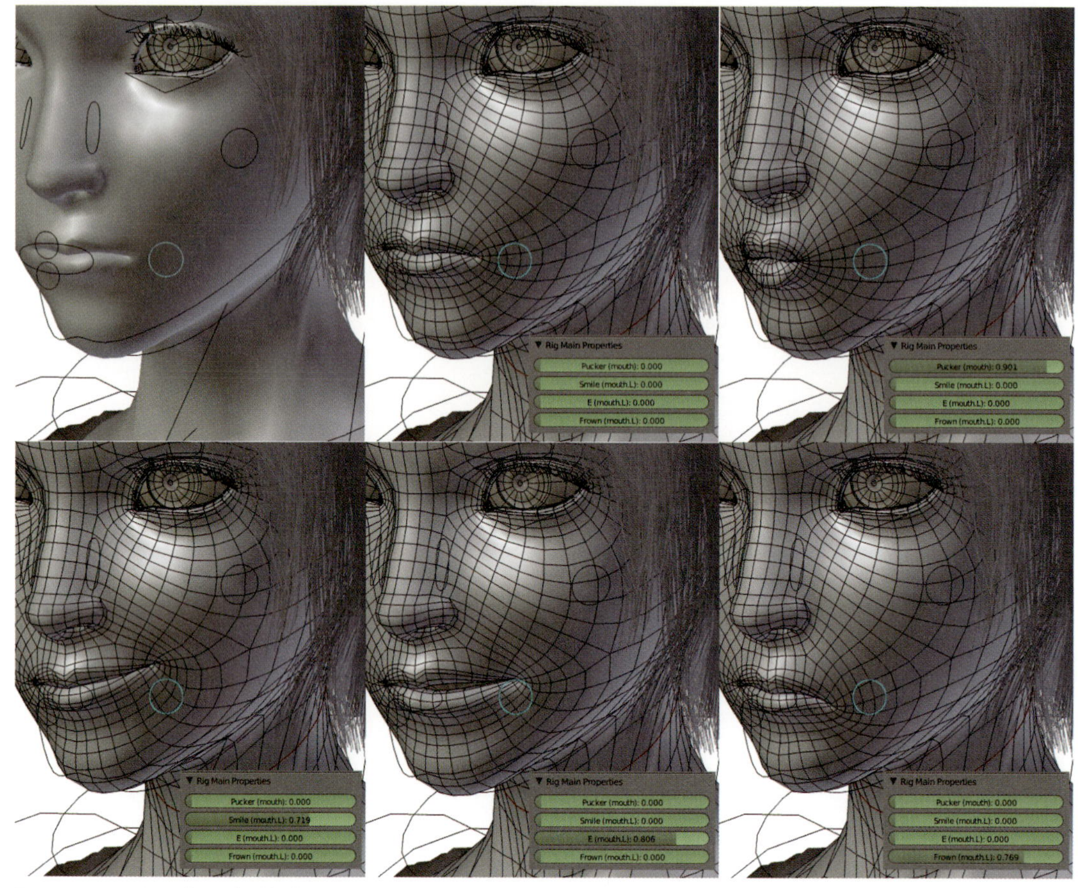

図9-8　モーフターゲット（画像の提供：Blenderファウンデーション）

スケルタルアニメーション

もうひとつの方法はスケルタルアニメーションです。スケルタルアニメーションを使用する場合、メッシュのスケルトン、つまりボーンを定義して、それぞれの頂点をいずれかのボーンに関連付けます。そうすることであるボーンを移動すると、そのボーンに接続されたボーンが適切に移動され、さらにそれらに関連付けられている頂点群も移動されるようになります。その結果、ボーンの位置、動き、拡大率に基づいてメッシュを変形できます。**図9-9**は、オブジェクトを移動または変形するためにボーンがどのように利用されるかを示した例です。

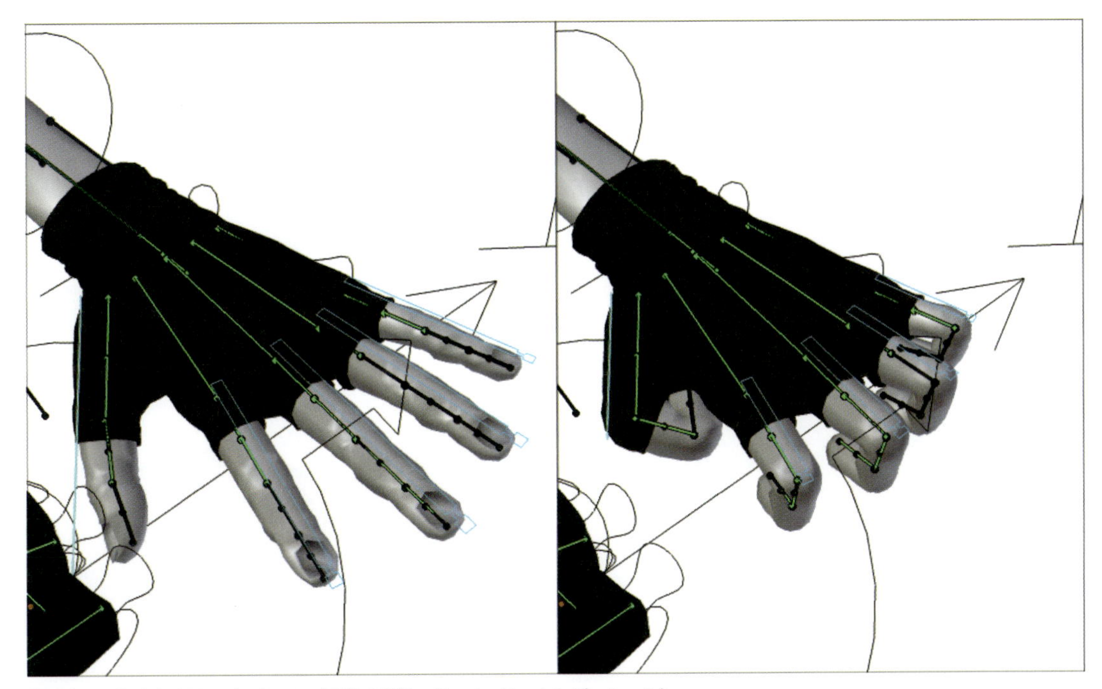

図9-9 スケルタルアニメーション（画像の提供：Blenderファウンデーション）

Three.jsは両方のモードをサポートしていますが、一般的にはモーフターゲットを使用したほうがよい結果が得られます。スケルタルアニメーションの場合、Blenderのような3Dプログラムから Three.js内でアニメーションできる形でエクスポートする部分に問題が発生しがちです。モーフターゲットを使用してうまくアニメーションするモデルを作成するほうが、ボーンとスキンを使用して作成するよりもずっと容易です。

この節では両方の方法について説明し、さらにThree.jsがサポートしているアニメーション定義用の外部フォーマットをいくつか紹介します。

9.3.1 モーフターゲットを使用したアニメーション

モーフターゲットはアニメーションを定義するもっともわかりやすい方法です。重要な姿勢（キーフレームとも呼ばれます）のそれぞれについてすべての頂点の位置を定義し、Three.jsに頂点群をある位置から他のキーフレームの位置に移動するように指示します。しかしこの方法には欠点もあり、巨大なメッシュに巨大なアニメーションを定義するとモデルファイルが非常に大きくなってしまいます。これはそれぞれのキーフレームについてすべての頂点座標が繰り返し定義されるためです。

モーフターゲットをどのように使用するかサンプルを2つ使用して説明します。最初のサンプルでは多くのキーフレーム（もしくはこれからそう呼ぶようになるなりますが、モーフターゲット）間の遷移をThree.jsが処理するのに任せ、2つめのサンプルではそれを手動でコーディングすることで処理します。

9.3.1.1 THREE.AnimationMixerを使用したモーフアニメーション

モーフィングの最初のサンプルではThree.jsに同梱されている馬のモデルを使用します。モーフターゲットベースのアニメーションがどのように動作するかを理解するには実際にサンプル`10-morph-targets.html`を見てみることが一番でしょう（**図9-10**）。

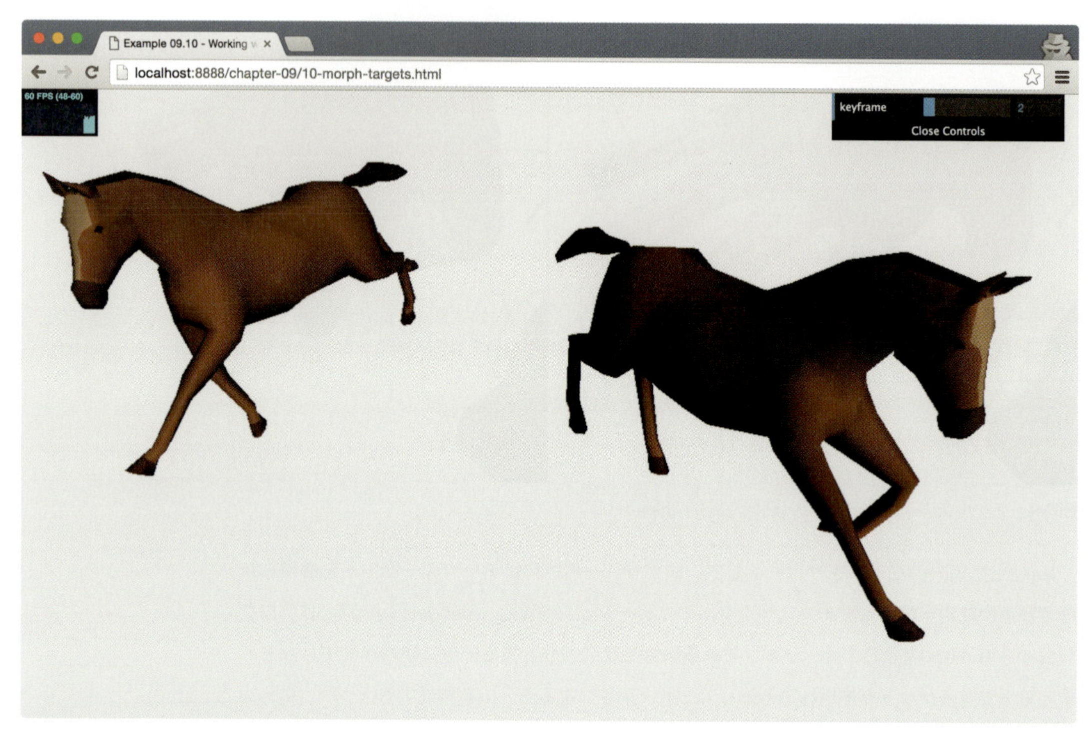

図9-10 モーフターゲットベースのアニメーション

このサンプルでは右側にいる馬はアニメーションしながら走っていて、左側にいる馬はただじっと立っています。2頭目の馬（左側のもの）は基本的なモデル、つまり元の頂点群を使用して描画されています。右上にあるメニューを使用するとモーフターゲットを切り替えて、左側の馬が取ることができるすべての姿勢を見ることができます。

Three.jsにはある姿勢から次の姿勢に遷移する手段がありますが、この方法を使用するということは、つまり現在表示している姿勢からターゲットの姿勢までの変化を管理して少しずつモーフィングさせ、そのターゲットの姿勢に到達するとまたその次のターゲットに向かって同様のことを行わなければいけません。幸い、Three.jsには`THREE.AmimationMixier`というオブジェクトと`THREE.AnimationClip`というオブジェクトがあり、それらを組み合わせて使用することでモーフターゲット間の遷移を簡単に実現することができます。次はモーフターゲットを含むモデルを読み込んで、`THREE.AnimationMixier`を作成する方法を説明します。

```
var loader = new THREE.JSONLoader();
loader.load('../assets/models/horse.js', function(geometry, mat) {
  geometry.computeVertexNormals();

  var mat = new THREE.MeshLambertMaterial({morphTargets: true,
    vertexColors: THREE.FaceColors});

  mesh = new THREE.Mesh(geometry, mat);
  mesh.position.x = 200;
  scene.add(mesh);

  mixer = new THREE.AnimationMixer(mesh);
  var clip = THREE.AnimationClip.CreateFromMorphTargetSequence(
    'gallop', geometry.morphTargets, 30);
  var action = mixer.clipAction(clip);
  action.setDuration(1).play();
}, '../assets/models');
```

まず初めに通常のモデルと同じようにジオメトリを読み込み、メッシュを作成してシーンに追加し、次にそのメッシュを使用してTHREE.AnimationMixerを作成します。THREE.AnimationMixerはアニメーションを統一的に扱うことができるコンテナオブジェクトで、そのclipActionメソッドに特定のアニメーションシーケンスを表すクリップオブジェクトを渡すことで実行可能なアクションが得られます。なお、アニメーションを読み込む場合は使用するマテリアルのmorphTargetsがtrueに設定されていることを確認してください。設定されていなければそのメッシュはアニメーションしません。

次に描画ループ内でアニメーションを更新します。これまで同様THREE.Clockを使用して経過時間を計算し、THREE.AnimationMixerのupdate関数に渡してアニメーションを更新します。

```
function render() {
  stats.update();

  var delta = clock.getDelta();
  webGLRenderer.clear();
  if (mixer) {
    mixer.update(delta);
    mesh.rotation.y += 0.01;
  }

  // requestAnimationFrameを使用して描画
  requestAnimationFrame(render);
  webGLRenderer.render(scene, camera);
}
```

ここで紹介した方法がモーフターゲットが設定されているモデルからアニメーションを自動的に再生するもっとも簡単な方法ですが、これとは別に次の節で説明するようにアニメーションを手動で設定する方法もあります。

9.3.1.2 morphTargetInfluenceプロパティを設定してアニメーションを作成

この節では立方体を特定の形から別の形に段階的に変形できる簡単なサンプルを作成します。前回とは違い今回はモーフするターゲットを手動で制御しましょう。サンプル`11-morph-targets-manually.html`を見てください（**図9-11**）。

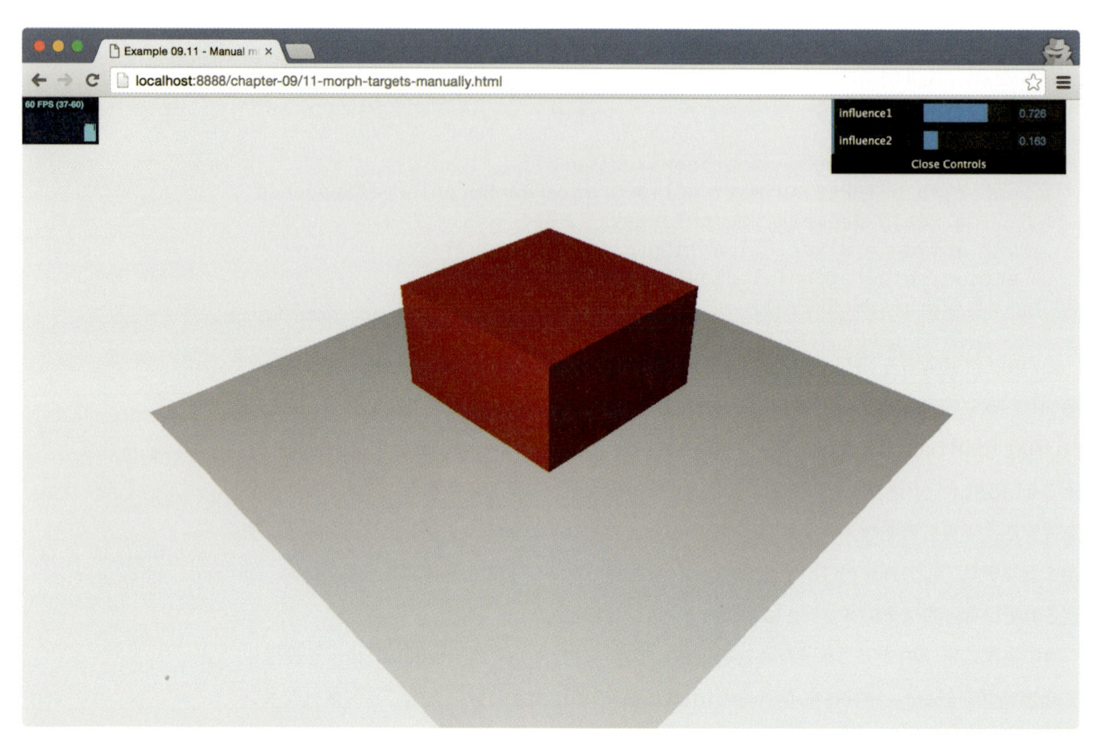

図9-11　アニメーションを手動で制御

このサンプルでは次のように手動で2つのモーフターゲットを作成して立方体に設定しています。

```
// 立方体を作成
var cubeGeometry = new THREE.BoxGeometry(4, 4, 4);
var cubeMaterial = new THREE.MeshLambertMaterial({
  morphTargets: true, color: 0xff0000});

// モーフターゲットを定義。これらのジオメトリの頂点を使用します
var cubeTarget1 = new THREE.BoxGeometry(2, 10, 2);
var cubeTarget2 = new THREE.BoxGeometry(8, 2, 8);

// モーフターゲットを設定
cubeGeometry.morphTargets[0] = {name: 't1',
  vertices: cubeTarget2.vertices};
cubeGeometry.morphTargets[1] = {name: 't2',
  vertices: cubeTarget1.vertices};
```

```
var cube = new THREE.Mesh(cubeGeometry, cubeMaterial);
```

このサンプルを開くと単純な立方体がひとつ表示されています。右上のスライダーを使用するとこの立方体のmorphTargetInfluencesを設定できます。つまり初期状態の立方体をどの程度ターゲット名t1で指定される立方体に近づけ、またどの程度t2に近づけるかを指定できます。手動でモーフターゲットを作成する場合、モーフターゲットの頂点数は元となるジオメトリと同じでなければいけません。次のとおりメッシュのmorphTargetInfluencesプロパティを使用してモーフターゲットのメッシュへの影響度を設定できます。

```
var controls = new function () {
  this.influence1 = 0.01;
  this.influence2 = 0.01;

  this.update = function () {
    cube.morphTargetInfluences[0] = controls.influence1;
    cube.morphTargetInfluences[1] = controls.influence2;
  };
};
```

ジオメトリが複数のモーフターゲットの影響を同時に受ける場合もあるということに注意してください。これら2つのサンプルはモーフターゲットアニメーションの背景にあるもっとも重要なコンセプトを説明するものです。次の節ではボーンとスキンを使用したアニメーションについて簡単に説明します。

9.3.2　ボーンとスキンを使用したアニメーション

モーフアニメーションは非常に単純でした。モーフターゲットに全頂点の移動後の座標が設定されていて、それぞれの頂点をある位置から別のモーフターゲットの位置に移動するだけです。ボーンとスキンを使用する場合はもう少し複雑になります。その場合、ボーンの移動に合わせてそのボーンに関連付けられたスキン（頂点群）をどこに移動するかを決定しなければいけません。サンプルではBlenderからThree.jsフォーマットでエクスポートしたモデル（modelsフォルダのhand-1.js）を使用します。この手のモデルには全体に渡ってボーンが設定されていて、ボーンを動かすとモデル全体がアニメーションします。まずはどのようにモデルを読み込むか見てみましょう。

```
var loader = new THREE.JSONLoader();
loader.load('../assets/models/hand-1.js',
  function(geometry, mat) {
    var mat = new THREE.MeshLambertMaterial({
      color: 0xF0C8C9, skinning: true});
    mesh = new THREE.SkinnedMesh(geometry, mat);

    // 手全体を回転
    mesh.rotation.x = 0.5 * Math.PI;
    mesh.rotation.z = 0.7 * Math.PI;
```

```
    // メッシュを追加
    scene.add(mesh);

    // アニメーションを開始
    tween.start();

  }, '../assets/models');
```

ボーンアニメーションのためのモデルは他のさまざまなモデルと同様にして読み込むことができます。頂点、面、そしてボーンが定義されているモデルファイルを指定してジオメトリを読み込み、そのジオメトリに基づいてメッシュを作成します。Three.jsにはTHREE.SkinnedMeshという名前のボーンとスキンが設定されたジオメトリ専用のメッシュがあります。ボーンの移動に合わせてスキンも移動するには、使用するマテリアルのskinningプロパティをtrueに設定する必要があります。このプロパティをtrueに設定しないと、ボーンの移動が表示に反映されません。このサンプルでは次のように定義されているtweenオブジェクトを使用してアニメーションを処理しています。

```
var tween = new TWEEN.Tween({pos: -1})
  .to({pos: 0}, 3000)
  .easing(TWEEN.Easing.Cubic.InOut)
  .yoyo(true)
  .repeat(Infinity)
  .onUpdate(onUpdate);
```

このtweenではpos変数を-1から0まで変化させます。またyoyoプロパティもtrueに設定して、実行を繰り返すたびにアニメーションを逆向きに再生します。アニメーションが終わりなく繰り返されるよう、repeatはInfinityに設定しました。またonUpdateメソッドが指定されています。このメソッドの引数として渡した関数を個々のボーンの位置を設定するために使用します。これについてはこの後で説明します。

ボーンの説明に進む前にサンプル12-bones-manually.htmlを見ておきましょう（**図9-12**）。

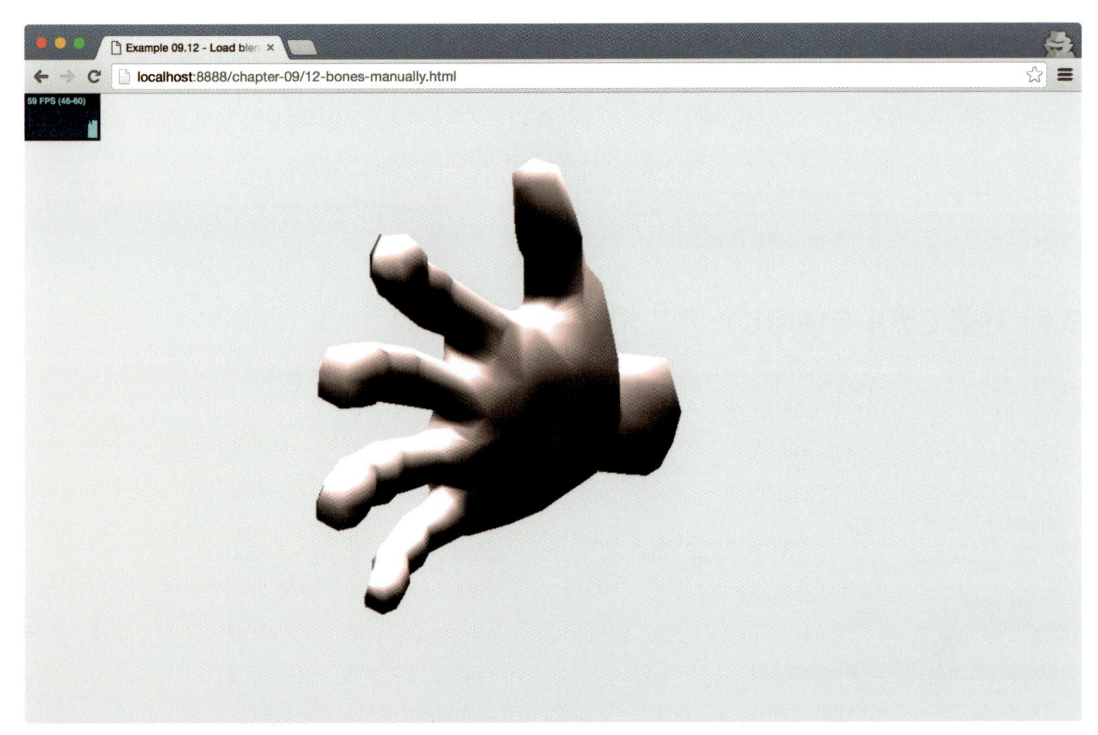

図9-12　ボーンとスキンを使用したアニメーション

このサンプルを開くと手を繰り返し握るような動きをしているのがわかるでしょう。これはtweenアニメーションから呼び出されるonUpdateメソッド内で指のボーンに対してz軸回転を設定することで実現しています。

```
var onUpdate = function () {
  var pos = this.pos;

  // 指を回転
  mesh.skeleton.bones[5].rotation.set(0, 0, pos);
  mesh.skeleton.bones[6].rotation.set(0, 0, pos);
  mesh.skeleton.bones[10].rotation.set(0, 0, pos);
  mesh.skeleton.bones[11].rotation.set(0, 0, pos);
  mesh.skeleton.bones[15].rotation.set(0, 0, pos);
  mesh.skeleton.bones[16].rotation.set(0, 0, pos);
  mesh.skeleton.bones[20].rotation.set(0, 0, pos);
  mesh.skeleton.bones[21].rotation.set(0, 0, pos);

  // 手首を回転
  mesh.skeleton.bones[1].rotation.set(pos, 0, 0);
};
```

onUpadteメソッドが呼び出されるたびに関連するボーンをposで指定される位置に設定します。動かす必要のあるボーンがどれか確認するにはメッシュのskeletonプロパティの内容をコンソールに出力するとよいでしょう。そうするとボーンの内容と名前をすべて表示できます。

このとおりボーンを使用すると固定されたモーフターゲットと比べて少し大変な部分もありますが、非常に柔軟なアニメーションを実現できます。今回のサンプルではボーンを回転移動しただけですが、位置や拡大率を変更することも可能です。次の節では外部モデルからアニメーションを読み込む方法を紹介します。今回と同じ例をまた使いますが、次はボーンを手動で動かすのではなくこのモデルに事前に定義されたアニメーションを再生します。

9.4 外部モデルを使用したアニメーション

「8章 高度なメッシュとジオメトリ」でThree.jsがサポートしている3Dフォーマットを数多く紹介しました。それらのフォーマットのいくつかはアニメーションもサポートしています。この章では次のサンプルを紹介します。

Blenderアニメーション

Blenderで作成したアニメーションをThree.jsのJSONフォーマットにエクスポートして使用します。

Colladaモデルのアニメーション

Colladaフォーマットはアニメーションをサポートしています。その例としてColladaファイルからアニメーションを読み込み、Three.jsで描画します。

MD2モデルのアニメーション

MD2モデルはQuakeの古いエンジンで使用されていた単純なフォーマットです。このフォーマットは少し古臭いものですが、キャラクターアニメーションを保存するフォーマットとしては今見ても非常によくできています。

まずBlenderモデルから始めましょう。

9.4.1 Blenderアニメーション

Blenderでアニメーションの設定をするために、`models`フォルダにある例を読み込みます。フォルダ内に`hand.blend`ファイルがありますので、Blenderに読み込んでください（**図9-13**）。

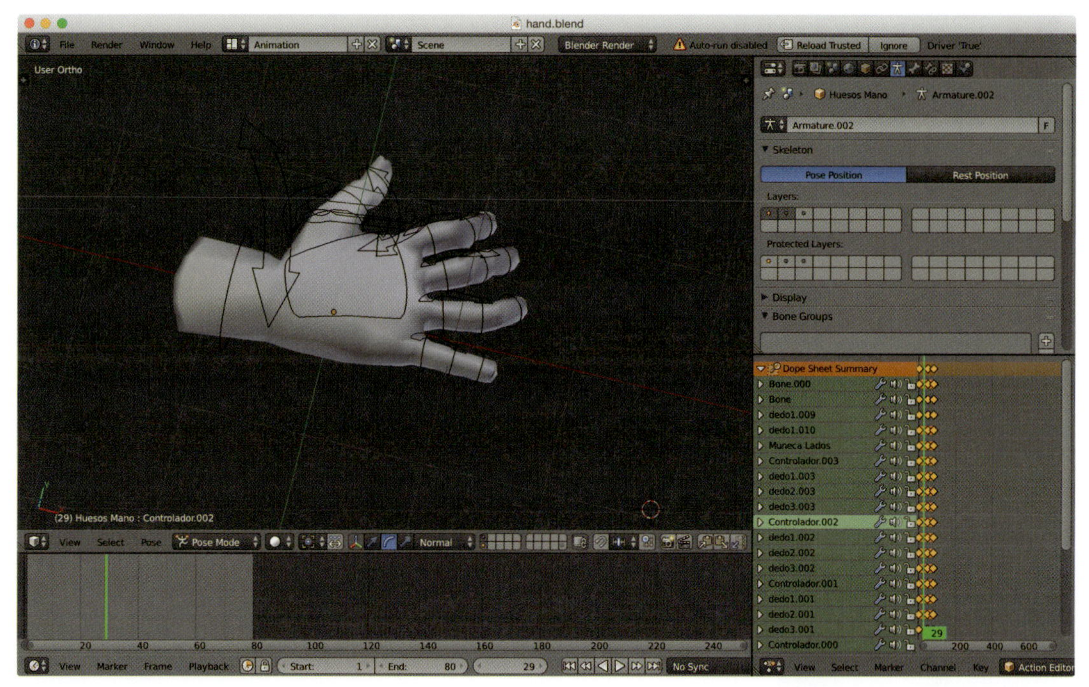

図9-13　hand.blendモデル

Blenderでどのようにしてアニメーションを作成するかあまり細かいところまで説明する余裕は本書にはありませんが、気をつけるべきことがいくつかあります。

- モデルの頂点はすべて少なくともひとつの頂点グループに関連付けられていなければいけません。
- Blender内で使用する頂点グループの名前はそれを制御するボーンの名前と一致しなければいけません。それによってボーンが移動した時にThree.jsはどの頂点を移動する必要があるのか決定することができます。
- 最初の「アクション」だけがエクスポートされます。そのためエクスポートしたいアニメーションが一番最初に来るようにしてください。
- キーフレームを作成する時にもし変更されていないものがあったとしてもすべてのボーンを選択しておくとよいでしょう。
- モデルをエクスポートする時にモデルが［Rest Pose］になっていることを確認してください。もしそうなっていないと非常に奇妙なアニメーションになります。

Blenderでのアニメーションの作成／エクスポートと前述した注意点の理由に関してより詳細な情報が必要な場合は、次のすばらしい資料を参照してください。

http://devmatrix.wordpress.com/2013/02/27/creating-skeletal-animation-in-blender-and-exporting-it-to-three-js/

Blenderでアニメーションを作成すると、前の章でも使用したThree.jsエクスポーターを利用してファイルにエクスポートすることができます。Three.jsエクスポーターを使用してファイルをエクスポートするには**図9-14**のようにプロパティがチェックされていることを確認してください。

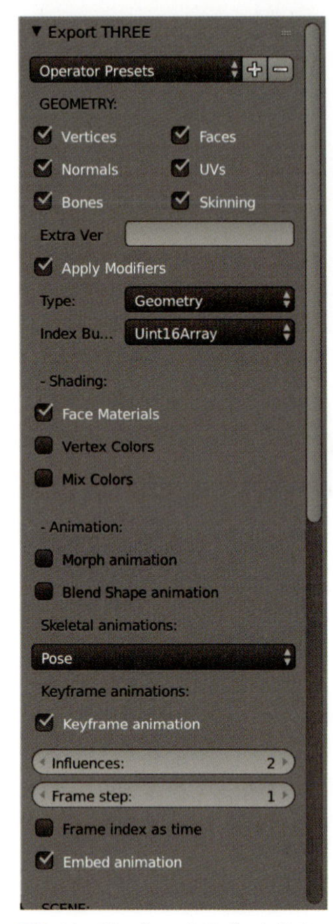

図9-14　Blenderエクスポート設定

これでBlender内で指定したアニメーションがモーフアニメーションではなくスケルタルアニメーションとしてエクスポートされます。スケルタルアニメーションではThree.js内で再生できるようにボーンの動きがエクスポートされています。

Three.jsにボーンが設定されたモデルを読み込む部分は前のサンプルとほとんど同じですが、今回はモデルが読み込まれた時に次のようにしてアニメーションも作成します。

```
var loader = new THREE.JSONLoader();
loader.load('../assets/models/hand-2.js',
  function(geometry, mat) {

    var mat = new THREE.MeshLambertMaterial({
```

```
          color: 0xF0C8C9, skinning: true});
        mesh = new THREE.SkinnedMesh(geometry, mat);

        mesh.rotation.x = 0.5 * Math.PI;
        mesh.rotation.z = 0.7 * Math.PI;
        scene.add(mesh);

        // アニメーションを開始
        mixer = new THREE.AnimationMixer(mesh);
        bonesClip = geometry.animations[0];
        var action = mixer.clipAction(bonesClip);
        action.play();

    }, '../assets/models');
```

このモデルに設定されたアニメーションを再生するには、メッシュからTHREE.AnimationMixerインスタンスを作成し、ジオメトリに設定されているクリップをmixerから取り出してそのアクションのplayメソッドを呼び出します。さらに描画ループ内でmixer.update(clock.getDelta())関数を呼び出すとアニメーションが更新され、ボーンの位置に応じてモデルが変形します。この流れは以前説明したモーフアニメーションと同じであることに注意してください。このようにTHREE.AnimationMixerを使用するとアニメーションを統一的に扱うことができます。このサンプル13-animation-from-blender.htmlの結果は、先ほどとはまた違った形で蠢く手です（**図9-15**）。

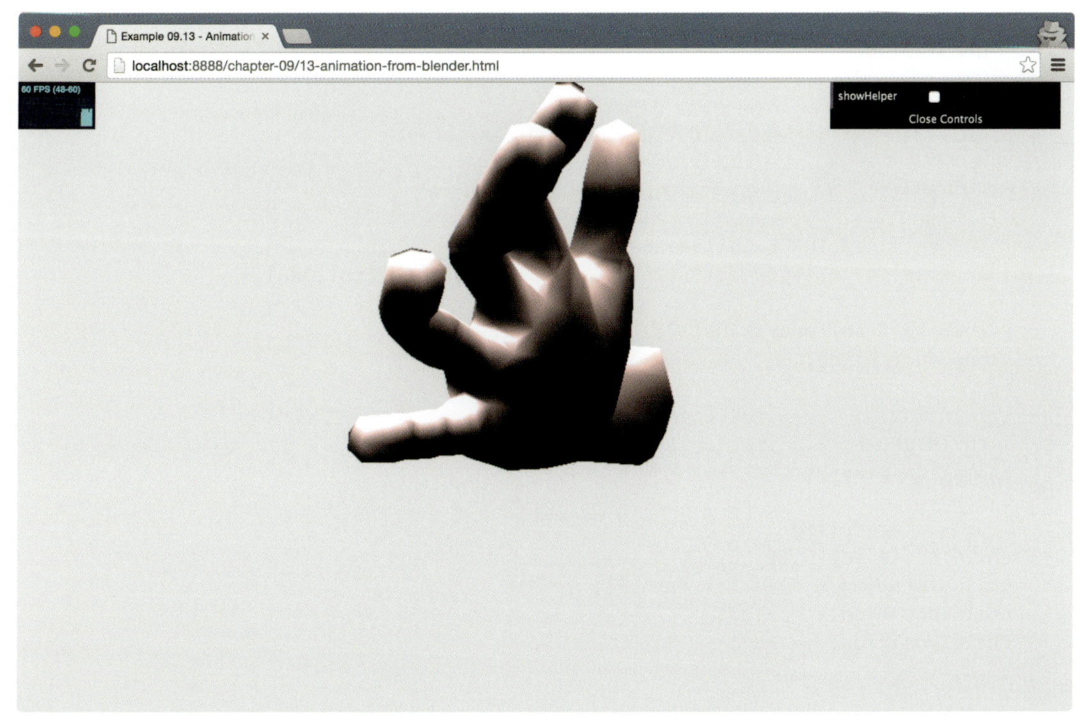

図9-15　Blenderで設定したボーンアニメーション

Three.jsにはモデルのボーンの位置を確認するための簡単なヘルパーがあります。次のコードを追加してみましょう。

```
helper = new THREE.SkeletonHelper( mesh );
helper.material.linewidth = 2;
scene.add( helper );
```

これでボーンが画面に表示されるようになります。ボーンをアニメーションさせるにはさらに描画ループ内で`helper.update()`を呼び出すのを忘れないようにしてください。サンプル`13-animation-from-blender.html`の`showHelper`プロパティを有効にすると実際にどのような結果になるかを確認できます。

Three.js自身のフォーマットの他にも、アニメーションを定義できるフォーマットがいくつかあります。次にColladaモデルの読み込みについて説明します。

9.4.2 Colladaモデルのアニメーション

Colladaファイルからのモデルの読み込みは他のフォーマットと同じ方法を使用します。まず必要なJavaScriptファイルを読み込まなければいけません。Three.jsのアニメーションフレームワークはr73で刷新されましたが、`ColladaLoader`に関してはまだ新しいフレームワークに対応していないようで、古いアニメーションシステムに関係するファイルも合わせて読み込む必要があります。

```
<script src="../libs/loaders/collada/Animation.js"></script>
<script src="../libs/loaders/collada/AnimationHandler.js"></script>
<script src="../libs/loaders/collada/KeyFrameAnimation.js"></script>
<script src="../libs/loaders/ColladaLoader.js"></script>
```

次にローダーを作成し、それを使用してモデルファイルを読み込みます。

```
var loader = new THREE.ColladaLoader();
loader.load('../assets/models/monster.dae', function (collada) {

  var child = collada.skins[0];
  scene.add(child);

  var animation = new THREE.Animation(child,
    child.geometry.animation);
  animation.play();

  // メッシュの位置を設定
  child.scale.set(0.15, 0.15, 0.15);
  child.rotation.x = -0.5 * Math.PI;
  child.position.x = -100;
  child.position.y = -60;
});
```

Colladaローダーは古いアニメーションシステムを使用しているため、これまでとは違い`THREE.Animation`を作成し、その`play`メソッドを呼び出します。

Colladaファイルは単一のモデルだけではなく、カメラやライト、アニメーションなどを含むシーン全体を保持することができます。Colladaモデルを使用する場合、`loader.load`関数の結果をコンソールに出力してどのコンポーネントを使用すべきか確認するとよいでしょう。今回のシーンには`THREE.SkinnedMesh`がひとつ（`child`）しかありませんでした。そのためこのモデルを画面に描画してアニメーションさせるには基本的にはBlenderベースのモデルで行ったのと同じような手順になります。ただしアニメーションシステムが古いため、描画ループ内では次のとおり`THREE.AnimationHandler`を使用します。

```
function render() {
  ...
  var delta = clock.getDelta();
  THREE.AnimationHandler.update(delta);
  ...
}
```

このColladaファイルを読み込んだ結果は**図9-16**のようになります。

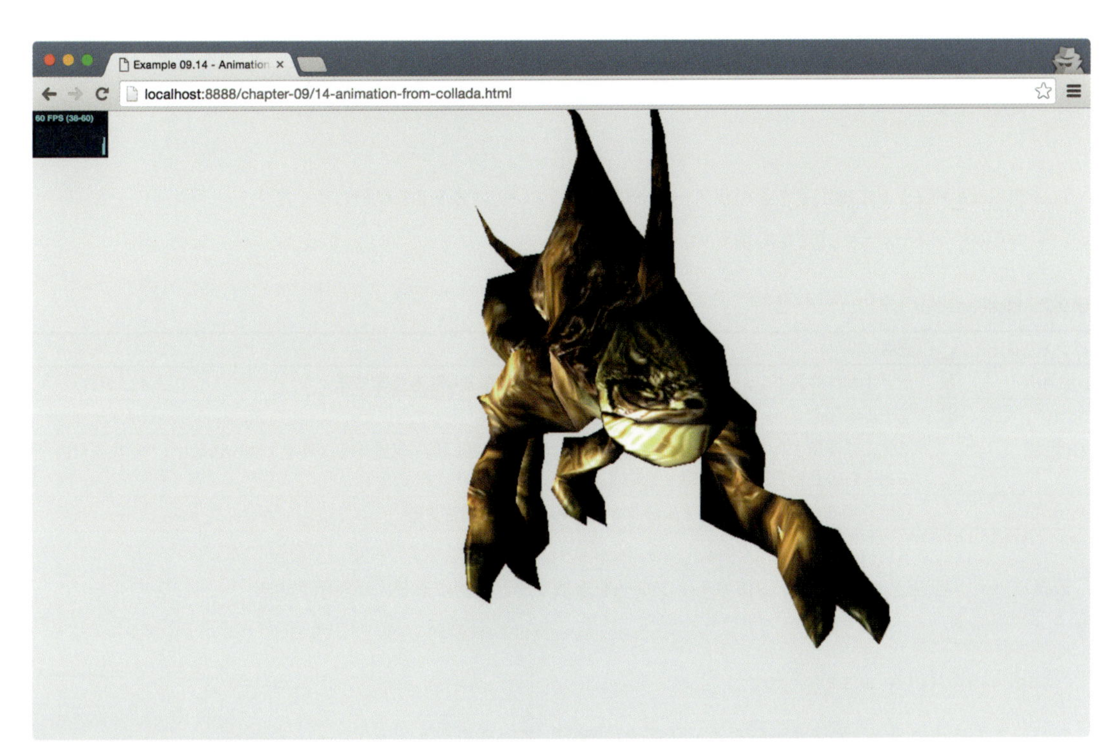

図9-16　Colladaで定義したアニメーション

本節で紹介する外部モデルの最後の例は、モーフターゲットを使用するMD2ファイルフォーマットです。

9.4.3 MD2モデルのアニメーション

MD2フォーマットは1996年から続くすばらしいゲーム『Quake』のキャラクターをモデリングするために作成されました。現在のエンジンでは別のフォーマットを使用していますが、まだこのMD2フォーマットで記述されたすばらしいモデルをたくさん見つけることができます。Three.jsではこのMD2フォーマットで記述されたアニメーションも読み込むことができます。

MD2フォーマットを読み込むにはこれまでと同様にMD2Loaderオブジェクトも利用できますが、それよりもMD2Characterを使用したほうが作業が簡単です。まず必要なファイルをページの先頭で読み込みます。

```
<script src="../libs/loaders/MD2Loader.js"></script>
<script src="../libs/MD2Character.js"></script>
```

MD2Characterは内部的にMD2Loaderを使用しているため、MD2Characterを使用するにはMD2Loader.jsも合わせて読み込んでおく必要があります。

次にMD2CharacterのloadPartsメソッドを利用してモデルファイルを読み込みます。

```
var character = new THREE.MD2Character();
character.loadParts({
  baseUrl: "../assets/models/ogre/",
  body: "ogro.md2",
  skins: ["skin.jpg"],
  weapons: []
});
```

loadPartsメソッドに指定できるパラメーターの詳細については表9-7を参照してください。すべてのパラメーターの指定が必須です。

表9-7 loadPartsメソッドのパラメーター

パラメーター	説明
baseUrl	モデル本体やスキン、武器を読み込む際のベースとなるURLを指定する
body	モデル本体のファイル名を指定する
skins	モデルで使用されているすべてのスキンのファイル名を配列で指定する。スキンはbaseUrl + "skins/"にあるものとして扱われる
weapons	利用できるすべての武器モデルのファイル名を配列で指定する

最後にパーツ読み込みの後でシーンにキャラクターを追加すると画面にモデルが表示されます。

```
scene.add(character.root);
```

ただしこの時点で表示されるキャラクターは完全に静止しています。キャラクターにアニメーションをさせるには、モデルの読み込みが完了した後でTHREE.MD2Characterオブジェクトのset Animationメソッドを呼び出す必要があります。それには次のようなコードをcharacter.loadPartsメソッド呼び出しの前に追加してください。

```
character.onLoadComplete = function() {
  ...

  character.setAnimation(controls.animations);
  character.setPlaybackRate(controls.fps);
};
```

onLoadComplete関数を設定することでloadPartsメソッド呼び出し後の処理を定義できます。アニメーションを実行するにはこのイベントハンドラ内でsetAnimationメソッドを使用してアニメーションの名前を指定し、setPlaybackRateメソッドを使用してアニメーションのFPSを指定します。

setAnimationメソッドでアニメーション名を指定する必要があるのはMD2ファイルに複数のキャラクターアニメーションが含まれているためです。今回のサンプルではこのアニメーション名の一覧を右上のメニューに表示し、選択することで希望のアニメーションを再生できるようにしています。アニメーション名の一覧はonLoadCompleteイベントハンドラ内で次のようにして設定しています。

```
var animations = character.meshBody.geometry.animations;

var animLabels = [];
animations.forEach(function(anim) {
  animLabels.push(anim.name);
});

gui.add(controls, 'animations', animLabels).onChange(function (e) {
  character.setAnimation(controls.animations);
});
gui.add(controls, 'fps', 1, 20).step(1).onChange(function (e) {
  character.setPlaybackRate(controls.fps);
});
```

メニューからアニメーションを選択するたびにそのアニメーション名を引数としてcharacter.setAnimation関数が呼び出されます。最後に描画ループ内でcharacter.updateメソッドを呼び出すと実際にアニメーションが開始します。

```
var delta = clock.getDelta();
character.update(delta);
```

これを実際に試すことができるサンプルが15-animation-from-md2.htmlです（**図9-17**）。

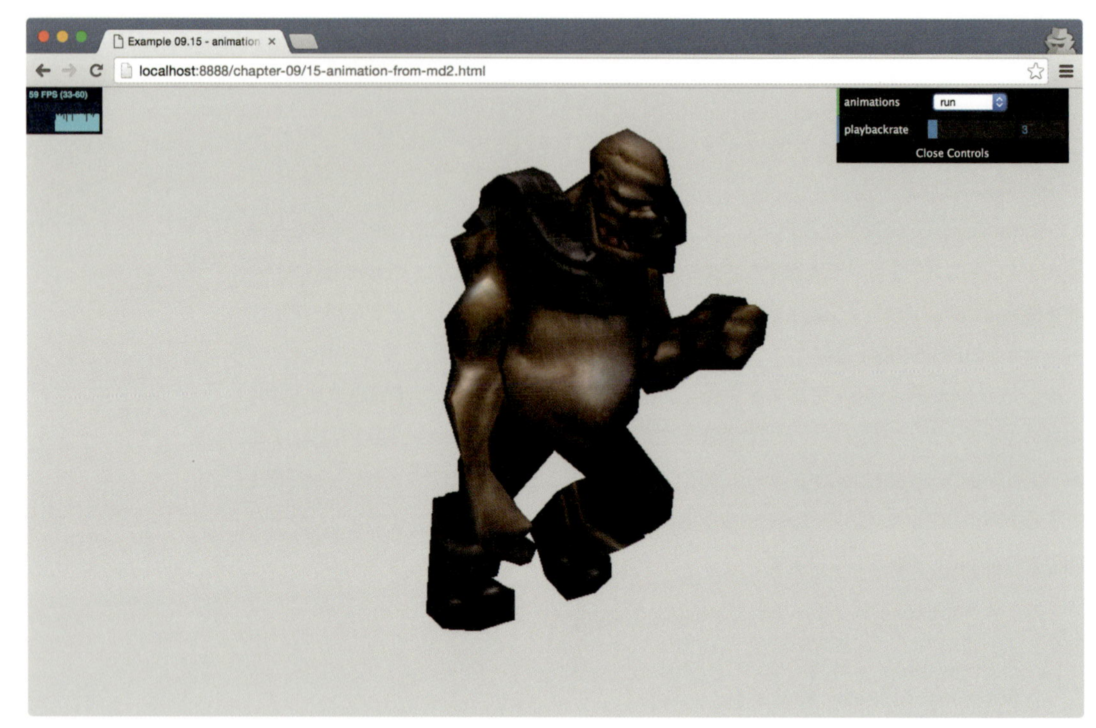

図9-17　MD2で定義したアニメーション

9.5　まとめ

この章ではシーンをアニメーションするさまざまな方法を説明しました。アニメーションに関するいくつかの基本的なテクニックを初めに紹介し、次にカメラの移動やコントロールに進み、最後にモーフターゲットとスケルタル／ボーンアニメーションを使用したアニメーションモデルについて学びました。描画ループを使用すれば、アニメーションを追加するのは非常に簡単です。メッシュのプロパティを変更するだけで、次の描画ステップでThree.jsが更新されたメッシュの情報を使用して再描画します。

これまでの章でオブジェクトのスキンとして利用できるさまざまなマテリアルを紹介しました。例えば、これらのマテリアルの色や光沢、透明度を変更する方法を学びました。しかしそのようなマテリアルと外部の画像（テクスチャとも呼ばれます）を組み合わせて使用する方法についてはまだ説明していません。テクスチャを使用すると簡単にオブジェクトを木や金属、石、その他さまざまなものでできているのかのように見せることができます。次の章ではテクスチャのさまざまな機能を明らかにし、それらをどのようにThree.js内で利用できるか説明します。

10章
テクスチャ

Three.jsで利用できるさまざまなマテリアルを「4章 マテリアル」で紹介しましたが、メッシュにテクスチャを適用する方法については触れませんでした。この章ではテクスチャについて説明します。具体的には、次のトピックについて説明します。

- テクスチャの読み込みとメッシュへの適用
- バンプマップと法線マップを使用したメッシュの奥行きや詳細の表現
- ライトマップを使用した擬似シャドウの作成
- 環境マップを使用したマテリアルへの詳細な反射の追加
- スペキュラマップを使用したメッシュの特定の場所への光沢の追加
- メッシュのUVマップの調整とカスタマイズ
- テクスチャの入力としてのcanvas要素とvideo要素の利用

まず基本的なサンプルを使用してテクスチャの読み込み方法と適用方法を紹介することから始めましょう。

10.1 マテリアルでテクスチャを利用

Three.jsでテクスチャが利用される場面はいくつかあります。メッシュの色を定義するためにも利用できますが、他にも光沢、凹凸、反射を定義するために利用できます。とはいえ初めに紹介するサンプルではもっとも基本的な目的のため、つまりメッシュのピクセルに個別の色を定義するためにテクスチャを使用します。

10.1.1 テクスチャを読み込んでメッシュに適用

マテリアルのmapプロパティの値として使用するのがテクスチャのもっとも基本的な用途です。このマテリアルを使用してメッシュを作成すると指定したテクスチャに基づいてメッシュ表面の色が設定されます。

テクスチャを読み込みメッシュ上でそれを利用するコードは次のようになります。

```
function createMesh(geom, imageFile) {
  var textureLoader = new THREE.TextureLoader();
  var texture = textureLoader.load(
```

```
      "../assets/textures/general/" + imageFile);

    var mat = new THREE.MeshPhongMaterial();
    mat.map = texture;

    var mesh = new THREE.Mesh(geom, mat);
    return mesh;
  }
```

このコードではTHREE.TextureLoaderのload関数を使用して特定の場所から画像を読み込んでいます。テクスチャとしてはPNG、GIF、JPEG形式の画像が利用できます。なお、テクスチャの読み込みは非同期に実行されることに注意してください。ただし今回のシナリオでは描画ループを使用して毎秒60回描画しているのでテクスチャが設定されると同時に表示に反映されるため、これは問題にはなりません。もしテクスチャが読み込まれるまで描画を待つのであれば次のようなコードを使用します。

```
texture = textureLoader.load(
  "../assets/textures/general/" + imageFile,
  function(texture) { renderer.render(scene); });
```

ここではloadにコールバック関数を渡しました。このコールバックはテクスチャの読み込みが完了した時に呼び出されます。ただし我々のサンプルでは特にコールバックは使用せず、読み込み後にテクスチャを表示するのは描画ループに任せています。

テクスチャとしては望めばどのような画像でも使用できますが、各辺が2の累乗の長さを持つ正方形のテクスチャを使用した時にもっともよい結果が得られます。つまり256×256、512×512、1024×1024などの大きさの画像がもっともうまく動作します。**図10-1**が正方形テクスチャの例です。

図10-1　正方形テクスチャ

テクスチャのピクセル（テクセルとも呼ばれます）は通常であれば面のピクセルと一対一には対応しないので、テクスチャは拡大もしくは縮小する必要があります。この処理に関してWebGLとThree.jsには選択肢がいくつかあります。テクスチャをどう拡大するかについては`magFilter`プロパティで設定でき、どう縮小するかについては`minFilter`プロパティで設定できます。これらのプロパティには表10-1の2つの基本的な値を設定できます。

表10-1　テクスチャの拡大縮小用フィルタ

フィルタ	説明
`THREE.NearestFilter`	このフィルタはもっとも近くにあるテクセルの色を使用する。拡大時に使用した場合はブロックノイズを生じ、縮小時に使用するとディテールが大幅に失われる
`THREE.LinearFilter`	このフィルタはより高度なもので、4つの近傍のテクセルの色を使用して設定する色を決定する。これも縮小時にはディテールが失われるが、拡大時にはよりスムーズになりブロックノイズも少なくなる

これら基本的な値の他にミップマップが利用できます。ミップマップとは複数のテクスチャ画像を組み合わせたもので、それぞれが前のテクスチャの半分のサイズになっています。これらはテクスチャをロードした時に作成され、スムーズなフィルタリングが可能になります。そのため（2の累乗サイズの）正方形テクスチャを使用している時には、先ほどよりもよい結果が得られるフィルタリング設定がいくつかあります。それらの設定を利用するには表10-2のプロパティを使用します。

表10-2　ミップマップ用のフィルタ

フィルタ	説明
`THREE.NearestMipMapNearestFilter`	このプロパティは必要な解像度にもっとも近いミップマップを選択し、そのテクスチャに対して表10-1で説明したニアレストフィルタの原理を適用する。拡大時はブロックノイズが乗るが、縮小時は非常に滑らかになる
`THREE.NearestMipMapLinearFilter`	このプロパティはミップマップをひとつではなくレベルの近いミップマップを2つ選ぶ。それぞれのレベルのミップマップについてニアレストフィルタを適用して中間の値を2つ得て、その2つの値を線形フィルタに渡し、最終的な値を得る
`THREE.LinearMipMapNearestFilter`	このプロパティは必要な解像度にもっとも近いミップマップを選択し、そのテクスチャに対して表10-1で説明した線形フィルタの原理を適用する
`THREE.LinearMipMapLinearFilter`	このプロパティはミップマップをひとつではなくレベルの近いミップマップを2つ選ぶ。それぞれのレベルのミップマップについて線形フィルタを適用して、中間の値を2つ得る。その2つの値を線形フィルタに渡し、最終的な値を得る

`magFilter`プロパティと`minFilter`プロパティを明示的に指定しなければ、Three.jsは`THREE.LinearFilter`を`magFilter`プロパティのデフォルトとして使用し、`THREE.LinearMipMapLinearFilter`を`minFilter`プロパティのデフォルトとして使用します。今回のサンプルではこれらデフォルトのプロパティだけを使用します。基本的なテクスチャのサンプルは`01-basic-texture.html`にあります（図10-2）。

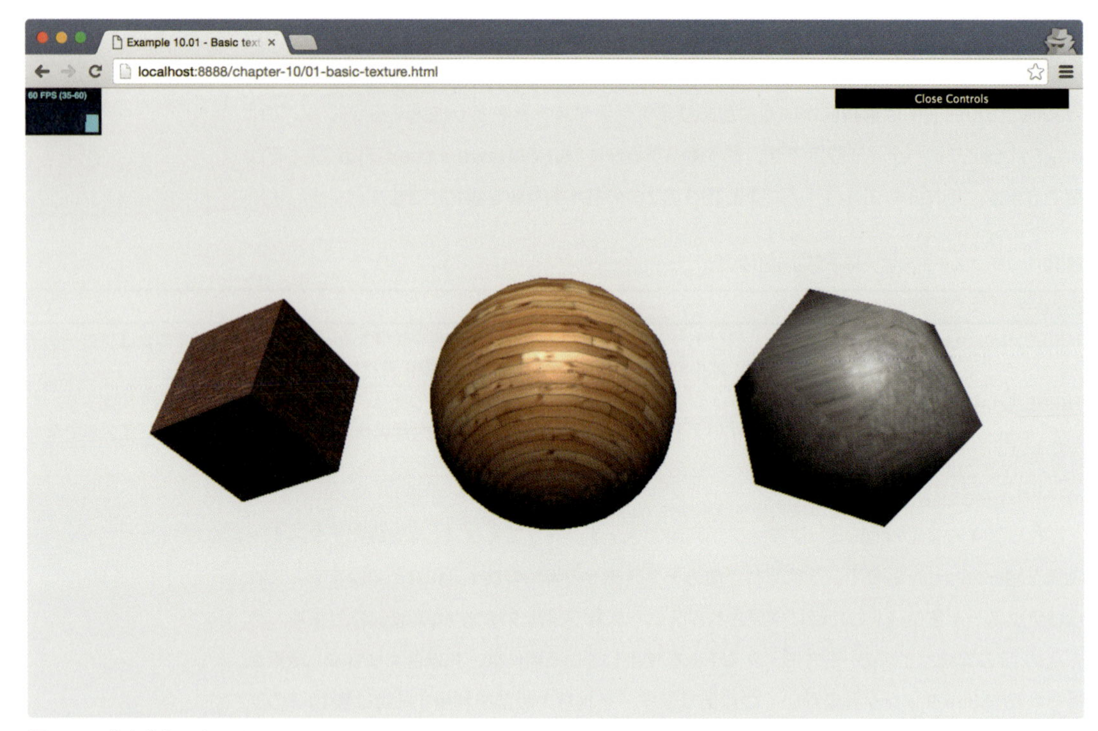

図10-2　基本的なテクスチャ

このサンプルでは（先ほど見たコードを使用して）テクスチャをいくつか読み込み、それらをさまざまな形状に適用します。このサンプルでは、テクスチャがうまく形状全体を覆っていることを確認できます。Three.jsのさまざまなジオメトリを作成していますが、使用したテクスチャはいずれも正しく適用されています。これはUVマッピングと呼ばれる技術（詳細についてはこの章の後半で説明します）で実現されています。UVマッピングを使用すると、ある面にテクスチャのどの部分を適用するかをレンダラに伝えることができます。このもっともわかりやすい例が立方体です。立方体のある面のためのUVマッピングは次のようになります。

```
(0,1),(0,0),(1,0),(1,1)
```

これはこの面に対してテクスチャ全体（UVの値は0から1を取ります）を使用するという意味です。

`THREE.TextureLoader`の`load`関数を使用して読み込むことができるのは標準的な画像フォーマットだけですが、Three.jsには別のフォーマットで記述されたテクスチャを読み込むためのカスタムローダーがいくつかあります。以下は利用できる特殊なローダーです。

THREE.DDSLoader

このローダーを使用するとDirectDraw Surfaceフォーマットで記述されたテクスチャを読み込むことができます。このフォーマットはマイクロソフト社の独自フォーマットでテクスチャを圧縮して保持します。このローダーの利用は非常に簡単で、まずHTMLページにDDSLoader.jsファイルを読み込み、それから次のようにしてテクスチャを使用します。

```
var loader = new THREE.DDSLoader();
var texture = loader.load('../assets/textures/seafloor.dds');

var mat = new THREE.MeshPhongMaterial();
mat.map = texture;
```

このローダーのサンプルは01-basic-texture-dds.htmlです。内部的にはこのローダーはTHREE.CompressedTextureLoaderを使用しています。

THREE.PVRLoader

Power VRは圧縮したテクスチャを保持するまた別の独占ファイルフォーマットです。Three.jsはPower VR 3.0ファイルフォーマットをサポートしていて、このフォーマットで記述されたテクスチャを使用することができます。このローダーを使用するには、HTMLページにPVRLoader.jsファイルを読み込み、次のようにしてテクスチャを使用します。

```
var loader = new THREE.DDSLoader();
var texture = loader.load( '../assets/textures/seafloor.dds' );

var mat = new THREE.MeshPhongMaterial();
mat.map = texture;
```

このローダーのサンプルは01-basic-texture-pvr.htmlです。このフォーマットのテクスチャはすべてのWebGL実装でサポートされているわけではないということに注意してください。そのためこれを使用してテクスチャが表示されなかった場合はコンソールでエラーを確認してください。内部的にはこのローダーもTHREE.CompressedTextureLoaderを使用しています。

THREE.TGALoader

Targaはラスタグラフィックファイルフォーマットで今でも多くの3Dソフトウェアプログラムで使用されています。THREE.TGALoaderオブジェクトを使用すると、3Dモデルでこのフォーマットで記述されたテクスチャを利用できます。この画像フォーマットを使用するにはまずHTMLページにTGALoader.jsファイルを読み込む必要があります。それから次のようにしてTGAテクスチャを読み込みます。

```
var loader = new THREE.TGALoader();
var texture = loader.load('../assets/textures/crate_color8.tga');

var mat = new THREE.MeshPhongMaterial();
mat.map = texture;
```

このローダーのサンプルは01-basic-texture-tga.htmlです。

これまで紹介したサンプルではテクスチャをメッシュのピクセルごとの色を定義するために

使用していました。しかしテクスチャは他の用途にも利用できます。続く2つのサンプルではテクスチャを使用してマテリアルにシェーディングをどのように適用するかを指定します。これによりメッシュの表面に凹凸や皺を付けることができます。

10.1.2 バンプマップを使用した皺

バンプマップはマテリアルにさらに奥行きを追加するために使用されます。実際にどのように見えるかはサンプル02-bump-map.htmlで確認できます（**図10-3**）。

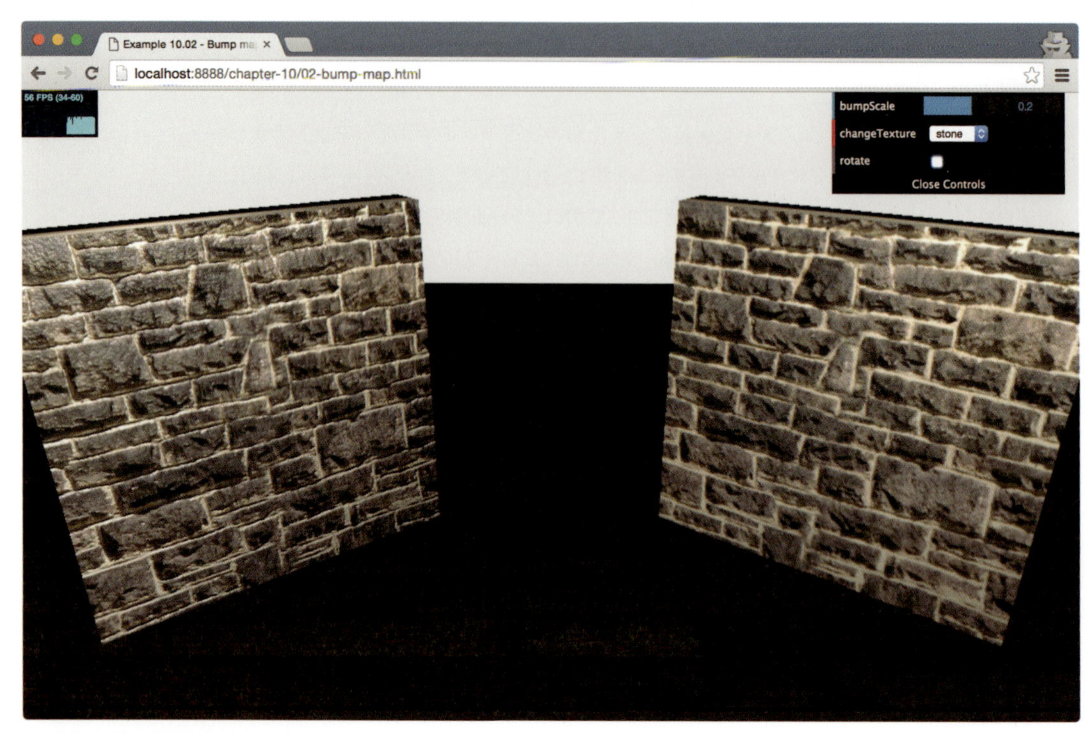

図10-3　バンプマップ

このサンプルでは右側の壁と比べると、左側の壁のほうがより詳細まで見え、ずっと奥行きが感じられることを確認できます。これはマテリアルにバンプマップというテクスチャを追加で設定しているためです。

```
function createMesh(geom, imageFile, bump) {
  var textureLoader = new THREE.TextureLoader();
  var texture = textureLoader.load(
    "../assets/textures/general/" + imageFile);
  geom.computeVertexNormals();
  var mat = new THREE.MeshPhongMaterial();
  mat.map = texture;

  var bump = textureLoader.load(
    "../assets/textures/general/" + bump);
```

```
    mat.bumpMap = bump;
    mat.bumpScale = 0.2;

    var mesh = new THREE.Mesh(geom, mat);
    return mesh;
  }
```

コードを見るとmapプロパティだけでなく、bumpMapプロパティにもテクスチャを設定していることがわかります。さらにbumpScaleプロパティを使用して凹凸の高さ（負の値を指定した場合は深さ）を設定しています。このサンプルで使用されているテクスチャは**図10-4**のようなものです。

図10-4　バンプマップのために使用しているテクスチャ

バンプマップはグレースケールの画像ですが、カラー画像を使うこともできます。その場合もピクセルの明度が凹凸の高さを表します。バンプマップは指定するのはピクセルの相対的な高さだけです。勾配の方向については何も指定されません。そのためバンプマップによって表現できる高さや奥行きには限界があります。より詳細に表現する必要がある場合は次の法線マップを使用してください。

10.1.3　法線マップを使用したより詳細な凹凸と皺

法線マップでそれぞれの画素に保持されるのは高さ（変異）ではなく法線の方向です。あまり詳細に触れることは避けますが、法線マップを使用すると、使用する頂点や面の数は少ないままで細かいところまでよく表現されたモデルを作成することができます。サンプル03-normal-map.htmlを見てください（**図10-5**）。

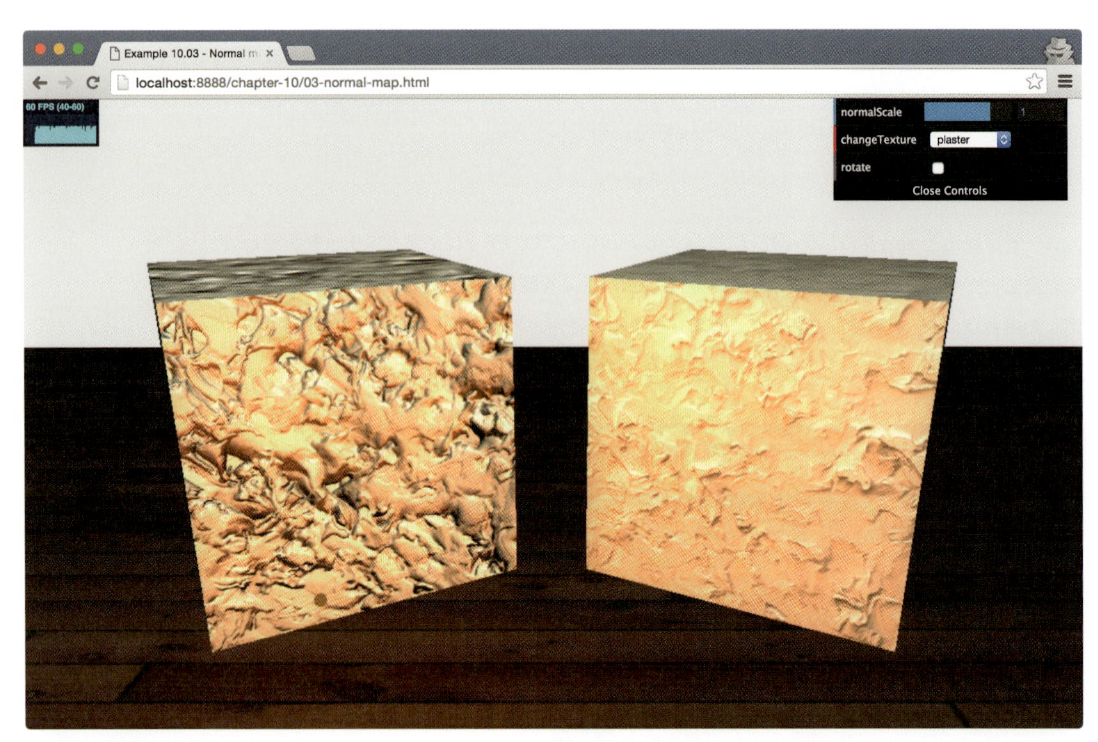

図10-5　法線マップ

図10-5の左側には非常に細かくしっくいが塗られたような見た目の立方体があります。光源が立方体の周りを動くとその光源にテクスチャが自然に反応することがわかります。これにより非常に現実的な見た目のモデルになりますが、この実現に必要な物は非常に単純なモデルといくつかのテクスチャだけです。次のコードはThree.jsで法線マップをどのように使用するかを示しています。

```
function createMesh(geom, imageFile, normal) {
  var textureLoader = new THREE.TextureLoader();

  var t = textureLoader.load(
    "../assets/textures/general/" + imageFile);
  var m = textureLoader.load(
    "../assets/textures/general/" + normal);

  var mat2 = new THREE.MeshPhongMaterial();
  mat2.map = t;
  mat2.normalMap = m;

  var mesh = new THREE.Mesh(geom, mat2);
  return mesh;
}
```

ここで利用されている方法はバンプマップの場合と同じです。ただし今回は`normalMap`プロパティを使用して法線テクスチャを設定します。`mat.normalScale.set(1,1)`のように`normalScale`プロパティを設定することで凹凸がどの程度はっきり見えるかを定義することもできます。このプロパティを使用するとx軸に沿った方向とy軸に沿った方向でスケールを変えることもできますが、これら2つの値が等しい場合にもっともよい効果を得られるでしょう。また、これらはゼロ以下、負の値を持つ高さにも設定できることにも注意してください。**図10-6**の右側がテクスチャで、左側が法線マップです。

図10-6　テクスチャと法線マップ

しかし法線マップにはその作成がそれほど簡単ではないという問題があります。法線マップを作成するにはBlenderやPhotoshopのような特殊なツールが必要になります。これらのツールを使用すると高解像度のレンダリング結果やテクスチャを入力として法線マップを作成できます。

10.1.4　ライトマップを使用した擬似シャドウ

これまでのサンプルではさまざまなマップを使用して室内の光に反応するリアルな見た目の影を実現しました。この節では逆に擬似的な影を作る別の方法を紹介します。この節で使用するのはライトマップです。ライトマップは事前レンダリングされた影（事前に焼き込まれた影とも呼ばれます）で、見ている人に実際の影のような錯覚を起こさせます。サンプル`04-light-map.html`で、ライトマップが実際にどのように見えるかを確認できます（**図10-7**）。

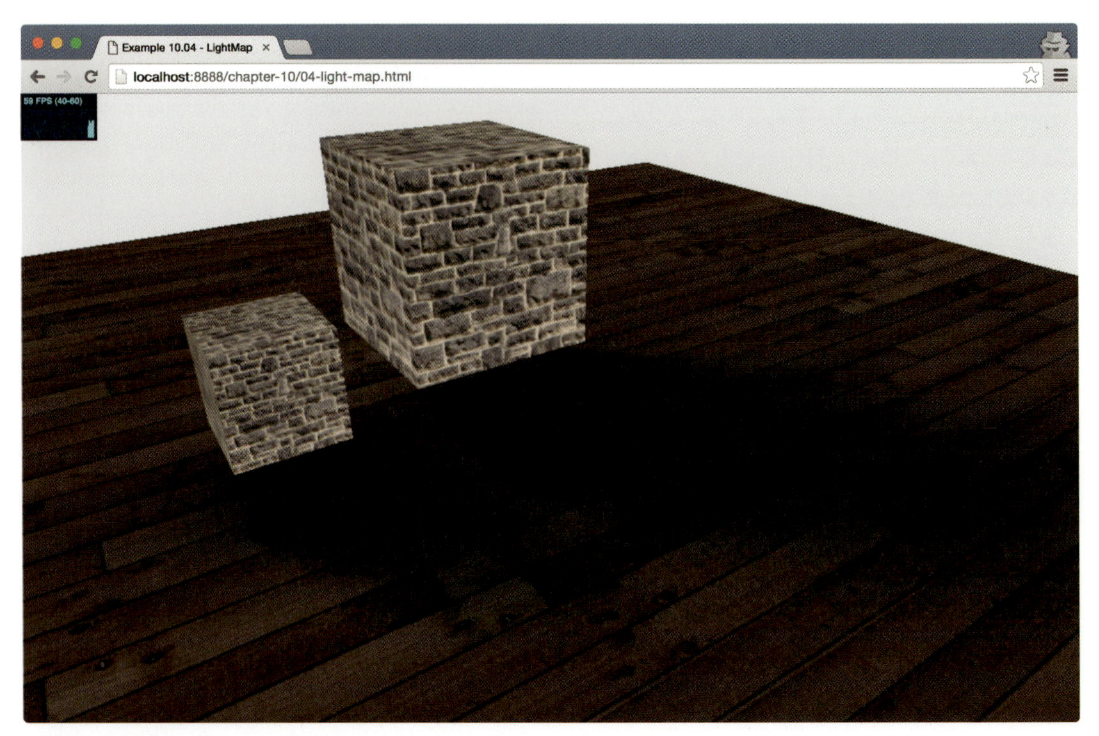

図10-7　ライトマップ

図10-7に綺麗な影が落ちているのが見えます。影はまるで2つの立方体から落ちているように見えますが、これらの影は**図10-8**のような見た目のライトマップテクスチャによるものです。

図10-8　ライトマップテクスチャ

見てわかるとおりライトマップ内で定義された影は地平面に落ちた影のような形で、見ている人に本当の影のような錯覚を起こさせます。このテクニックを使用すると描画に高い負荷をかけることなく高解像度の影を作成することができます。ただし当然ですが、これは静的なシーンに対してのみ有効です。ライトマップの使い方は他のテクスチャとほとんど同じですが、いくつか少し異なる点があります。ライトマップをどのように利用するかは次を見てください。

```
var textureLoader = new THREE.TextureLoader();
var lm = textureLoader.load(
  '../assets/textures/lightmap/lm-1.png');
var wood = textureLoader.load(
  '../assets/textures/general/floor-wood.jpg');
var groundMaterial = new THREE.MeshStandardMaterial({
  color: 0x777777,
  lightMap: lm,
  map: wood
});
groundGeom.faceVertexUvs[1] = groundGeom.faceVertexUvs[0];
```

ライトマップを適用するために必要な作業は、基本的にはマテリアルの`lightMap`プロパティの値として先ほど見たライトマップ画像を設定することだけです。ただしライトマップを表示させるには他にいくつか設定が必要です。ライトマップを使用するにはUVマッピング（テクスチャのどの部分を面のどの部分に表示するか）の明示的な定義が必要になります。この設定があることでライトマップを他のテクスチャから独立してマッピングすることができます。今回のサンプルでは平面を作成した時にThree.jsが自動的に作成する標準のUVマッピングを使用しています。明示的なUVマッピングがなぜ必要なのか、詳細な背景が必要であれば以下を参照してください。

http://stackoverflow.com/questions/15137695/three-js-lightmap-causes-an-error-webglrenderingcontext-gl-error-gl-invalid-op

シャドウマップを適切に配置できると、次に立方体を適切な位置に配置して影がそれらから落ちているように見せかける必要があります。

Three.jsにはもうひとつ高度な3Dエフェクトを擬似的に使用するためのテクスチャがあります。それが次の節で説明する環境マップで、反射を擬似的に実現します。

10.1.5　環境マップを使用した擬似環境反射

環境反射の計算は非常にCPU負荷が高く、通常はレイトレーシングを使用する必要があります。Three.jsでもこの反射が必要になった時にレイトレーシングを採用することはできますが、可能であれば擬似的な手段で済ますべきでしょう。オブジェクトが含まれている環境のテクスチャを作成してそれを特定のオブジェクトに適用すると擬似的な環境反射が実現できます。まずどのような結果を目指すのか紹介します。サンプル`05-env-map-static.html`を見てください（**図10-9**）。

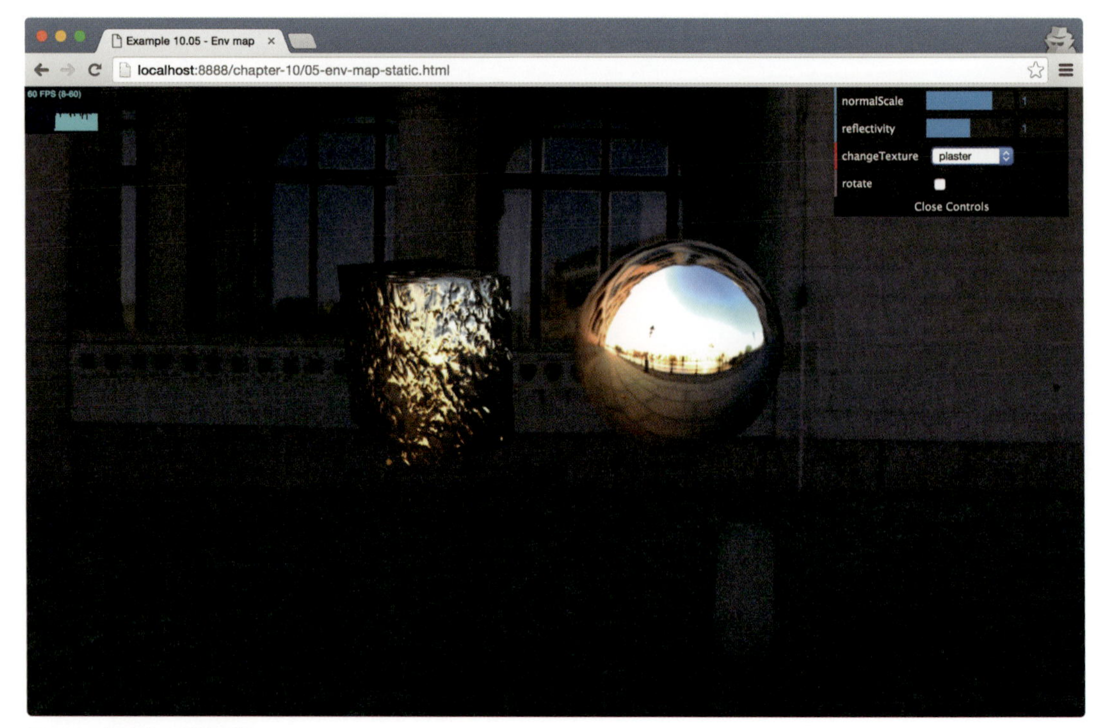

図10-9　擬似的な環境反射

図10-9では球と立方体が環境を反射しています。マウスを動かすと周囲の市街地とカメラの角度に応じて反射も変わって見えることがわかります。このサンプルを作成する手順は次のようになります。

1. **CubeMapオブジェクトの作成**
   まず初めにCubeMapオブジェクトを作成します。CubeMapは立方体の各面に適用される6つのテクスチャをまとめたものです。

2. **CubeMapオブジェクトを使用した立方体の作成**
   CubeMapの立方体はカメラを動かした時に見える環境を模擬するものです。これにより周りに見える環境の中に立っているような錯覚を起こさせます。見ている人は空間内にいるような錯覚に陥りますが、実際のところは内側に周囲の環境をテクスチャとして貼り付けた立方体の中にいます。

3. **CubeMapオブジェクトをテクスチャとして適用**
   先ほど環境を模擬するために使用したCubeMapオブジェクトはメッシュのテクスチャとしても使用できます。そしてこのテクスチャが設定されたオブジェクトは周囲の環境を反射しているかのように見えます。

使用する画像さえ準備できれば、CubeMapの作成は非常に簡単です。必要なのは、組み合わせることで周囲の環境全体を構成できる6つの画像です。つまり前向き（posz）、後ろ向き（negz）、上向き（posy）、下向き（negy）、右向き（posx）、左向き（negx）の画像が必要です。これらの画像が与えられるとThree.jsはすべてをひとつにつなぎ合わせて継ぎ目のない環境マップを作成します。CubeMapに使用できる画像をダウンロードできるサイトがいくつかあり、今回のサンプルでは次のサイトからダウンロードした画像を使用しています。

http://www.humus.name/index.php?page=Textures

6つの画像が手に入ると、次のようにしてそれらを読み込めます。

```
function createCubeMap() {

  var path = "../assets/textures/cubemap/parliament/";
  var format = '.jpg';
  var urls = [
      path + 'posx' + format, path + 'negx' + format,
      path + 'posy' + format, path + 'negy' + format,
      path + 'posz' + format, path + 'negz' + format
  ];

  var cubeTextureLoader = new THREE.CubeTextureLoader();
  var textureCube = cubeTextureLoader.load(urls);
  return textureCube;
}
```

ここではTHREE.CubeTextureLoaderオブジェクトを使用しています。このオブジェクトのload関数にテクスチャの配列を渡すとCubeMapオブジェクトを作成できます。360度のパノラマ画像があれば、CubeMapの作成に使用できる画像の組に変換することもできます。http://gonchar.me/panorama/を使用してください。right.png、left.png、top.png、bottom.png、front.png、back.pngという名前の6つの画像が得られます。urls変数を次のように設定するとこれらの画像からCubeMapを作成できます。

```
var urls = [
  'right.png',
  'left.png',
  'top.png',
  'bottom.png',
  'front.png',
  'back.png'
];
```

CubeMapを使用する場合、まず次のようにして立方体を作成します。

```
var textureCube = createCubeMap();
var shader = THREE.ShaderLib["cube"];
shader.uniforms["tCube"].value = textureCube;
var material = new THREE.ShaderMaterial({
```

```
    fragmentShader: shader.fragmentShader,
    vertexShader: shader.vertexShader,
    uniforms: shader.uniforms,
    depthWrite: false,
    side: THREE.BackSide
  });

  cubeMesh = new THREE.Mesh(new THREE.BoxGeometry(100, 100, 100),
    material);
```

Three.jsにはTHREE.ShaderMaterialを使用してCubeMapに基づいて環境を作成できる特別なシェーダー（var shader = THREE.ShaderLib["cube"];）があります。CubeMapを使用してこのシェーダーを設定し、メッシュを作成してシーンに追加します。このメッシュを内側から眺めると、自分が立っている周囲の環境が擬似的に映し出されます。

同じCubeMapオブジェクトをメッシュに適用すると擬似反射を生じます。

```
var sphere1 = createMesh(
  new THREE.SphereGeometry(10, 15, 15), "plaster.jpg");
sphere1.material.envMap = textureCube;
sphere1.rotation.y = -0.5;
sphere1.position.x = 12;
sphere1.position.y = 5;
scene.add(sphere1);

var sphere2 = createMesh(new THREE.BoxGeometry(10, 15, 15),
  "plaster.jpg", "plaster-normal.jpg");
sphere2.material.envMap = textureCube;
sphere2.rotation.y = 0.5;
sphere2.position.x = -12;
sphere2.position.y = 5;
scene.add(sphere2);
```

作成したcubeMapオブジェクトをマテリアルのenvMapプロパティに設定していることがわかります。この結果として、広い野外に立っているように見えるシーンが作成され、メッシュはその環境を反射します。サンプルでは右上のスライダーを使用してマテリアルのreflectivityプロパティを変更できます。名前のとおり、これはマテリアルが環境をどの程度反射するかを指定するもです。

Three.jsではCubeMapオブジェクトを利用して反射だけでなく屈折（ガラスのようなオブジェクト）を実現することもできます（**図10-10**）。

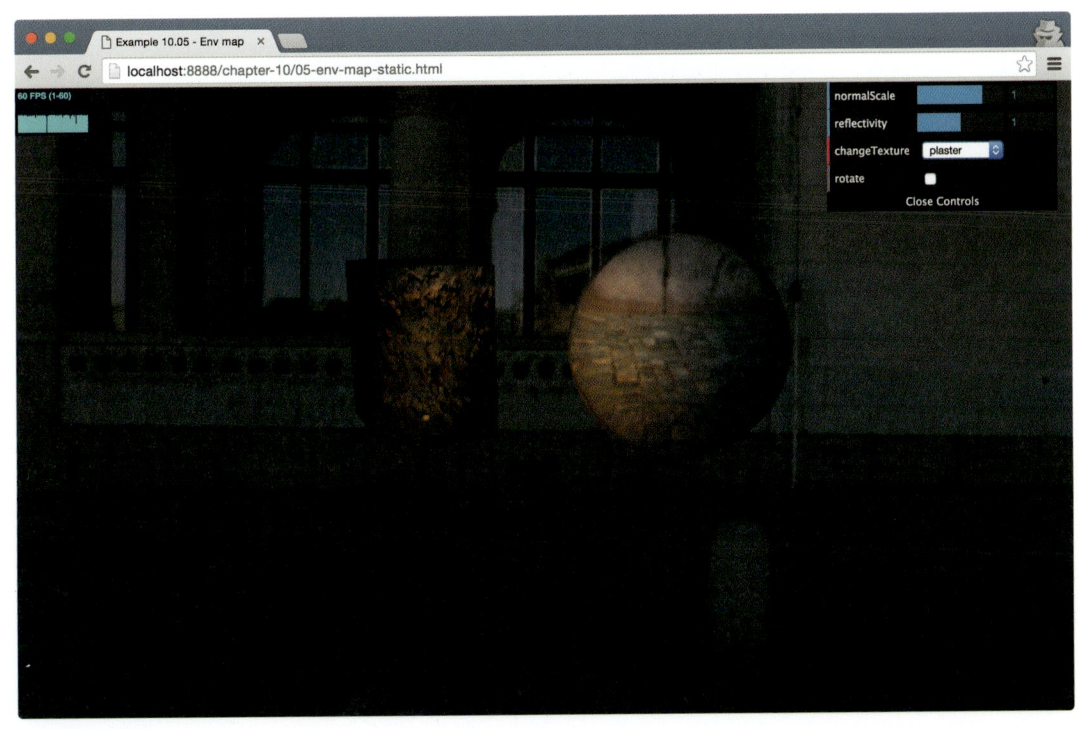

図10-10　屈折

先ほどのサンプルで使用しているCubeMapのmappingプロパティにTHREE.CubeRefractionMappingするだけで、このような効果が得られるようになります。

```
var textureCube = cubeTextureLoader.load(urls);
textureCube.mapping = THREE.CubeRefractionMapping;
```

なおreflectionプロパティと同じように、マテリアルのrefractionプロパティを使用すると屈折率を設定できます。今回のサンプルではメッシュに静的な環境マップを使用しました。つまりメッシュの表面では周囲の環境だけが反射され、環境内の他のメッシュは反射されません。**図10-9**でも立方体と球にお互いが写り込んでいないことを確認できます。**図10-11**でシーン内の他のオブジェクトも含めた反射を実現するにはどうすればよいかを示します（実際に動作しているところを見るにはブラウザで05-env-map-dynamic.htmlを開いてください）。

図10-11　動的な環境マップ

シーン内の他のオブジェクトからの反射も含めるにはこれまでに使ったことがないThree.jsコンポーネントを使用する必要があります。まず必要なのはTHREE.CubeCameraという新しいカメラです。

```
var cubeCamera = new THREE.CubeCamera(0.1, 20000, 256);
scene.add(cubeCamera);
```

THREE.CubeCameraを使用してすべてのオブジェクトが描画されたシーンのスナップショットを撮り、それをCubeMapに設定します。カメラの位置は動的な反射を表示させたいTHREE.Meshの位置と一致させる必要があります。今回のサンプルでは中心の球にだけこの動的な反射を設定しています（**図10-11**）。この球は0,0,0の座標に配置されているので、THREE.CubeCameraの位置を明示的に指定する必要はありません。

球にだけ動的な反射を設定するのでその他のオブジェクトのものと合わせて2種類のマテリアルが必要になります。

```
var dynamicEnvMaterial = new THREE.MeshBasicMaterial({
  envMap: cubeCamera.renderTarget, side: THREE.DoubleSide});
var envMaterial = new THREE.MeshBasicMaterial({
  envMap: textureCube, side: THREE.DoubleSide});
```

前のサンプルとの主な違いは、動的な反射を実現するためにenvMapプロパティに以前設定したtextureCubeではなくcubeCamera.renderTargetを設定していることです。今回のサンプルでは中央の球にはdynamicEnvMaterialを使用し、その他の2つのオブジェクトにはenvMaterialを使用します。

```
var sphere = new THREE.Mesh(sphereGeometry, dynamicEnvMaterial);
sphere.name = 'sphere';
scene.add(sphere);

var cylinder = new THREE.Mesh(cylinderGeometry, envMaterial);
cylinder.name = 'cylinder';
scene.add(cylinder);
cylinder.position.set(10, 0, 0);

var cube = new THREE.Mesh(boxGeometry, envMaterial);
cube.name = 'cube';
scene.add(cube);
cube.position.set(-10, 0, 0);
```

最後に残っている作業はcubeCameraでシーンを描画し、その出力を中央の球のテクスチャとして利用できるようにすることです。それには描画ループを次のように更新します。

```
function render() {
  sphere.visible = false;
  cubeCamera.updateCubeMap(renderer, scene);
  sphere.visible = true;

  renderer.render(scene, camera);
  ...
  requestAnimationFrame(render);
}
```

まず初めに球を非表示にしていることがわかります。これは他の2つのオブジェクトからの反射だけを見えるようにするためです。次にupdateCubeMapを呼び出してcubeCameraでシーンを描画します。その後、球を再表示してシーンを通常どおり描画すると、球の反射の中に立方体と円柱が映り込みます。

本章で最後に説明する基本的なマテリアルはスペキュラマップです。

10.1.6 スペキュラマップ

スペキュラマップを使用するとマテリアルの光沢とハイライトの色を指定できます。例えば、**図10-12**ではスペキュラマップと法線マップを同時に使用して地球を描画しました。ブラウザで06-specular-map.htmlを開くとこのサンプルを見ることができます。

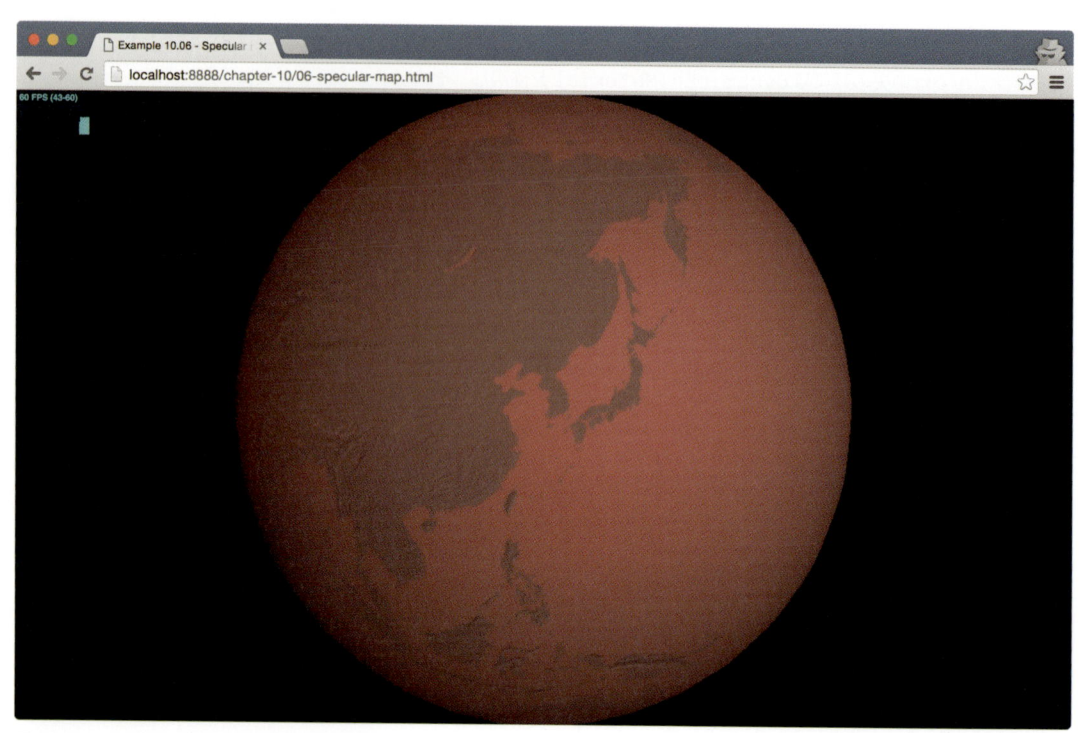

図10-12　スペキュラマップを設定した地球

図10-12では海の部分がハイライトされ光を反射しているのが確認できます。一方、大陸の部分は非常に暗く、（ほとんど）光を反射していません。この効果は特別な法線テクスチャを使用して実現したわけではなく、高さを表すために法線マップを使用して、さらに海をハイライトするために**図10-13**のようなスペキュラマップを使用しただけです。

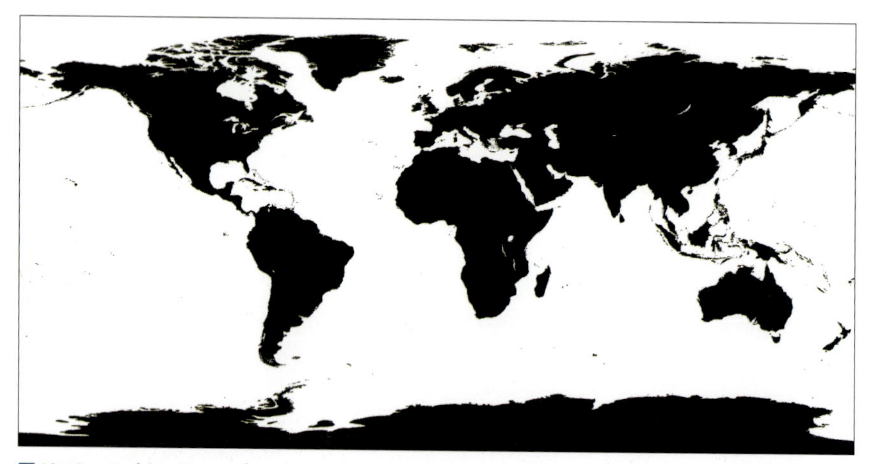

図10-13　スペキュラマップ

スペキュラマップを設定すると、ピクセルの値が大きい（黒が最小で白が最大）部分ほど表面の光沢が強くなります。通常はスペキュラマップは反射の色を指定するspecularプロパティと組み合わせて利用します。今回のサンプルでは反射の色は赤に設定されています。

```
var textureLoader = new THREE.TextureLoader();
var specularTexture = textureLoader.load(
  "../assets/textures/planets/EarthSpec.png");
var normalTexture = textureLoader.load(
  "../assets/textures/planets/EarthNormal.png");

var planetMaterial = new THREE.MeshPhongMaterial();
planetMaterial.specularMap = specularTexture;
planetMaterial.specular = new THREE.Color(0xff0000);
planetMaterial.shininess = 2;

planetMaterial.normalMap = normalTexture;
```

通常、shininessの値は小さいほうがよい効果が得られますが、ライティングの設定や使用しているスペキュラマップによって、求める効果を得るために試行錯誤が必要になる場合もあることに注意してください。

10.2　テクスチャの高度な利用

前の節ではテクスチャの基本的な利用法をいくつか紹介しましたが、Three.jsにはテクスチャをより細かく設定するためのオプションもあります。この節ではそれらのオプションをいくつか説明します。

10.2.1　独自UVマップ

これからUVマッピングについてさらに深く見ていきます。以前説明したとおり、UVマッピングを使用すると特定の面にテクスチャのどの部分を対応させるかが指定できます。Three.jsでジオメトリを作成すると、作成したジオメトリの種類に応じてこれらのマッピングも自動的に作成されます。実際のところ、ほとんどの場合はこのデフォルトのUVマッピングを変更する必要はありません。UVマッピングがどのように動作しているか理解するには**図10-14**にあるBlenderの例を見てみるとよいでしょう。

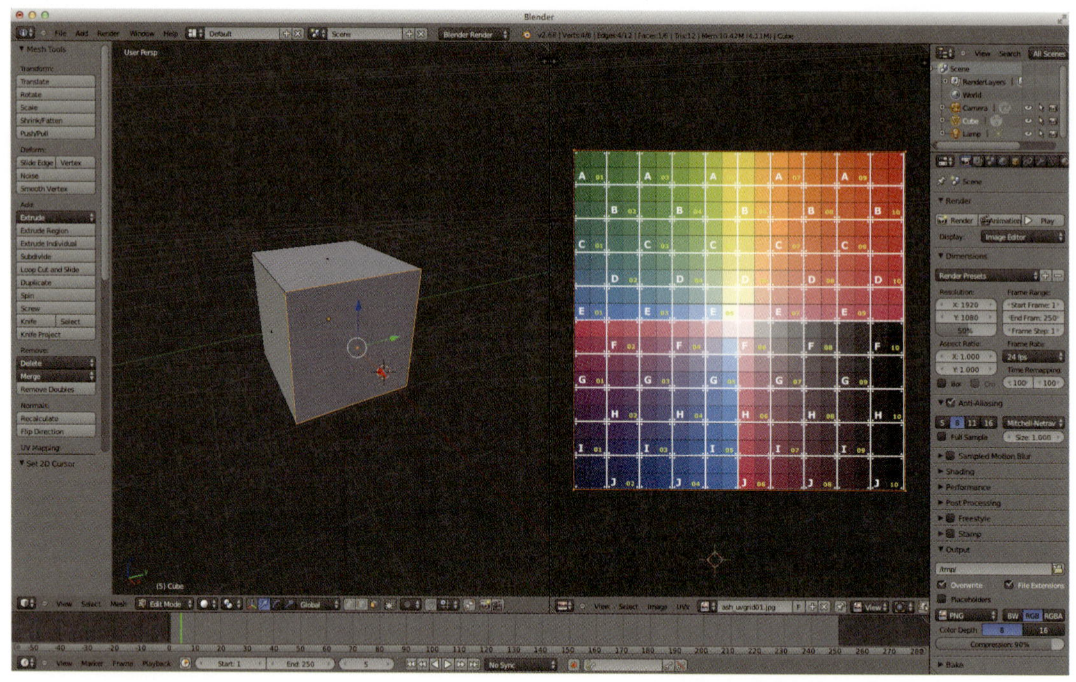

図10-14　BlenderのUVマッピング

このサンプルにはウィンドウが2つあります。左側のウィンドウには立方体のジオメトリが見えます。そして右側のウィンドウにはUVマッピングが見え、これがマッピングがどのようになるかを示すためにテクスチャの例として読み込まれます。見てわかるとおり面のそれぞれの頂点は右側のUVマッピングのいずれかの角（小さい円）に対応しています。これはテクスチャ全体が各面に適用されているという意味です。この立方体の他のすべての面に対しても同じようにテクスチャがマッピングされ、最終的にすべての面にテクスチャ全体が設定された立方体が表示されます。実際の表示は`07-uv-mapping.html`を参照してください（**図10-15**）。

これはBlender（Three.jsでも同様です）のデフォルトのUVマッピング設定です。試しにUVを変更してテクスチャの3分の2だけを選択してみましょう（**図10-16**の選択領域を確認してください）。

これをThree.jsで表示すると、今度は**図10-17**のとおり、テクスチャが異なった形で適用されていることを確認できます。

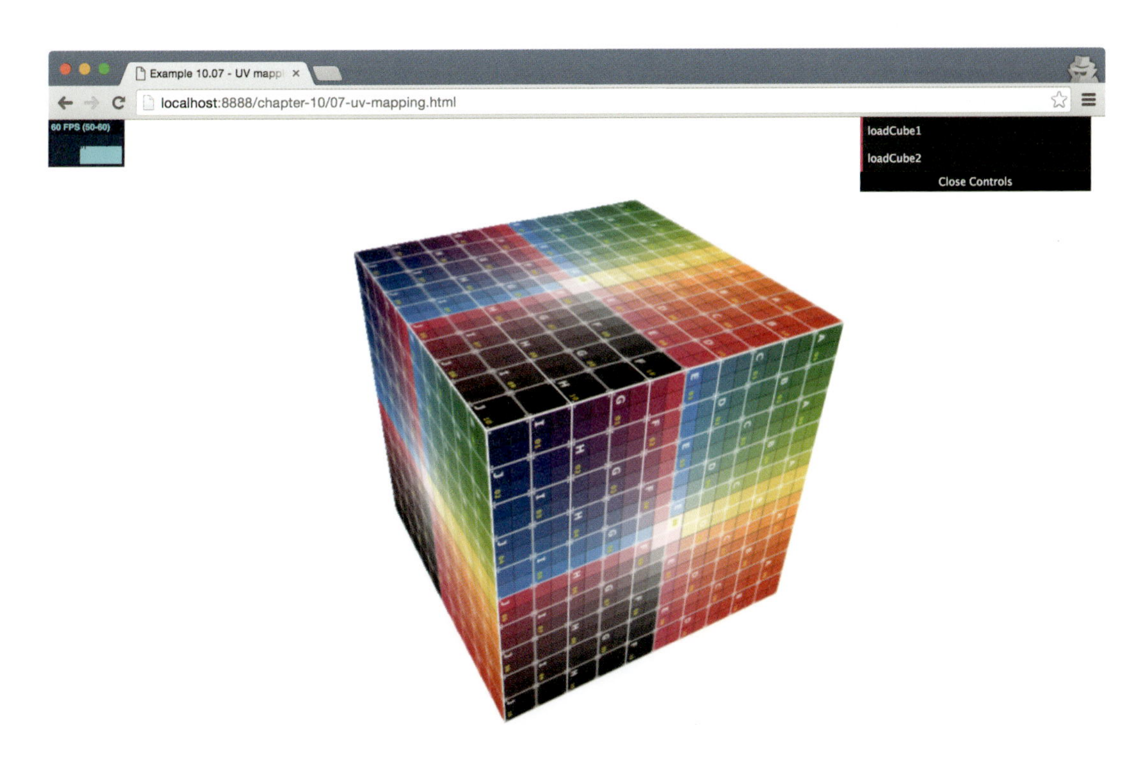

図10-15　立方体のデフォルトUVマッピング

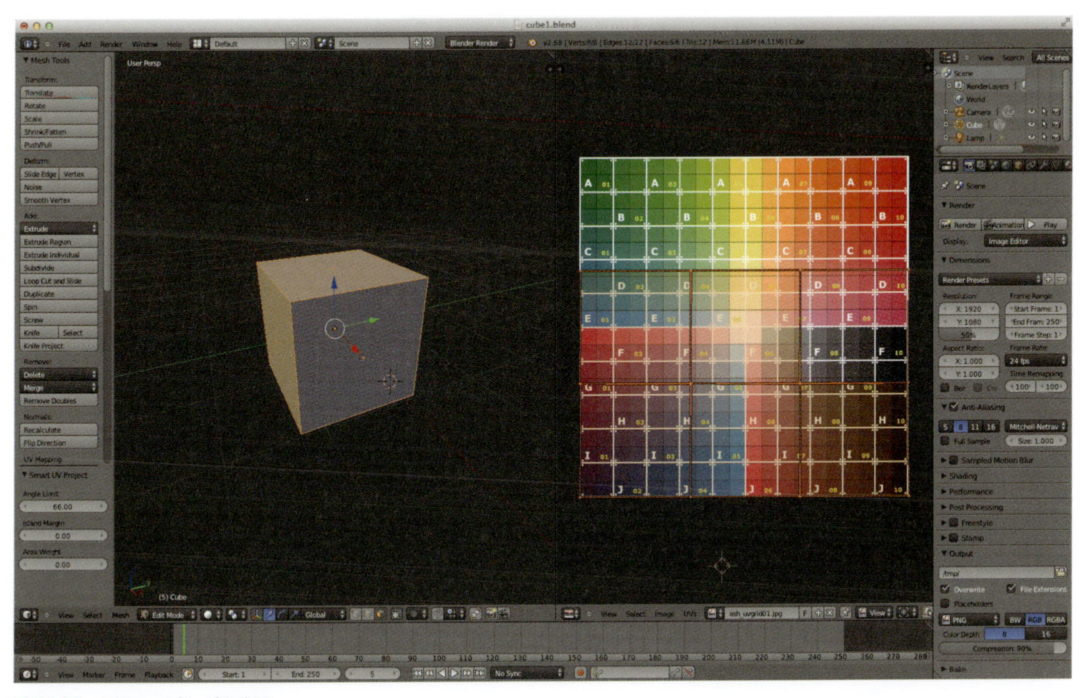

図10-16　UVマッピングを変更

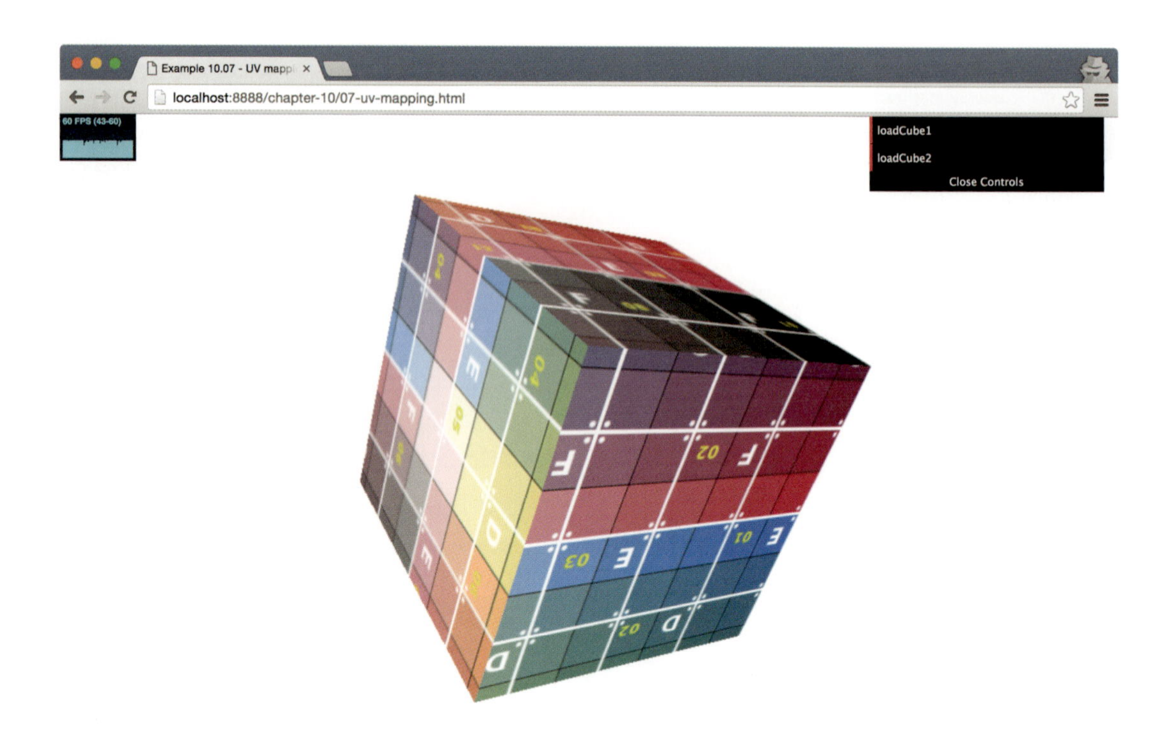

図10-17　UVマッピングを変更した立方体

通常、特にモデルがより複雑になった場合は、UVマッピングのカスタマイズにはBlenderのようなプログラムを使用します。ここでUVマッピングが2次元で、それぞれ0から1の値を取るu座標とv座標からなるということを覚えておいてください。UVマッピングをカスタマイズするにはそれぞれの面に対してテクスチャのどの部分が表示されるかを定義する必要があります。これは面を構成する頂点のそれぞれに対してu座標とv座標を定義することで実現します。uとvの値を設定するコードは次のようになります。

```
geom.faceVertexUvs[0][0][0].x = 0.5;
geom.faceVertexUvs[0][0][0].y = 0.7;
geom.faceVertexUvs[0][0][1].x = 0.4;
geom.faceVertexUvs[0][0][1].y = 0.1;
geom.faceVertexUvs[0][0][2].x = 0.4;
geom.faceVertexUvs[0][0][2].y = 0.5;
```

ここでは最初の面のuvプロパティを特定の値に設定しています。それぞれの面は3つの頂点で定義されているので、ある面のすべてのuvの値を指定するには6つのプロパティを設定する必要があることに注意してください。`07-uv-mapping-manual.html`を開くとUVマッピングを手動で変更すると何が起きるかを実際に見ることができます（**図10-18**）。

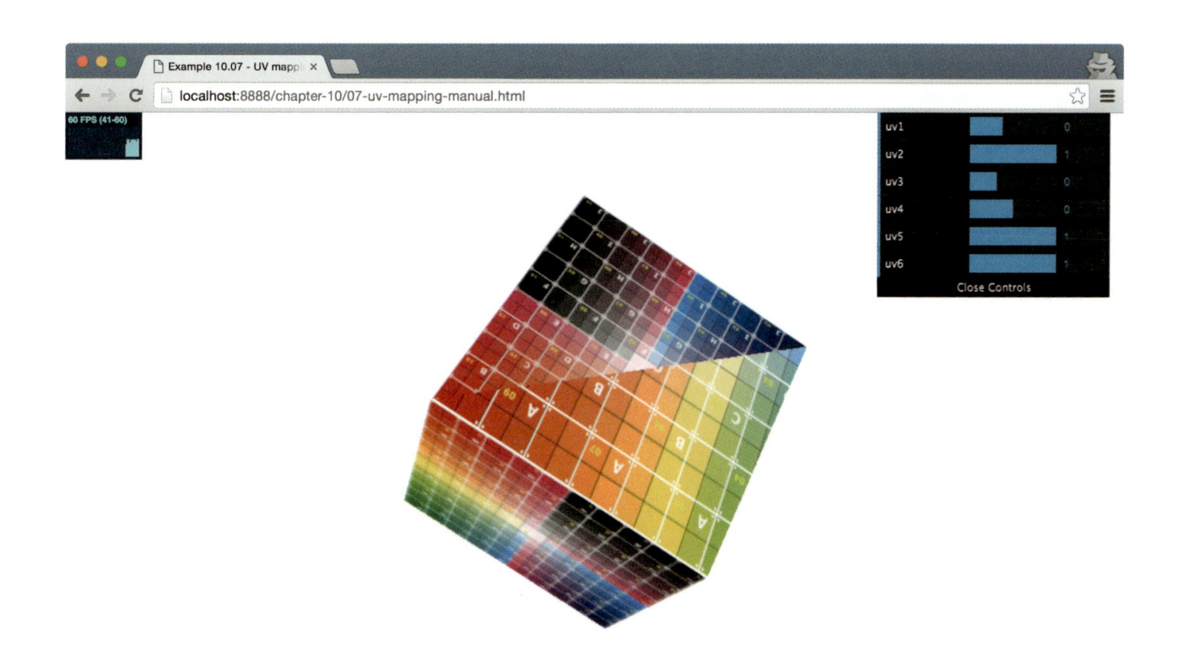

図10-18　UVマッピングを手動で変更

テクスチャを繰り返すにはどのようにすればよいかを次に説明します。これは内部的にはUVマッピングを使用したトリックを使用しています。

10.2.2　ラッピングの繰り返し

Three.jsによって作成されたジオメトリにテクスチャを適用すると、Three.jsはできるかぎり最適な形でテクスチャを適用しようとします。例えば立方体であれば、それぞれの面にテクスチャ全体が表示されますし、球であればテクスチャ全体が球に巻きつけられます。しかし面やジオメトリの全体にテクスチャを広げるのではなく、テクスチャを繰り返したい場合もあるでしょう。Three.jsにはそういった制御を可能にする細かな機能があります。繰り返しに関するプロパティを実際に試すことができるサンプルを`08-repeat-wrapping.html`として用意しています（**図10-19**）。

このサンプルではテクスチャ自身をどのように繰り返すかを制御するプロパティの値を設定できます。

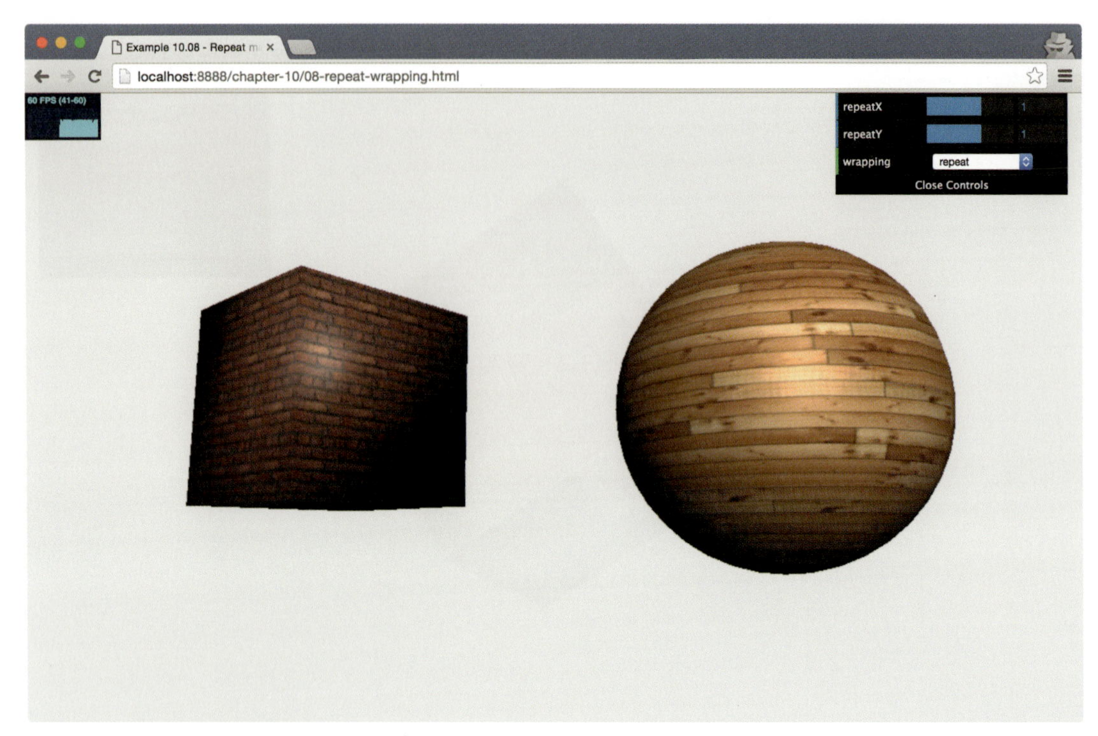

図10-19　テクスチャの繰り返し

望ましい効果を得るには、次のようにテクスチャのラッピングをTHREE.RepeatWrappingに設定する必要があります。

```
cube.material.map.wrapS = THREE.RepeatWrapping;
cube.material.map.wrapT = THREE.RepeatWrapping;
```

wrapSプロパティではx軸に沿ってテクスチャがどのように振る舞ってほしいかを指定し、warpTプロパティではy軸に沿ってテクスチャがどのように振る舞ってほしいかを指定します。Three.jsでは次のとおり3種類の値を設定できます。

- THREE.RepeatWrappingではテクスチャ全体が繰り返されます。
- THREE.MirroredRepeatWrappingではテクスチャ全体が繰り返されるたびに反転されます。これによりテクスチャの境目を滑らかにすることができます。
- THREE.ClampToEdgeWrappingはデフォルトの設定です。THREE.ClampToEdgeWrappingを指定するとテクスチャ全体が繰り返されることはなく、一番端のピクセルだけが繰り返されます。

［wrapping］メニューで［clamp to edge］を選択すると、**図10-20**のようにTHREE.ClampToEdgeWrappingオプションが使用されます。

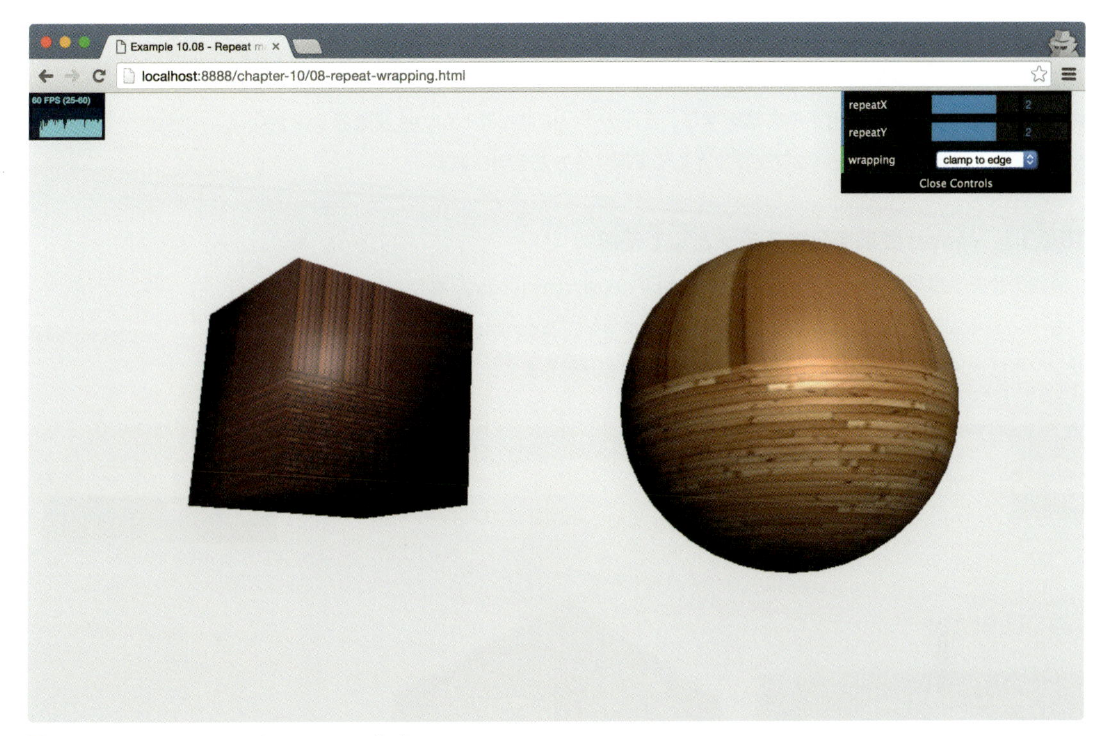

図10-20　THREE.ClampToEdgeWrappingオプション

THREE.RepeatWrappingまたはTHREE.MirroredRepeatWrappingを使用している場合は、次のコードのようにしてrepeatプロパティを設定できます。

```
cube.material.map.repeat.set(repeatX, repeatY);
```

ここでrepeatX変数はテクスチャをx軸に沿って何度繰り返すかを指定し、repeatY変数はy軸について同様の指定をします。これらの変数の値を1に設定するとテクスチャは繰り返されません。1より大きな値に設定するとテクスチャが繰り返されているのがわかるでしょう。この値は1よりも小さな値に設定することもでき、その場合テクスチャは拡大されます。また、repeatの値を負の値にすると、テクスチャが反転されます。

repeatプロパティが変更されるとThree.jsは自動的にテクスチャを更新して新しい設定値に基づいて描画しなおしますが、THREE.RepeatWrappingまたはTHREE.MirroredRepeatWrappingからTHREE.ClampToEdgeWrappingに変更した場合はテクスチャの更新を明示的に指示する必要があります。

```
cube.material.map.needsUpdate = true;
```

これまではテクスチャとして静的な画像だけを使用してきました。しかしThree.jsではcanvas要素もテクスチャとして使用できます。

10.2.3 canvas要素をテクスチャとして使用

この節ではサンプルを2つ紹介します。初めにcanvas要素を使用して簡単なテクスチャを作成しそれをメッシュに適用する方法を学び、その後さらに進んでcanvas要素でランダムなパターンを作成し、それをバンプマップとして使用する方法を学びます。

10.2.3.1 canvas要素をテクスチャとして使用

最初のサンプルではLiterallyライブラリ（http://literallycanvas.com/）を使用して、**図10-21**の左下にあるような、自由に絵がかけるインタラクティブなcanvasを作成しています。このサンプルは`09-canvas-texture.html`で見ることができます。

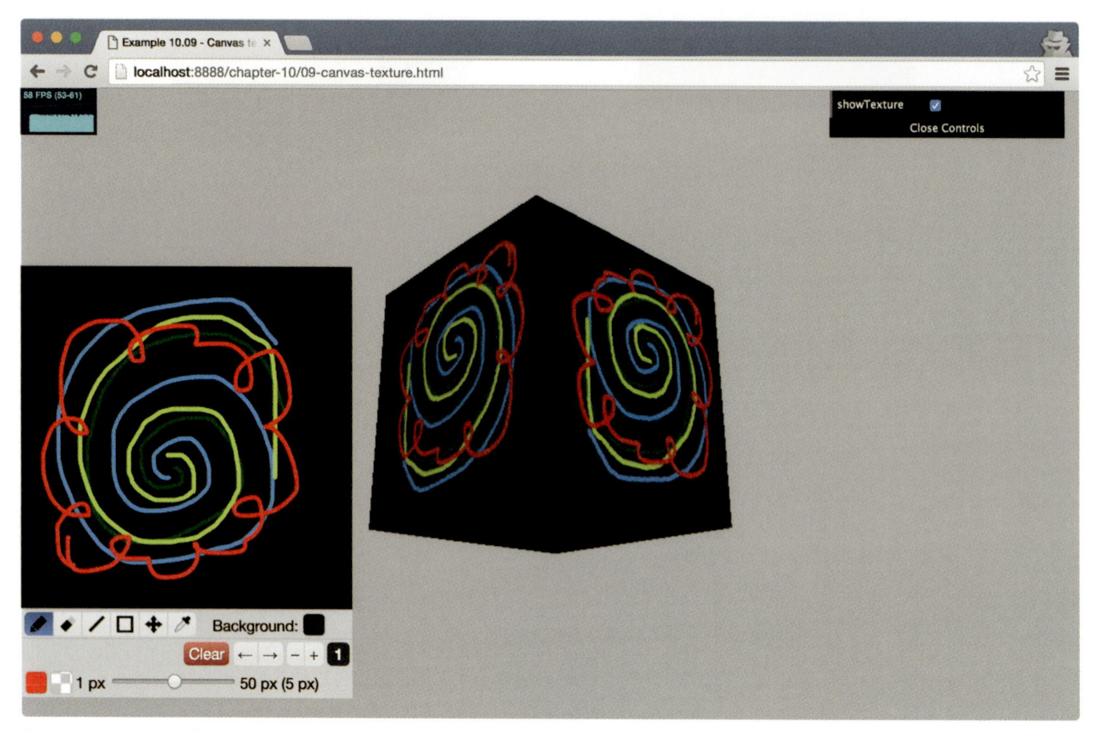

図10-21　canvas要素をテクスチャとして使用

このcanvas上に描いたものはすぐに立方体のテクスチャとして使用されます。Three.jsではこれは非常に簡単に実現できます。もちろん、まずはcanvas要素を作成する必要があります。今回のサンプルでは次のようにしてLiterallyライブラリを使用するように設定しています。

```
<div class="fs-container">
  <div id="canvas-output" style="float:left">
  </div>
</div>
...
var canvas = document.createElement("canvas");
```

```
$('#canvas-output')[0].appendChild(canvas);
$('#canvas-output').literallycanvas({
  imageURLPrefix: '../libs/literally/img',
  imageSize: {width: 350, height: 350},
  primaryColor: 'white',
  backgroundColor: 'black'
});
```

JavaScript上からcanvas要素を作成して特定のdiv要素に追加しているだけです。さらにliterallycanvas関数の呼び出しによって描画ツールが作成され、canvas上で直接描き込めるようになります。その次にcanvasの描き込みの結果を入力として使用するテクスチャを作成する必要があります。

```
function createMesh(geom) {
  var canvasMap = new THREE.Texture(canvas);
  var mat = new THREE.MeshPhongMaterial();
  mat.map = canvasMap;
  var mesh = new THREE.Mesh(geom, mat);

  return mesh;
}
```

コードを見てわかるとおり特に難しいことはなく、テクスチャを新しく作成する時にnew THREE.Texture(canvas)のようにしてcanvas要素の参照を渡すだけです。これでcanvas要素を素材として使用するテクスチャが作成できます。最後に残る作業は次のとおり描画ループ内でマテリアルを更新してcanvasの最新の描画内容を立方体に表示することだけです。

```
function render() {
  stats.update();

  cube.rotation.y += 0.01;
  cube.rotation.x += 0.01;

  cube.material.map.needsUpdate = true;
  requestAnimationFrame(render);
  webGLRenderer.render(scene, camera);
}
```

ここではThree.jsにテクスチャの更新を依頼するためにテクスチャのneedsUpdateプロパティにtrueを設定しています。今回のサンプルではcanvas要素をもっとも基本のテクスチャとして使用しました。もちろん同様の方法でcanvas要素をこれまでに見てきたあらゆる種類のマップとして使用できます。次のサンプルではバンプマップとしてcanvas要素を利用します。

10.2.3.2　canvas要素をバンプマップとして使用

この章の前半で見たとおりバンプマップを使用すると簡単に小さな凹凸のある表面を作成できます。マップのピクセルの明度が大きければ大きいほど、凹凸は高くなります。バンプマップは単なるグレースケールの画像なので、canvas要素上で作成した画像はもちろんバンプマップの入力として使用できます。

次のサンプルではcanvas要素を使用してランダムなグレースケールの画像を生成し、その画像を立方体のバンプマップとして使用します。サンプル09-canvas-texture-bumpmap.htmlを参照してください（**図10-22**）。

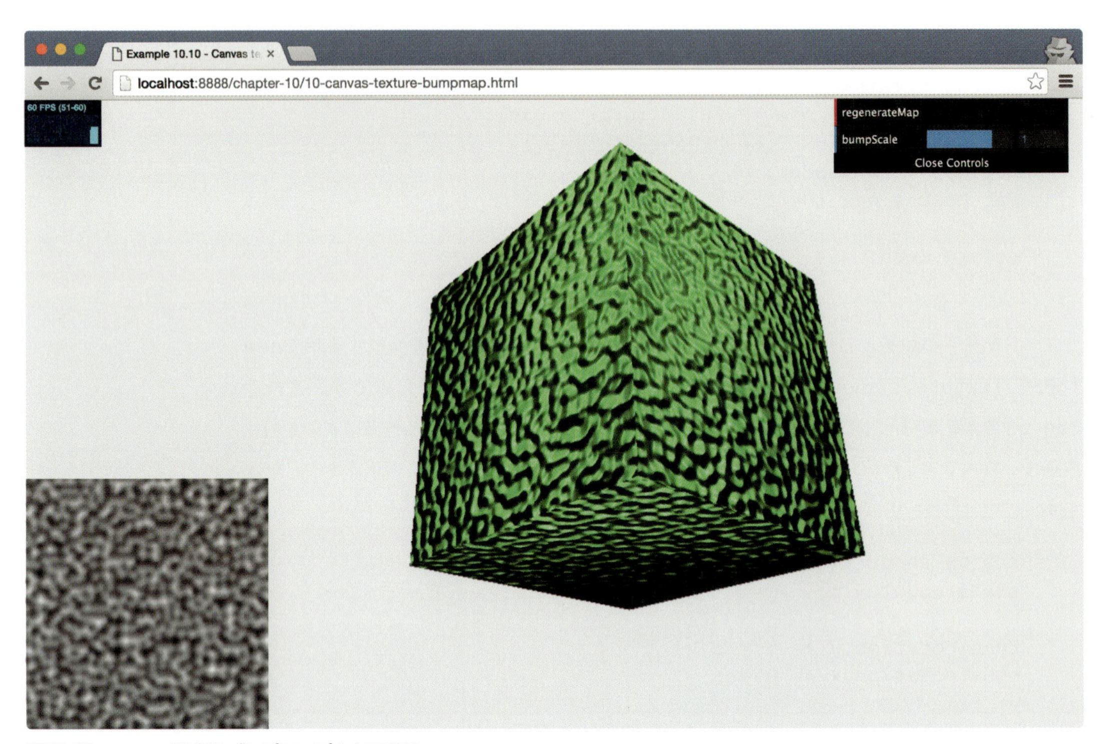

図10-22　canvas要素をバンプマップとして使用

ここで使用しているJavaScriptコードは前のサンプルで説明したものとさほど変わりません。ただしcanvas要素を作成した後で、そのcanvas要素をランダムなノイズで埋める必要があります。今回はノイズとしてパーリンノイズを使用します。パーリンノイズ（https://ja.wikipedia.org/wiki/パーリンノイズ）を使用すると非常に自然な見た目のランダムテクスチャを生成できます（**図10-22**）。ここで使用しているperlin.noise関数はhttps://github.com/wwwtyro/perlin.jsから取得できます。

```
var ctx = canvas.getContext("2d");
function fillWithPerlin(perlin, ctx) {

  for (var x = 0; x < 512; x++) {
```

```
      for (var y = 0; y < 512; y++) {
        var base = new THREE.Color(0xffffff);
        var value = perlin.noise(x / 10, y / 10, 0);
        base.multiplyScalar(value);
        ctx.fillStyle = "#" + base.getHexString();
        ctx.fillRect(x, y, 1, 1);
      }
    }
  }
```

canvas要素のx座標とy座標ごとに、perlin.noise関数を使用して0から1の値を作成します。この値をcanvas要素上のひとつのピクセルを描画するために使用します。この処理をすべてのピクセルに対して実行すると**図10-22**の左下の角にもあったようなランダムなマップが作成できます。その後は簡単にこのマップをバンプマップとして利用できます。どのようにしてランダムマップを作ればよいかについては次を見てください。

```
var bumpMap = new THREE.Texture(canvas);

var mat = new THREE.MeshPhongMaterial();
mat.color = new THREE.Color(0x77ff77);
mat.bumpMap = bumpMap;
bumpMap.needsUpdate = true;

var mesh = new THREE.Mesh(geom, mat);
```

最後にテクスチャの入力として使用するのはvideo要素です。

10.2.4 video要素をテクスチャとして使用

先ほどcanvas要素への描画について説明したばかりなので、video要素の内容をcanvas要素上に描画して、それをテクスチャの入力として使うことを想像するかもしれません。もちろんそれも可能ではありますが、Three.jsはもともと（WebGLを通じて）video要素の使用を直接サポートしています。サンプル11-video-texture.htmlを見てみましょう（**図10-23**）。

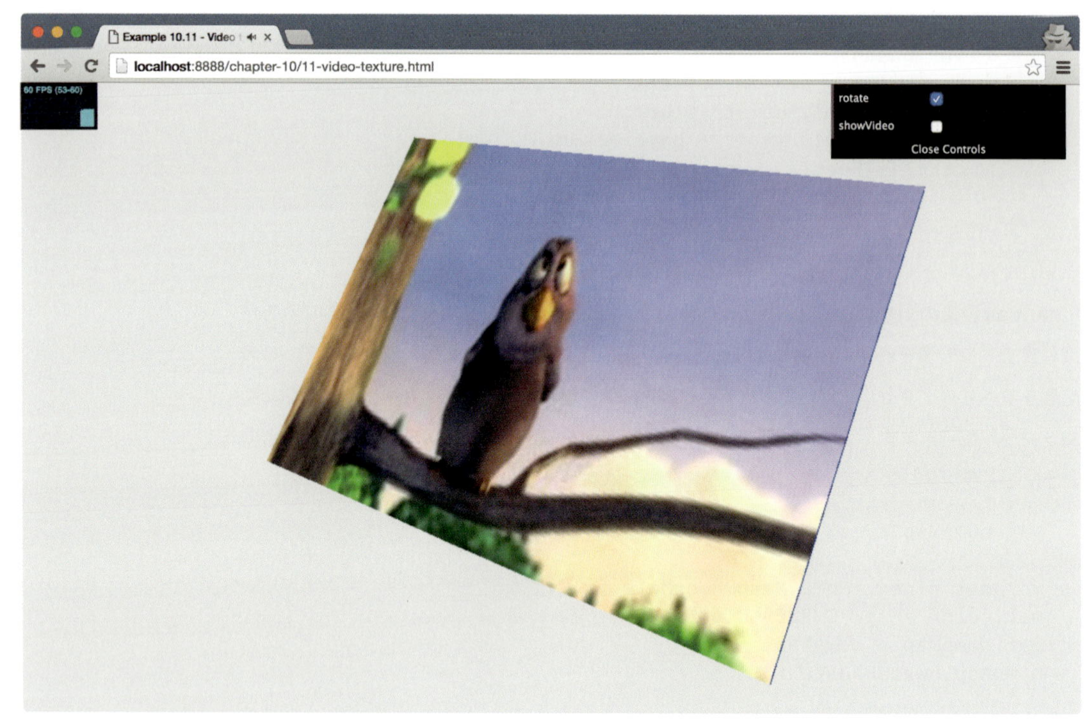

図10-23　video要素をテクスチャとして使用

video要素をテクスチャとして使用するのはcanvas要素の場合と同様で非常に簡単です。もちろんまず初めに動画を再生するためのvideo要素が必要です。

```
<video
  id="video"
  style="display:none; position:absolute; left:15px; top:75px;"
  src="../assets/movies/Big_Buck_Bunny_small.ogv"
  controls="true"
  autoplay="true">
</video>
```

これは普通の基本的なvideo要素で、autoplay="true"という設定により自動的に再生が始まるように設定されています。これを次のようにすることでテクスチャの入力として使用するように設定できます。

```
var video = document.getElementById('video');
texture = new THREE.VideoTexture(video);
texture.generateMipmaps = false;
```

動画は正方形ではないのでマテリアルのミップマップ生成を無効にしておく必要があります。これで残る作業はメッシュを作成してテクスチャを設定することだけです。今回のサンプルではMeshBasicMaterialとMultiMaterialを組み合わせて使用しました。

```
var materialArray = [];
materialArray.push(new THREE.MeshBasicMaterial({
  color: 0x0051ba}));
materialArray.push(new THREE.MeshBasicMaterial({
  color: 0x0051ba}));
materialArray.push(new THREE.MeshBasicMaterial({
  color: 0x0051ba}));
materialArray.push(new THREE.MeshBasicMaterial({
  color: 0x0051ba}));
materialArray.push(new THREE.MeshBasicMaterial({
  map: texture}));
materialArray.push(new THREE.MeshBasicMaterial({
  color: 0xff51ba}));

var faceMaterial = new THREE.MultiMaterial(materialArray);
var mesh = new THREE.Mesh(geom, faceMaterial);
```

このサンプルではビデオを立方体の一面にだけ描画していますが、これは通常のテクスチャなので、本章で学んだことはすべて適用できます。例えば独自のUVマッピングを使用して立方体の各側面ごとにビデオを分割したり、video要素をバンプマップや法線マップとして使用することも可能です。

10.3 まとめ

これでテクスチャに関する説明は終わりです。これまで見てきたとおりThree.jsで利用できるテクスチャの種類は数多くあり、それぞれ違った目的があります。またPNG、JPG、GIF、TGA、DDS、PVRなどあらゆる画像をテクスチャとして使用できます。これらの画像の読み込みは非同期に実行されるので、描画ループを使用するか、テクスチャを読み込む時にコールバックを設定して読み込み後に画面を更新することを忘れないでください。テクスチャを使用するとポリゴン数の少ないモデルからすばらしい見た目のオブジェクトを作成するだけでなく、バンプマップや法線マップを使用して細かな凹凸を擬似的に追加することができます。またThree.jsではcanvas要素やvideo要素を使用して動的なテクスチャを簡単に作成できます。それにはただそれらの要素を使用するテクスチャを定義し、テクスチャを更新してほしい時にneedsUpdateプロパティをtrueに設定するだけです。

ここまでで、Three.jsの重要なコンセプトについてはほぼすべて説明し終わりました。しかし、Three.jsで利用できる興味深い機能――ポストプロセッシングについてはまだ説明していません。ポストプロセッシングを使用すると、描画後のシーンにさまざまな効果を追加できます。例えばシーンにブラー効果を追加したり、色を変更したり、スキャンラインを追加してテレビ画面のように見せかけることができます。次の章ではポストプロセッシングがどういうものかを明らかにし、それをどのようにシーンに適用するか説明します。

11章 カスタムシェーダーとポストプロセス

本書もあと少しで終わりです。この章ではこれまで触れていなかった重要な機能、レンダリングのポストプロセッシングについて説明します。それに加えて独自シェーダーの作成方法についても説明します。この章で紹介する主な内容は以下のとおりです。

- ポストプロセッシングに必要なThree.jsの設定
- Three.jsで利用できる`THREE.BloomPass`や`THREE.FilmPass`といった基本的なポストプロセッシングパス
- マスクを利用してシーンの一部にだけエフェクトを適用する方法
- `THREE.TexturePass`を利用した描画結果の保存
- `THREE.ShaderPass`を利用したセピアフィルタ、鏡面効果、色調整などの基本的なポストプロセッシングエフェクトの追加
- `THREE.ShaderPass`を使用したさまざまな種類のブラーエフェクトや高度なフィルタ
- 単純なシェーダーの作成と独自ポストプロセッシングエフェクトの作成

本書ではこれまで「1.6.1 requestAnimationFrameの導入」で作成した描画ループを利用して、シーンをアニメーションしていました。ポストプロセッシングを使用する場合はこの描画ループ内の処理にいくつか変更を加え、これまでの最終的な描画結果に対してさらにポストプロセスを適用できるようにする必要があります。最初にその方法を説明します。

11.1 ポストプロセッシングに必要な設定

Three.jsでポストプロセッシングを利用するには、現在の設定にいくつか変更を加える必要があります。それには次のような手順を踏みます。

1. ポストプロセッシングパスを追加するための`THREE.EffectComposer`を作成する。
2. シーンを描画した後でさらにポストプロセッシングを適用できるよう`THREE.EffectComposer`を設定する。
3. 描画ループ内で`THREE.EffectComposer`を使用してシーンを描画し、パスが適用された結果を表示する。

いつものように関連する設定をいろいろと試してみることができるサンプルがあります。この章の最初のサンプルは`01-basic-effect-composer.html`です。右上にあるメニューを使用してこのサンプルで使用されているポストプロセッシングのプロパティの値を変更できます。このサンプルでは単純な地球を描画し、そこに古いテレビのようなエフェクトを追加しています。このテレビのようなエフェクトはシーンの描画が終わった後で`THREE.EffectComposer`を使用して追加されたものです（**図11-1**）。

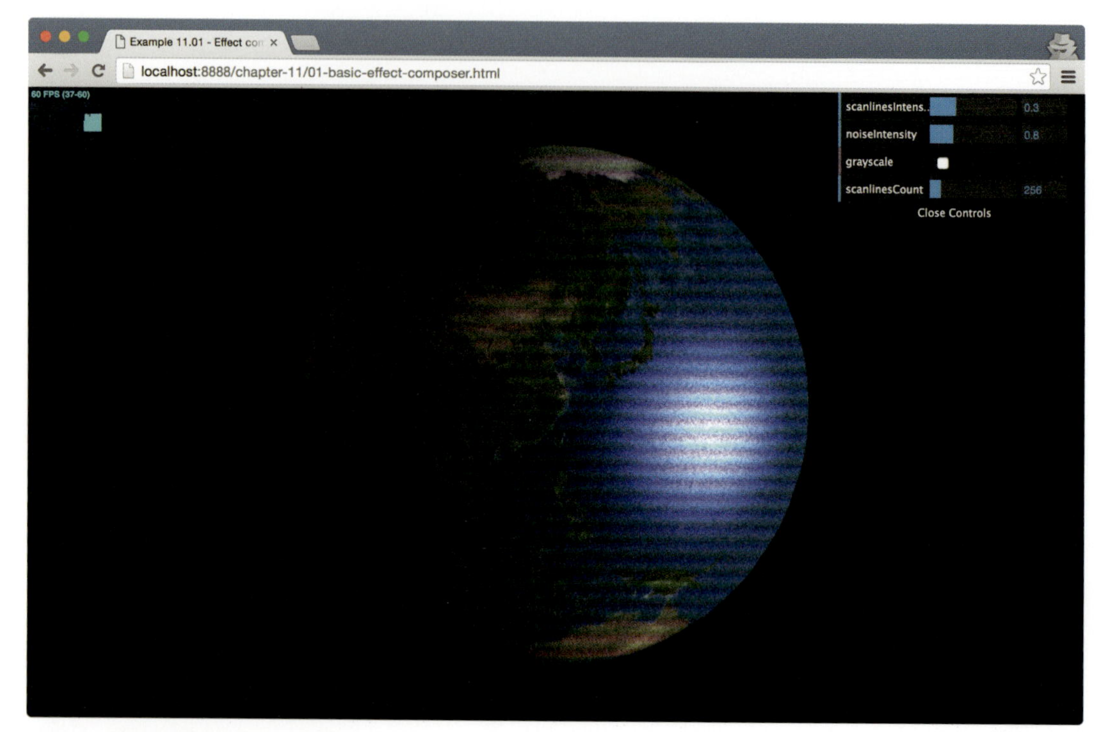

図11-1　初めてのポストプロセッシング

11.1.1　THREE.EffectComposerの作成

初めに追加で読み込む必要があるJavaScriptファイルを確認しておきましょう。これらのファイルはThree.jsの`examples/js/postprocessing`ディレクトリと`examples/js/shaders`ディレクトリにあります。

`THREE.EffectComposer`を動作させるために必要な最小限のJavaScriptファイルは次のとおりです。

```
<script src="../libs/postprocessing/EffectComposer.js"></script>
<script src="../libs/postprocessing/MaskPass.js"></script>
<script src="../libs/postprocessing/RenderPass.js"></script>
<script src="../libs/shaders/CopyShader.js"></script>
<script src="../libs/postprocessing/ShaderPass.js"></script>
```

EffectComposer.jsファイルではポストプロセッシングを追加するために必要なTHREE.EffectComposerオブジェクトが定義されています。MaskPass.jsとShaderPass.js、CopyShader.jsはTHREE.EffectComposerによって内部的に利用されているものです。そしてRenderPass.jsによってTHREE.EffectComposerに描画パスを追加できるようになります。このパスがなければシーンは描画されません。

このサンプルでは、シーンにフィルムのようなエフェクトを与えるため、さらに2つのJavaScriptファイルを追加します。

```
<script src="../libs/postprocessing/FilmPass.js"></script>
<script src="../libs/shaders/FilmShader.js"></script>
```

まず初めにTHREE.EffectComposerを作成します。コンストラクタにはTHREE.WebGLRendererを渡してください。

```
var webGLRenderer = new THREE.WebGLRenderer();
var composer = new THREE.EffectComposer(webGLRenderer);
```

次にさまざまなパスをこのコンポーザーに追加します。

11.1.1.1 THREE.EffectComposerをポストプロセッシングのために設定

パスはTHREE.EffectComposerに追加された順番で実行されます。そのためパスを追加する順序は重要です。まず初めに追加するのはTHREE.RenderPassです。このパスはシーンを描画しますが、スクリーンにはまだ出力しません。

```
var renderPass = new THREE.RenderPass(scene, camera);
composer.addPass(renderPass);
```

THREE.RenderPassを作成するにはコンストラクタに描画したいシーンと利用したいカメラを渡します。その後でaddPath関数を使用してTHREE.EffectComposerにTHREE.RenderPassを追加します。続いて画面に出力する結果を作成するために他のパスを追加します。すべてのパスが画面への出力を作成できるわけではありませんが（詳細については後ほど説明します）、今回のサンプルで使用されているTHREE.FilmPassはその結果を画面に出力できます。THREE.FilmPassを使用するには、まずそれを作成してコンポーザーに追加する必要があります。最終的なコードは次のようになります。

```
var renderPass = new THREE.RenderPass(scene, camera);
var effectFilm = new THREE.FilmPass(0.8, 0.325, 256, false);
effectFilm.renderToScreen = true;

var composer = new THREE.EffectComposer(webGLRenderer);
composer.addPass(renderPass);
composer.addPass(effectFilm);
```

THREE.FilmPassを作成した後でrenderToScreenプロパティをtrueに設定してい

ます。このパスをrenderPassの次にTHREE.EffectComposerに追加すると、コンポーザーを利用した時にまずシーンが内部的に描画され、次にTHREE.FilmPassによってその描画内容が処理されて、その結果が画面に表示されます。

11.1.1.2 描画ループの更新

最後にTHREE.WebGLRendererの代わりにcomposerを使用するように描画ループを少しだけ修正する必要があります。

```
var clock = new THREE.Clock();
function render() {
  stats.update();

  var delta = clock.getDelta();
  orbitControls.update(delta);

  sphere.rotation.y += 0.002;

  requestAnimationFrame(render);
  //webGLRenderer.render(scene, camera);
  composer.render(delta);
}
```

変更したのは、webGLRenderer.render(scene, camera)を削除してcomposer.render(delta)と置き換えた部分だけです。EffectComposerのrender関数を呼ぶと、内部ではEffectComposerのコンストラクタ引数として渡したTHREE.WebGLRendererが使用されて、FilmPassのrenderToScreenをtrueに設定しているため、最終的にそのFilmPassの結果が画面に表示されます。

続くいくつかの節ではこの基本的な設定を使用して利用できるポストプロセッシングパスを紹介します。

11.2 ポストプロセッシングパス

Three.jsにはTHREE.EffectComposerと組み合わせて簡単に利用できるポストプロセッシングパスがたくさん付属しています。これらのパスそれぞれの結果がどのようになるかを理解するにはこの章のサンプルを実際に試して何が起きるか確認するのが一番よい方法です。表11-1はThree.jsで利用できる主なパスの概要です。

表11-1 Three.js付属のポストプロセッシングパス

パス名	説明
THREE.BloomPass	光が暗い部分に漏れ出るようなエフェクトを発する。これはカメラが極端に明るい光にさらされた時のようなエフェクトをシミュレートしている
THREE.DotScreenPass	画面全体を黒いドットの重なりで表現する
THREE.FilmPass	走査線や歪みを適用してテレビの画面をシミュレートする

パス名	説明
THREE.GlitchPass	ランダムな間隔で電子的なグリッチをスクリーンに表示する
THREE.MaskPass	現在の画像にマスクを適用できるようにする。この次に続くパスはマスクされた領域にだけ適用される
THREE.RenderPass	渡されたシーンとカメラに基づいてシーンを描画する
THREE.SavePass	このパスが実行されると現在の描画内容のコピーが作成されて後で利用できる（このパスは実際のところあまり有用ではなく、今回のサンプルで使いたいと思える場所はなかった）
THREE.ShaderPass	独自シェーダーを渡して高度なもしくは独自のポストプロセッシングパスを使えるようにする
THREE.TexturePass	現在のコンポーザーの状態をテクスチャに保存して、他のEffectComposerインスタンスの入力として使用できるようにする

初めに、たくさんある単純なパスを説明しましょう。

11.2.1 単純なポストプロセッシングパス

単純なパスの例としてTHREE.FilmPassとTHREE.BloomPass、THREE.DotScreenPassで何ができるかを見ていきます。サンプルは02-post-processing-simple-passes.htmlです。元の出力にどのような影響を与えるか実際に試すことができます（図11-2）。

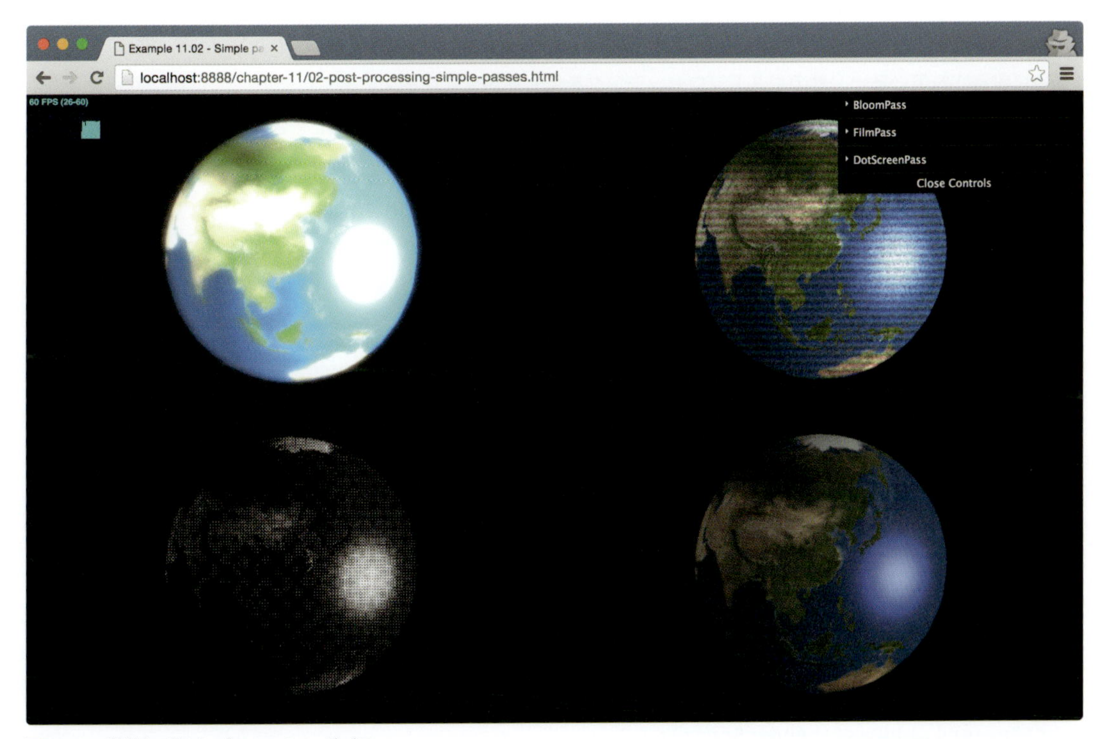

図11-2　単純なポストプロセッシングパス

このサンプルは同時に4つのシーンを表示します。右下が何もしていない元の描画結果です。それ以外の3つのシーンには異なるポストプロセッシングパスを適用しています。左上はTHREE.BloomPass、右上はTHREE.FilmPass、左下はTHREE.DotScreenPassがそれぞれ追加されています。

この例では右下のオリジナルの描画結果を他の3つのシーンの入力として再利用するためにTHREE.ShaderPassとTHREE.TexturePassを使用しています。そのため、個別のパスを説明する前にまずこれら2つのパスについて説明しておきましょう。

```
var renderPass = new THREE.RenderPass(scene, camera);
var effectCopy = new THREE.ShaderPass(THREE.CopyShader);
effectCopy.renderToScreen = true;
var composer = new THREE.EffectComposer(webGLRenderer);
composer.addPass(renderPass);
composer.addPass(effectCopy);

var renderScene = new THREE.TexturePass(composer.renderTarget2);
```

このコードでは、まずTHREE.EffectComposerを準備して、デフォルトのシーン（右下にあるもの）を出力できるようにします。このコンポーザーには2つのパスが追加されています。THREE.RenderPassはシーンを描画します（が、画面には描画しません）。THREE.CopyShaderを設定したTHREE.ShaderPassは、renderToScreenプロパティがtrueに設定されていると、他のポストプロセッシングを何も適用せずに画面に出力します。サンプルを見てみると、同じ4つのシーンにそれぞれ違うエフェクトを適用していることがわかります。THREE.RenderPassを4回繰り返し使用して毎回ゼロからシーンを描画することもできますが、それは無駄が多すぎるので最初のコンポーザーの出力を再利用しましょう。出力を再利用するには、composer.renderTarget2を引数としてTHREE.TexturePassを作成します。これでシーンをゼロから描画しなくてもrenderScene変数を他のコンポーザーの入力として使用できます。まずこの章の最初に見たTHREE.FilmPassをもう一度取り上げて、THREE.TexturePassをどのように入力として使用するのか説明しましょう。

11.2.2 THREE.FilmPassを使用してテレビのようなエフェクトを作成

この章の最初の節でTHREE.FilmPassをどのようにして作成するかについてはすでに説明しました。そのためここでは前の節で作成したTHREE.TexturePassとTHREE.FilmPassを組み合わせて利用する方法について説明しましょう。

```
var effectFilm = new THREE.FilmPass(0.8, 0.325, 256, false);
effectFilm.renderToScreen = true;

var composer4 = new THREE.EffectComposer(webGLRenderer);
composer4.addPass(renderScene);
composer4.addPass(effectFilm);
```

THREE.TexturePassを利用するために必要な手順はコンポーザーの最初のパスとして

それを追加するだけです。その次にTHREE.FilmPassを追加するだけでエフェクトを適用できます。THREE.FilmPass自身は表11-2に示す4つの引数を取ります。

表11-2 THREE.FilmPassのコンストラクタ引数

コンストラクタ引数	説明
noiseIntensity	この引数を使用するとシーンの画像粒子がどの程度粗いかを制御できる
scanlinesIntensity	THREE.FilmPassはシーンに多くの走査線を追加する。この引数ではこれらの走査線がどの程度はっきりと表示されるかを定義できる
scanLinesCount	表示される走査線の数をこの引数で制御できる
grayscale	trueに設定すると出力がグレースケールに変換される

これらのパラメーターを渡す方法は実際には2つあります。このサンプルではコンストラクタの引数として渡していますが、次のように直接設定することもできます。

```
effectFilm.uniforms.grayscale.value = controls.grayscale;
effectFilm.uniforms.nIntensity.value = controls.noiseIntensity;
effectFilm.uniforms.sIntensity.value = controls.scanlinesIntensity;
effectFilm.uniforms.sCount.value = controls.scanlinesCount;
```

この方法ではuniformsプロパティを使用しています。このプロパティを使用するとWebGLと直接やり取りできます。uniformsについては本章の後半でカスタムシェーダーの作り方について説明する時にもう少し詳細に説明します。今のところはこのようにすることでポストプロセッシングパスとシェーダーの設定を直接更新して結果をすぐに確認できることだけがわかっていればよいでしょう。

11.2.2.1 THREE.BloomPassを使用してブルームエフェクトを作成

左上に表示されているエフェクトはブルームエフェクトと呼ばれるものです。ブルームエフェクトを適用すると、シーンの明るい領域がより強烈になり、暗い領域に滲み出ます。THREE.BloomPassを作成するためのコードは次のようになります。

```
var effectCopy = new THREE.ShaderPass(THREE.CopyShader);
effectCopy.renderToScreen = true;
...
var bloomPass = new THREE.BloomPass(3, 25, 5.0, 256);
var composer3 = new THREE.EffectComposer(webGLRenderer);
composer3.addPass(renderScene);
composer3.addPass(bloomPass);
composer3.addPass(effectCopy);
```

THREE.EffectComposerをTHREE.FilmPassと組み合わせて使った時と見比べると、effectCopyという別のパスが追加されていることに気づくでしょう。

このパスは右下の通常の出力を作成する時にも使用しましたが、別のエフェクトを加えずに最後のパスの出力を画面にコピーするだけです。THREE.BloomPassは画面に直接描画できないのでこのパスが必要になります。

表11-3はTHREE.BloomPassに設定できるコンストラクタ引数の一覧です。

表11-3　THREE.BloomPassのコンストラクタ引数

コンストラクタ引数	説明
strength	ブルームエフェクトの強さ。値が大きければ、それだけ明るい領域が明るくなり、暗い領域により多く「滲み出る」
kernelSize	この引数はブルームエフェクトのオフセットを指定する
sigma	sigma引数を使用すると、ブルームエフェクトの鮮明さを指定できる。値が大きければ、ブルームエフェクトはよりぼやけて見える
resolution	resolution引数はブルームエフェクトがどの程度正確かを指定する。指定する値が小さすぎるとブロックノイズが発生する

これらのコンストラクタ引数を理解するには、前に紹介したサンプル02-post-processing-simple-passes.htmlを使用して実際に試してみるのがよいでしょう。図11-3はkernelSizeとsigmaに大きな値を設定し、strengthを小さくした時の結果です。

図11-3　THREE.BloomPass

最後に紹介する単純なエフェクトはTHREE.DotScreenPassです。

11.2.2.2　ドットを組み合わせてシーンを出力

THREE.DotScreenPassの使用方法はTHREE.BloomPassとほとんど同じです。先ほどTHREE.BloomPassの動作を見たばかりなので、次はTHREE.DotScreenPassのコードを見てみましょう。

```
var dotScreenPass = new THREE.DotScreenPass();
var composer1 = new THREE.EffectComposer(webGLRenderer);
composer1.addPass(renderScene);
composer1.addPass(dotScreenPass);
composer1.addPass(effectCopy);
```

このエフェクトを使用するには、今度もeffectCopyを使用して結果を画面に出力しなければいけません。THREE.DotScreenPassも表11-4のようにさまざまなコンストラクタ引数を使用して設定できます。

表11-4　THREE.DotScreenPassのコンストラクタ引数

コンストラクタ引数	説明
center	center引数を使用するとドットのオフセットについて細かく設定できる
angle	ドットは特定の規則に沿って整列している。angle引数を使用するとこの並び方を変更できる
scale	この引数では使用するドットの大きさを設定できる。scaleが小さいほどドットは大きくなる

他のシェーダーと同様の原則がこのシェーダーにも適用されます。つまり正しい設定を探すには実際に試してみるのが一番簡単です（図11-4）。

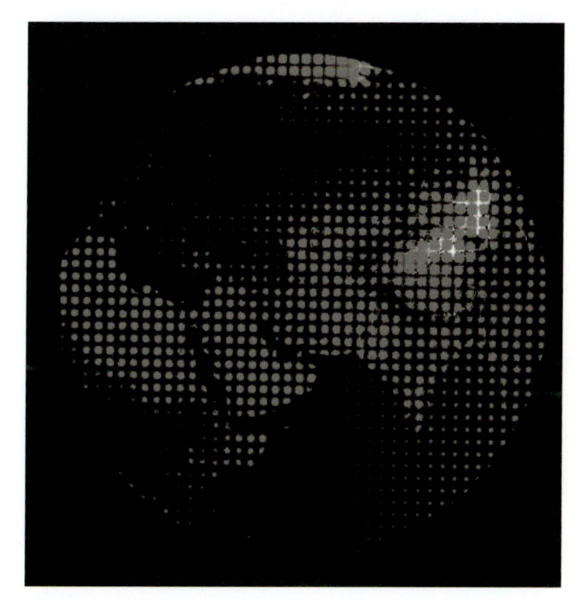

図11-4　THREE.DotScreenPass

11.2.2.3　複数のレンダラの出力を同じ画面に表示

この節で説明するのはポストプロセッシングエフェクトの使い方ではありません。ここではこれまで紹介した4つのTHREE.EffectComposerインスタンスの出力を同じ画面に表示する方法について説明します。まずこのサンプルで使用している描画ループを見てみましょう。

```
function render() {
  stats.update();

  var delta = clock.getDelta();
  orbitControls.update(delta);

  sphere.rotation.y += 0.002;

  requestAnimationFrame(render);

  webGLRenderer.autoClear = false;
  webGLRenderer.clear();

  webGLRenderer.setViewport(0, 0, 2 * halfWidth, 2 * halfHeight);
  composer.render(delta);

  webGLRenderer.setViewport(0, 0, halfWidth, halfHeight);
  composer1.render(delta);

  webGLRenderer.setViewport(halfWidth, 0, halfWidth, halfHeight);
  composer2.render(delta);

  webGLRenderer.setViewport(0, halfHeight, halfWidth, halfHeight);
  composer3.render(delta);

  webGLRenderer.setViewport(halfWidth, halfHeight, halfWidth,
    halfHeight);
  composer4.render(delta);
}
```

ここでまず注意してほしいのはwebGLRenderer.autoClearプロパティをfalseに設定してclear()関数を明示的に呼び出しているところです。この設定がなければコンポーザーのrender()関数を呼ぶたびに、それまでに描画したシーンが自動的にクリアされます。今回のようにautoClearをfalseに設定して明示的にclearを呼び出すことで、描画ループの初めに一度だけ全体がクリアされるようになります。

すべてのコンポーザーが同じ場所に描画してしまわないように、それぞれのコンポーザーが使用するwebGLRendererのviewportを画面上の異なる部分に設定しています。setViewerport関数は、x、y、width、heightという4つの引数を取ります。コードを見てわかるとおり、コンポーザーはこの関数を使用して4つに分割された画面上の領域のそれぞれに結果を描画します。この方法を使うとシーンやカメラ、WebGLRendererを複数切り替えて使用したい時にも利用できることを覚えておくとよいでしょう。

表11-1ではTHREE.GlitchPassについても触れていました。この描画パスを使用すると、シーンに電子的なグリッチのようなエフェクトを追加できます。このエフェクトはこれまでに見てきたエフェクトと同じ方法で簡単に利用できます。利用にあたっては、まず次の2つのファイルをHTMLページに追加します。

```
<script src="../libs/postprocessing/GlitchPass.js"></script>
<script src="../libs/shaders/DigitalGlitch.js"></script>
```

その後で、次のようにしてTHREE.GlitchPassオブジェクトを作成します。

```
var effectGlitch = new THREE.GlitchPass(64);
effectGlitch.renderToScreen = true;
```

結果として、基本的な描画は通常どおりだがランダムな間隔でグリッチが発生するシーンを得られます（**図11-5**）。

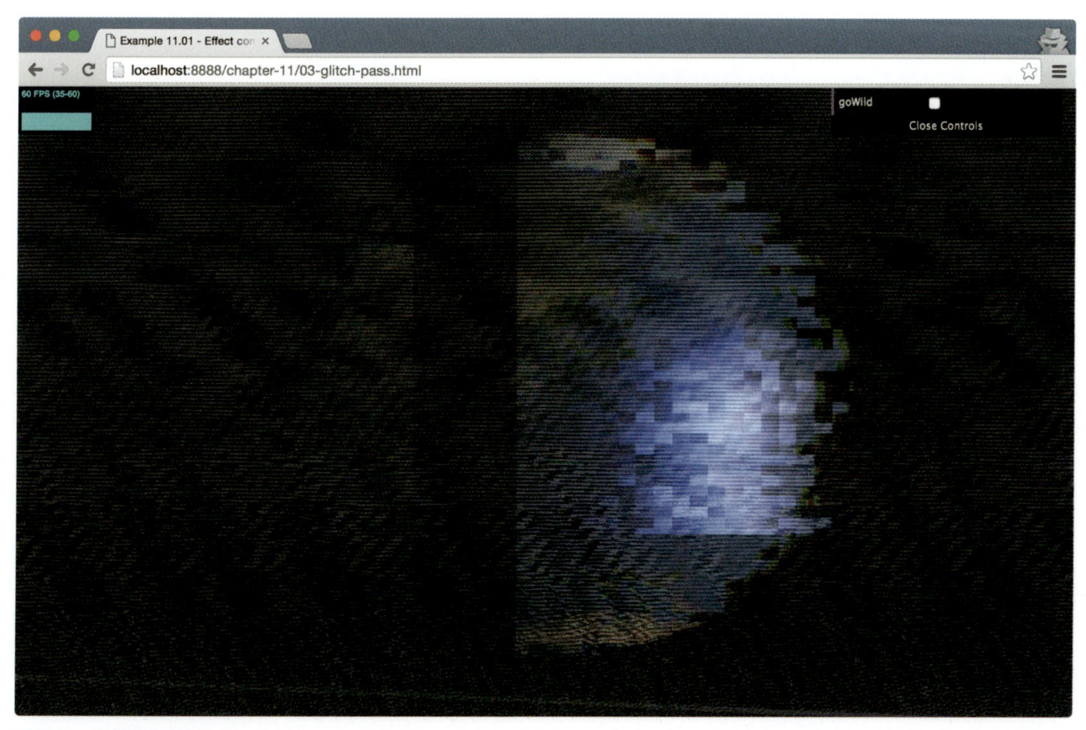

図11-5　THREE.GlitchPass

これまではいくつかの単純なパスを単純につなぎ合わせるだけでした。次のサンプルではTHREE.EffectComposerに設定を追加して、マスクを使用して画面の一部だけにエフェクトを適用します。

11.2.3　EffectComposerにマスクを設定

これまでのサンプルではポストプロセッシングパスを画面全体に適用していましたが、特定の領域にだけパスを適用することもできます。この節では次の手順で画面を作成します。

1. 背景画像として使用されるシーンを作成する。
2. 地球のような見た目を持つ球を含むシーンを作成する。

3. 火星のような見た目を持つ球を含むシーンを作成する。
4. EffectComposerを作成して、これら3つをひとつの画像として描画する。
5. 火星として使用されている球にcolorifyエフェクトを適用する。
6. 地球として使用されている球にsepiaエフェクトを適用する。

複雑に思えるかもしれませんが、実際に行うことは非常に簡単です。まずサンプル03-post-processing-masks.htmlを開いて最終的な実現しようとしている画面を見てみましょう。**図11-6**が上記の手順の結果です。

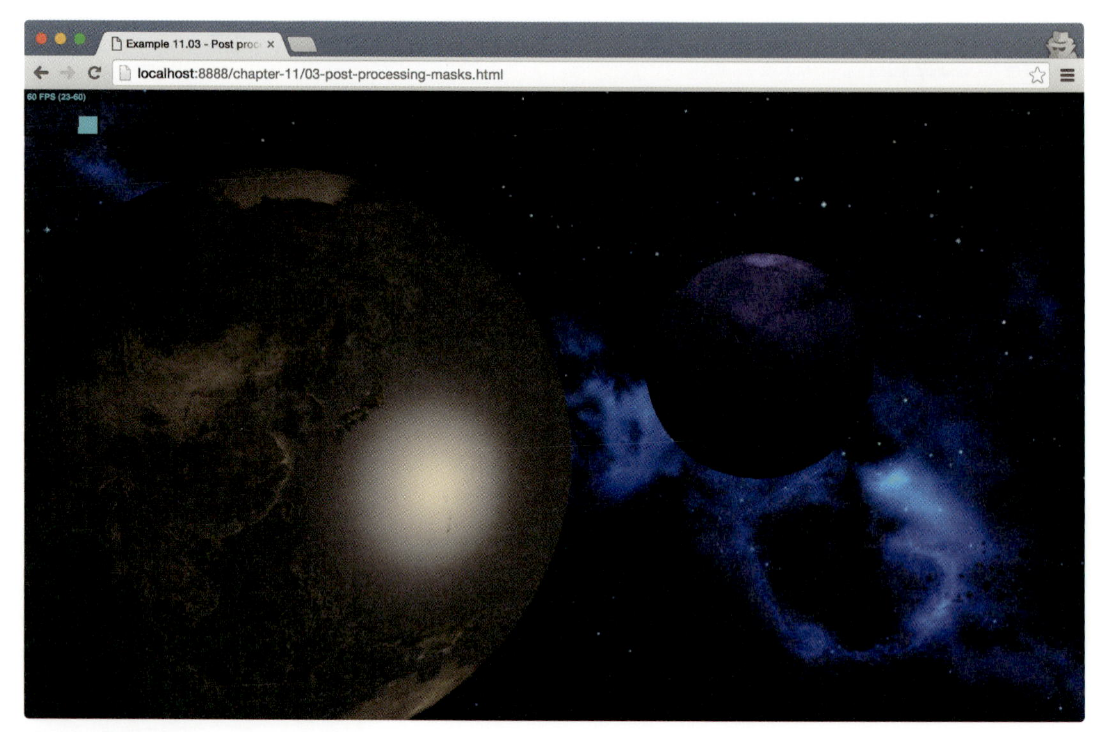

図11-6　範囲を限定したエフェクトの利用

まず初めに次のようにしてこれから描画するさまざまなシーンをセットアップする必要があります。

```
var sceneEarth = new THREE.Scene();
var sceneMars = new THREE.Scene();
var sceneBG = new THREE.Scene();
```

地球と火星を作成するには、対応するマテリアルとテクスチャを持つ球を作成し、適切なシーンにそれらを追加するだけです。

```
var sphere = createEarthMesh(new THREE.SphereGeometry(
  10, 40, 40));
sphere.position.x = -10;
```

```
var sphere2 = createMarshMesh(new THREE.SphereGeometry(
  5, 40, 40));
sphere2.position.x = 10;
sceneEarth.add(sphere);
sceneMars.add(sphere2);
```

通常のシーンと同じように、惑星用のシーンにも光源をいくつか追加する必要がありますが、ここでは説明を省略します（詳細については「3章 光源」を参照してください）。一点だけ、ライトは複数のシーンに追加することができないので、それぞれのシーンについて個別にライトを作成する必要があることに注意してください。惑星を表示するための2つのシーンについて必要な設定はこれがすべてとなります。

背景画像を作成するにはTHREE.OrthoGraphicCameraを使用します。「2章 シーンの基本要素」で説明したとおり、平行投影カメラを使用すると描画されるオブジェクトの大きさがカメラからの距離に依存しません。そのため固定された背景を作成するという用途にも向いています。THREE.OrthoGraphicCameraは次のようにして作成します。

```
var cameraBG = new THREE.OrthographicCamera(
  -window.innerWidth, window.innerWidth,
  window.innerHeight, -window.innerHeight,
  -10000, 10000);
cameraBG.position.z = 50;

var textureLoader = new THREE.TextureLoader();
var materialColor = new THREE.MeshBasicMaterial({
  map: textureLoader.load(
    "../assets/textures/starry-deep-outer-space-galaxy.jpg"),
  depthTest: false
});
var bgPlane = new THREE.Mesh(new THREE.PlaneGeometry(1, 1),
  materialColor);
bgPlane.position.z = -100;
bgPlane.scale.set(window.innerWidth * 2,
  window.innerHeight * 2, 1);
sceneBG.add(bgPlane);
```

ここであまり詳細に触れるつもりはありませんが、背景画像を設定するにはいくつかの手順が必要です。まず背景に使用する画像をテクスチャとして設定したマテリアルを作成し、そのマテリアルを単純な平面に適用します。次にその平面をシーンに追加して画面全体をちょうど覆うようにサイズを変更します。するとシーンをこのカメラで描画した時に背景画像がシーンの横幅まで拡大されて見えるようになります。

これで3つのシーンが準備できたので、パスとTHREE.EffectComposerの設定に移れます。まずはパスのチェーン全体を見てみましょう。その後で個別のパスについて説明します。

```
var composer = new THREE.EffectComposer(webGLRenderer);
composer.renderTarget1.stencilBuffer = true;
composer.renderTarget2.stencilBuffer = true;
```

```
composer.addPass(bgPass);
composer.addPass(renderPass);
composer.addPass(renderPass2);

composer.addPass(marsMask);
composer.addPass(effectColorify);
composer.addPass(clearMask);

composer.addPass(earthMask);
composer.addPass(effectSepia);
composer.addPass(clearMask);

composer.addPass(effectCopy);
```

マスクを使用するには、THREE.EffectComposerの作り方を少し変える必要があります。今回はTHREE.WebGLRenderTargetを新しく作成して内部的に使用されるrenderTargetのstencilBufferプロパティをtrueに設定しなければいけません。ステンシルバッファは描画領域を制限するために使用する特殊なバッファです。そのためマスクを利用するにはステンシルバッファを有効にする必要があります。追加された最初の3つのパスを見てみましょう。次のとおりこれら3つのパスは、背景のシーン、地球のシーン、火星のシーンを描画しています。

```
var bgPass = new THREE.RenderPass(sceneBG, cameraBG);
var renderPass = new THREE.RenderPass(sceneEarth, camera);
renderPass.clear = false;
var renderPass2 = new THREE.RenderPass(sceneMars, camera);
renderPass2.clear = false;
```

地球と火星のパスのclearプロパティがfalseに設定されていることを除けば、新しいことは何もありません。もしclearプロパティをfalseに設定しなければ、描画開始前に画面がすべてクリアされてしまい、結果的にrenderPass2の出力だけが表示されることになります。THREE.EffectComposerのコードに戻ると、これらの次に続くパスはmarsMaskとeffectColorifyとclearMaskの3つです。これら3つのパスがどのように定義されているか見ておきましょう。

```
var marsMask = new THREE.MaskPass(sceneMars, camera);
var clearMask = new THREE.ClearMaskPass();
var effectColorify = new THREE.ShaderPass(THREE.ColorifyShader);
effectColorify.uniforms['color'].value.setRGB(0.5, 0.5, 1);
```

3つのパスの最初はTHREE.MaskPassです。THREE.RenderPassと同じように、THREE.MaskPassを作成するにはシーンとカメラを渡します。THREE.MaskPassはこのシーンを内部的に描画しますが、画面に表示する代わりにこの情報を使用してマスクを作成します。THREE.MaskPassがTHREE.EffectComposerに渡されると、THREE.

ClearMaskPassが現れるまで、追加されるすべてのパスはTHREE.MaskPassで定義されたマスク内にだけ適用されます。今回の例では青色の発光を追加するeffectColorifyパスがsceneMarsで描画されるオブジェクトにだけ適用されることになります。

同様の方法を地球オブジェクトにセピアフィルタを適用するためにも利用します。まず地球のシーンを元にマスクを作成し、そのマスクをTHREE.EffectComposerに適用します。THREE.MaskPassを追加した後で、適用したいエフェクト（今回はeffectSepia）を追加し、最後にTHREE.ClearMaskPassを追加してマスクを取り除きます。この後の、THREE.EffectComposerに対する最後の作業はすでに見たことがあるものです。今回の場合もeffectCopyパスを使用して最終的な結果を画面にコピーしています。

THREE.MaskPassには興味深いプロパティがひとつあります。inverseプロパティです。このプロパティをtrueに設定すると、マスクが反転されます。つまりエフェクトがTHREE.MaskPassに渡された部分を除くすべてに適用されます。この結果は**図11-7**で確認できます。

図11-7　マスクの適用範囲を反転

これまではエフェクトを追加するためにThree.jsによって提供されている標準のパスを使ってきました。Three.jsにはTHREE.ShaderPassというパスがあり、このパスを使用するとさまざまなシェーダーを利用して、独自のエフェクトを追加することができます。

11.2.4 THREE.ShaderPassを使用して独自エフェクトを作成

THREE.ShaderPassを使用すると、独自のシェーダーを利用してシーンにさまざまなエフェクトを適用できます。この節は3つの部分に分かれています。まず初めに簡単なシェーダー群を紹介します（表11-5）。

表11-5 Three.jsで利用できるシェーダー

シェーダー	説明
THREE.MirrorShader	画面の一部に対してミラーエフェクトを作成する
THREE.HueSaturationShader	色の色相と彩度を変更する
THREE.VignetteShader	ビネットエフェクトを適用する。このエフェクトは画像の中心を囲むような暗い境界を表示する
THREE.ColorCorrectionShader	このシェーダーを使用すると、色の分布を変更できる
THREE.RGBShiftShader	このシェーダーは色を赤、緑、青に分解する
THREE.BrightnessContrastShader	画像の明度とコントラストを変更する
THREE.ColorifyShader	画面に色の付いたオーバーレイを適用する
THREE.SepiaShader	画面にセピアのようなエフェクトを適用する
THREE.KaleidoShader	シーンに万華鏡のようなエフェクトを追加して、シーンの中心に円状の反射を追加する
THREE.LuminosityShader	シーンの明度が見えるようになるエフェクトを追加する
THREE.TechnicolorShader	古い映画のような見た目になる二色法テクニカラーエフェクトを模擬する

次にブラーに関係するエフェクトを提供するシェーダーをいくつか紹介します（表11-6）。

表11-6 ブラーに関係するシェーダー

シェーダー	説明
THREE.HorizontalBlurShaderと THREE.VerticalBlurShader	シーン全体にブラーエフェクトを適用する
THREE.HorizontalTiltShiftShaderと THREE.VerticalTiltShiftShader	ティルトシフトエフェクトを再生成する。ティルトシフトエフェクトを使用すると、画像の一部だけを鮮明に見せることでシーンがミニチュアであるかのように感じさせることができる
THREE.TriangleBlurShader	三角フィルタを使用したブラーエフェクトを適用する

最後に高度なエフェクトを実現するシェーダーをいくつか紹介します（表11-7）。

表11-7 高度なエフェクトを実現するシェーダー

シェーダー	説明
THREE.BleachBypassShader	このシェーダーはブリーチバイパスエフェクトを作成する。このエフェクトは画像に銀残しのようなオーバーレイを適用する
THREE.EdgeShader	このシェーダーは画像のエッジを検出してその部分をハイライトするために利用できる
THREE.FXAAShader	このシェーダーはポストプロセッシングフェーズでアンチエイリアスエフェクトを適用する。描画時にアンチエイリアスを適用する処理が高価な場合はこのシェーダーを使用する
THREE.FocusShader	このシェーダーは中央をシャープに描画して周辺にブラーをかける

ひとつのものがどのように動作しているか理解できれば、他のものについても動作の原理については理解できるはずです。したがって、これらのシェーダーすべてについて詳細に説明するつもりはありません。続く節ではいくつか興味深いものだけを取り上げます。それぞれの節のインタラクティブなサンプルを使用すると本文で取り上げていないシェーダーも試してみることができます。

Three.jsにはシーンにボケエフェクトを適用する高度なポストプロセッシングエフェクトが2つあります。ボケエフェクトはシーンの一部にブラーエフェクトを適用する一方でメインの物体は非常に鮮明に描画するものです。Three.jsのTHREE.BrokerPassはボケエフェクトに利用できます。またTHREE.BokehShader2とTHREE.DOFMipMapShaderはTHREE.ShaderPassと組み合わせることでボケエフェクトを実現できます。これらのシェーダーの実際の利用例はThree.jsのサンプルページで見ることができます。

http://threejs.org/examples/webgl_postprocessing_dof2.html
http://threejs.org/examples/webgl_postprocessing_dof.html

初めに単純なシェーダーをいくつか説明します。

11.2.4.1　単純なシェーダー

基本的なシェーダーを実際に使ってシーンにどのような効果があるかを確かめることができるサンプルを作成しました。サンプルは04-shaderpass-simple.htmlです（**図11-8**）。

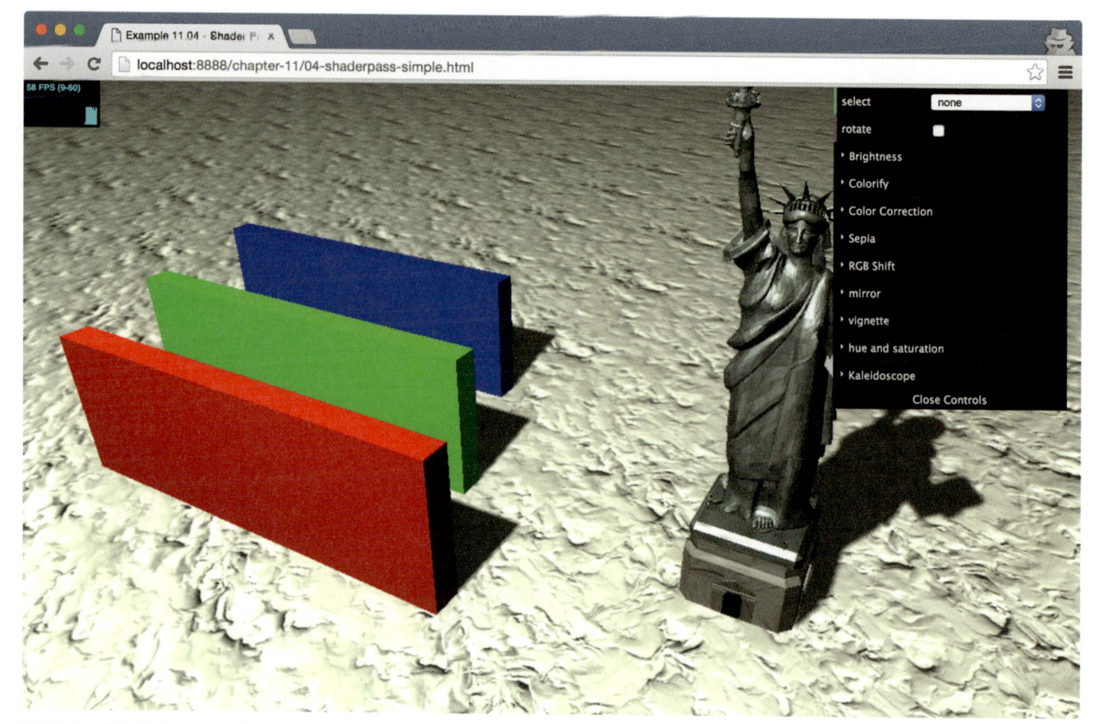

図11-8　基本的なシェーダー

右上のメニューで適用するシェーダーを選ぶと、選択したシェーダーのプロパティの値をドロップダウンメニューを使用して設定できます。例えば**図11-9**はRGBShiftShaderを実際に適用しているところです。

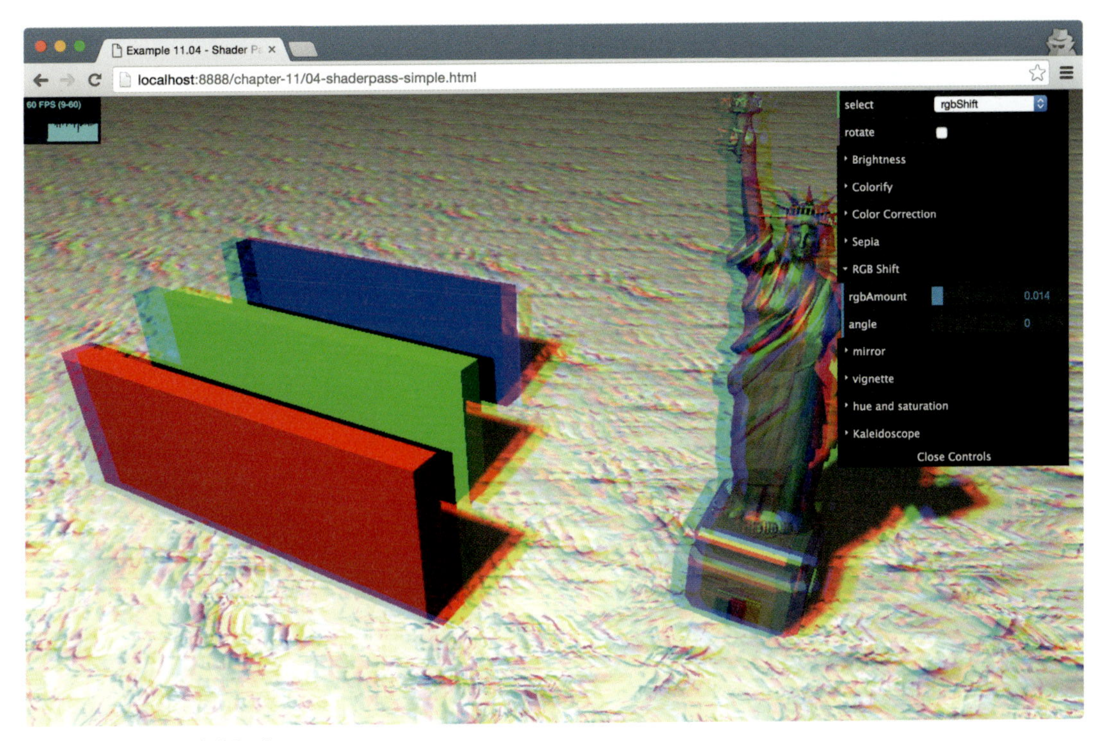

図11-9　THREE.RGBShiftShader

シェーダーのプロパティを変更すると、即座に画面が更新されます。今回のサンプルでは変更された値をシェーダーに直接設定します。例えばRGBShiftShaderの値が変更されると、シェーダーは次のコードを使用してすぐに更新されます。

```
this.changeRGBShifter = function () {
  rgbShift.uniforms.amount.value = controls.rgbAmount;
  rgbShift.uniforms.angle.value = controls.angle;
};
```

いくつか他のシェーダーも見てみましょう。**図11-10**はVignetteShaderを適用した結果です。

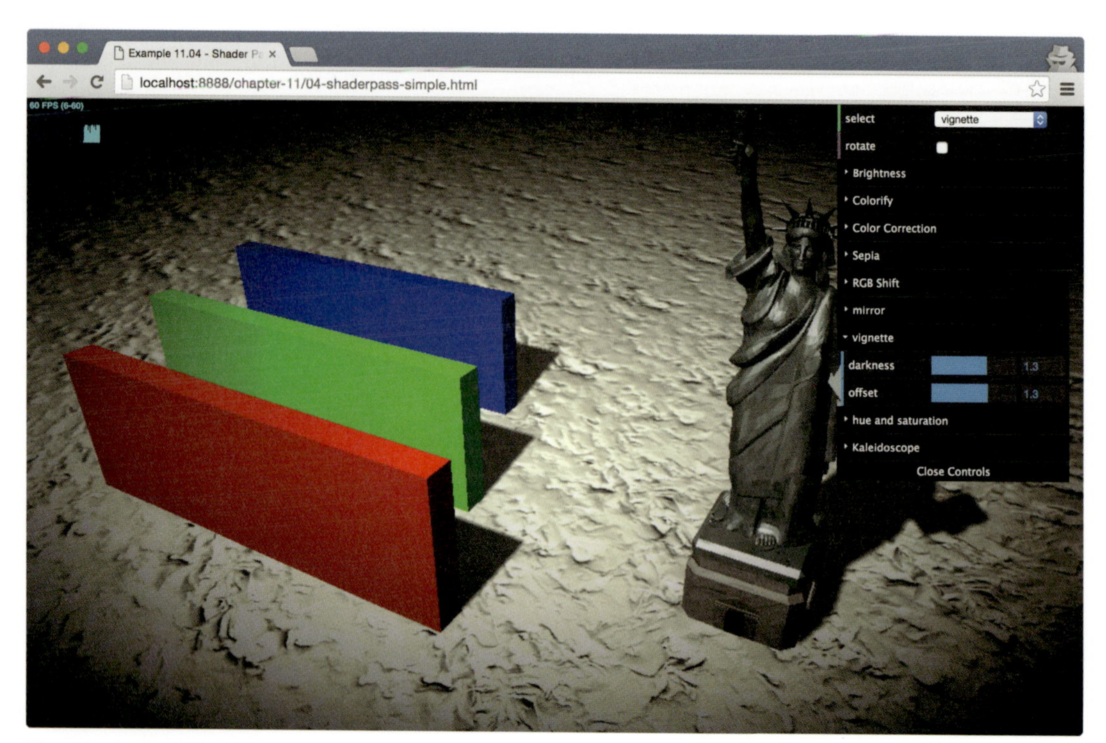

図11-10　THREE.VignetteShader

MirrorShaderは**図11-11**のようなエフェクトを与えます。

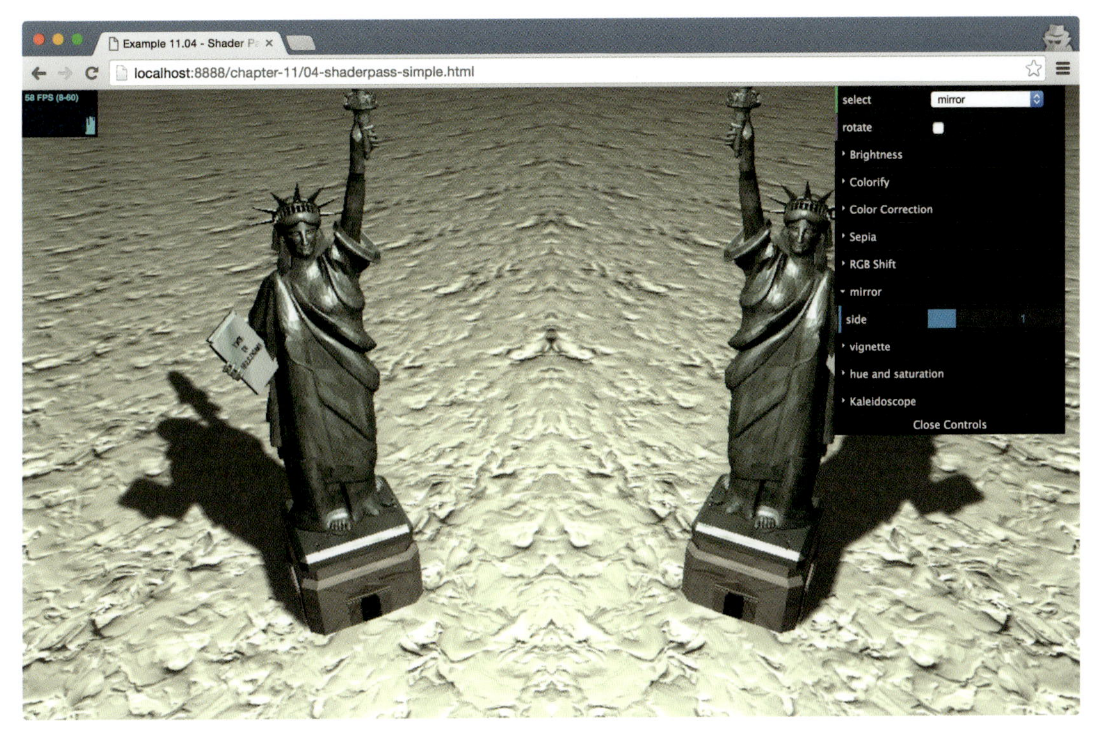

図11-11　THREE.MirrorShader

ポストプロセッシングを使用すると少し極端なエフェクトも適用できます。そのよい例が`THREE.KaleidoShader`でしょう。右上のメニューからこのシェーダーを選択すると**図11-12**のようなエフェクトを目にすることになります。

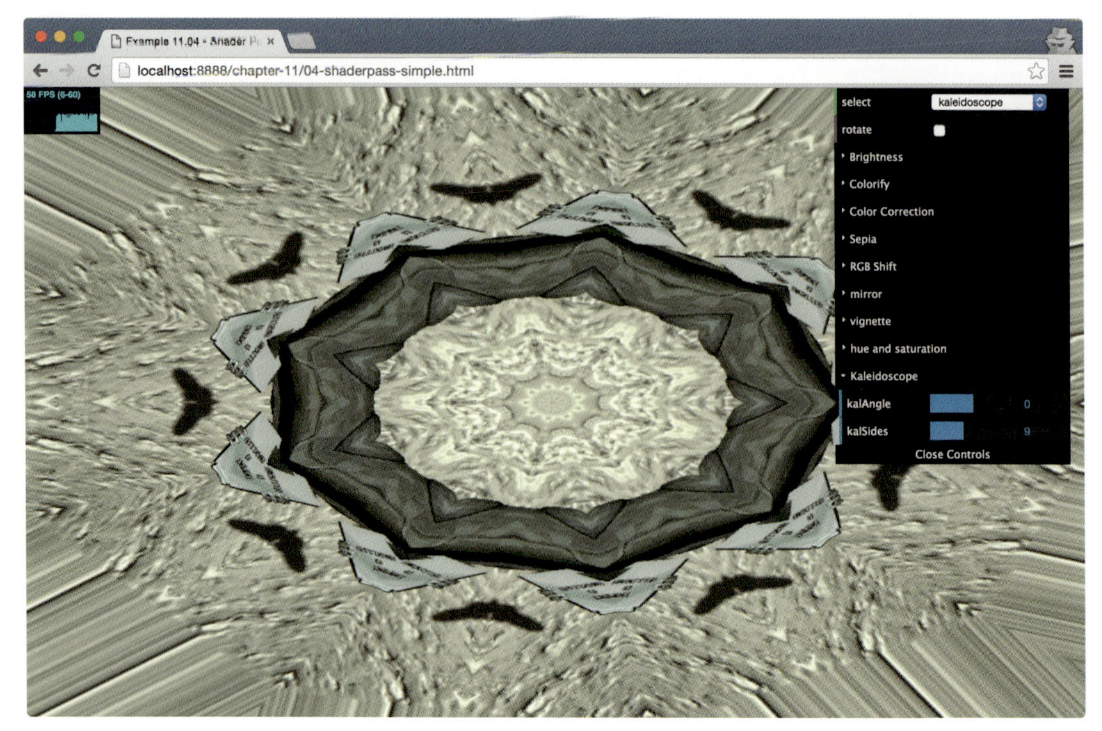

図11-12　THREE.KaleidoShader

単純なシェーダーについてはこれで十分でしょう。見てきたとおり、非常に多彩でとてもおもしろい見た目のエフェクトを適用できます。このサンプルは各シェーダーの結果の確認が主な目的なので、適用できるシェーダーが一度にひとつだけと制限されていましたが、実際には`THREE.EffectComposer`には好きなだけ`THREE.ShaderPass`を追加できます。

11.2.4.2　ブラーシェーダー

この節ではコードには触れず、単にさまざまなブラーシェーダーを使った結果だけを確認します。サンプルは`05-shaderpass-blur.html`です。**図11-13**のシーンには、後述する`THREE.HorizontalBlurShader`と`THREE.VerticalBlurShader`を使ったブラーが適用されています。

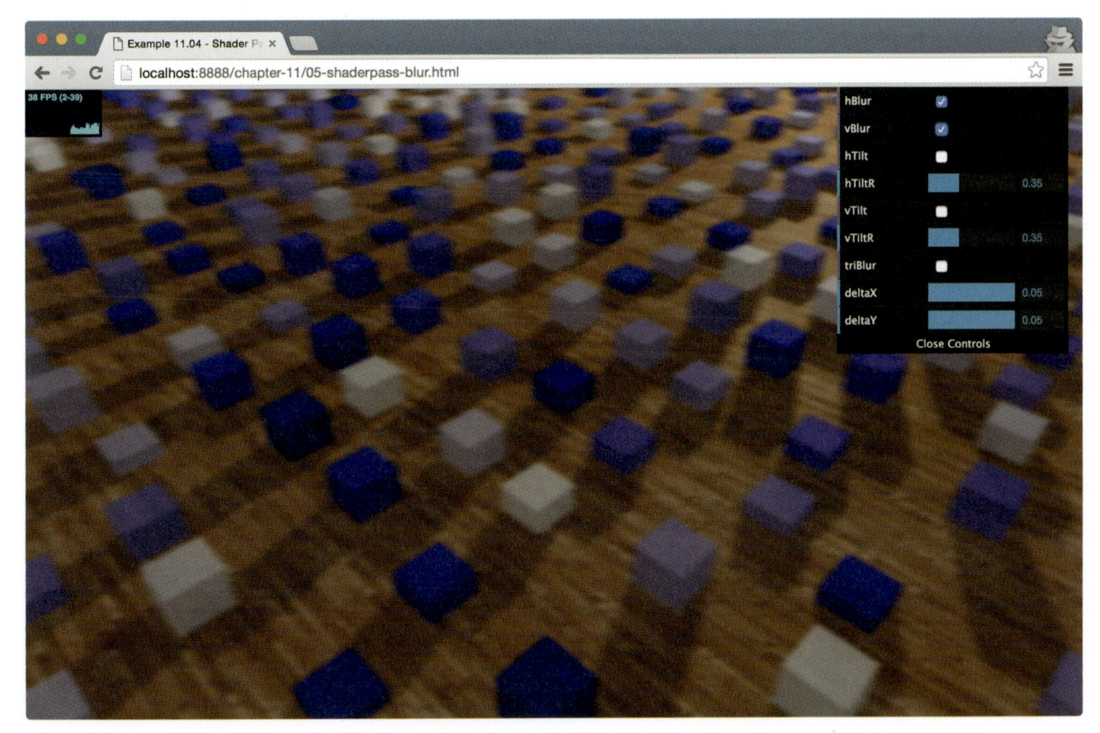

図11-13　THREE.HorizontalBlurShaderとTHREE.VerticalBlurShader

図11-13は`THREE.HorizontalBlurShader`と`THREE.VerticalBlurShader`を適用した例です。シーンにブラーが掛かっていることを確認できます。この2つのブラーエフェクトに加えて、Three.jsにはもうひとつ画像をブラーできるシェーダーとして`THREE.TriangleBlurShader`があります。このブラーを使用すると**図11-14**のようなモーションブラーを表現できます。

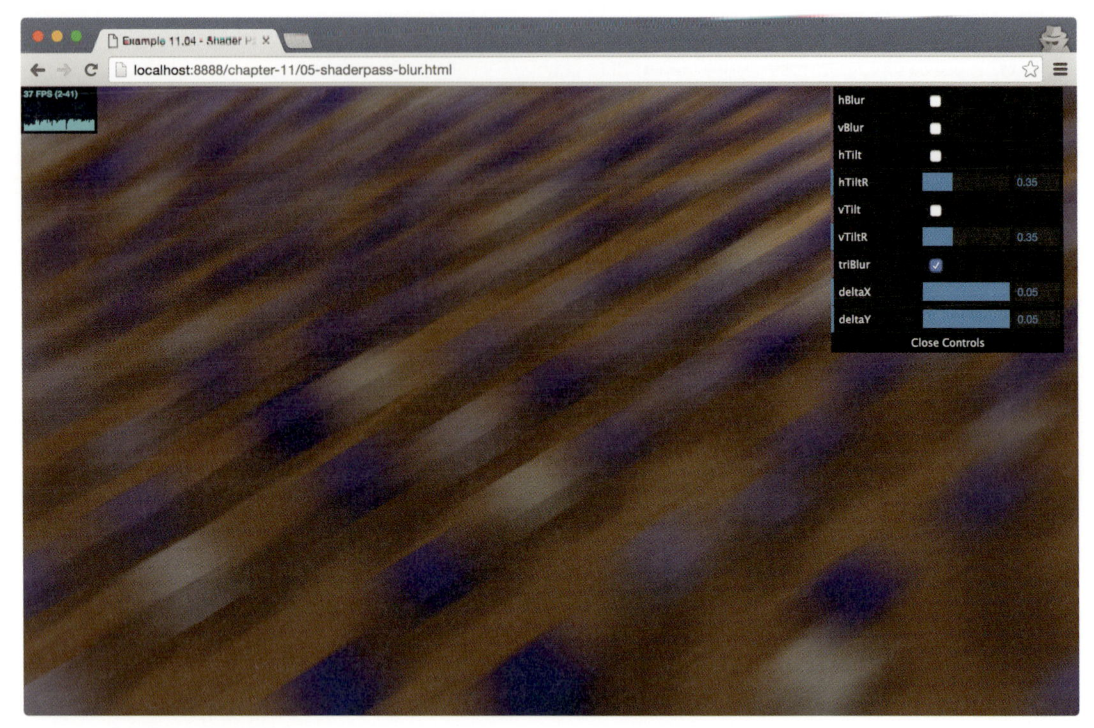

図11-14　THREE.TriangleBlurShader

最後に紹介するエフェクトはTHREE.HorizontalTiltShiftShaderとTHREE.VerticalTiltShiftShaderによって実現されます。このシェーダーはシーン全体ではなく一部の領域にブラーエフェクトを与えます。これによりティルトシフトと言われるエフェクトが得られます。このエフェクトは普通の写真からミニチュアのように感じられるシーンを作成するためによく利用されます（**図11-15**）。

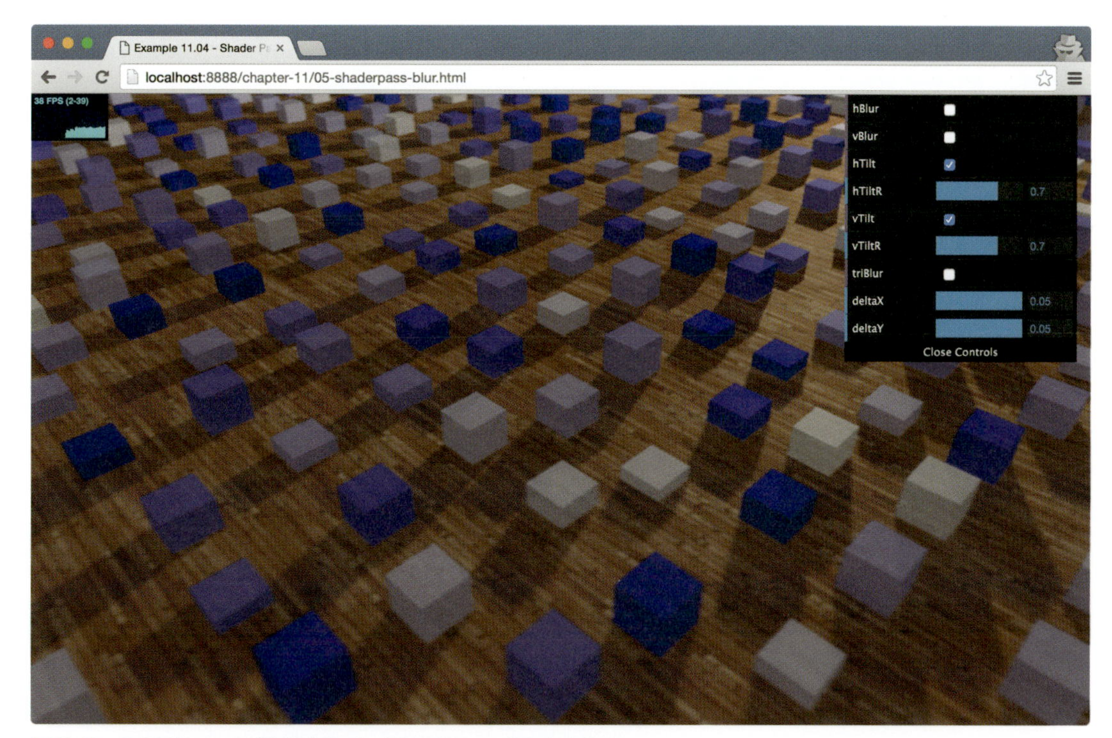

図11-15　THREE.HorizontalTiltShiftShaderとTHREE.VerticalTiltShiftShader

11.2.4.3　高度なシェーダー

高度なシェーダーを使用して、先ほどのブラーシェーダーで行ったことを実現します。ここではシェーダーの出力だけを紹介します。詳細な設定についてはサンプル`06-shaderpass-advanced.html`を見てください（**図11-16**）。

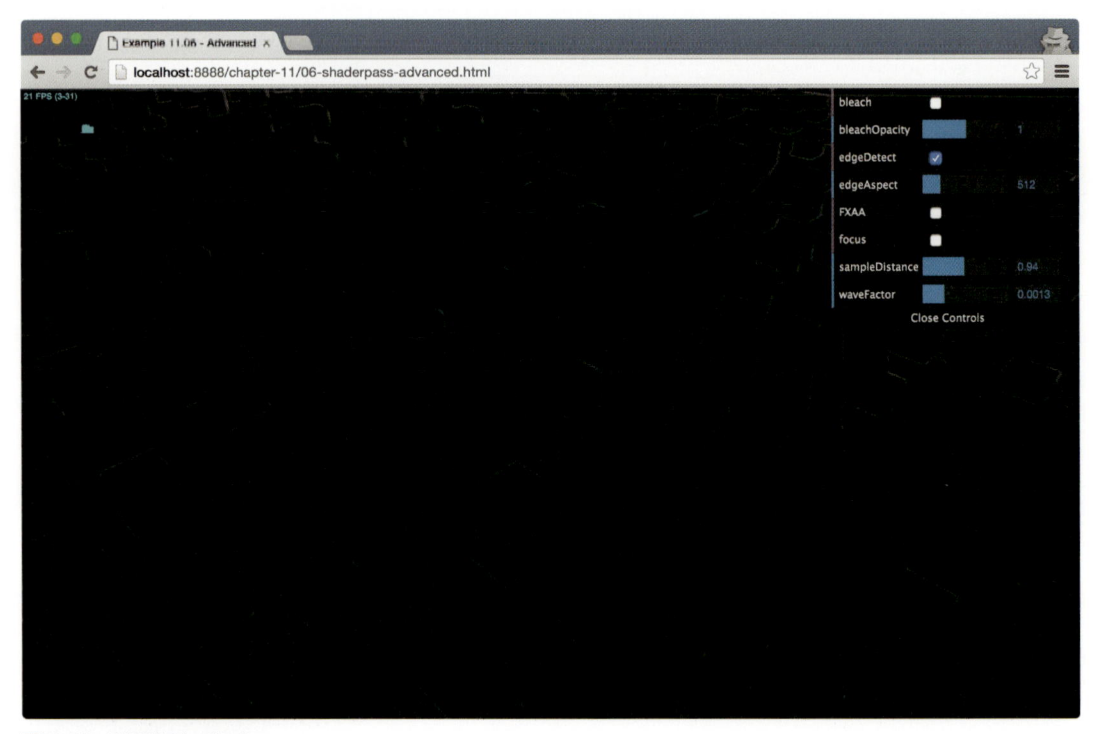

図11-16　THREE.EdgeShader

図11-16ではTHREE.EdgeShaderを使用しています。このシェーダーはシーン内のオブジェクトのエッジを検出できます。

次のシェーダーはTHREE.FocusShaderです。このシェーダーは**図11-17**にあるように中心にだけ焦点が当たっているようにシーンを描画します。

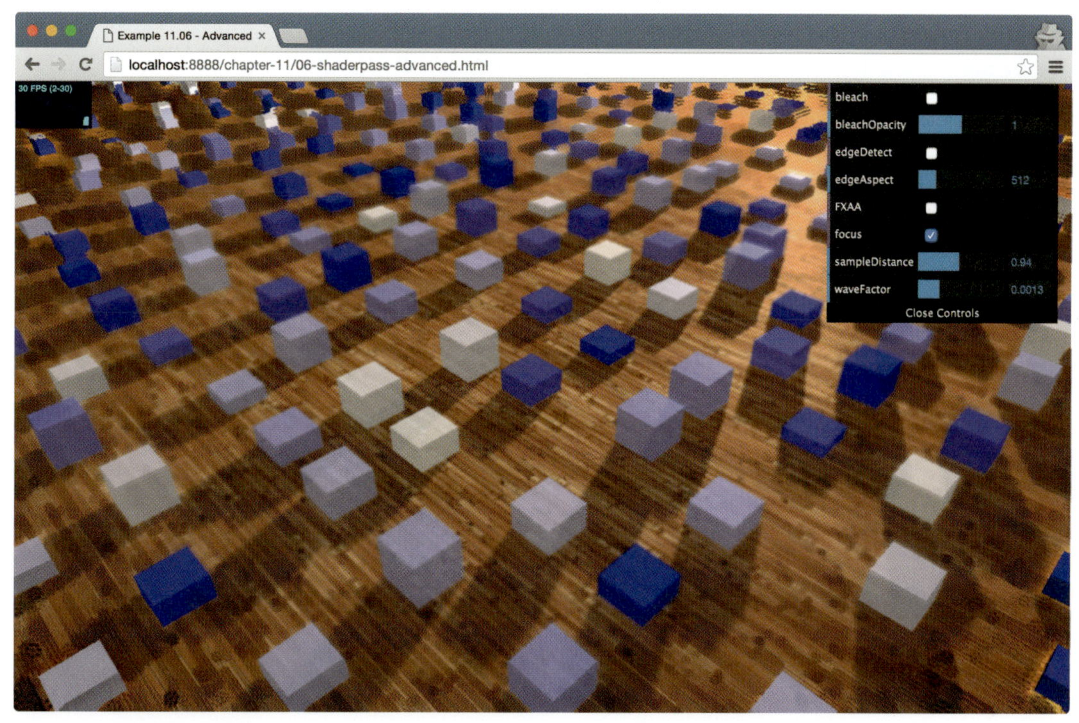

図11-17　THREE.FocusShader

これまではThree.jsによって提供されているシェーダーだけを利用してきましたが、シェーダーを独自に作成することもまったく難しくはありません。

11.3　独自ポストプロセッシングシェーダー

この節ではポストプロセッシングで利用できるシェーダーを独自に作成する方法を説明します。これから作成するシェーダーは2種類です。ひとつめは現在の画像をグレースケール画像に変換するもので、2つめは利用可能な色の数を減らして画像を8ビット画像に変換するものです。頂点シェーダーとフラグメントシェーダーの作成は非常に大きなトピックであることを忘れないでください。この節で紹介するのはこれらのシェーダーを使って何ができるか、どのように動作しているかについてのほんのさわりだけです。より詳細な内容が知りたい場合は、http://www.khronos.org/webgl/にあるWebGLの仕様を見てください。https://www.shadertoy.com/にあるShadertoyもよい情報源で、さらにたくさんのサンプルを見ることができます。

11.3.1　独自グレースケールシェーダー

Three.jsで（その他のWebGLライブラリでも）独自シェーダーを作成するには、2つのコンポーネントを実装しなければいけません。それが頂点シェーダーとフラグメントシェーダーです。頂点シェーダーを使用すると個別の頂点の位置を変更でき、フラグメントシェーダーを使用すると個別のピクセルの色を設定できます。ただしポストプロセッシングシェーダーに必要なのはフラグメントシェーダーの実装だけで、頂点シェーダーはThree.jsが提供しているものがそのまま利用できます。コードの説明に入る前にひとつ重要なことを理解しておかなければいけません。GPUは通常複数のシェーダーパイプラインをサポートしているので、ある頂点シェーダーの処理中に他のシェーダーが複数並列に実行されることがあります ── もちろんフラグメントシェーダーの実行中も同様です。

初めに画像にグレースケールエフェクトを適用するシェーダーのソースコード全体(custom-shader.js)を見ておきましょう。

```
THREE.CustomGrayScaleShader = {

  uniforms: {
    "tDiffuse": {type: "t", value: null},
    "rPower": {type: "f", value: 0.2126},
    "gPower": {type: "f", value: 0.7152},
    "bPower": {type: "f", value: 0.0722}
  },

  vertexShader: [
    "varying vec2 vUv;",

    "void main() {",
      "vUv = uv;",
      "gl_Position = projectionMatrix * " +
        "modelViewMatrix * vec4( position, 1.0 );",
    "}"
  ].join("\n"),

  fragmentShader: [
    "uniform float rPower;",
    "uniform float gPower;",
    "uniform float bPower;",
    "uniform sampler2D tDiffuse;",

    "varying vec2 vUv;",

    "void main() {",
      "vec4 texel = texture2D( tDiffuse, vUv );",
      "float gray = texel.r*rPower + texel.g*gPower + " +
        "texel.b*bPower;",
      "gl_FragColor = vec4( vec3(gray), texel.w );",
    "}"
  ].join("\n")
};
```

このコードからわかるとおり、これはJavaScriptではありません。シェーダーを記述するには、C言語によく似たOpenGL Shading Language (GLSL) という言語を使用します。GLSLについての詳細は次のサイトを参照してください。

http://www.khronos.org/opengles/sdk/docs/manglsl/

まず頂点シェーダーを少し詳しく見てみましょう。

```
"varying vec2 vUv;",

"void main() {",
  "vUv = uv;",
  "gl_Position = projectionMatrix * " +
    "modelViewMatrix * vec4( position, 1.0 );",
"}"
```

ポストプロセッシングでは、このシェーダーは実際には何もする必要がありません。上で見たコードはThree.jsが実装している標準的な頂点シェーダーです。カメラからの投影であるprojectionMatrixと、オブジェクトの位置を世界座標系に対応付けるmodelViewMatrixとを組み合わせて利用して、オブジェクトを画面のどこに描画するかを決定します。

ポストプロセッシングという点から見て、ここで唯一興味深いのはテクスチャからどのテクセルを読み取るかを指定するuv値を"varying vec2 vUv"変数を使用してフラグメントシェーダーに渡しているところです。このvUV値をフラグメントシェーダー内で使用して処理対象のピクセルを取得します。次にフラグメントシェーダーに目を移し、コードが何をしているか見てみましょう。まずは変数宣言です。

```
"uniform float rPower;",
"uniform float gPower;",
"uniform float bPower;",
"uniform sampler2D tDiffuse;",

"varying vec2 vUv;",
```

ここにはuniformsプロパティを持つインスタンスが4つあることがわかります。uniformsプロパティはJavaScriptからシェーダーに渡される変数で、それぞれのフラグメントで同じ値が使用されます。今回の場合、タイプfとして指定される浮動小数点数が3つ（最終的なグレースケール画像に含まれる色の比を決定するために使用）と、タイプtとして指定されるテクスチャ（tDiffuse）が渡されます。このテクスチャにはTHREE.EffectComposer内の前のパスで作成される画像が含まれています。テクスチャはThree.jsがシェーダーに渡してくれますが、他のuniformsプロパティのインスタンスはJavaScriptから自分で設定する必要があります。JavaScriptからこれらのuniformsプロパティを使用するには、このシェーダーで利用できるuniformsプロパティを定義しておく必要があります。それにはシェーダーファイルの一番上で次のように記述します。

```
uniforms: {
  "tDiffuse": {type: "t", value: null},
  "rPower": {type: "f", value: 0.2126},
  "gPower": {type: "f", value: 0.7152},
```

```
    "bPower": {type: "f", value: 0.0722}
  },
```

これでThree.jsからパラメーター設定と修正したい画像を受け取ることができるようになりました。それでは次にそれぞれのピクセルを灰色に変換するコードを見てみましょう。

```
  "void main() {",
    "vec4 texel = texture2D( tDiffuse, vUv );",
    "float gray = texel.r*rPower + texel.g*gPower + " +
      "texel.b*bPower;",
    "gl_FragColor = vec4( vec3(gray), texel.w );",
  "}"
```

初めに受け取ったテクスチャから適切なピクセルを取り出しています。これはtexture2D関数に適切な画像（tDiffuse）と解析したいピクセルの位置（vUv）を渡すことで実現できます。その関数の結果として、色と透明度（texel.w）を含んだテクセル（テクスチャ内のピクセル）が返されます。

次に、このテクセルのr、g、bプロパティを使用してgrayの値を計算します。このgray値がgl_FragColor変数に代入され、最終的に画面に表示されます。以上で独自シェーダーが完成しました。このシェーダーはこれまで紹介した他のシェーダーと同じように利用できます。それにはまず初めにTHREE.EffectComposerを設定します。

```
  var renderPass = new THREE.RenderPass(scene, camera);

  var effectCopy = new THREE.ShaderPass(THREE.CopyShader);
  effectCopy.renderToScreen = true;

  var shaderPass = new THREE.ShaderPass(THREE.CustomGrayScaleShader);

  var composer = new THREE.EffectComposer(webGLRenderer);
  composer.addPass(renderPass);
  composer.addPass(shaderPass);
  composer.addPass(effectCopy);
```

最後に描画ループの中でcomposer.render(delta)を呼び出してください。もし実行時にこのシェーダーのプロパティを変更したければ、次のようにして定義したuniformsプロパティの値を更新できます。

```
  shaderPass.enabled = controls.grayScale;
  shaderPass.uniforms.rPower.value = controls.rPower;
  shaderPass.uniforms.gPower.value = controls.gPower;
  shaderPass.uniforms.bPower.value = controls.bPower;
```

結果は07-shaderpass-custom.htmlで確認できます（**図11-18**）。

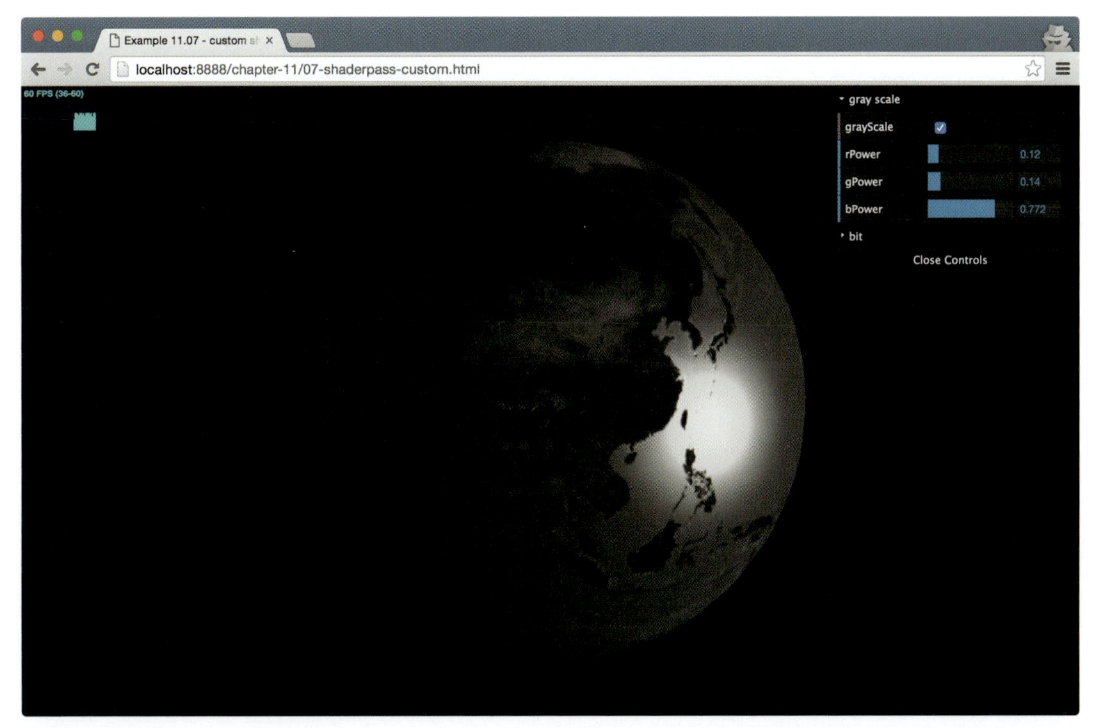

図11-18　独自グレースケールシェーダー

それでは次のシェーダーを作りましょう。今度のシェーダーは24ビットカラーをより少ないビット数に減らします。

11.3.2　独自ビットシェーダーの作成

通常、色は24ビット値で表現され、およそ1,600万色が利用できます。しかしコンピューターが現れて間もない頃はこのようなことは不可能で、色は8ビットまたは16ビットで表現されることがほとんどでした。このシェーダーは24ビットの出力を自動的に8ビット（または指定したビット数）の色深度に変換します。

前のサンプルとほとんど違いがないので、頂点シェーダーについては省略し、unoformsプロパティのインスタンスの一覧を挙げます。

```
uniforms: {

  "tDiffuse": {type: "t", value: null},
  "bitSize": {type: "i", value: 4}

}
```

フラグメントシェーダーは次のようになります。

```
fragmentShader: [

  "uniform int bitSize;",
  "uniform sampler2D tDiffuse;",

  "varying vec2 vUv;",

  "void main() {",
    "vec4 texel = texture2D( tDiffuse, vUv );",
    "float n = pow(float(bitSize),2.0);",
    "float newR = floor(texel.r*n)/n;",
    "float newG = floor(texel.g*n)/n;",
    "float newB = floor(texel.b*n)/n;",

    "gl_FragColor = vec4( vec3(newR,newG,newB), 1.0);",
  "}"
].join("\n")
```

このシェーダー自身を設定するために利用できるようにuniformsプロパティのインスタンスを2つ定義しています。ひとつめのtDiffuseは先ほどの独自シェーダーでも使用したThree.jsが現在の画面を渡すためのものです。2つめが今回のために定義された整数（type: "i"）で、最終的な結果を描画する色深度として使用されます。シェーダーのコード自体は非常に簡潔です。

- まずvUvで渡されたピクセルの位置に基づいてtDiffuseからテクセルを取得します。
- bitSizeプロパティに基づいてbitSizeの二乗を計算して（pow(float(bitSize),2.0)）利用できる色の数を計算します。
- 次にnの値を掛け合わせた後で端数を切り捨て（floor(texel.r*n)）、再びnで割ってテクセルの新しい値を計算します。
- 結果（赤、緑、青、透明度）はgl_FragColorに設定され、画面に表示されます。

この独自シェーダーの結果は、先ほどの独自シェーダーと同じサンプル07-shaderpass-custom.htmlで確認できます（**図11-19**）。

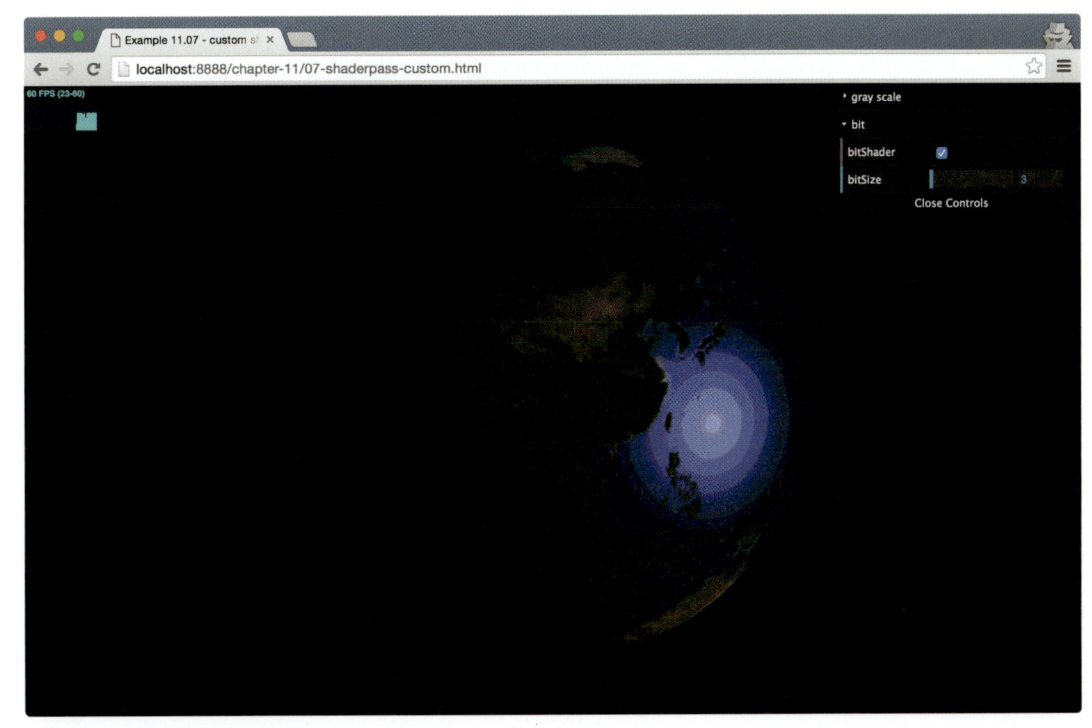

図11-19　独自ビットシェーダー

ポストプロセッシングに関するこの章はこれで終わりです。

11.4　まとめ

この章ではさまざまなポストプロセッシングのオプションについて説明しました。わかっていただけたかと思いますが、`THREE.EffectComposer`を作成して複数のパスをひとつにつなぐのは非常に簡単です。ただし気をつけなければいけないこともいくつかあります。まず、すべてのパスの結果が画面に出力されるわけではありません。結果が画面に出力されないパスの結果を画面に出力したければ`THREE.ShaderPass`と`THREE.CopyShader`が利用できます。また、コンポーザーにパスを追加する順序は重要です。エフェクトは追加した順序どおりに適用されます。特定の`THREE.EffectComposer`インスタンスの結果を再利用したければ、`THREE.TexturePass`を使用してください。`THREE.EffectComposer`に`THREE.RenderPass`を複数設定したければ、`clear`プロパティを`false`に設定することを忘れないでください。そうしなければ、最後の`THREE.RenderPass`ステップの出力だけが表示されることになります。特定のオブジェクトにだけエフェクトを適用したい時には、`THREE.MaskPass`が利用できます。マスクの利用が終わったら、`THREE.ClearMaskPass`でマスクをクリアしてください。Three.jsが提供している標準のパスだけでなく、利用できる標準のシェーダーもたくさんあり、`THREE.ShaderPass`を使えばそれらのシェーダーもパスとして利用できます。ポストプロセッシングのための独自シェーダーはThree.jsの標準的な方法を利用すれば非常に簡単に作成できます。そのために作成する必要があるのはフラグメントシェーダーだけです。

これでThree.jsについて知る必要があるほとんどすべてのことを紹介し終わりました。次の章が本書の最終章です。最後の12章ではThree.jsを拡張して衝突や重力、移動の制約などの物理法則を適用できるようになるPhysijsというライブラリを紹介します。

12章
物理演算と立体音響

この最終章では、Three.jsの基本的な機能を拡張できるライブラリPhysijsを紹介します。Physijsは3Dシーンに物理法則を導入するライブラリです。「3Dシーンに物理法則を導入する」とはつまりオブジェクトが重力の影響を受け、お互いに衝突し、衝撃を受けて移動し、ヒンジやスライダーなどで動きが制限されるようになるということです。このライブラリは内部的にはammo.jsという有名な物理エンジンを利用しています。本章では物理法則だけでなくシーンに立体音響を追加する方法についても説明します。

この章では次のようなトピックについて説明します。

- オブジェクトが重力の影響を受け、お互いに衝突するようになるPhysijsシーン
- シーン内の物体の摩擦係数と反発係数
- Physijsがサポートしているさまざまな形状
- 単純な形状を組み合わせた合成形状
- ハイトフィールドを使用した複雑な形状
- オブジェクトの動きの制限する点制約、ヒンジ制約、スライダー制約、コーンツイスト制約、自由度制約
- 左右の音量がカメラの位置に基づいて決定される音源

まず初めにPhysijsと組み合わせて使用するThree.jsシーンを作成します。本章の最初のサンプルをその説明に使用します。

12.1　基本的なThree.jsシーンの作成

Three.jsシーンをPhysijsのために設定するのは非常に簡単で、必要となるのはほんの数ステップです。初めにGitHubリポジトリ（http://chandlerprall.github.io/Physijs/）から適切なJavaScriptファイルを取得してHTMLページに読み込む必要があります。Physijsライブラリを次のようにHTMLページに追加してください。

```
<script src="../libs/physi.js"></script>
```

シーンの物理シミュレーションは比較的プロセッサの負荷が大きな処理です。描画スレッド

上ですべてのシミュレーションの計算を行うと、(JavaScriptは実質シングルスレッドなので)シーンのフレームレートに無視できない影響を与えることなります。この問題に対応するために、Physijsはこれらの計算をバックグランドスレッドで行います。このバックグランドスレッドは最新のブラウザで実装されているWeb Workers(ウェブワーカー)仕様によって実現されています。この仕様を利用することで、CPU負荷の大きなタスクを別のスレッドに移し、描画に影響を与えることなく実行できます。ウェブワーカーについての詳細な情報は次のサイトを参照してください。

http://www.w3.org/TR/workers/

つまり、Physijsではこのワーカータスクを含んだJavaScriptファイルを設定する必要があります。また、シーンをシミュレーションするのに必要な`ammo.js`ファイルのある場所もPhysijsに設定しなければいけません。なぜ`ammo.js`ファイルを含める必要があるのでしょうか。その理由はPhysijsがammo.jsを簡単に利用するためのラッパーだからです。ammo.js(https://github.com/kripken/ammo.js/)は物理エンジンの実装のひとつで、Physijsは実際にはこの物理エンジンを使いやすくするためのインタフェースを提供しているだけです。Physijsは単なるラッパーなので、必要であれば別の物理エンジンと組み合わせて使用することもできます。Physijsリポジトリを見ると別の有名な物理エンジンであるCannon.jsを使用するブランチもあることがわかるでしょう。

ammo.jsは最新版ではなくPhysijsまたは本書のサンプルに同梱されているものを使用してください。ammo.jsリポジトリから最新のライブラリを取得して使用すると正しく動作しない場合があります。

Physijsを使用するには次の2つのプロパティを設定しなければいけません。

```
Physijs.scripts.worker = '../libs/physijs_worker.js';
Physijs.scripts.ammo = '../libs/ammo.js';
```

最初のプロパティは実行したいワーカータスクの場所を指定し、次のプロパティは内部的に利用しているammo.jsライブラリの場所を指定しています。次にシーンを作成する必要があります。Physijsには通常のThree.jsシーンのラッパーがあり、シーンはそのラッパークラスを使用して次のように作成します。

```
var scene = new Physijs.Scene();
scene.setGravity(new THREE.Vector3(0, -10, 0));
```

ここで物理法則が適用されている新しいシーンを作成し、さらに重力を設定しています。今回の場合、重力はy軸方向に`-10`の大きさで設定しました。つまりオブジェクトはまっすぐ下に落ちます。このコードからわかるように重力はさまざまな軸に沿って好きな大きさに設定できます。さらに実行時に変更することもでき、シーンは適切に変更後の値に反応します。

シーンに物理法則を適用し始める前にオブジェクトをいくつか追加しておきましょう。基本的にはThree.jsでオブジェクトを作成して追加する方法と違いはありません。ただし、Physijsライブラリで動きを管理できるように、対応するPhysijsオブジェクトで次のようにラップする必要があります。

```
var stoneGeom = new THREE.BoxGeometry(0.6, 6, 2);
var stone = new Physijs.BoxMesh(stoneGeom,
  new THREE.MeshPhongMaterial({color: 0xff0000}));
scene.add(stone);
```

このサンプルでは単純なTHREE.BoxGeometryオブジェクトを作成しています。そしてそのジオメトリを使用してTHREE.MeshではなくPhysijs.BoxMeshを作成します。これによりPhysijsが物理法則をシミュレーションしてこのメッシュの衝突を扱う際に形状を立方体として扱うようになります。Physijsにはさまざまな形状用のメッシュがあります。利用できる形状の詳細な情報についてはこの章の後半で紹介します。

Physijs.BoxMeshがシーンに追加されて、最初のPhysijsシーンに必要な材料がすべて揃いました。後は物理法則のシミュレーションを開始して、シーン内のオブジェクトの位置や回転角を適切に更新するようにPhysijsに指示するだけです。それには先ほど作成したシーンオブジェクトのsimulateメソッドを呼び出します。描画ループを次のように修正してください。

```
render = function() {
  requestAnimationFrame(render);
  renderer.render(scene, camera);
  scene.simulate();
}
```

描画ループの最後にscene.simulate()の呼び出しを追加するとPhysijsシーンを使用する準備は完了です。しかしこのサンプルを実行しても大したものは見られません。画面の中心に立方体がひとつあり、描画を開始するとすぐに下に落ち始めるだけです。次にもう少し複雑なサンプルとして倒れるドミノ牌のシミュレーションを見てみましょう。

このサンプルでは**図12-1**のようなシーンを作成する予定です。

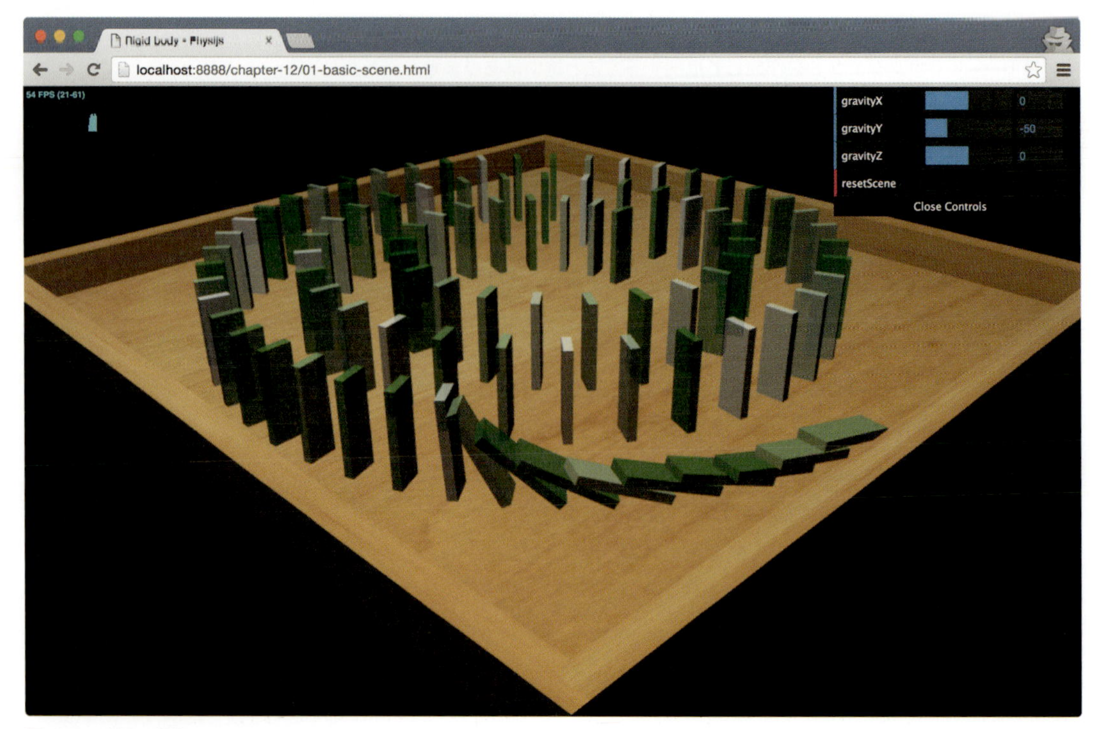

図12-1　ドミノ倒し

ブラウザでサンプル`01-basic-scene.html`を開くと、ドミノ牌が並んでいて、シーンが読み込まれるとすぐに倒れ始めます。ひとつめが2つめに倒れかかり、2つめが3つめに倒れかかり、それが最後まで続きます。このシーンに関わる物理法則はすべてPhysijsによって管理されていて、ひとつめのドミノ牌を少し傾けるだけでアニメーションが開始します。このシーンの作成は非常に簡単で、必要なのは次の数ステップだけです。

1. Physijsシーンを定義する。
2. ドミノ牌を支える地面を定義する。
3. ドミノ牌を配置する。
4. 最初のドミノ牌を倒すため角度を設定する。

最初のステップについてはすでに紹介しているので省略し、その次のステップである牌を載せるサンドボックスの定義に進みましょう。このサンドボックスはひとつにグループ化された複数の立方体で構成されています。これを実現するために必要なコードは次のとおりです。

```
function createGround() {
  var textureLoader = new THREE.TextureLoader();
  var groundMaterial = Physijs.createMaterial(
    new THREE.MeshPhongMaterial({
      map: textureLoader.load(
        '../assets/textures/general/wood-2.jpg')}),
```

```
    .9, .3);

  var ground = new Physijs.BoxMesh(
    new THREE.BoxGeometry(60, 1, 60), groundMaterial, 0);

  var borderLeft = new Physijs.BoxMesh(
    new THREE.BoxGeometry(2, 3, 60), groundMaterial, 0);
  borderLeft.position.x = -31;
  borderLeft.position.y = 2;
  ground.add(borderLeft);

  var borderRight = new Physijs.BoxMesh(
    new THREE.BoxGeometry(2, 3, 60), groundMaterial, 0);
  borderRight.position.x = 31;
  borderRight.position.y = 2;
  ground.add(borderRight);

  var borderBottom = new Physijs.BoxMesh(
    new THREE.BoxGeometry(64, 3, 2), groundMaterial, 0);
  borderBottom.position.z = 30;
  borderBottom.position.y = 2;
  ground.add(borderBottom);

  var borderTop = new Physijs.BoxMesh(
    new THREE.BoxGeometry(64, 3, 2), groundMaterial, 0);
  borderTop.position.z = -30;
  borderTop.position.y = 2;
  ground.add(borderTop);

  scene.add(ground);
}
```

このコードはそれほど複雑ではありません。まず地面として使用される単純な立方体を作成し、次にこの地面の端からオブジェクトが落ちてしまわないように壁を追加します。この壁は地面オブジェクトに追加して合成オブジェクトを作成します。合成オブジェクトはPhysijsによって内部的に1個のオブジェクトとして扱われます。このコードにはこの後の節で詳細に説明する予定で、現時点ではまだ説明されていない内容がいくつか含まれています。そのひとつめはコードの最初でPhysijs.createMaterial関数を使用して作成されているgroundMaterialです。この関数はThree.jsの標準のマテリアルをラップして、摩擦係数や反発係数といった設定項目を追加します。これについての詳細は次の節を見てください。まだ説明していない2つめの内容はPhysijs.BoxMeshコンストラクタの最後の引数です。ここで作成しているBoxMeshオブジェクトについてはすべて最後の引数に0が指定されています。このパラメーターはオブジェクトの質量を設定するものです。質量を0に設定すると地面オブジェクトは重力の影響を受けなくなります。つまり地面が落下しなくなります。

地面が用意され、ドミノ牌を配置できるようなりました。次のようにして単純なThree.BoxGeometryインスタンスを作成して、それをBoxMeshでラップし、地面メッシュの上の特定の位置に配置します。

```
var stoneGeom = new THREE.BoxGeometry(0.6, 6, 2);
var stone = new Physijs.BoxMesh(stoneGeom,
  Physijs.createMaterial(new THREE.MeshPhongMaterial({
    color: scale(Math.random()).hex(), transparent: true,
    opacity: 0.8})));
stone.position.copy(point);
stone.lookAt(scene.position);
stone.__dirtyRotation = true;
stone.position.y = 3.5;
scene.add(stone);
```

それぞれのドミノ牌の位置を計算しているコードは含まれていません（興味がある場合はサンプルのソースコードのgetPoints()関数を見てください）。このコードは単にドミノをどのように配置するかを示すためのものです。ここでは先ほどと同じくTHREE.BoxGeometryをラップするBoxMeshを作成していることがわかります。その後、lookAt関数を使用して適切な回転角を設定し、ドミノ牌を正しく整列しています。この処理がないと、すべての牌が同じ方向を向いてしまい、うまく倒れません。なお、Physijsでラップされたオブジェクトのrotation（またはposition）を手動で更新した場合は、その後でPhysijsに何かが変更されたということを伝えてシーン内のオブジェクトの内部表現（THREE.Mesh）も適切に更新することを忘れないでください。rotationを変更した場合は、内部的に使用されている__dirtyRotationプロパティを明示的に設定することで、内部表現を更新できます。positionの場合は__dirtyPositionをtrueに設定します。

残る作業は最初のドミノを倒すことだけです。これは単に最初のドミノ牌にx軸周りの回転を0.2だけ設定して少し前向きに傾ければ完了です。後はシーン内に働く重力が、最初のドミノを地面に向かって最後まで倒してくれます。実際のコードは次のとおりです。

```
stones[0].rotation.x=0.2;
stones[0].__dirtyRotation = true;
```

最初のサンプルについての説明は以上です。Physijsの機能をたくさん紹介しました。右上のメニューから重力の向きを変更して挙動を確認できます（**図12-2**）。重力の変更は[resetScene]ボタンを押すまで適用されません。

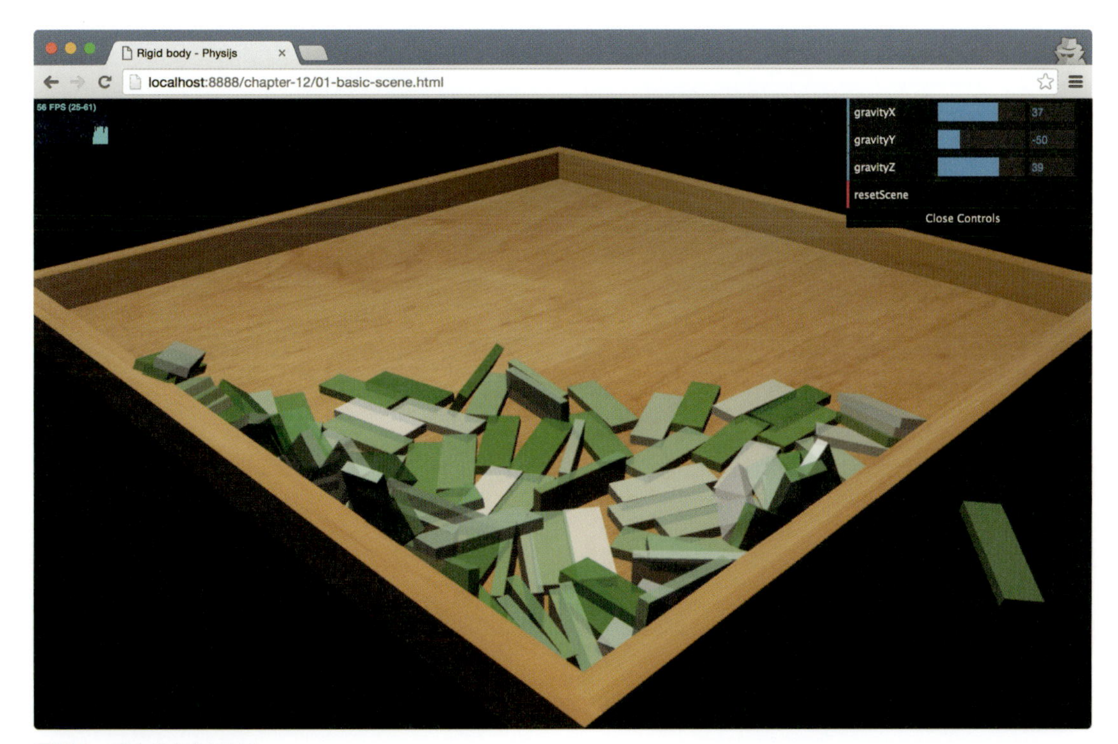

図12-2 重力の向きを変更

次の節ではPhysijsマテリアルのプロパティがオブジェクトにどのような影響を与えるかについて詳しく説明します。

12.2 マテリアルのプロパティ

サンプルの説明から始めます。サンプル`02-material-properties.html`を開くと前のサンプルに登場したものと少し似ている空の箱があり、x軸周りにシーソーのように揺れています。右上のメニューの［addSpheres］ボタンを押すとシーンに球が5つ追加され、［addCubes］ボタンを押すと立方体が5つ追加されます。メニューのスライダーを使用してPhysijsマテリアルのプロパティの値をいくつか変更できます。**図12-3**は摩擦係数と反発係数を試しているサンプルです。

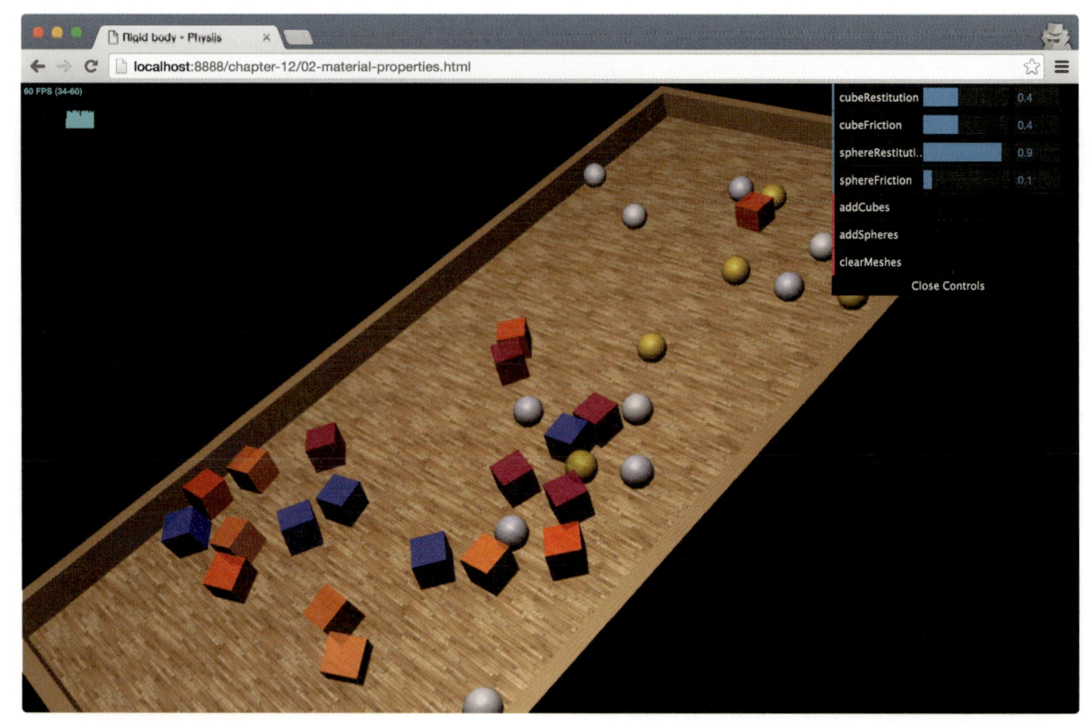

図12-3　摩擦係数と反発係数

このサンプルではPhysijsマテリアルを作成する時に設定される`restitution`プロパティ（反発係数）と`friction`プロパティ（摩擦係数）の値をいろいろと変更することができます。例えばもし`cubeFriction`を`1`に設定してから立方体を追加すると地面が動いていたとしてもその立方体はほとんど動かないことがわかります。逆に`cubeFriction`を`0`に設定すると、地面が少しでも傾くとすぐに立方体が滑り始めることに気づくでしょう。**図12-4**は大きな摩擦係数で重力に抵抗しているところです。

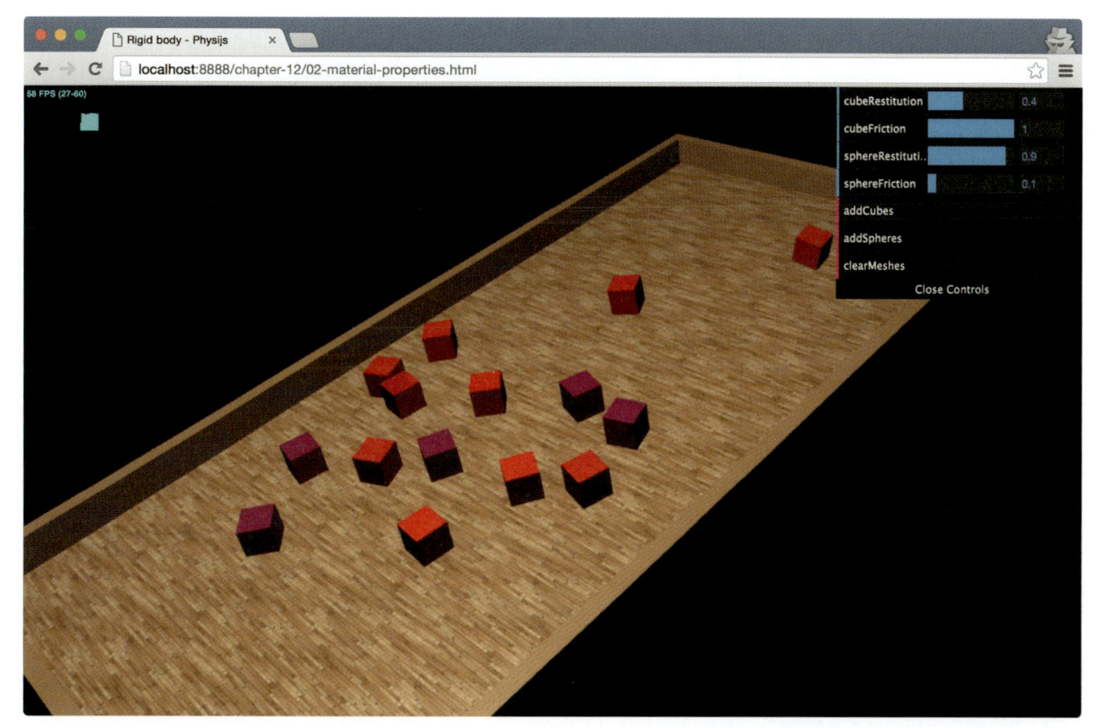

図12-4　摩擦係数が大きいと傾いても移動しない

このサンプルで設定できるもうひとつのプロパティがrestitutionプロパティです。restitutionプロパティはオブジェクトが衝突した時にどのくらいのエネルギーで反発するかを指定します。つまり反発係数（restitution）を大きくするとよく弾むオブジェクトになり、小さくすると他のオブジェクトに衝突するとそのまま止まってしまうオブジェクトになります。

通常であれば物理エンジンを使うと衝突判定について心配する必要はありません。それについては物理エンジンが面倒を見てくれます。しかし2体の衝突が発生した時にそのことを通知してほしい場合もあります。例えば効果音を鳴らしたい時や、ゲームを作成していてライフを減らしたい時などです。

Physijsでは次のようにしてPhysijsメッシュにイベントリスナーを追加できます。

```
mesh.addEventListener('collision', function(otherObject,
  relativeVelocity, relativeRotation, contactNormal) {
  // 何か処理を追加
});
```

これでこのメッシュがPhysijs内の他のメッシュと衝突した時に通知されるようになります。なおコールバック関数の引数はそれぞれ衝突したオブジェクト、衝突オブジェクト間の相対速度、衝突オブジェクト間の相対回転速度、衝突面の法線です。

実際にどのようになるか試してください。球の反発係数を1に設定して［addSpheres］ボタンを何度かクリックしてみるとよいでしょう。大量に作成された球があらゆる方向に跳ね回ります。

次の節に進む前に、このサンプルのコードを少し紹介します。

```
sphere = new Physijs.SphereMesh(new THREE.SphereGeometry(2, 20),
  Physijs.createMaterial(new THREE.MeshPhongMaterial({
    color: colorSphere, opacity: 0.8, transparent: true}),
  controls.sphereFriction, controls.sphereRestitution));
sphere.position.set(Math.random() * 50 - 25,
  20 + Math.random() * 5, Math.random() * 50 - 25);
scene.add(sphere);
```

これはシーンに球を追加する時に実行されるコードです。この場合はこれまでとは別のPhysijsメッシュPhysijs.SphereMeshが使用されています。THREE.SphereGeometryを作成したので、必然的にPhysijsで利用できるメッシュの中でこのジオメトリにもっともよく対応するPhysijs.SphereMeshを作成します（このメッシュについては次の節で詳しく説明します）。Physijs.SphereMeshを作成するにはコンストラクタ引数としてジオメトリと、Physijs.createMaterialを使用して作成するPhysijs用のマテリアルを渡します。このマテリアルを使用するのはfrictionとrestitutionを設定するためです。それらをデフォルト値のまま使用する場合は、Three.jsのマテリアルを使用してもかまいません。

これまでに登場したのはBoxMeshとSphereMeshだけでした。次の節ではジオメトリをラップするためにPhysijsで利用できるさまざまなメッシュを紹介します。

12.3 サポートされている基本形状

PhysijsにはThree.jsのジオメトリをラップできる形状がたくさんあります。この節では利用可能なPhysijsメッシュをひととおり紹介し、サンプルで実際にそれらを触ってみます。Physijsのメッシュを利用するには、基本的にはTHREE.Meshコンストラクタの名前を置き換えるだけでよいということを覚えておいてください。

表12-1にPhysijsで利用できるメッシュの概要をまとめています。

表12-1 Physijsのメッシュ

メッシュ	説明
Physijs.PlaneMesh	このメッシュは厚さのない平面を作成するために利用できる。厚みの薄いTHREE.BoxGeometryであればPhysijs.BoxMeshを利用することもできる
Physijs.BoxMesh	立方体のようなジオメトリであればこのメッシュを使用する。例えばTHREE.BoxGeometryのためによく利用される
Physijs.SphereMesh	球状の形状にはこのメッシュを使用する。このジオメトリはTHREE.SphereGeometryのためによく利用される
Physijs.CylinderMesh	THREE.Cylinderを使用するとさまざまな円柱状の形状を作成できるが、Three.jsとは異なりPhysijsには円柱のタイプに応じてさまざまなメッシュがある。Physijs.CylinderMeshは上面の半径と底面の半径が等しい通常の円柱のために使用される

メッシュ	説明
Physijs.ConeMesh	上面の半径を0に設定し、底面の半径として正の値を使用すると、THREE.Cylinderで円錐を作成できる。このようなオブジェクトに物理法則を適用するためにPhysijsでよく利用されるのがこのConeMeshである
Physijs.CapsuleMesh	カプセルはTHREE.Cylinderとよく似ているが、上面と底面の円周に丸みがある。Three.jsの基本ジオメトリにはこのような形状は存在しないが、この節の後半でThree.jsでこのようなカプセルを作成する方法を紹介する
Physijs.ConvexMesh	Physijs.ConvexMeshは複雑なオブジェクトのために利用できる粗い形状である。複雑なオブジェクトの形状を近似する（ちょうどTHREE.ConvexGeometryのような）凸包を作成する
Physijs.ConcaveMesh	ConvexMeshは粗い形状だが、ConcaveMeshは複雑なジオメトリのさらに詳細な表現である。ConcaveMeshの利用は計算負荷が非常に高いということに注意してほしい。通常は（先ほどのサンプルの床でそうしていたように）複数のジオメトリとそれに対応するPhysijsメッシュを個別に作成するか、それらをグループ化したほうがよい
Physijs.HeightfieldMesh	このメッシュは非常に特殊なものである。このメッシュを使用するとTHREE.PlaneGeometryからハイトフィールドを作成できる。このメッシュについてはサンプル03-shapes.htmlを見てほしい

03-shapes.htmlを参考にしながらこれらの形状についてひととおり説明しましょう。ただしPhysijs.ConcaveMeshについては非常に用途が限られているので説明を省略します。

サンプルの内容を説明する前に、Physijs.PlaneMeshについて簡単に説明しておきます。このメッシュは次のとおりTHREE.PlaneGeometryを元に単純な平面を作成します。

```
var plane = new Physijs.PlaneMesh(
  new THREE.PlaneGeometry(5,5,10,10), material);
scene.add(plane);
```

この関数では単純なTHREE.PlaneGeometryだけを渡してこのメッシュを作成しています。このメッシュをシーンに追加するとおかしなことが起きます。作成したばかりのこのメッシュは重力に反応しません。これはPhysijs.PlaneMeshの重量は0に固定されているため、重力に反応せず他のオブジェクトとの衝突で移動することもないからです。このメッシュ以外のすべてのメッシュは重力や衝突に期待どおりに反応します。**図12-5**はPhysijsで利用できるさまざまな形状を作成して上から落とすことができるハイトフィールドです。

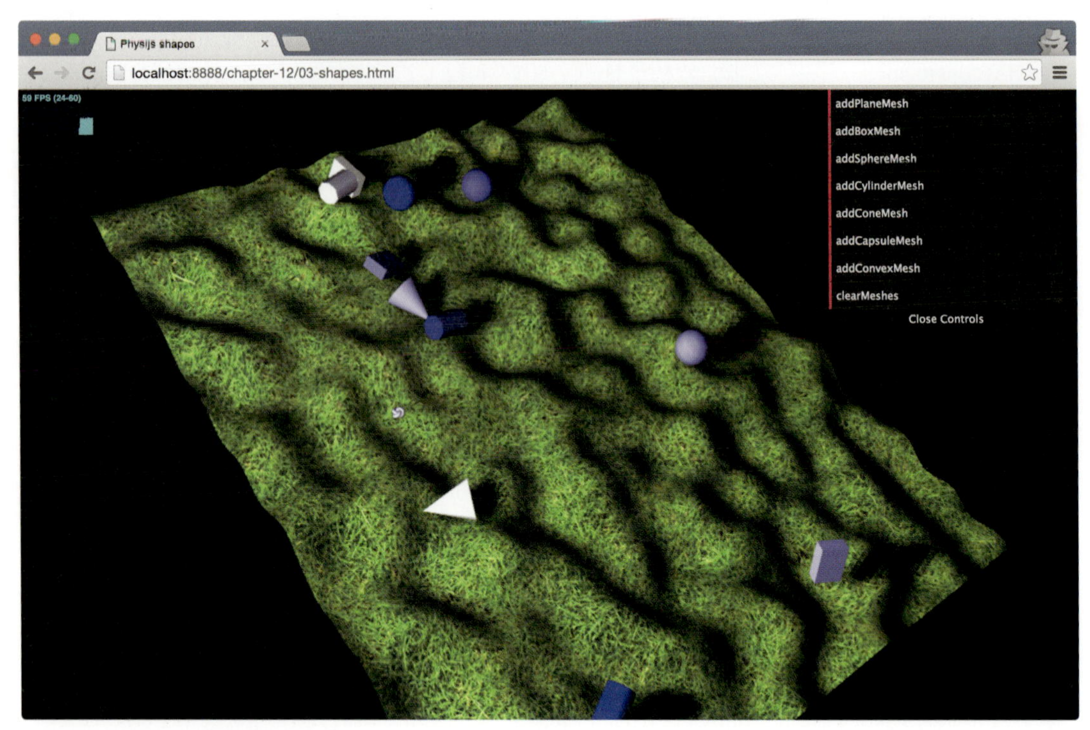

図12-5　ハイトフィールド

サンプルは`03-shapes.html`です。このサンプルを開くとランダムなハイトフィールド（詳細は後ほど）が作成され、右上のメニューでさまざまな形状のオブジェクトをその上に落とすことができます。このサンプルを試すと、形状によってハイトフィールドや他のオブジェクトとの衝突に対してさまざまに反応することがわかるでしょう。

これらの形状のいくつかを作成しているコードを確認してみましょう。

```
new Physijs.SphereMesh(new THREE.SphereGeometry(3, 20), mat);
new Physijs.BoxMesh(new THREE.BoxGeometry(4, 2, 6), mat);
new Physijs.CylinderMesh(new THREE.CylinderGeometry(2, 2, 6), mat);
new Physijs.ConeMesh(new THREE.CylinderGeometry(0, 3, 7, 20, 10), mat);
```

特別なことは何もありません。ジオメトリを作成し、その形状にもっともよく合うPhysijsメッシュを使ってオブジェクトを作成してシーンに追加しています。しかし`Physijs.CapsuleMesh`を使いたいと思った場合はどうすればよいのでしょう？ Three.jsにはカプセル状のジオメトリはありません。そのためカプセル形状を自分で作成する必要があります。それには次のようにします。

```
var merged = new THREE.Geometry();
var cyl = new THREE.CylinderGeometry(2, 2, 6);
var top = new THREE.SphereGeometry(2);
var bot = new THREE.SphereGeometry(2);
```

```
var matrix = new THREE.Matrix4();
matrix.makeTranslation(0, 3, 0);
top.applyMatrix(matrix);

var matrix = new THREE.Matrix4();
matrix.makeTranslation(0, -3, 0);
bot.applyMatrix(matrix);

// マージしてカプセルを作成
merged.merge(top);
merged.merge(bot);
merged.merge(cyl);

// physijsのカプセルメッシュを作成
var capsule = new Physijs.CapsuleMesh(
  merged, getMaterial());
```

`Physijs.CapsuleMesh`は上面と底面が半球状の円柱のような見た目です。そのためThree.jsで円柱（`cyl`）と球を2つ（`top`と`bot`）作成して、`merge()`関数でそれらをひとつにマージすることで簡単にカプセルを作成できます。**図12-6**はたくさんのカプセルがハイトフィールドを転がり落ちているところです。

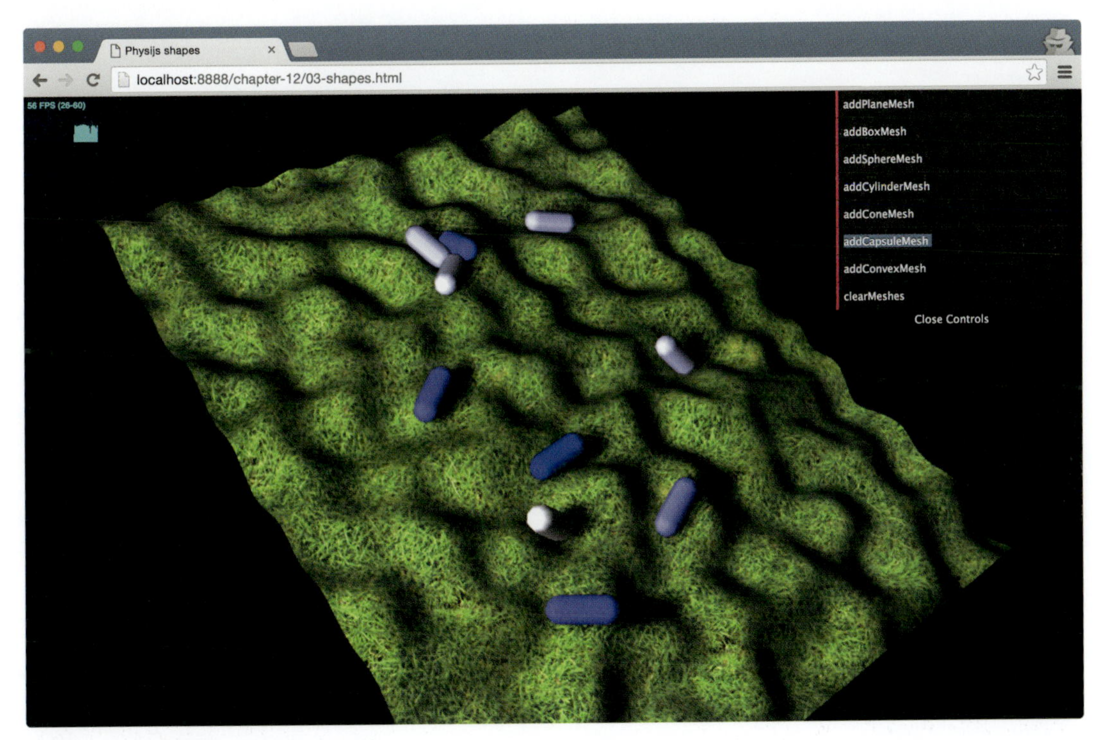

図12-6　カプセル形状とハイトフィールド

ハイトフィールドの説明に入る前に、このサンプルで追加できる最後の形状Physijs.ConvexMeshについて説明しましょう。凸包（convex）はジオメトリの頂点すべてを覆う最小の凸型形状で、接する面同士の角度はすべて180度よりも小さくなります。トーラス結び目のような複雑な形状に対してはこのメッシュが利用できます。

```
var convex = new Physijs.ConvexMesh(
  new THREE.TorusKnotGeometry(0.5, 0.3, 64, 8, 2, 3, 10),
  getMaterial());
```

このようにするとこのトーラス結び目の凸包に対して物理シミュレーションが行われて衝突が判定されます。これはパフォーマンス上の影響を最小化しながら複雑なオブジェクトに物理法則を適用して衝突を判定するには非常によい方法です。

最後に紹介するPhysijsのメッシュはPhysijs.HeightfieldMeshです。図12-7はPhysijsで作成したハイトフィールドです。

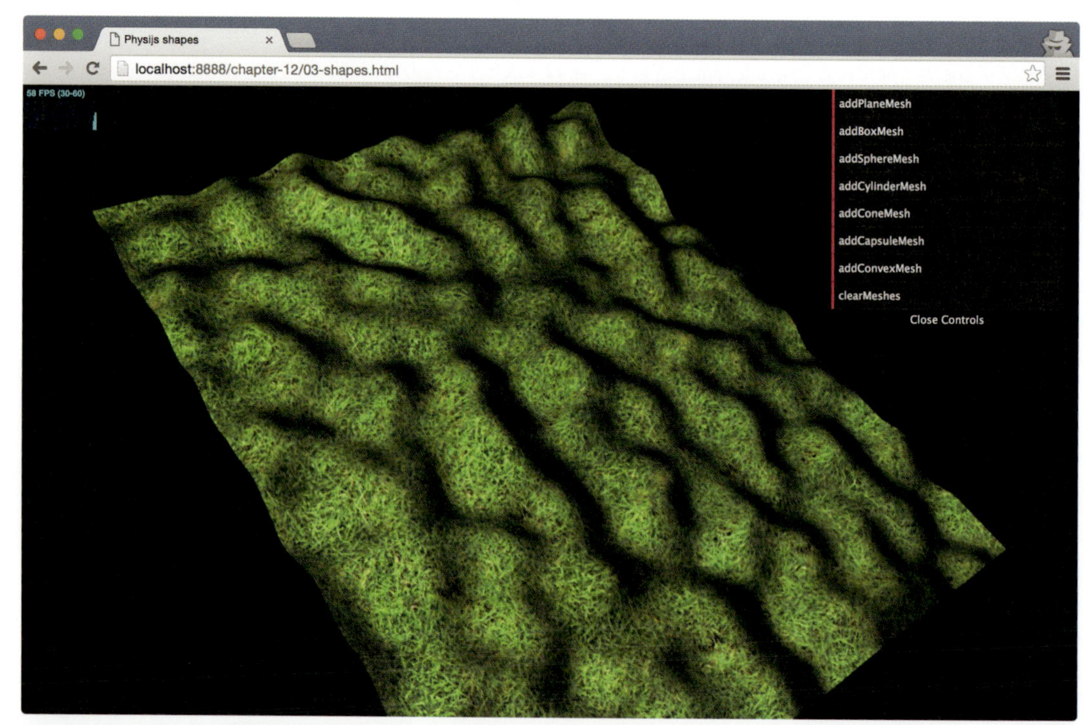

図12-7　ハイトフィールド

ハイトフィールドを使用すれば凸凹のある地形を簡単に作成して、他のすべての物体をこの地形の高度差に適切に反応させることができます。コードを見てみましょう。

```
var date = new Date();
var pn = new Perlin('rnd' + date.getTime());
var map = createHeightMap(pn);
scene.add(map);
```

```
function createHeightMap(pn) {

  var textureLoader = new THREE.TextureLoader();
  var groundMaterial = Physijs.createMaterial(
    new THREE.MeshLambertMaterial({
      map: textureLoader.load(
        '../assets/textures/ground/grasslight-big.jpg')
    }),
    0.3, // 高摩擦係数
    0.8  // 低反発系数
  );

  var groundGeometry = new THREE.PlaneGeometry(
    120, 100, 100, 100);
  for (var i = 0; i < groundGeometry.vertices.length; i++) {
      var vertex = groundGeometry.vertices[i];
      var value = pn.noise(vertex.x / 10, vertex.y / 10, 0);
      vertex.z = value * 10;
  }
  groundGeometry.computeFaceNormals();
  groundGeometry.computeVertexNormals();

  var ground = new Physijs.HeightfieldMesh(
    groundGeometry,
    groundMaterial,
    0, // 質量
    100,
    100
  );
  ground.rotation.x = Math.PI / -2;
  ground.rotation.y = 0.4;
  ground.receiveShadow = true;

  return ground;
}
```

ここでは次のような手順でハイトフィールドを作成しています。初めにPhysijsマテリアルと単純なPlaneGeometryオブジェクトを作成します。次にPlaneGeometryの頂点を走査して、zプロパティの値をランダムに設定し、凹凸のある地形を作成します。ランダムなz値を設定するには「10.2.3.2 canvas要素をバンプマップとして使用」と同様にパーリンノイズジェネレーターを使用します。zプロパティの値を変更した後はテクスチャ、ライティング、影を正しく描画するためにcomputeFaceNormalsとcomputeVertexNormalsを呼び出す必要があります。これで適切な高さ情報を持つPlaneGeometryが得られます。このPlaneGeometryを使用するとPhysijs.HeightfieldMeshが作成できます。Physijs.HeightfieldMeshのコンストラクタの最後の2つの引数はPlaneGeometryの垂直方向と水平方向のセグメント数で、PlaneGeometryコンストラクタの最後の2つの引数の値と等しくなければいけません。最後にPhysijs.HeightfieldMeshを期待する位置まで回転してシーンに追加します。これでシーン内のすべてのPhysijsオブジェクトはこのハイトフィールドと適切に相互作用します。

12.4 制約を使用してオブジェクトの動きを制限

ここまでで基本的な物理法則が実際に適用されていることを確認できました。形状によらず適切に重力や摩擦、反発力に反応し、衝突も正しく処理されています。これらに加えて、Physijsにはさらに高度な要素としてオブジェクトの動きに制限を加える機能があります。Physijsではこれらのオブジェクトは制約（constraint）と呼ばれます。表12-2にPhysijsで利用可能な制約の概要があります。

表12-2 制約

制約	説明
`PointConstraint`	あるオブジェクトの特定の点を、別のオブジェクトの特定の点に固定する。一方のオブジェクトが移動すると、それぞれの間の距離と相対位置が変わらないように他方も釣られて動く
`HingeConstraint`	`HingeConstraint`を使用するとドアに付いているヒンジで固定されているようにオブジェクトの動きを制限できる
`SliderConstraint`	名前からわかるとおり、この制約はオブジェクトの動きを、例えば引き戸のように、特定の軸に沿った方向に制限する
`ConeTwistConstraint`	この制約を使用すると、あるオブジェクトの他のオブジェクトに対する回転と動きを制限できる。この制約は玉継手のような機能があり、例えば肩関節内での腕の動きを実現できる
`DOFConstraint`	`DOFConstraint`を使用すると3軸のいずれかの周りの動きを制限・指定し、回転可能な最大角と最小角を設定できる。これはPhysijsで利用できる制約の中でもっとも汎用的に使用できる

これらの制約を理解するには実際の動きを確認するのが一番です。`DOFConstraint`以外の制約を同時に確認できるサンプル`04-constraints.html`を開いてください（図12-8）。

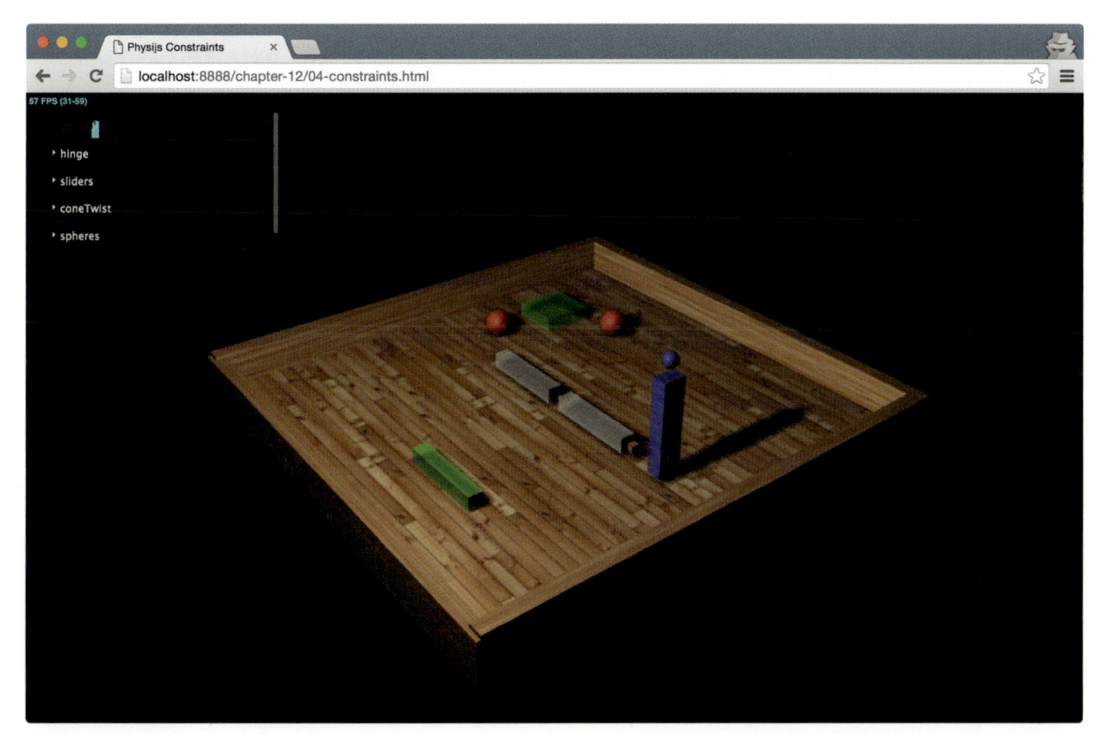

図12-8　主な制約

このサンプルに基づいて表12-2に挙げた5つの制約のうち4つを見ていきます。DOFConstraintについては個別のサンプルを作成しました。それでは最初に紹介するのはPointConstraintです。

12.4.1　PointConstraintを使用して2点間の動きを制限

このサンプルを開くと赤い球が2つあることがわかります。これら2つの球はお互いにPointConstraintで接続されています。左上の［sliders］メニューを使用して緑の立方体を移動し、赤い球のいずれかにぶつけると、質量や重力、摩擦、その他の物理特性の影響を適切に受けつつ、2体間の距離を一定に保って両方の球がつられて動くことがわかります。

PointConstraintは次のようにして作成します。

```
function createPointToPoint() {
  var obj1 = new THREE.SphereGeometry(2);
  var obj2 = new THREE.SphereGeometry(2);

  var objectOne = new Physijs.SphereMesh(obj1,
    Physijs.createMaterial(new THREE.MeshPhongMaterial({
      color: 0xff4444, transparent: true, opacity: 0.7}),
      0, 0));
  objectOne.position.z = -18;
  objectOne.position.x = -10;
  objectOne.position.y = 2;
```

```
    objectOne.castShadow = true;
    scene.add(objectOne);

    var objectTwo = new Physijs.SphereMesh(obj2,
      Physijs.createMaterial(new THREE.MeshPhongMaterial({
        color: 0xff4444, transparent: true, opacity: 0.7}),
        0, 0));
    objectTwo.position.z = -5;
    objectTwo.position.x = -20;
    objectTwo.position.y = 2;
    objectTwo.castShadow = true;
    scene.add(objectTwo);

    var constraint = new Physijs.PointConstraint(
      objectOne, objectTwo, objectTwo.position);
    scene.addConstraint(constraint);
  }
```

ここではPhysijs専用のメッシュ（今回はSphereMesh）を使用してオブジェクトを作成し、それらをシーンに追加していることがわかります。距離制約を作成するにはPhysijs.PointConstraintを使用します。このコンストラクタは3つの引数を取ります。

- 初めの2つの引数はお互いに接続したいオブジェクトを指定します。今回の場合は2つの球をお互いに接続します。
- 3つめの引数は制約で束縛する位置を指定します。例えばあるオブジェクトを別の非常に大きなオブジェクトに束縛する時に、この値を巨大なオブジェクトの右端に設定するようなことができます。通常は2体をただ接続したいだけでしょうから、2つめのオブジェクトの座標を値として指定するとよいでしょう。

オブジェクトを別のオブジェクトに固定するのではなくシーンの特定の位置に固定したければ、2つめに固定したい座標を指定して3つめの引数を省略します。この場合、もちろん重力や他の物理特性には従いつつ、最初のオブジェクトの位置は指定した位置から同じ距離が保たれます。

制約を作成した後でaddConstraint関数を使用してシーンに追加すると、その制約が有効になります。制約についていろいろと試していると、理解できない挙動を目にすることになるかもしれません。addConstraint関数の第二引数としてtrueを渡すと制約されている点や方向がシーンに表示され、制約されている回転や座標が正しいか確認できるようになるため、少しデバッグしやすくなります。

12.4.2 HingeConstraintでドアのように動きを制限

名前からわかるとおり、HingeConstraintを使用するとヒンジのように動作するオブジェクトを作成できます。制約されたオブジェクトは特定の軸の周りを回転するようにしか移動できず、さらにその動きを特定の角度内に制限することもできます。今回のサンプルでは、

HingeConstraintはシーンの中心にある2つの白いフリッパーに使用されています。それらのフリッパーは少し見えづらいですがフリッパーの近くにある小さな茶色い立方体に接続されていて、その周りを回転します。これらのヒンジを試してみるには、[hinge] メニューの [enableMotor] メニューをクリックしてください。そうすると [general] メニューで指定した速度までフリッパーが加速されます。負の速度を指定するとヒンジは下方向に回転し、正の値を指定すると上方向に動きます。**図12-9**は上の位置にあるヒンジと、下の位置にあるヒンジの例です。

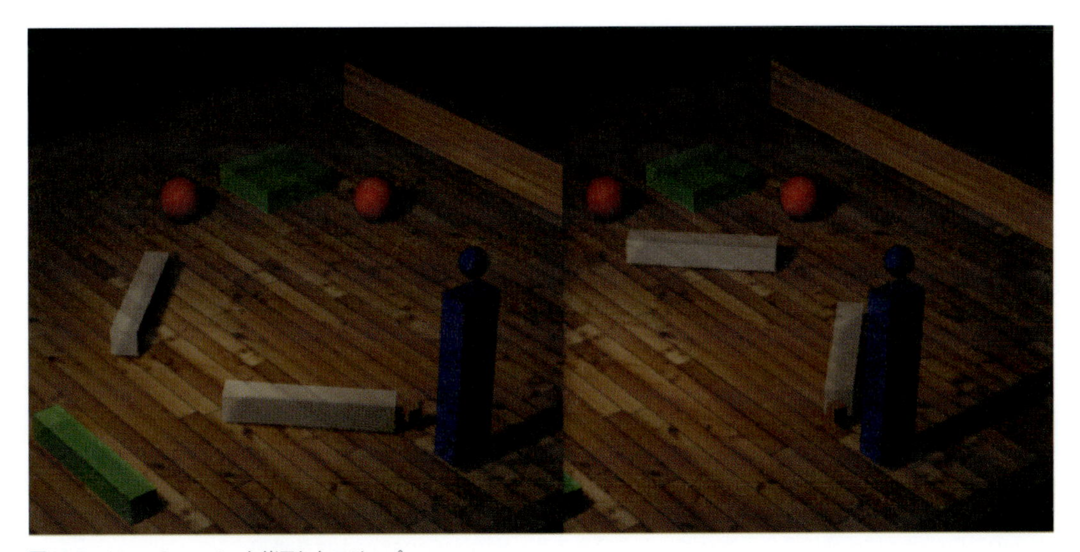

図12-9 HingeConstraintを使用したフリッパー

これらのフリッパーをどのようにして作成しているか詳しく見てみましょう。

```
var constraint = new Physijs.HingeConstraint(flipperLeft,
  flipperLeftPivot, flipperLeftPivot.position,
  new THREE.Vector3(0, 1, 0));
scene.addConstraint(constraint);
constraint.setLimits(-2.2, -0.6, 0.1, 0);
```

この制約は引数を4つ取ります(**表12-3**)。それぞれについてもう少し詳しく説明します。

表12-3 Physijs.HingeConstraintのコンストラクタ引数

引数	説明
mesh_a	関数に渡される最初のオブジェクトは動きを制約されるオブジェクトである。このサンプルでは最初のオブジェクトはフリッパーとして使用される白い立方体である
mesh_b	2つめのオブジェクトはmesh_aオブジェクトが制約されるオブジェクトを指定する。このサンプルではmesh_aは小さな茶色い立方体の回りに動きを制約される。このメッシュが移動すると、HingeConstraintは有効なままmesh_aも釣られて移動する。すべての制約でこのように軸が移動すると制約を保ったまま他方も移動されることを覚えておこう。例えば、自由に動き回る自動車を作成していて、そのドアを開閉するための制約が必要な場合、単純に車体とドアとをこのヒンジ制約でつなぐだけで期待どおりに動作する。なお、2つめの引数を省略すると、ヒンジはシーンに対して制約される(つまり移動しない)

引数	説明
position	制約が適用される位置。このサンプルではmesh_aの回転の中心。mesh_bが指定されていた場合、この回転中心はmesh_bの位置と回転に合わせて移動する
axis	ヒンジが回転する軸。このサンプルでは水平面上に動きを制限するヒンジとして(0, 1, 0)を指定している

シーンにHingeConstraintを追加する方法はPointConstraintと同じです。addConstraintメソッドを使用して追加する制約を指定し、もしデバッグのために制約の正確な方向や向きを表示したければ2つめの引数をtrueに設定します。ただHingeConstraintの場合はPointConstraintとは違い、回転可能な範囲を指定する必要があります。それにはsetLimits関数を使用します。

この関数は表12-4の4つの引数を受け取ります。

表12-4 setLimits関数の引数

引数	説明
low	ラジアンで指定される、動きの最小角度
high	ラジアンで指定される、動きの最大角度
bias_factor	このプロパティは位置が不正だった場合に制約がそれを補正するために使用する変化量を定義する。例えば、別のオブジェクトによってヒンジが可動域を超えて押し込まれ、正しい位置まで戻す必要がある場合に使用される。大きな値を指定するとそれだけ位置の補正が高速になる。0.5より小さな値にすることが推奨されている
relaxation_factor	制約によって速度が変更される割合を指定する。大きな値を指定すると動きの最大角または最小角に到達した時にオブジェクトが跳ね返るようになる

これらのプロパティは必要に応じて実行時に変更できます。HingeConstraintを追加しても、大きな動きは見られません。他のメッシュが衝突するか、重力の影響を受けた時にだけメッシュが移動して制約の影響を確認できます。しかしこの制約は他の制約と同様に内部的なモーターを使用して動かすことができます。サンプルの［hinge］サブメニューにある［enableMotor］チェックボックスをチェックしてください。その動作を確認できます。このモーターを有効にするためのコードは次のようになります。

```
constraint.enableAngularMotor(controls.velocity,
  controls.acceleration);
```

これによってメッシュ（今回の場合、フリッパー）が指定された加速度で指定された速度まで加速されます。逆方向にフリッパーを動かしたければ負の速度を指定します。角度が制限されていなければ、モーターが動いているあいだフリッパーは回転し続けます。モーターを無効にするには、次のようにdisableMotor関数を呼び出します。

```
flipperLeftConstraint.disableMotor();
```

これでモーターが無効になり摩擦や衝突、重力などの物理法則に従ってメッシュは減速します。

12.4.3 SliderConstraintでひとつの軸方向に動きを制限

次の制約はSliderConstraintです。この制約を使用するとオブジェクトの動きを特定の軸に沿った方向に制限できます。サンプル04-constraints.htmlの緑のスライダーは[sliders]サブメニューで制御できます（図12-10）。

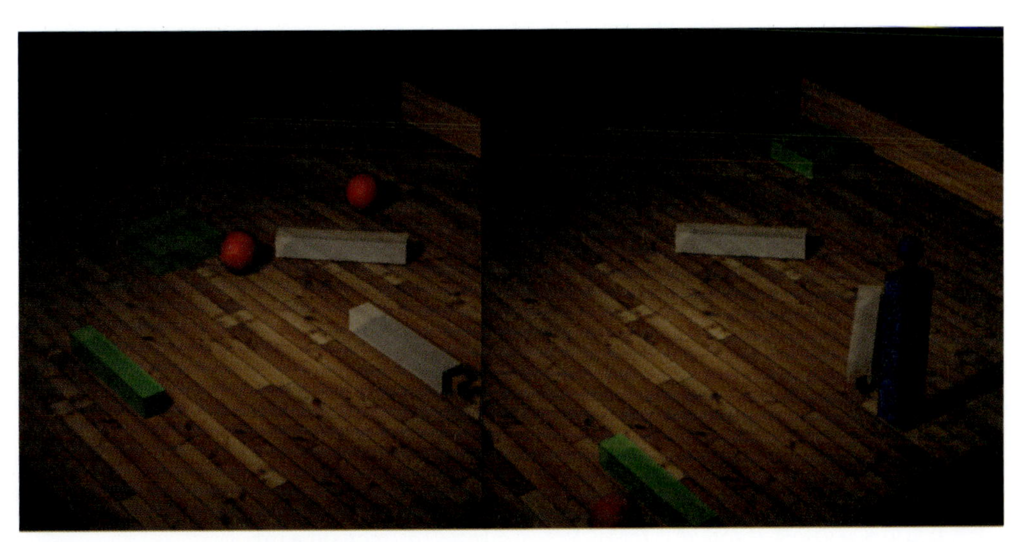

図12-10　THREE.SliderConstraintを使用したスライダー

[SlidersLeft]ボタンを使用するとスライダーは左側に移動し、[SlidersRight]ボタンを使用すると右側に移動します。この制約を作成するのは非常に簡単です。

```
var constraint = new Physijs.SliderConstraint(
  sliderMesh, new THREE.Vector3(0, 0, 0),
  new THREE.Vector3(0, 1, 0));

scene.addConstraint(constraint);
constraint.setLimits(-10, 10, 0, 0);
constraint.setRestitution(0.1, 0.1);
```

コードを見てわかるとおり、この制約は3つの引数を（別のオブジェクトに対して制約したい場合は4つ）受け取ります。表12-5でこの制約で利用できる引数を説明しています。

表12-5　Physijs.SliderConstraintのコンストラクタ引数

引数	説明
mesh_a	関数に渡される最初のオブジェクトは制約されるオブジェクトである。このサンプルでは最初のオブジェクトはスライダーとして使用される緑の立方体になる。このオブジェクトの動きに制限がかかる
mesh_b	2つめのオブジェクトはmesh_aオブジェクトが制約されるオブジェクトである。この引数の指定は任意で、今回のサンプルでは省略されている。省略するとメッシュはシーンに対して制約される。この引数を指定するとこのオブジェクトが移動したり向きが変わったりした時にスライダーも移動する
position	制約が適用される位置。mesh_aをmesh_bに制約する場合に特に重要になる

引数	説明
axis	mesh_aがスライドする軸。mesh_bが指定されている場合はその向きに対して相対的な方向であることに注意してほしい。Physijsの現行バージョンでは移動距離制限のあるリニアモーターを使用した時にこの軸に奇妙なオフセットが存在するようである。軸を指定する場合、現行バージョンでは以下の値が使用される。 • x軸：new THREE.Vector3(0,1,0) • y軸：new THREE.Vector3(0,0,Math.PI/2) • z軸：new THREE.Vector3(Math.PI/2,0,0)

制約を作成してscene.addConstraintでシーンに追加した後で、constraint.setLimits(-10, 10, 0, 0)を使用して制約に制限を設定して、スライダーが移動できる範囲を指定できます。SliderConstraintには表12-6の制限を設定できます。

表12-6 setLimits関数の引数

引数	説明
linear_lower	移動距離制限の下限
linear_upper	移動距離制限の上限
angular_lower	回転角制限の下限
angular_higher	回転角制限の上限

最後に、これらの制限のいずれかに達した時に発生する反発力を、constraint.setRestitution(res_linear, res_angular)を使用して設定できます。最初の引数で移動距離制限に達した時の反発の強さを指定し、2つめの引数で回転角制限に達した時の反発の強さを指定します。

この制約の設定はこれですべてです。衝突が発生するか、モーターを使用すると制約に従ってオブジェクトがスライドします。SlideConstraintで利用できるモーターには選択肢が2つあり、指定された軸に沿って設定した回転角制限内で加速する角度モーターか、指定された軸に沿って設定した移動距離制限内で加速するリニアモーターを利用できます。今回のサンプルではリニアモーターを使用しました。角度モーターを使用する場合はこの章の後半で紹介するDOFConstraintを参照してください。

12.4.4 ConeTwistConstraintで玉継手のように動きを制限

ConeTwistConstraintを使用すると角度を組み合わせて動きを制限する制約を作成できます。つまり、あるオブジェクトを基準に別のオブジェクトのx、y、z軸周りの回転の最小角度と最大角度を指定できます。図12-11は、ConeTwistConstraintを使用すると、あるオブジェクトをある基準から特定の角度だけ動かすことができるということを示しています。

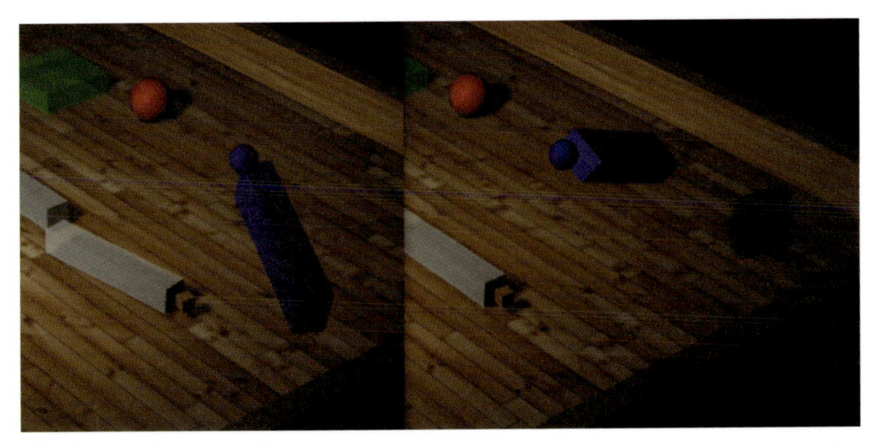

図12-11　Physijs.ConeTwistConstraint

ConeTwistConstraintを理解するには実際に使用しているコードを見てみることが一番でしょう。次のコードを参照してください。

```
var baseMesh = new THREE.SphereGeometry(1);
var armMesh = new THREE.BoxGeometry(2, 12, 3);

var objectOne = new Physijs.BoxMesh(baseMesh,
  Physijs.createMaterial(new THREE.MeshPhongMaterial({
    color: 0x4444ff, transparent: true, opacity: 0.7}),
    0, 0), 0);
objectOne.position.z = 0;
objectOne.position.x = 20;
objectOne.position.y = 15.5;
objectOne.castShadow = true;
scene.add(objectOne);

var objectTwo = new Physijs.SphereMesh(armMesh,
  Physijs.createMaterial(new THREE.MeshPhongMaterial({
    color: 0x4444ff, transparent: true, opacity: 0.7}),
    0, 0), 10);
objectTwo.position.z = 0;
objectTwo.position.x = 20;
objectTwo.position.y = 7.5;
scene.add(objectTwo);

objectTwo.castShadow = true;

var constraint = new Physijs.ConeTwistConstraint(
  objectOne, objectTwo, objectOne.position);

scene.addConstraint(constraint);
constraint.setLimit(0.5 * Math.PI, 0.5 * Math.PI,
  0.5 * Math.PI);
constraint.setMaxMotorImpulse(1);
constraint.setMotorTarget(new THREE.Vector3(0, 0, 0));
```

すぐにわかるように、このJavaScriptコードにはこれまでに説明してきたコンセプトの多くが含まれています。まず初めに制約によってお互いに接続されるオブジェクト――objectOne（球）とobjectTwo（箱）――を作成し、objectTwoがobjectOneにぶら下がるように配置します。その後でConeTwistConstraintを作成します。他の制約についてすでに学んでいれば、この制約が受け取る引数に新しいものは何もありません。最初の引数は制約されるオブジェクトで、2つめの引数は最初のオブジェクトが制約されるオブジェクト、最後の引数は制約が設定される座標（今回の場合はオブジェクトが回転する中心）です。これもすでに学んでいますが、シーンに制約を追加した後でsetLimit関数で制限を設定できます。この関数はラジアン値を3つ取り、x、y、z軸に対して移動できる最大角を指定できます。

多くの制約と同様にモーターを使用してobjectOneを動かすことができます。ConeTwistConstraintではMaxMotorImpulse（モーターが与える力の大きさ）と、モーターがobjectOneをそこに向けて動かそうとする角度を設定できます。今回は球の直下の静止位置に向かって動かします。サンプルではこのターゲット値を設定していろいろと試してみることができます（**図12-12**）。

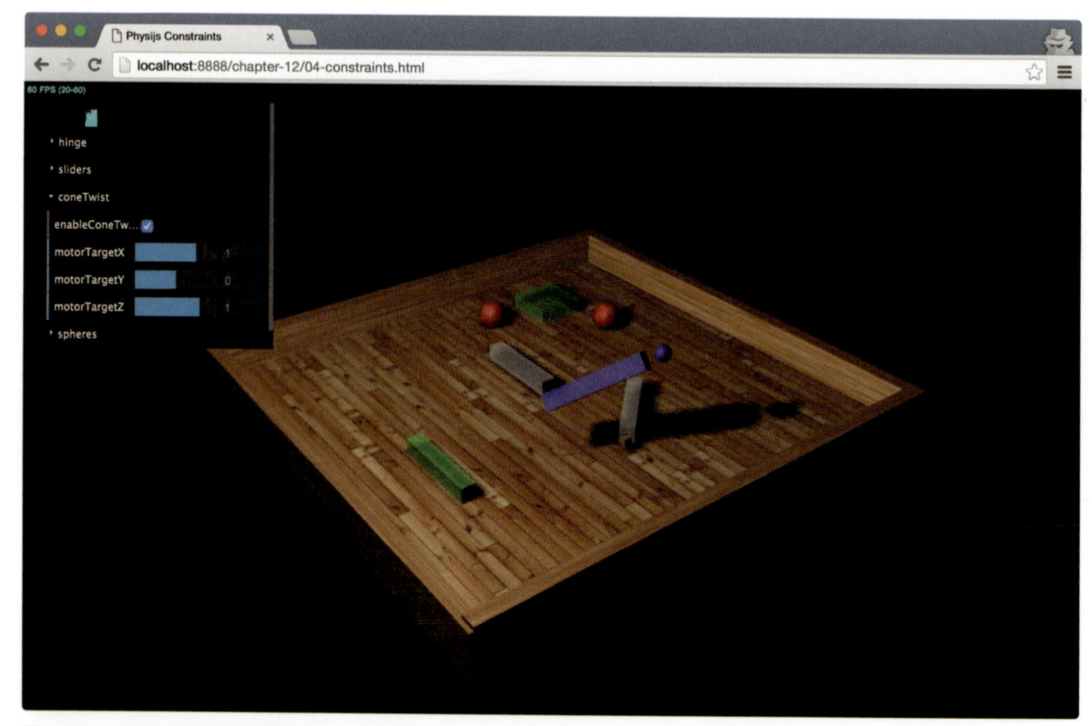

図12-12　setMotorTargetを変更

最後に紹介するDOFConstraintはもっとも汎用的に利用できる制約です。

12.4.5 DOFConstraintで制限を細かく制御

自由度制約（the degree of freedom）とも呼ばれる`DOFConstraint`を使用するとオブジェクトの線形移動や回転移動を正確に制御できます。ちょっとした自動車のような形状を操作できるサンプルを使用してこの制約の利用方法を紹介します。この形状は車体を表す立方体と車輪を表す4つの球体で構成されています。まずは車輪の作成から始めましょう。

```
function createWheel(position) {
  var wheelMaterial = Physijs.createMaterial(
    new THREE.MeshLambertMaterial({color: 0x444444,
      opacity: 0.9, transparent: true}),
    1.0, // 高い摩擦係数
    0.5  // 中程度の反発係数
  );

  var wheel_geometry = new THREE.CylinderGeometry(4, 4, 2, 10);
  var wheel = new Physijs.CylinderMesh(wheel_geometry,
    wheelMaterial, 100);

  wheel.rotation.x = Math.PI / 2;
  wheel.castShadow = true;
  wheel.position.copy(position);
  return wheel;
}
```

ここでは単純な`CylinderGeometry`と`CylinderMesh`オブジェクトを作成しました。これらは自動車の車輪として使用されます（**図12-13**）。

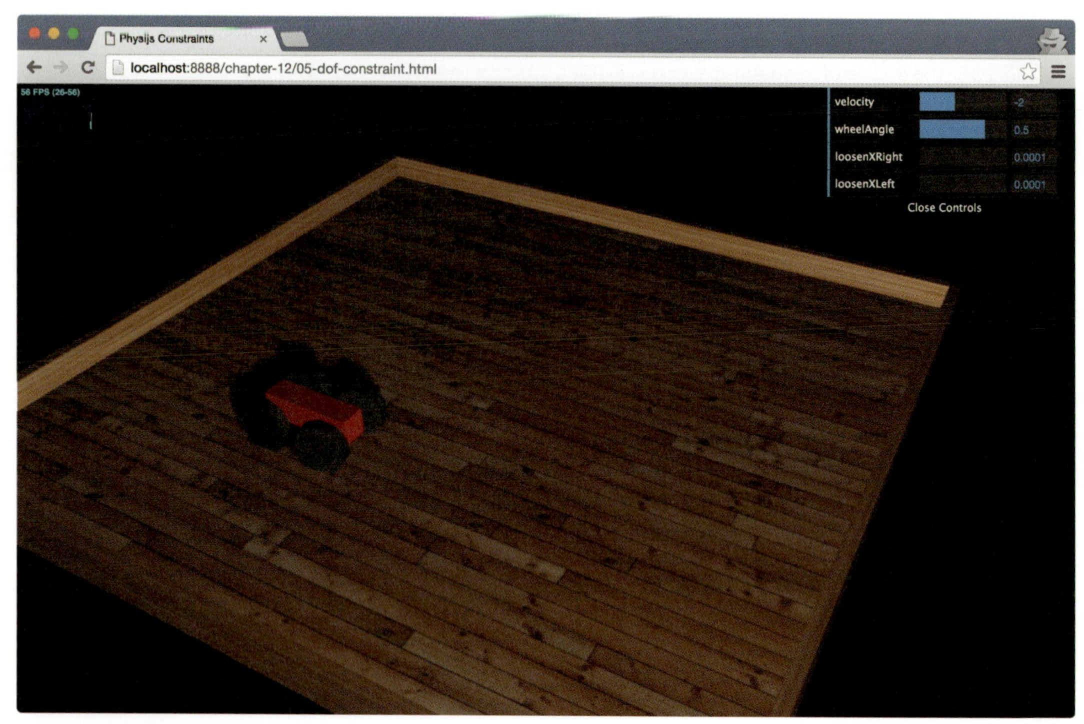

図12-13　自動車モデル

次に自動車の車体を作成し、それらすべてをシーンに追加する必要があります。

```
var car = {};
var car_material = Physijs.createMaterial(
  new THREE.MeshLambertMaterial({color: 0xff4444,
    opacity: 0.9, transparent: true}), 0.5, 0.5);

var geom = new THREE.BoxGeometry(15, 4, 4);
var body = new Physijs.BoxMesh(geom, car_material, 500);
body.position.set(5, 5, 5);
body.castShadow = true;
scene.add(body);

var fr = createWheel(new THREE.Vector3(0, 4, 10));
var fl = createWheel(new THREE.Vector3(0, 4, 0));
var rr = createWheel(new THREE.Vector3(10, 4, 10));
var rl = createWheel(new THREE.Vector3(10, 4, 0));

scene.add(fr);
scene.add(fl);
scene.add(rr);
scene.add(rl);
```

これで自動車を構成する個々のコンポーネントを作成し終わりました。次に制約を作成してこれらすべてをつなぎ合わせます。車輪をそれぞれ車体に対して接続する制約は次のようにして作成します。

```
var frConstraint = createWheelConstraint(fr, body,
  new THREE.Vector3(0, 4, 8));
scene.addConstraint(frConstraint);
var flConstraint = createWheelConstraint(fl, body,
  new THREE.Vector3(0, 4, 2));
scene.addConstraint(flConstraint);
var rrConstraint = createWheelConstraint(rr, body,
  new THREE.Vector3(10, 4, 8));
scene.addConstraint(rrConstraint);
var rlConstraint = createWheelConstraint(rl, body,
  new THREE.Vector3(10, 4, 2));
scene.addConstraint(rlConstraint);
```

車輪（createWheelConstraintの最初の引数）にはそれぞれ独自の制約があり、車体（2番目の引数）に連結される位置を最後の引数で指定しています。このコードを実行すると、4つの車輪が自動車の車体に接続され、あと2つ処理を追加すると自動車を自由に動かすことができるようになります。まず車輪に（車軸に当たる）制約を追加して、さらにそこに適切なモーターを設定する必要があります。初めに2つの前輪の制約を設定します。前輪については単に自動車を駆動できるようz軸だけに沿って回転できればよく、それ以外の軸に対しては回転をできなくしておく必要があります。

次のようなコードでこれを実現します。

```
frConstraint.setAngularLowerLimit({x: 0, y: 0, z: 0});
frConstraint.setAngularUpperLimit({x: 0, y: 0, z: 0});
flConstraint.setAngularLowerLimit({x: 0, y: 0, z: 0});
flConstraint.setAngularUpperLimit({x: 0, y: 0, z: 0});
```

これは一見、おかしく見えるかもしれませんが、下限と上限を同じ値に設定すると指定した方向には一切回転できないようになります。つまりこの指定では車輪はz軸周りにも回転できないということです。このように設定しているのは、特定の軸についてモーターを有効にするとその軸に対してはこの制限が無視されるからです。そのためこの時点でz軸に制限を加えても最終的に前輪の動きには何も影響を与えません。

後輪で操舵する予定ですが、後輪が下に落ちてしまわないようにx軸を固定する必要があります。次のコードでx軸を固定（上限と下限を0に設定）し、y軸は初期値を設定して固定し、z軸については制限を無効にします。

```
rrConstraint.setAngularLowerLimit({x: 0, y: 0.5, z: 0.1});
rrConstraint.setAngularUpperLimit({x: 0, y: 0.5, z: 0});
rlConstraint.setAngularLowerLimit({x: 0, y: 0.5, z: 0.1});
rlConstraint.setAngularUpperLimit({x: 0, y: 0.5, z: 0});
```

見てわかるとおり、制限を無効にするには特定の軸に対する下限を上限よりも大きな値に設定します。z軸に対して行ったこの設定がなければ、これら2つの車輪はただ引きづられてしまいます。今回のように設定すると、地面との摩擦があるため他の車輪と一緒に向きが変わります。

最後に次のようにして前輪にモーターを設定します。

```
flConstraint.configureAngularMotor(2, 0.1, 0, -2, 1500);
frConstraint.configureAngularMotor(2, 0.1, 0, -2, 1500);
```

モーターを設定できる軸は3つあるので、どの軸を使用するか第一引数で指定します。1はx軸、2はy軸、3はz軸を表し、今回の場合はy軸を使用します。2つめと3つめの引数はモーターの回転角制限です。ここでもう一度、下限（0.1）を上限（0）よりも大きな値に設定して、自由に回転できるようにしています。4つめの引数は最大到達速度を指定します。最後の引数はモーターに適用される力の大きさです。最後の引数の値が小さすぎると自動車は動きません。逆に大きすぎると後輪が地面から浮いてしまいます。

次のコードでモーターを有効にします。

```
flConstraint.enableAngularMotor(2);
frConstraint.enableAngularMotor(2);
```

サンプル05-dof-constraint.htmlでは、さまざまな制約やモーターを使用して自動車を運転できます（**図12-14**）。

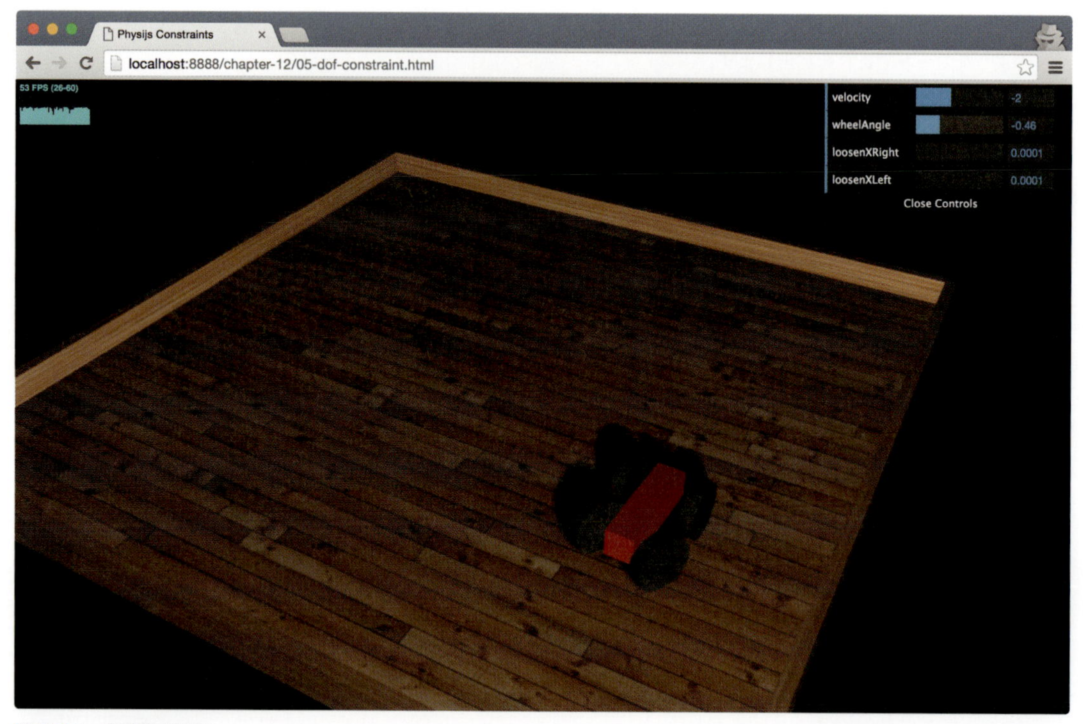

図12-14　自動車を運転

次の節ではシーンに立体音響を追加する方法を紹介します。これが本書で扱う最後のトピックです。

12.4.6　シーンに音源を追加

美しいシーンやゲーム、その他の3D可視化を作成する手段の多くを本書で学びました。しかしThree.jsシーンに音源を追加する方法についてはまだ説明していません。この節ではThree.jsのシーンに音源を追加するために利用できるオブジェクトを2つ紹介します。これらの音源のもっとも興味深いところはカメラの位置に応じて聞こえ方が変化することです。

- 音源とカメラの間の距離によって音の大きさが決まります。
- カメラの右側にあるか左側にあるかによって左側のスピーカーと右側のスピーカーの音量がそれぞれ決まります。

この挙動については実際に試してみると一番よく理解できるでしょう。ブラウザでサンプル`06-audio.html`を開いてください。動物の絵が書かれた立方体が3つ見えるはずです（**図12-15**）。

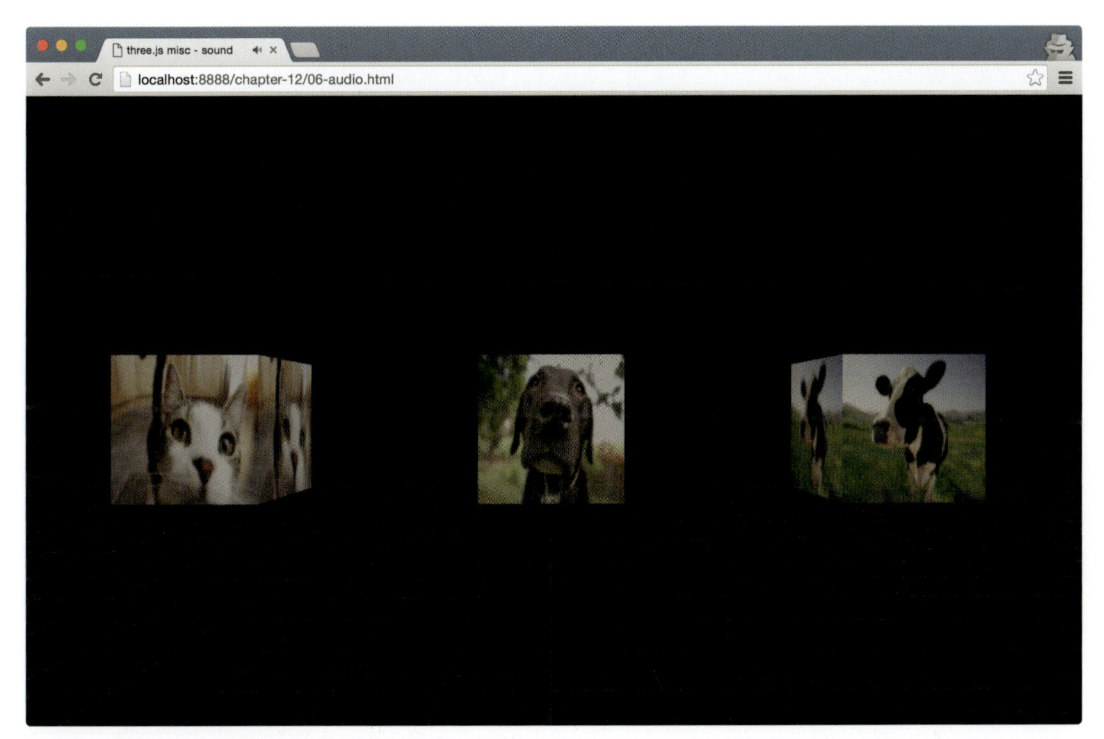

図12-15　動物の声がする3つの箱

このサンプルは「9章 アニメーションとカメラの移動」で紹介した一人称コントロールを使用しているので、マウスとカーソルキーを組み合わせてシーン内を自由に移動することができます。特定のキューブの近くに移動するとその分だけ特定の動物の声が大きく聞こえることがわかるでしょう。カメラの位置が犬と牛の間なら、右側からは牛の声が聞こえ、左側からは犬の声が聞こえるはずです。

このサンプルではThree.jsの特殊なヘルパー THREE.GridHelperを使用して立方体の真下にグリッドを作成しています。

```
var helper = new THREE.GridHelper(500, 10,
  0x444444, 0x444444);
scene.add(helper);
```

グリッドを作成するにはグリッド全体のサイズ（今回は500）と個々のグリッドのサイズ（ここでは10を使用します）を指定する必要があります。もし必要であればさらに3番目と4番目のコンストラクタ引数でcolor1プロパティとcolor2プロパティを指定して水平線の色を設定することもできます（color1とcolor2が交互に使用されます）。

この立体音響はほんの少しのコードで実現できます。初めに次のようにTHREE.AudioListenerを定義してTHREE.PerspectiveCameraに追加する必要があります。

```
var listener1 = new THREE.AudioListener();
camera.add(listener1);
```

それから次のようにTHREE.Meshを作成してTHREE.PositionalAudioオブジェクトをメッシュに追加してください。

```
var cube = new THREE.BoxGeometry(40, 40, 40);

var textureLoader = new THREE.TextureLoader();
var material1 = new THREE.MeshBasicMaterial({
  color: 0xffffff,
  map: textureLoader.load("../assets/textures/animals/cow.png")
});

var mesh1 = new THREE.Mesh(cube, material1);
mesh1.position.set(0, 20, 100);

var sound1 = new THREE.PositionalAudio(listener1);
sound1.autoplay = true;
sound1.load('../assets/audio/cow.ogg');
sound1.setRefDistance(20);
sound1.setLoop(true);
sound1.setRolloffFactor(2);

mesh1.add(sound1);
```

まず初めにTHREE.Meshインスタンスを作成します。次にTHREE.PositionalAudioオブジェクトを作成して、先ほど作成したTHREE.AudioListenerオブジェクトと接続します。最後にTHREE.PositionalAudioオブジェクトを初めに作成したメッシュに追加すると完了です。

挙動を設定するためにTHREE.PositionalAudioオブジェクトに指定できるプロパティがいくつかあります。

autoplay

オーディオファイルを読み込み終わった時に自動的に再生を開始するかどうかを指定します。デフォルト値はfalseです。

load

再生するオーディオファイルを読み込むことができます。

setRefDistance

音量が下がり始めるオブジェクトからの距離を指定します。

setLoop

デフォルトでは音は一度だけ再生されますが、このプロパティをtrueに設定すると音がループされます。

setRolloffFactor

音源から遠ざかった時にどのくらいすぐに音量が下がるかを指定します。

内部的にはThree.jsはWeb Audio API（http://webaudio.github.io/web-audio-api/）を使用して音を再生し、適切な音量を決定しています。残念ながらすべてのブラウザがこの仕様をサポートしているわけではありません。現時点でもっともサポートが進んでいるブラウザはChromeとFirefoxです。

12.5　まとめ

最終章では、物理法則を追加することでThree.jsの基本的な3D機能をどのように拡張できるかについて学びました。そのために使用したのがPhysijsライブラリです。このライブラリを使用すると重力や衝突、制約その他多くの物理法則を扱うことができます。その後、THREE.PositionalAudioオブジェクトとTHREE.AudioListenerオブジェクトを利用してシーンに立体音響を追加する方法も紹介しました。本書で紹介するThree.jsの機能はこれらの内容で最後です。さまざまな章でさまざまな内容を扱い、Three.jsで利用できるほとんどすべてのことについて紹介したつもりです。最初のいくつかの章ではThree.js背後にあるコアコンセプトや考え方について説明しました。その後でライトやマテリアルがどのようにオブジェクトの描画に影響を与えるかについて説明しました。基本的な内容を紹介した後で、Three.jsで利用できるさまざまなジオメトリを紹介し、さらにそれらのジオメトリを組み合わせて新しい形状を作成する方法について学びました。

本書の後半では高度な内容をいくつか紹介しました。まず、パーティクルシステムを作成する方法や外部ソースからモデルを読み込む方法、アニメーションを作成する方法を学びました。後半のいくつかの章では、表面の質感表現に使用できる高度なテクスチャと、シーンが描画された後で適用できるポストプロセッシングを説明しました。そしてこの章で説明した物理エンジンの利用方法が本書で最後の項目になります。この章で紹介した内容はThree.jsシーンにどのようにして物理現象を追加するかを説明しているだけでなく、Three.js周辺にはアクティブなコミュニティがありThree.jsにさらに機能を追加できるすばらしいライブラリを開発するプロジェクトが存在しているという例を示すものでもあります。

本書の執筆はとても楽しい体験でした。読者のみなさんもサンプルを動かしながら本書を楽しんでもらえたのであれば、著者としてこれ以上の幸せはありません。

付録A
Google Cardboardを使用したモバイルVR

あんどうやすし●株式会社カブク

付録Aは日本語版オリジナルの記事です。本稿ではThree.jsを使用してGoogle Cardboardで動作するモバイルVRアプリを作成する方法を紹介します。なお、ここで言うモバイルVRとはAndroidやiOSの搭載されたモバイル端末を使用したVR環境のことを指し、本稿で使用するGoogle Cardboardの他にも、Oculus VR社のGear VR[*1]やハコスコ社のハコスコ[*2]などがあります。

ここでは次のような内容について紹介します。

- 3D空間をGoogle Cardboardで立体視できる形式で表示する方法
- 実際の顔の向きとVR空間内のカメラの向きを同期する方法
- VR空間内のオブジェクトを選択する方法

Oculus RiftやGear VRなどを発売しているOculus VR社のガイドラインでは目の成長に悪影響を与える可能性があるという理由から13歳未満の子供のVRデバイスの利用を禁止しています。本稿で作成するサンプルについても同様の問題が起きる可能性があるため、子供が使用しないように注意してください。

なおこの問題は二眼のVRデバイスでのみ発生します。例えばハコスコ社の一眼モデルであれば子供が使用しても問題はありません。

A.1 Google Cardboardについて

サンプルの説明に入る前にまずGoogle Cardboardについて簡単に紹介しておきます。Google Cardboardは2014年のGoogle I/Oで公開された安価な段ボール製VRデバイスで、スマートフォンをはめ込んで使用します（**図A-1**）。2016年のGoogle I/Oでも改良版が公開され、その価格や扱いの手軽さからVRの入門用デバイスとしては最適です。

＊1　https://www.oculus.com/en-us/gear-vr/
＊2　http://hacosco.com/

図A-1　Google Cardboard 2016年版

Google Cardboardの初期バージョン（2014年版）とそれ以降のバージョンではユーザーの操作を検知する方法が異なります。初期バージョンではユーザーによる磁石のスライドを方位検出用の磁気センサーで検出するのに対して、それ以降のバージョンでは導電性の素材を使用してGoogle Cardboard付属のボタン押下を画面タップに変換します。

Google Cardboardは以下のサイトやAmazonから購入できますが、段ボールやレンズ、導電性布テープなどを用意して自分で作成することも可能です。作成方法についても次のサイトで紹介されています。

https://www.google.com/intl/ja_jp/get/cardboard/get-cardboard/

A.2　サンプルVRアプリの概要

本稿で使用するサンプルは`01-cardboard.html`です。Google Cardboardでこのサンプルを開くと宇宙空間が表示され、眼下に自転する地球が見えます（**図A-2**）。Google Cardboardを目に当てたまま周りを見渡すと首の動きに合わせて見える風景も変わることがわかるでしょう。例えば下を向けば視界が地球だけになりますし、上を向くと視界は満天の星が瞬く宇宙空間だけになります。

図A-2　バーチャルな宇宙空間

そのまましばらく見ていると回転する立方体が地球の周りを回っていることに気づきます。この立方体はスペースデブリ（宇宙ゴミ）です。スペースデブリが多すぎると宇宙開発に多大な悪影響があるため掃除しなければいけません。スペースデブリを視界の真ん中に捉えると色と大きさが変わるので、Google Cardboardの右手側にあるボタンを押してください。スペースデブリが回収され、画面から消えてなくなります。

以上が本稿で使用するサンプルの概要です。簡単なものですがVRアプリとしての機能はひととおり揃っていることがわかっていただけたのではないでしょうか。次の節からはこのサンプルのコードを使用してThree.jsを使用したVRアプリの作り方について説明します。

なお、ベースとなるシーンの作成や基本的な描画ループについてはこれまでと同じですので説明を省略します。詳しく知りたい方はサンプルのソースコードを参照してください。

A.3　立体視

本節ではGoogle Cardboardで使用するために視差を考慮した2つのシーンを描画し、それぞれのシーンにレンズによる歪みを補正するための樽型の変形を適用する方法を説明します。しかし具体的な実装方法の説明に進む前に、まずはなぜ後者のような変形が必要なのかについて補足が必要でしょう。次の**図A-3**と**図A-4**を見てください。

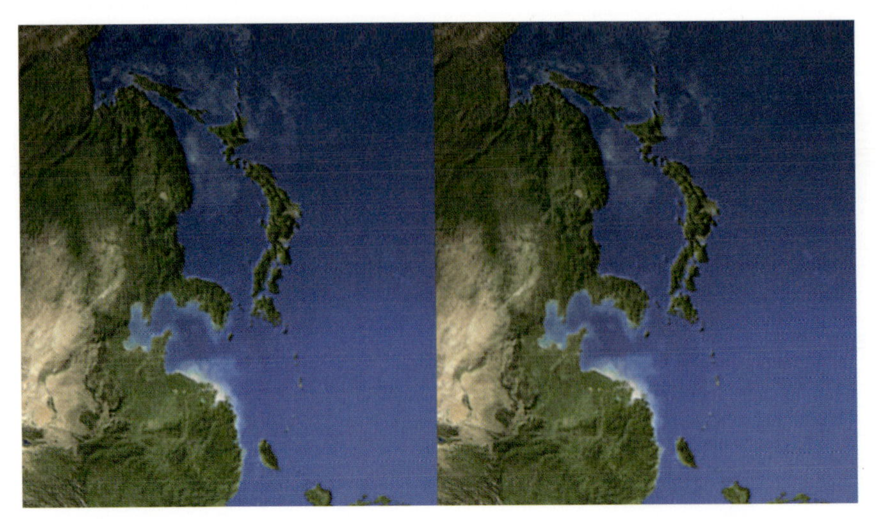

図A-3　THREE.StereoEffect

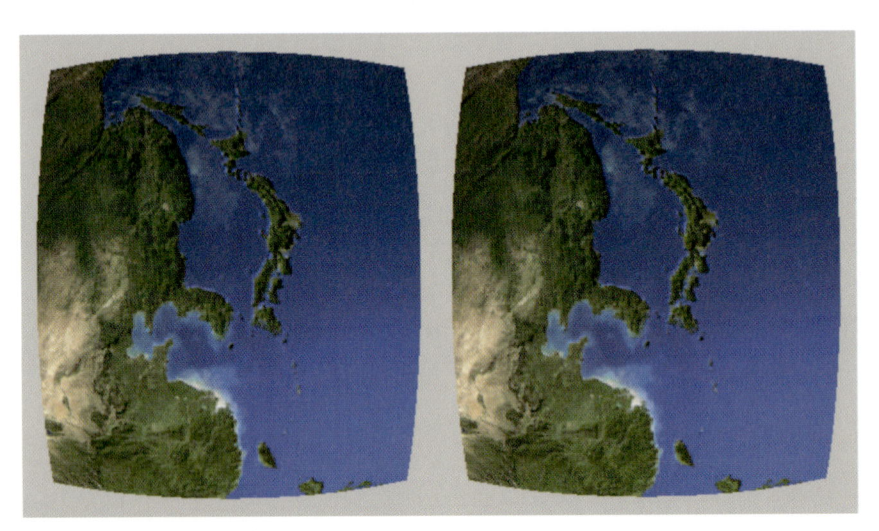

図A-4　THREE.CardboardEffect

図A-4は**図A-3**と同じシーンを樽型に変形したものです。先ほど書いたとおり樽型の変形が必要になるのはGoogle Cardboardに付属しているレンズによる歪み[*1]に対応するためです。**図A-5**を見てください。

＊1　歪曲収差またはディストーションと呼ばれます。

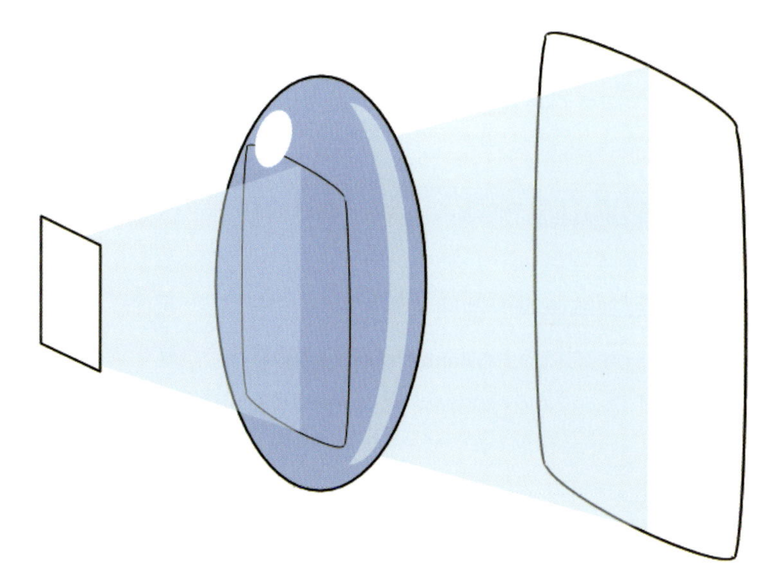

図A-5　樽型の歪み

凸レンズではレンズ面と入射光のなす角度は縁に向かうほど大きくなります。つまりスマートフォンの画面上に表示される直線はレンズの中心を通らないかぎり曲線として人間の目に映ってしまいます。そして逆にスマートフォン上で外側に向かって膨らんだ曲線の中にはレンズを通ると直線として観察されるものがあります。つまり3Dシーン内の直線を**レンズを通ると直線になる曲線**に変換するのがGoogle Cardboardを使用する時に必要となる樽型の変形です。

これまでの説明で気づいたと思いますが、レンズを挟まないステレオ写真であれば樽型の変形は不要です。**図A-3**はまさにこのステレオ写真のような効果を実現するためのエフェクトである`THREE.StereoEffect`を使用して作成されました。

いろいろと書きましたが実はGoogle Cardboard用の画面を作成するのは非常に簡単で、その名も`THREE.CardboardEffect`を使用するだけです。ただしここでひとつ問題があります。`THREE.CardboardEffect`にはパフォーマンス上の問題があり、またその指摘を受けた時にMr. dò_óbが本来このような変形はブラウザ側で対応すべきであると判断したため[*1]、`THREE.CardboardEffect`はThree.jsのr76で削除されました。そのため`THREE.CardboardEffect`は以下のURLのとおりr75を指定してダウンロードする必要があります。

https://github.com/mrdoob/three.js/blob/r75/examples/js/effects/CardboardEffect.js

＊1　https://github.com/mrdoob/three.js/issues/8400

THREE.CardboardEffectの使い方は「11章 カスタムシェーダーとポストプロセス」で説明した内容と同じです。CardboardEffect.jsを取得して適切なディレクトリに配置した後、初めに行うのはもちろんHTMLページのヘッダーでこのファイルを読み込むことです。

```
<script src="../libs/effects/CardboardEffect.js"></script>
```

次にTHREE.WebGLRendererオブジェクトを引数にしてTHREE.CardboardEffectを作成します。

```
var effect = new THREE.CardboardEffect(webGLRenderer);
```

最後に描画ループ内でTHREE.WebGLRendererオブジェクトのrenderメソッドを呼び出している部分をTHREE.CardboardEffectオブジェクトのrenderメソッドを呼び出すように書き換えます。

```
effect.render(scene, camera);
```

これで一見、立体視できているように思えますが、実際にGoogle Cardboardに端末を装着すると画面上のアドレスバー（オムニバー）や横のナビゲーションバーが気になるのではないでしょうか。これらを画面に表示しないようにするにはブラウザをフルスクリーンモードにする必要があります。

```
var canvas = webGLRenderer.domElement;
canvas.addEventListener('click', function() {
  canvas.webkitRequestFullScreen();
});
```

ブラウザをフルスクリーンで表示するにはHTML5のFullscreen APIを使用します。このAPIはまだ開発中で実行にはベンダープレフィクスが必要です。本稿執筆時点ではモバイルブラウザでこのAPIを実装しているのはChrome for Androidのみなので*1、ベンダープレフィクスとしてはwebkitを使用すればよいでしょう。このAPIの利用は非常に簡単で、フルスクリーンで表示したい要素のwebkitRequestFullScreenメソッドを呼び出すだけです。ただしFullscreen APIはアドレスバーを隠してしまうこともあり、セキュリティ上の理由から必ずユーザーによる操作を起点とするイベントハンドラ内で呼び出さなければいけません。今回のサンプルではcanvas要素をクリックしたらフルスクリーンモードに切り替わるようにしています。

フルスクリーンモードへの移行により画面サイズが変更されるので「1章 初めての3Dシーン作成」で説明したresizeイベントの対応は必須です。

```
window.addEventListener('resize', onWindowResize, false);
function onWindowResize() {
  camera.aspect = window.innerWidth / window.innerHeight;
  camera.updateProjectionMatrix();
  effect.setSize(window.innerWidth, window.innerHeight);
}
```

＊1　http://caniuse.com/#search=fullscreen

今回のサンプルではFullscreen APIを使用して画面をフルスクリーンにしたため、最初にユーザーによる操作が必要でした。画面をフルスクリーンにする別の方法として、HTTPSの設定とService Workerの実装が必要になりますが、サンプルアプリをウェブアプリにしてWeb App Manifestを設定するという方法もあり、この場合はユーザーの操作を要求せずにフルスクリーン表示できます。Web App Manifestを使用するにはHTMLページのヘッダー内でマニフェストへのリンクを指定します。

```
<link rel="manifest" href="/manifest.json">
```

manifest.jsonの内容は次のようになります。この中で"display": "fullscreen"がアプリをフルスクリーンで利用するための指定です。

```
{
  "short_name": "Debri Clearner",
  "name": "Debri Clearner",
  "icons": [ ... ],
  "start_url": "/02-cardboard-webapp.html",
  "display": "fullscreen",
  "orientation": "landscape"
}
```

Web App Manifestについての詳細は以下のリンクを参照してください。

https://www.w3.org/TR/appmanifest/

これでGoogle Cardboardを使用して3Dシーンを立体視できるようになりましたが、まだ視点を移動する手段がありません。次の節でGoogle Cardboardにセットしている端末の向きに合わせて3Dシーン内のカメラの向きが変更されるようにします。

A.4 ヘッドトラッキング

「9章 アニメーションとカメラの移動」で視点の移動にはコントロールオブジェクトを使用することを学びました。今回のサンプルで使用するコントロールはTHREE.DeviceOrientationControlsです。このコントロールを使用すると、DeviceOrientationイベントを使用して取得した端末の向きを元に、カメラの向きが決定されます。DeviceOrientation Eventの仕様については以下のサイトを参照してください。

https://www.w3.org/TR/orientation-event/

他のコントロールと同様にTHREE.DeviceOrientationControlsもThree.jsファイルには含まれていないので、利用する前にまずHTMLページに読み込む必要があります。

```
<script src="../libs/controls/DeviceOrientationControls.js"></script>
```

利用方法も他のコントロールとさほど変わりません。コンストラクタにはカメラオブジェクトを渡します。

```
var controls = new THREE.DeviceOrientationControls(camera);
```

最後に描画ループ内でコントロールのupdateメソッドを呼び出します。THREE.DeviceOrientationControlsのupdateメソッドは呼び出し時点での端末の向きのみに応じてカメラの向きを設定するので、他のコントロールとは違い、経過時間を引数として与える必要はありません。

```
controls.update();
```

これでVR空間内の視点とGoogle Cardboardの動きがおおよそ同期するようになります。もちろんスマートフォンで利用可能なセンサーの値を元にしたヘッドトラッキングは擬似的なもので、本格的なVRヘッドマウントディスプレイのような追従性は期待できませんが、それでも実際に装着してみると期待以上の没入感が得られるのではないでしょうか。

これでVR空間を見て回ることができるようになりました。最後にVR空間内のオブジェクトを操作する方法を紹介します。

A.5 オブジェクトの選択と操作

VR空間内のオブジェクトを操作する標準的な方法はなく、システムごとに異なるというのが現状です。Google Cardboard（2015年以降バージョン）を使用する場合、利用できるのは端末の向きと画面のタップ（ただしタップされる位置は固定）の2つになります。もちろん加速度や音声など端末に付属している他のセンサーも利用できなくはありませんが、効果的に使用するにはかなりの工夫が必要でしょう。今回のサンプルでは視線でオブジェクト（デブリ）を選択し、Google Cardboardのボタン押下（画面タップ）でそのオブジェクトを削除します。

「9章 アニメーションとカメラの移動」で学んだとおり、視線（カメラの向き）を元にオブジェクトを選択するにはTHREE.Raycasterを使用します。今回は9章の場合とは違い、常に画面中央のオブジェクトを選択し、クリック位置を拾う必要がないのでTHREE.Projectorは使用しません。

THREE.Raycasterのプロパティは後ほどsetFromCameraメソッドで指定するため、コンストラクタ引数は不要です。

```
var raycaster = new THREE.Raycaster();
```

デブリを選択するにはこれまでと同じくintersectObjectsメソッドを使用します。ただし地球の裏側にあるデブリを選択しないようにするため、intersects内にearthが現れた時点で走査を停止しています。なお、intersectsObjectsの呼び出し結果はカメラからの距離でソートされています。

```
function selectDebri() {
  raycaster.setFromCamera({x:0, y:0}, camera);
  var intersects = raycaster.intersectObjects(earthAndDebris);
  for (var i = 0; i < intersects.length; i++) {
    var debri = intersects[i].object;
    if (debri === earth) break;
    if (selectedDebri !== debri) {
      deselectDebri();
      selectedDebri = debri;
      debri.material.emissive.setHex(0xff3333);
      debri.scale.set(2, 2, 2);
      break;
    }
  }
}
```

最後に画面がクリックされた時にデブリを削除する処理を追加します。このイベントはアプリ立ち上げ直後にフルスクリーンモードに切り替える際にも使用しているので、イベントを処理する前にdocument.mozFullScreenまたはdocument.webkitIsFullScreenでフルスクリーンモードかどうかをチェックしてどちらの処理を実行するかを決定します。

```
var canvas = webGLRenderer.domElement;
canvas.addEventListener('click', function() {
  if (!document.mozFullScreen && !document.webkitIsFullScreen) {
    ...
  }
  else {
    removeSelectedDebri();
  }
}.bind(this));
```

これでGoogle Cardboardを使用して周囲を閲覧でき、内部のオブジェクトを操作することもできるVR空間が完成しました。

本格的なVRヘッドマウントディスプレイ対応

本稿のテーマはモバイルVRですが、おそらく気になる方も多いでしょうから、Oculus Riftを含む本格的なVRヘッドマウントディスプレイ（VR HMD）の対応についても簡単に説明しておきます。

図A-6　Oculus Rift

ブラウザでVR HMDを使用できるようにする実験的な仕様としてWebVRがあります[*1]。このWebVR APIを使用することでウェブアプリをHMD上に表示し、さらにHMDの位置や傾きの情報をウェブアプリ側で利用できるようになります。Three.jsの`THREE.VREffect`と`THREE.VRControls`はこのWebVRを内部的に使用していて、結論から書けば、先ほど説明したサンプルの`THREE.CardboardEffect`を`THREE.VREffect`に、`THREE.DeviceOrientationControls`を`THREE.VRControls`に変更するだけで基本的にはVR HMD上で動作します。これらのオブジェクトを使用したサンプルが`02-webvr.html`です。

WebVRは実験的な仕様で標準のブラウザには本稿執筆時点ではまだ実装されていないため、`02-webvr.html`を実際に試すにはいくつか作業が必要です。作業手順については以下のサイトを参照してください。なお、Oculus Riftを使わずにWebVRの動作

＊1　https://mozvr.com/webvr-spec/

を擬似的に体験するだけでよいのであればFirefox for AndroidのNightly buildsを使用するのが一番簡単でしょう。

https://developer.mozilla.org/ja/docs/Web/API/WebVR_API/WebVR_environment_setup

それでは実装方法の説明に移ります。といっても先ほど説明したとおり基本的にはGoogle Cardboardを使用するサンプルと同じで、エフェクトとコントロールを差し替えるだけです。まずはいつものように必要なファイルをウェブページに読み込みます。

```
<script src="../libs/WebVR.js"></script>
<script src="../libs/VREffect.js"></script>
<script src="../libs/VRControls.js"></script>
```

WebVRの利用にWebVR.jsは必須ではありませんが、WebVRの利用可否の確認を含む便利な関数がいくつか定義されています。今回はここで定義されているWEBVRオブジェクトを使用して初めにWebVRの実装状況を確認し、問題がある場合は状況に応じた警告メッセージを表示します。

```
if (WEBVR.isLatestAvailable() === false) {
  document.body.appendChild(WEBVR.getMessage());
}
```

次にコントロールとエフェクトを作成します。これまでと比べて特に変わるところはありません。後ほど使用することになるのでTHREE.Clockもここで作成しておきます。さらにWebVRが利用可能な場合のみ、フルスクリーンモードに移行するためのボタンを追加します。

```
var controls = new THREE.VRControls(camera);
var effect = new THREE.VREffect(webGLRenderer);
var clock = new THREE.Clock();
if (WEBVR.isAvailable() === true) {
  document.body.appendChild(WEBVR.getButton(effect));
}
```

最後に描画ループ内でコントロールを更新します。今回の場合はclock.getDelta()で経過時間を取得してupdateメソッドに渡してあげる必要があります。

```
var delta = clock.getDelta();
controls.update(delta);
```

先ほどGoogle Cardboard向けに作成したサンプルをOculus Rift向けにするための修正はこれだけです。どうでしょうか？ 初めに考えていたよりもずいぶんと簡単だったのではないでしょうか。

A.6 まとめ

付録Aでは Three.jsの`THREE.CardboardEffect`と`THREE.DeviceOrientationControls`を使用してGoogle Cardboardで閲覧できるVR空間を構築し、操作する方法を紹介しました。すでにThree.jsを使用して構築した3Dシーンがあれば、ここで学習したことを利用してほんの少しの修正を加えるだけでVRシーンに変更できることがわかっていただけたのではないでしょうか。2016年はVR元年とも言われています。本稿で説明したことを参考にぜひともおもしろいVRアプリを作ってみてください。

付録B THREE.MMDLoaderによる3Dモデルの制御

青柳 隆宏

付録Bは日本語版オリジナルの記事です。r74でThree.jsに`THREE.MMDLoader`が追加されました。`THREE.MMDLoader`はMMDのデータを読み込み、アニメやゲームに登場するようなキャラクターをブラウザ上で歌わせたり踊らせたりできます（**図B-1**）。本稿では`THREE.MMDLoader`の作者が`THREE.MMDLoader`の使い方について解説します。

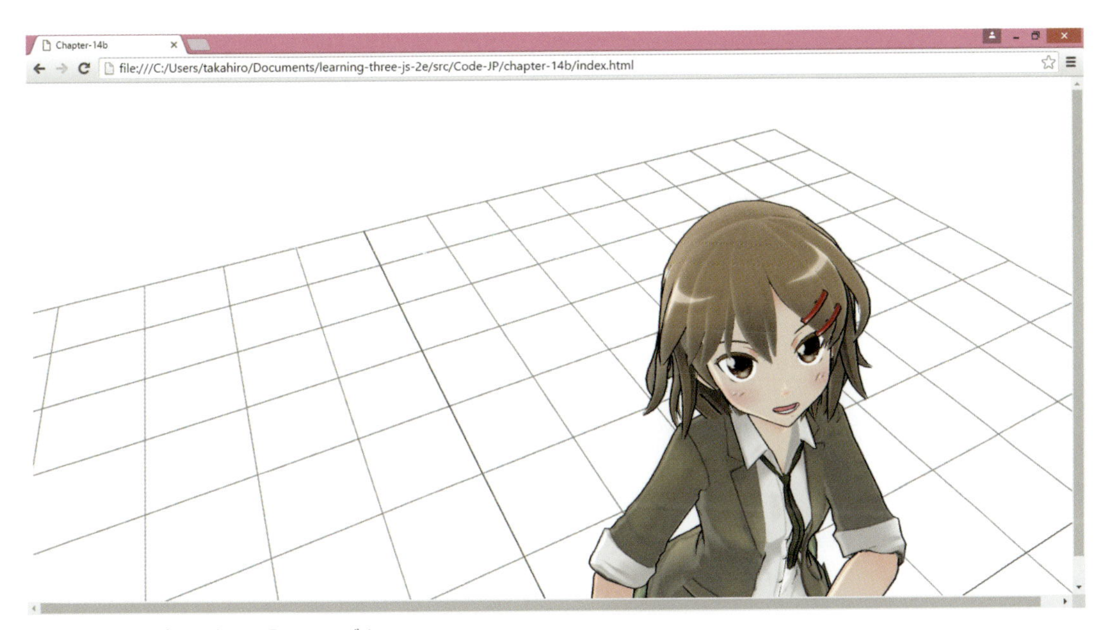

図B-1　ブラウザ上で歌って踊る3Dモデル

B.1　MMDとTHREE.MMDLoader

B.1.1　THREE.MMDLoaderとは

`THREE.MMDLoader`はMMDのデータを読み込んでThree.jsのオブジェクトを生成します。これによりMMDのデータをThree.jsで扱えるようになります。MMDの本来の用途である音楽に合わせたダンスはもちろん、例えば自作のアプリにキャラクターを登場させることもできます。

B.1.2　MMDとは

MMDはMikuMikuDanceの略称です。MikuMikuDanceは樋口優氏が制作したフリーの3DCGムービー作成ソフトです[*1]。特徴を以下に挙げます。

- もともとはダンスアニメーション動画を作るためのツールとして開発された。楽曲に合わせたダンス・表情・カメラ・照明アニメーションを設定することで、ミュージックライブや音楽プロモーションビデオのような動画を作成することができる
- 今ではダンスに限らずさまざまな動画が作られている
- 使いやすさとアニメ的表現の強さから、特に日本でユーザーが多い
- ソフトに同梱されているものに加え、多くの有志により自作のモデルデータ・ダンスモーションデータ・関連ツールなどが作成・公開されている

MMDは、通常のスケルトンアニメーション・モーフィングに加え、3DCGアニメーションプログラミングの観点から表B-1の特徴を備えます。`THREE.MMDLoader`はこれらをThree.js上でも再現できるようにしてあります。

表B-1　MMDの特徴

特徴・機能	説明
IK (Inverse Kinematics) [*2]	末端（子）ボーンの位置情報から、その親ボーンの位置情報を動的に決定する。アニメーション設定作業の効率化を図りつつ、自然な動きを実現する。膝にIKが設定されているモデルが多い
物理演算	物理シミュレーションによってボーンの位置情報を動的に決定し、現実感のある動きを実現する。モデルの髪や服などに設定されていることが多い。MMDでは物理エンジンとしてBullet[*3]を使用している
セルシェーディング[*4]	セルアニメのように陰影の付け方を境界線のはっきりとしたものにする
輪郭線表示[*4]	モデルに輪郭線をつける。セルシェーディングと組み合わせることでよりアニメらしい表現になる

B.1.3　THREE.MMDLoaderで扱えるMMDのデータ

`THREE.MMDLoader`では通常の画像（テクスチャ）や音楽ファイルに加え、表B-2の種類のMMD用のデータを扱うことができます。

＊1　VPVP ── http://www.geocities.jp/higuchuu4/
＊2　CCD Algorithm for Solving Inverse Kinematics Problem ── https://sites.google.com/site/auraliusproject/ccd-algorithm/
＊3　Bullet ── http://bulletphysics.org/wordpress/
＊4　トゥーンレンダリング ── https://wgld.org/d/webgl/w048.html

表B-2 THREE.MMDLoaderで扱えるMMDのデータ

データの種類	説明
PMD、PMX	モデルデータ。PMXはPMDを拡張したフォーマットでPMDより高機能
VPD	ポーズデータ。モデルのポーズ情報を扱う
VMD	モーションデータ。モデル、表情、カメラなどのアニメーション情報を扱う

B.1.4 ライセンスの諸注意

MMD関係のデータはライセンスが複雑です。また、公開されているMMDのデータは特殊なライセンスが設定されていることが多く、使用する場合は以下の点に注意すべきです。

- MMDの統一されたライセンスは存在しない。各データ作成者がそれぞれのライセンスを設定している。各データに付随するReadmeを読んで遵守すること
- 既存のゲームやアニメを基にしたデータは二次創作データである。原作のライセンスにも気をつける
- 多くのデータで商業利用を禁止している。性的な表現や暴力的な表現など原作のイメージを壊すような用途での使用を禁止していることも多い
- MMD以外のソフトで読み込むことを禁止しているものなど、使用ツールを制限しているデータもある
- 関連ツールのライセンスにも気をつける。例えばPMX、PMDデータを作成する代表的ソフトPMXエディタ[*1]では、同ソフトにより生成されたデータの商用利用を禁止している
- `THREE.MMDLoader`を使った作品を公開する場合は再配布可能なデータを使用する。データをそのままサーバーに置くことになるため

B.2 THREE.MMDLoaderの使い方

B.2.1 説明の方針

私が作成したサンプルコードを例示しながら解説します。本稿では`THREE.MMDLoader`に関係のあるコードのみを載せています。コード全体はウェブ上で確認してください。

https://github.com/oreilly-japan/learning-three-js-2e-ja-support/tree/master/appendix-B

また、Three.jsの`examples`に登録されている`THREE.MMDLoader`のサンプル[*2]も参考になるでしょう。

本稿では`THREE.MMDLoader`の各APIの呼び出し方を中心に説明します。MMDの内部や`THREE.MMDLoader`の内部には触れません。

＊1 PMXエディタダウンロードページ — http://kkhk22.seesaa.net/category/14045227-1.html

＊2 MMDLoader examples — http://threejs.org/examples/#webgl_loader_mmd、http://threejs.org/examples/#webgl_loader_mmd_pose、http://threejs.org/examples/#webgl_loader_mmd_audio

説明するにあたり、以下の読者を想定しています。

- Three.jsの基本的な使い方を知っている
- Three.jsを使った基本的な3D CGアニメーション処理の行い方を知っている

Three.jsのバージョンは本稿執筆時点で最新のr77を使用しています。将来のバージョンではAPIの呼び出し方などが変わっている可能性もあるの注意してください。

B.2.2 説明の流れ

以下の順に説明します。

- モデルを表示させる
- ポーズと表情を変更する
- ダンスをさせる
- 音楽に合わせてダンスをさせる

最終的にはキャラクターが歌に合わせて踊りながら、カメラも音楽に合わせてダイナミックに動きます。

B.2.3 使用するデータ

サンプルコード中では使用するデータファイルが表B-3に示す場所に置かれていると想定しています。

表B-3 使用するデータの置き場所

データ	パス
モデルデータ	`./models/model/model.pmd`
ポーズデータ	`./vpds/pose.vpd`
ダンスモーションデータ	`./vmds/dance.vmd`
カメラモーションデータ	`./vmds/camera.vmd`
音楽データ	`./audios/audio.mp3`
デフォルトテクスチャ	`./models/default/*.bmp`

お手元で試す場合は、まとめサイト[*1]などから好みのデータを探して使用してください。

また、MMDには標準で使用するセルシェーディング用のトゥーンテクスチャファイル群があり、サンプルコード中ではこれが`./models/default`ディレクトリの下に置かれていると想定しています。デフォルトテクスチャファイル群はMMDに同梱されているものかThree.jsのマスターリポジトリ[*2]の`three.js/examples/models/mmd/default`から入手してください。

＊1　VPVP Wiki ── http://www6.atwiki.jp/vpvpwiki/
＊2　github three.js ── https://github.com/mrdoob/three.js/

本稿の画面例では、著作権者の許諾を得たうえで、プロ生ちゃん（暮井 慧）をモデルデータとして使用しています[*1]。

B.2.4 THREE.MMDLoaderとTHREE.MMDHelper

THREE.MMDLoaderとTHREE.MMDHelperモジュールを使用してMMDデータを扱います。

THREE.MMDLoder

MMD関連のデータを読み込み、パースして、Three.jsのオブジェクトを生成するモジュールです。

THREE.MMDHelper

アニメーション処理やレンダリング処理などのためのヘルパーモジュールです。IKなどのMMDの特徴的な処理も内部で行います。

それぞれのモジュールの関数についてはコードを示しながら説明します。

B.2.5 モデルの表示

まず初めに、必要なJavaScriptファイルをロードします。three.min.jsはThree.jsのマスターリポジトリ[*2]のthree.js/build、それ以外のファイルはthree.js/examples/jsディレクトリ以下に置かれています。

```
<script src="./js/build/three.min.js"></script>          // Three.js本体
<script src="./js/libs/charsetencoder.min.js"></script> // 簡易文字コード変換ライブラリ
<script src="./js/libs/ammo.js"></script>               // 物理エンジンBulletを
                                                        // JavaScriptに移植したもの
<script src="./js/loaders/TGALoader.js"></script>       // TGAファイルを扱うためのローダ
<script src="./js/loaders/MMDLoader.js"></script>       // MMDLoader本体
<script src="./js/animation/CCDIKSolver.js"></script>   // IKの処理を行う
<script src="./js/animation/MMDPhysics.js"></script>    // 物理演算設定を行う
<script src="./js/libs/dat.gui.min.js"></script>        // GUI設定ライブラリ。これは
                                                        // 「B.2.6 モデルのポーズと表情
                                                        // を変更する」のみで使用
```

次にモデルを表示させる処理を書いていきます。モデルの表示には以下の関数を使います。

THREE.MMDLoader.setDefaultTexturePath (texturePath)

デフォルトトゥーンテクスチャファイルが置かれているディレクトリのパスを指定します。モデルオブジェクトを作成する前に実行する必要があります。

＊1 プロ生ちゃん（暮井 慧）はプログラミング生放送（http://pronama.azurewebsites.net/）のマスコットキャラクター。二次利用可能な3Dモデル・イラスト・音声などがクリエイター向けに公開されている（http://pronama.azurewebsites.net/pronama/download/）。

＊2 github three.js ― https://github.com/mrdoob/three.js/

THREE.MMDLoader.loadModel (modelFilePath, onLoad, onProgress, onError)

モデルファイルを読み込み、MMDモデルをSkinnedMeshオブジェクトとして生成します。

THREE.MMDHelper.add (object)

ヘルパーにMMDモデルオブジェクトを追加します。

THREE.MMDHelper.setPhysics (object)

MMDモデルオブジェクトに物理演算を設定します。モデルオブジェクトを、sceneなど、他のオブジェクトに追加する前に呼び出す必要があります。

THREE.MMDHelper.animate (deltaTime)

MMDモデルオブジェクトのアニメーション処理（スケルトン、モーフィング、IK、物理演算など）を行います。

THREE.MMDHelper.render (scene, camera)

WebGLRenderer.render()のラッパーです。内部でアウトライン表示処理も行います。

次のようなThree.jsを使った基本的なアニメーション処理に、

- データファイルからオブジェクトを作成
- オブジェクトをsceneに追加
- アニメーションフレームごとにアニメーション処理をしてレンダリング処理

MMDオブジェクトのために、以下の処理を追加・変更します。

- THREE.MMDHelper.add()を使ってヘルパーにオブジェクトを追加する
- THREE.MMDHelper.setPhysics()を使ってオブジェクトに物理演算を設定する
- THREE.MMDHelper.animate()を呼び出してアニメーション処理を行う
- WebGLRenderer.render()ではなくTHREE.MMDHelper.render()を呼び出してレンダリング処理を行う

例B-1がモデルを表示させるコードです（**図B-2**）。

例B-1 モデルの表示（01.html）

```
<script>

init();
animate();

function init() {
```

```
    var onProgress = function(xhr) {
        if (xhr.lengthComputable) {
            var percentComplete = xhr.loaded / xhr.total * 100;
            console.log( Math.round(percentComplete, 2) + '% downloaded');
        }
    };
    var onError = function(xhr) {};

    var modelFile = 'models/model/model.pmd';

    helper = new THREE.MMDHelper(renderer); // renderer: THREE.WebGLRenderer

    var loader = new THREE.MMDLoader();
    loader.setDefaultTexturePath('./models/default/');
    loader.loadModel(modelFile, function (object) {
        mesh = object;
        mesh.position.y = -10;

        helper.add(mesh);
        helper.setPhysics(mesh);

        scene.add(mesh);
    }, onProgress, onError);
}

function animate() {
    requestAnimationFrame(animate);
    render();
}

function render() {
    camera.lookAt(scene.position);

    if(mesh) {
        helper.animate(clock.getDelta());
        helper.render(scene, camera);
    }
}

</script>
```

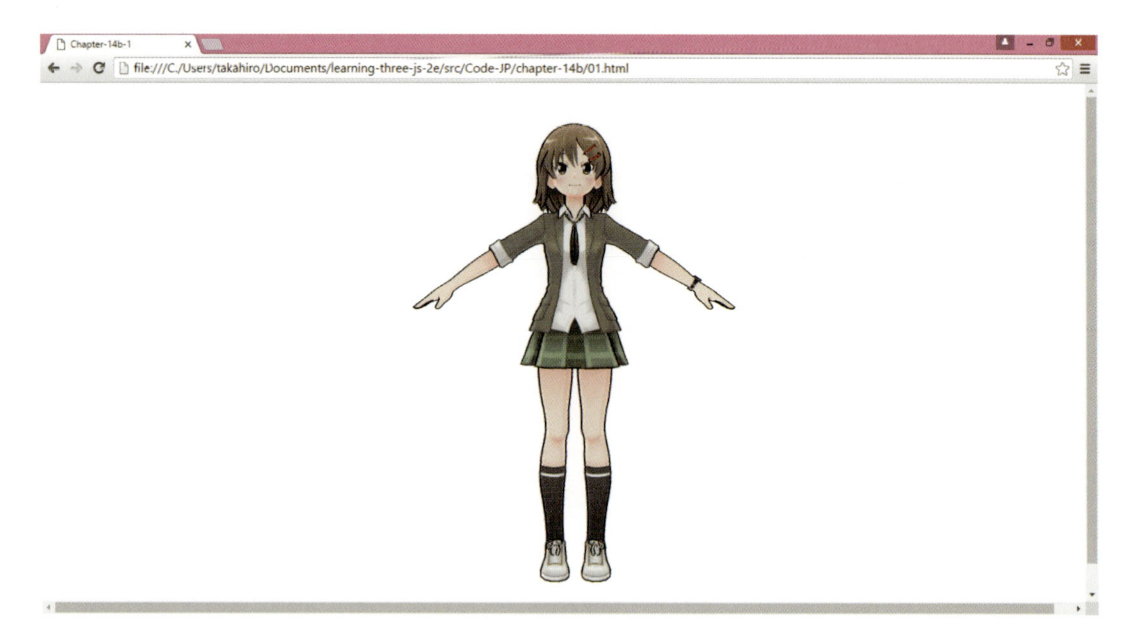

図B-2　モデルの表示

B.2.6　モデルのポーズと表情を変更する

モデルにポーズをとらせるためには、**例B-1**のコードに以下の関数呼び出し処理を追加します。

THREE.MMDLoder.loadVpd (vpdFilePath, onLoad, onProgress, onError)

VPDファイルを読み込み、VPDオブジェクトを生成します。

THREE.MMDHelper.poseAsVpd (object, vpd, parameters)

MMDモデルオブジェクトにVPDオブジェクトの内容どおりのポーズをとらせます。

モデルの表情データはMMDオブジェクトの`morphTargetInfluences`配列に登録されています。この配列に0.0から1.0の値を設定することで表情を変更することができます。今回はGUIで動的に値を変えられるようにしました。GUIの設定と、GUIから`morphTargetInfluences`の値を設定するコードについてはウェブで確認してください。

例B-2が、モデルのポーズと表情を変更するコードです（**図B-3**）。

例B-2　モデルのポーズと表情を変更する（02.html）

```
<script>
    var modelFile = 'models/model/model.pmd';
    var vpdFile = 'vpds/pose.vpd';

    helper = new THREE.MMDHelper(renderer);
```

```
    var loader = new THREE.MMDLoader();
    loader.setDefaultTexturePath('./models/default/');
    loader.loadModel(modelFile, function (object) {
        mesh = object;
        mesh.position.y = -10;

        loader.loadVpd(vpdFile, function (vpd) {
            helper.add(mesh);
            helper.poseAsVpd(mesh, vpd);
            helper.setPhysics(mesh);

            scene.add(mesh);

            initGui(); // 表情をGUIで制御するための設定。ここのコードはウェブで。
        }, onProgress, onError);
    }, onProgress, onError);
</script>
```

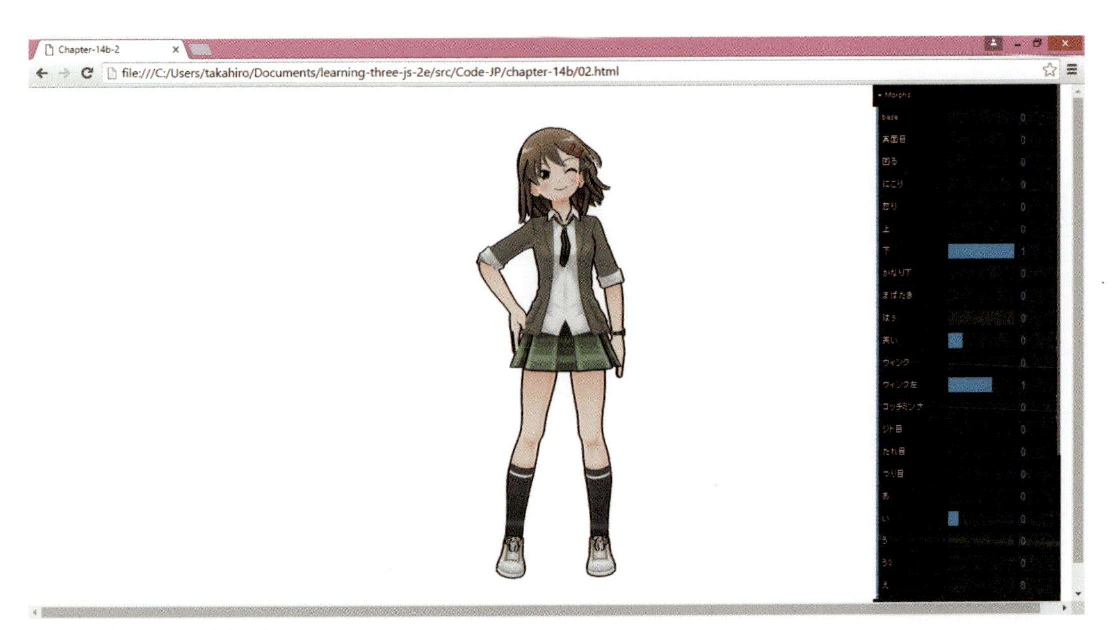

図B-3　ポーズと表情変えたところ

B.2.7　ダンスをさせる

ダンスをさせる（アニメーションをさせる）ためには、**例B-1**のコードに以下の関数の呼び出し処理を追加します。

THREE.MMDLoader.loadVmd (vmdFilePath, onLoad, onProgress, onError)

ひとつのVMDファイルから、ひとつのVMDオブジェクトを作成します。

THREE.MMDLoader.loadVmds (vmdFilePathArray, onLoad, onProgress, onError)

複数のVMDファイルから、ひとつのマージされたVMDオブジェクトを作成します。

THREE.MMDLoader.pourVmdIntoModel (object, vmd)

MMDモデルオブジェクトにVMDオブジェクトのアニメーションデータを流し込みます。

THREE.MMDHelper.setAnimation (object)

アニメーションデータを持っているMMDオブジェクトに、実際にアニメーションをさせるように設定を行います。

例B-3が、モデルにダンスをさせるコードです（**図B-4**）。

例B-3　ダンスをさせる（03.html）

```
<script>
    var modelFile = 'models/model/model.pmd';
    var vmdFiles = ['vmds/dance.vmd'];

    helper = new THREE.MMDHelper(renderer);

    var loader = new THREE.MMDLoader();
    loader.setDefaultTexturePath('./models/default/');

    loader.loadModel(modelFile, function (object) {
        mesh = object;
        mesh.position.y = -10;

        loader.loadVmds(vmdFiles, function (vmd) {
            helper.add(mesh);
            loader.pourVmdIntoModel(mesh, vmd);
            helper.setAnimation(mesh);
            helper.setPhysics(mesh);

            scene.add(mesh);
        }, onProgress, onError);
    }, onProgress, onError);
</script>
```

図B-4　ダンスをしているところ

B.2.8　音楽に合わせてダンスをさせる

音楽に合わせてダンスをさせるためには、**例B-3**のコードに以下の関数の呼び出し処理を追加します。

THREE.MMDLoader.loadAudio (audioFilePath, onLoad, onProgress, onError)

音楽ファイルを読み込み、`THREE.Audio`と`THREE.AudioListener`オブジェクトを生成します。

THREE.MMDLoader.pourVmdIntoCamera (camera, vmd)

VMDオブジェクトのカメラモーションデータを`THREE.Camera`オブジェクトに流し込みます。

THREE.MMDHelper.setCamera (camera)

ヘルパーにカメラを登録します。

THREE.MMDHelper.setAudio (audio, listener, parameters)

音楽を流すように設定します。

THREE.MMDHelper.setCameraAnimation (camera)

アニメーションデータを持っている`THREE.Camera`オブジェクトを、実際にアニメーションするように設定します。

THREE.MMDHelper.unifyAnimationDuration ()

登録された各種アニメーション、音楽データの時間をそろえます。ループする時にタイミングを合わせるためです。

例B-4が、音楽に合わせてダンスをさせるコードです(**図B-5**)。

例B-4 音楽に合わせてダンスをさせる(04.html)

```
<script>
    var modelFile = 'models/model/model.pmd';
    var vmdFiles = ['vmds/dance.vmd'];
    var cameraFiles = ['vmds/camera.vmd'];
    var audioFile = 'audios/audio.mp3';

    helper = new THREE.MMDHelper(renderer);

    var loader = new THREE.MMDLoader();
    loader.setDefaultTexturePath('./models/default/');

    loader.loadModel(modelFile, function (object) {
        mesh = object;

        loader.loadVmds(vmdFiles, function (vmd) {
            loader.loadVmds(cameraFiles, function (vmd2) {
                loader.loadAudio(audioFile, function (audio, listener) {
                    listener.position.z = 1;

                    helper.add(mesh);
                    loader.pourVmdIntoModel(mesh, vmd);
                    helper.setAnimation(mesh);

                    helper.setCamera(camera);
                    loader.pourVmdIntoCamera(camera, vmd2);
                    helper.setCameraAnimation(camera);

                    helper.setAudio(audio, listener);

                    helper.unifyAnimationDuration();

                    helper.setPhysics(mesh);

                    scene.add(audio);
                    scene.add(listener);
                    scene.add(mesh);
                }, onProgress, onError);
            }, onProgress, onError);
        }, onProgress, onError);
    }, onProgress, onError);
</script>
```

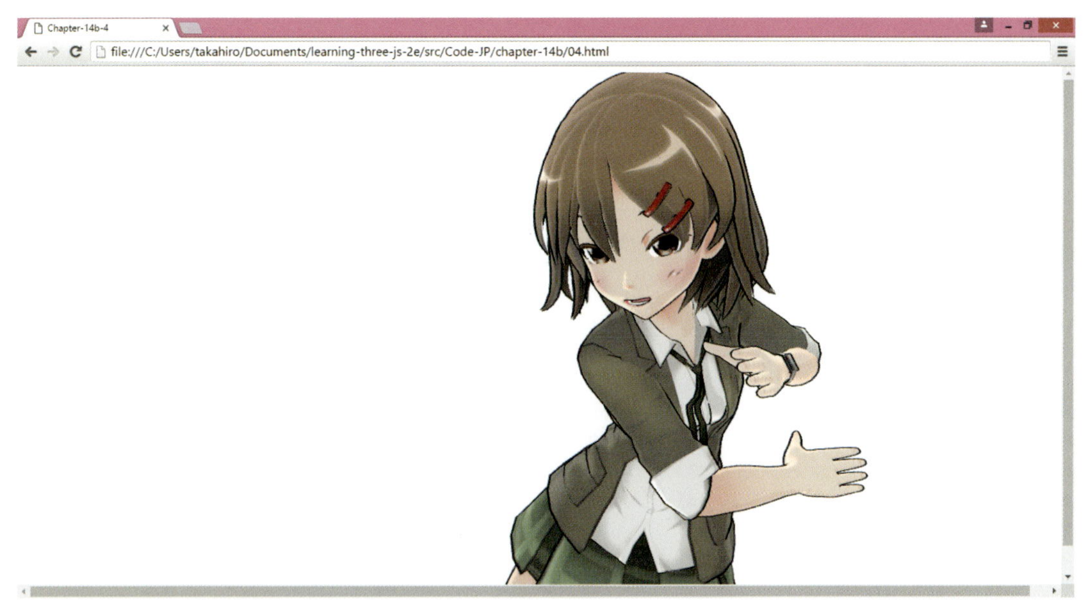

図B-5　音楽に合わせてダンス

B.3　おわりに

本稿ではTHREE.MMDLoaderの基本的な使い方を解説しました。Three.jsの他の機能と組み合わせてさまざまなコンテンツを作ることに挑戦してみてください。私が作成したTHREE.MMDLoaderを使ったサンプルアプリ群[*1]には、キャラクターをインタラクティブに操作できるもの、WebVRと組み合わせたものなどがあるので参考にしてください。

また、THREE.MMDLoaderの問題点や改善点などを見つけたらぜひPRを送ってください。

それでは楽しいThree.jsライフを！

青柳 隆宏（あおやぎ たかひろ）：新潟大学工学部機能材料工学科卒業。東京工業大学大学院情報理工学研究科計算工学専攻修了。著書に『はじめてのOSコードリーディング』（技術評論社）がある。GitHubアカウントはtakahirox。メールアドレスはv6@gachapin.jp

＊1　MMDLoader sample apps — https://takahirox.github.io/MMDLoader-app/

索引

記号・数字

A

B

C

T

U

V

W

Z

あ行

か行

さ行

た行

な行

は行

ま行

や行

ら行

わ行

●著者紹介

Jos Dirksen（ヨス・ディルクセン）
業界歴10年以上の経験豊富なソフトウェア開発者、ソフトウェアアーキテクト。JavaやScalaのようなバックエンドの技術からHTML5やCSS、JavaScriptのようなフロントエンド開発まで、非常に広範な技術に造詣が深い。これらの技術を業務で使用するだけでなく、カンファレンスなどでも定期的に講演を行っている。新しい技術や興味深い技術についてのブログ記事を書くのが好きで、新しい技術を用いて実験を行い、新しい技術を試し、どのように使うのがベストかを視覚化してブログにポストしている。http://www.smartjava.org/にブログサイト。
Malmberg社（オランダにある学習教材の大手出版社）でのエンタープライズアーキテクトとしての職務を終え、現在はコンサルタントとしてオランダの金融機関に勤務している。Malmberg社では、小・中学生向けの教育教材や職業教育教材を作成・出版するための新しいデジタルプロットフォームの開発を助けていた。以前は、PhilipsやASMLといった民間企業からオランダ国防総省といった公的機関まで、さまざまな組織でさまざまな職務についてきた。
Three.jsについての著書が三冊ある。『Learning Three.js』『Three.js Essentials』『Three.js Cookbook』（いずれもPackt Publishing）。
JavaScriptやHTML5などのフロントエンド技術だけではなく、RESTや従来のウェブサービスを使用したバックエンドのサービス開発にも興味を持っている。

●査読者紹介

Adrian Parr（エイドリアン・パー）

英国アカデミー賞の受賞歴もあるフリーランスのフロントエンド開発者。英国ロンドン在住。1997年以来、Macromedia DirectorでのCD-ROMアプリ、`table`タグを使用したウェブサイト、WAPを使用したモバイルサイト、Flash 4でのコーディングゲームなどから始まり、インタラクティブなコンテンツを作り続けている。コンテンツの開発と技術チームのマネージメントの経験があり、ロンドンの大小さまざまな企業で働いてきた。ActionScript開発者としてAdobe Flashプラットフォームを長く専門にしてきたが、今はオープンなウェブ標準（HTML5、CSS3、JavaScript）が専門。現在はAngularJS、D3、Phaser、SVGアニメーション、Processing、Arduino、Rasberry Pi上でのPython、そしてもちろんThree.jsを使用したWebGLに取り組んでいる。仕事から離れた時は、サイクリングやウィンドサーフィン、スノーボードを楽しんでいる。

- Blog:　http://www.adrianparr.com
- Twitter: http://www.twitter.com/adrianparr
- CodePen: http://www.codepen.io/adrianparr
- LinkedIn: http://www.linkedin.com/in/adrianparr

Pramod S（ピラモド・S）

OpenGLやWebGLを使用したグラフィックスプログラミングで8年以上の経験がある。PCやコンソール、モバイルプラットフォームでいくつかのゲームタイトルに携わってきた。

現在はフォーチュン100に名を連ねる企業で3D可視化の技術リーダーとして働いている。

Pramodからのメッセージ

グラフィックスと3Dライブラリを今日見られるようなものにするため精力的に活動してきた先駆者のみなさんに感謝します。

Sarath Saleem（サラト・サリーム）

ウェブアプリケーション開発に関して優れた経歴をもつJavaScript開発者。IT業界のさまざまな組織で得た経験から、巨大なウェブツールの作成、パフォーマンスの最適化、JavaScriptアーキテクチャについて深い専門知識を身につけている。現在、ドバイのウェブホスティング会社に務めながら、BITSピラニドバイ校でソフトウェア工学の修士号を取得中。空いた時間があれば、創造性を刺激できるテクノロジーとアートの融合に情熱を燃やしている。インタラクティブなデータ可視化やウェブでの2D/3Dグラフィックス、理論物理にも強い興味がある。http://graphoverflow.comというデータ可視化のコレクションを管理している。Twitterアカウントは`@sarathsaleem`

Cesar Torres（セザール・トーレス）

カリフォルニア大学バークレー校のコンピューターサイエンスコース博士課程に在籍している学生。研究プロジェクトは刺激的で重要なメディアであるデジタルファブリケーション技術の調査。Three.jsのようなフレームワークを用いて、美意識を設計に生かすことを目的としたコンピューターによる設計ツールを構築中で、この設計ツールによってSTEM（Science, Technology, Engineering, Mathematics）教育をより魅力的にすることを目指している。

●訳者紹介

あんどうやすし

株式会社カブクのオフィスの奥深く
一見何の変哲もない古いMacBook
ただそのスピーカーからは毎夜毎晩
HDDの悲鳴にも似た
叫び声が聞こえるとか
聞こえないとか
お前もGoogle Waveにしてやろうか
お前もGoogle Waveにしてやろうか

初めての Three.js 第2版
——WebGLのためのJavaScript 3Dライブラリ

2016年 7 月27日　初版第 1 刷発行
2021年 5 月10日　初版第 3 刷発行

著者　Jos Dirksen（ヨス・ディルクセン）
訳者　あんどうやすし
発行人　ティム・オライリー
制作　ビーンズ・ネットワークス
印刷・製本　株式会社平河工業社
発行所　株式会社オライリー・ジャパン
〒160-0002 東京都新宿区四谷坂町12番22号
Tel (03)3356-5227
Fax (03)3356-5263
電子メール japan@oreilly.co.jp
発売元　株式会社オーム社
〒101-8460 東京都千代田区神田錦町3-1
Tel (03)3233-0641（代表）
Fax (03)3233-3440

Printed in Japan (ISBN978-4-87311-770-6)
乱丁本、落丁本はお取り替え致します。

本書は著作権上の保護を受けています。本書の一部あるいは全部について、株式会社オライリー・ジャパンから文書による許諾を得ずに、いかなる方法においても無断で複写、複製することは禁じられています。